Dialogues et lettres choisies

GALILÉE

Dialogues

Choix, traduction, préface de Paul-Henri Michel

Lettres choisies

Introduction de Giorgio di Santillana
Traduction de Paul-Henri Michel

COLLECTION HISTOIRE DE LA PENSÉE

HERMANN ÉDITEURS DES SCIENCES ET DES ARTS

Nouveau tirage, 1997

ISBN 2 7056 5532 8

TABLE

INTRODUCTION

Découvrir des « accidents » dans le ciel incorruptible, des taches dans le Soleil, des montagnes dans la Lune, n'était-ce pas une audace impie ? A ceux qui criaient au scandale, Galilée disait : « Ces choses-là, nous les voyons de nos yeux grâce au télescope, et les Anciens, qui les ont ignorées, se rendraient à mes raisons s'ils étaient là ». Mais l'adversaire ne se donne pas pour battu : Antonio Rocco, dans ses *Esercitazioni filosofiche*, répond simplement à l'auteur du *Dialogue des grands systèmes* que les Anciens avaient des télescopes, et sans doute meilleurs que les nôtres. Comment auraient-ils pu nous être inférieurs en quoi que ce fût et n'avoir pas vu ce que nous voyons ? Ainsi, la ferveur des humanistes s'accompagnait trop souvent d'un respect idolâtre de l'Antiquité qui faisait obstacle au progrès des sciences et niait au besoin ceux des techniques. Pomponio Leto, s'adressant à Agostino Maffei, parle de la « faculté d'imprimer les livres, interrompue pendant plusieurs siècles et renouvelée depuis peu » ; et cent ans après, les plus hardis coperniciens saluent en leur maître « le restaurateur de l'astronomie ancienne », celle, bien entendu, des pré-socratiques.

Les Anciens, par bonheur, n'étant pas unanimes, des partis hostiles avaient pu s'affronter en se prévalant de l'autorité de

Platon ou d'Aristote et, dans leur lutte, ouvrir les brèches qui permirent, entre autres, à un Telesius de construire une physique sur les ruines de tous les systèmes antiques. Néanmoins, au début du XVIIe siècle, la solide forteresse de l'aristotélisme scolastique demeurait redoutable. Maîtres des universités, les péripatéticiens y exerçaient encore un pouvoir sans contrepoids : ils s'entouraient volontiers de médiocres, n'exigeant d'eux qu'une entière docilité. Quand Galilée quitte sa chaire de Padoue pour répondre à l'appel du grand-duc de Toscane, un de ses premiers soucis est de laisser après lui un successeur qualifié et suffisamment énergique pour « défendre la dignité de ce noble enseignement ». Il songe à Képler. Lui, saura tenir tête aux aristotéliciens de Padoue dont Galilée devine les secrets désirs : « Ceux dont je parle », écrit-il à Paolo Sarpi le 12 février 1611, « s'emploieront, je le sais, à favoriser la nomination de quelque sujet facile à dominer et à épouvanter ».

Galilée connaît d'autant mieux l'emprise de l'enseignement traditionnel qu'il l'a lui-même subie dans sa jeunesse. Comme la plupart des coperniciens, il a d'abord accepté le système de Ptolémée et, comme presque tous sinon tous les adversaires d'Aristote, il a d'abord suivi le maître. A la physique aristotélicienne il préféra quelque temps la physique « parisienne » de l'*impetus*, mais sa délivrance finale, il ne l'obtint, de son propre aveu souvent répété, que de la lecture d'Archimède. Il avoue même s'être complu aux jeux désuets de la logique formelle : « De ces débats », lisons-nous dans le *Saggiatore*, « je faisais mes délices quand j'étais à l'école (*sotto il pedante*) mais aujourd'hui ils me donnent mal au cœur ».

On ne doit pas perdre de vue ces circonstances historiques si l'on veut comprendre et au besoin excuser l'âpreté de la polémique anti-aristotélicienne de Galilée, la virulence de ses sarcasmes, l'injustice avec laquelle il abuse parfois des facilités déjà données à un homme de son siècle dans la critique d'une philosophie naturelle édifiée deux mille ans plus tôt avec de trop pauvres moyens. Ces mêmes circonstances nous expliquent également un fait qui, si nous les ignorions, pourrait nous sembler surprenant : la fidélité de Galilée à Platon. Le système du monde platonicien n'est-il pas encore plus arbitraire, plus éloigné de ce qui eût pu satisfaire un savant moderne que celui d'Aristote, fondé, malgré tout, ou se voulant fondé, sur une élaboration du donné sensible ? Sans doute, mais le platonisme avait pour lui de ne pas exercer sa tyrannie dans les écoles, et, pour ceux qui cherchaient à sortir de l'ornière, il offrait l'exaltant exemple d'une doctrine fermement et obstinément orientée vers une mathématisation de la physique.

Traduire le donné sensible en termes mathématiques afin de mieux saisir l'opération de la nature, c'était déjà le vœu de Léonard de Vinci, et c'était celui de plus d'un savant contemporain de Galilée. Chez lui, toutefois, comme chez Descartes, cette exigence d'un contrôle rigoureux que seules les mathématiques peuvent assurer semble inséparable d'une méfiance étendue à tout ce qui est écrit et en général à l'opinion des autres. Il commence par tout récuser; son doute, moins systématique que celui de Descartes, est presque aussi universel; c'est un doute spontané et parfois un doute irrité. On a reproché à Galilée de faire ainsi table rase du meilleur comme du pire, et il faut reconnaître que, dans certains cas, il eût gagné à jeter sur les ouvrages de ses contemporains un regard moins dédaigneux et à prêter à leurs avis une oreille plus attentive. Sa volonté, si légitime et si noble fût-elle, d'arriver seul et sans secours à des « conclusions nécessaires » l'a quelquefois desservi : sans examiner sérieusement les hypothèses au moins plausibles du P. Grassi relativement aux comètes, il se borne à les tourner en dérision dans le *Saggiatore ;* il se flatte de n'avoir jamais tenu grand compte des « bavardages de Tycho Brahé » et, chose plus grave, il ne devine pas toute l'importance des découvertes de Képler.

Le poids du joug qu'il fallait secouer explique et, dans une certaine mesure, justifie ces dispositions intraitables à l'égard du savoir que l'on puise trop « facilement » dans les livres. Galilée, à ses derniers jours, s'indigne encore de la docilité aveugle des péripatéticiens : « Philosopher », dit-il, « c'est, pour eux, accepter et soutenir n'importe quelle proposition écrite par Aristote, à l'autorité de laquelle ils se soumettent et pour la défense de laquelle ils vont jusqu'à nier l'expérience des sens ». Mais dans la même lettre à Fortunio Liceti, du 15 septembre 1640, il proclame en quelques mots émouvants son admiration pour le grand homme que fut Aristote, et ajoute non sans fierté que « s'il revenait au monde il m'accepterait pour élève plus volontiers que les autres qui, pour soutenir que ce qu'il dit est vrai, vont chercher dans ses ouvrages des pensées qui jamais ne lui seraient venues à l'esprit ».

Gardons-nous de voir ici un repentir, un hommage tardif à l'adversaire; ce que Galilée laisse entendre, c'est qu'un Aristote, au XVIIe siècle, ne serait plus aristotélicien parce qu'un grand esprit sait toujours s'accorder à son temps et préférera toujours, à la vérité acceptée, la vérité conquise. Bien plus : l'acquisition d'une notion nouvelle, fût-elle vraie et valable, est un enrichissement, sans doute, et peut-être un progrès; mais l'authentique progrès de la science se mesure à la transformation des esprits. Et c'est pourquoi Salviati, dans le *Dialogue des grands systèmes*, rappelle à Simplicio qu'une « philosophie nouvelle » (entendons une philosophie de la nature, une physique) ne naîtra jamais d'une simple réfutation des anciennes doctrines, d'une discussion sur des problèmes morts, mais bien d'une nouvelle problématique, c'est-à-dire de l'énoncé de problèmes nouveaux et de leur position dans des perspectives jusqu'alors inaperçues : « Il faut d'abord », dit-il, « apprendre à réformer les cervelles, à les rendre plus aptes à distinguer le vrai du faux, et cela Dieu seul peut le faire ».

Cette remarque, jetée en passant, est d'une grande portée. D'abord, elle s'applique admirablement aux circonstances historiques en un temps où la science moderne, ou pour mieux dire : classique, vient à peine de relayer la science antique et médiévale. Salviati et Simplicio ne représentent pas seulement deux opinions ou deux systèmes, mais deux formes de pensée. De cet antagonisme, les exemples abondent. En voici un, pris au hasard : Salviati vient de démontrer que l'air est pesant et d'exposer comment on peut en calculer le poids spécifique. Or, à cette démonstration qu'il semble avoir parfaitement comprise, Simplicio oppose une réponse décevante : « Et si l'on trouvait que l'air, au lieu de pesanteur, n'a que légèreté, que faudrait-il dire du discours, au surplus fort ingénieux, que nous venons d'entendre? » Pour l'aristotélicien impénitent, la légèreté garde son caractère positif. Tout est donc à reprendre et Salviati, une fois de plus, tentera de « réformer l'intelligence » de son interlocuteur, lequel, d'ailleurs, devine vaguement la nature de l'effort qui lui est demandé et n'est pas sans apercevoir les périls de l'aventure : « Cette manière de philosopher tend à la subversion de toute la philosophie naturelle ; elle jette le trouble partout, elle met en désordre l'univers entier ».

Du passage cité plus haut, il faut retenir aussi que cette « réforme des cervelles », si nécessaire toujours (et plus que jamais *hic et nunc*) au progrès des sciences, ne peut être espérée que d'une faveur divine. Est-ce là une simple manière de parler, une façon de dire que nous ne pouvons, à cet égard, rien hâter ni rien prévoir, ou faut-il donner leur plein sens aux mots « et cela Dieu seul peut le faire », ce qui impliquerait, chez Galilée, la croyance en une sorte de création continue de l'esprit humain et en une révélation poursuivie et complétée par le moyen des connaissances naturelles ? Cette dernière interprétation nous paraît la plus vraisemblable, compte tenu de la sincérité et de la constance des préoccupations religieuses de Galilée. Fermement attaché au christianisme et à l'Église, il a mesuré l'immense péril qui résulterait pour l'orthodoxie romaine de la contamination du dogme par une physique et une astronomie désormais dépassées, d'une condamnation sans appel de l'hypothèse copernicienne et de l'affirmation que le géocentrisme seul s'accorde à la pensée de Dieu telle qu'elle s'exprime dans les livres saints. Le *sol ne movearis* de Josué constituait, pour certains théologiens, un argument irréfutable en faveur de l'immobilité de la Terre : si le Soleil s'arrête, c'est donc lui qui se mouvait. On verra plus loin comment Galilée, dans sa lettre à Benedetto Castelli, retourne ce bel argument et démontre que la lettre de l'Écriture, incompatible avec le système de Ptolémée, se concilie fort bien au contraire avec celui de Copernic. Mais nous ne devons pas nous laisser abuser par ce jeu subtil. Galilée, au fond de lui-même, réprouve tout essai de « concordisme ». Son sentiment, exposé tant de fois (et entre autres dans la lettre à la grande-duchesse, écrite à la veille des condamnations malheureuses de 1616), est qu'il ne faut chercher dans la Bible (qui nous enseigne « comment aller au ciel et non comment le ciel est fait ») autre chose que la science du salut, sans compromettre les textes sacrés en sollicitant d'eux des réponses aux questions naturelles qu'ils ne posent pas. Quand il voit un

Froidmont — et tant d'autres — tenir le mouvement de la terre « presque comme une hérésie », Galilée se demande avec angoisse quelle sera la situation des autorités ecclésiastiques et de l'Église elle-même si jamais telles propositions condamnées reçoivent la preuve d'expériences irréfutables.

Ce n'est donc pas seulement aux livres d'Aristote et à tout livre profane, mais à l'Écriture elle-même, que Galilée oppose le « livre de la nature », expression banale à laquelle sa ferveur prête un accent nouveau. En ce livre que Dieu « tient toujours ouvert devant nous », sa vérité se traduit en actes et il l'énonce avec plus de rigueur que dans l'Écriture, car sans chercher nullement à en mettre les lumières à la portée de l'intelligence commune, il ne les accorde qu'au prix d'un effort. De ceux qui aspirent à s'instruire en ce livre, certaines conditions sont exigées, dont la première est de se montrer attentifs; et il faut que chez eux l'attention (cette « prière naturelle », comme dira Malebranche) ne s'attache pas seulement à ce qui est rare, mais s'étende aux faits les plus communs, aux spectacles les plus constamment ou les plus fréquemment offerts à nos yeux, effets naturels ou travaux des hommes. Il faut en outre qu'ils sachent interpréter ce qu'ils ont ainsi observé, qu'ils apprennent à « lire », en se souvenant que les signes de l'alphabet dont ils auront à faire usage sont « les carrés, les cubes, les cercles, les cônes et toutes autres figures géométriques ». Ils ne négligeront pas, enfin, d'accroître la portée de leurs sens à l'aide d'instruments appropriés.

Galilée, en cela bon prophète, ne doute pas que s'il doit en être du télescope comme de certaines autres grandes inventions, les perfectionnements qui y seront apportés d'âge en âge permettront un jour de découvrir au ciel des choses qui, dit-il, « sont pour nous inimaginables ». Ils permettront aussi de transformer telles conjectures hardies mais encore fragiles en certitudes absolues. La science, en effet, progresse de deux manières : *extensive* et *intensive.* D'une part, elle s'enrichit de notions nouvelles (et elle a devant elle un long avenir, si loin sommes-nous de connaître tout ce qui est connaissable); d'autre part, elle éprouve ses acquisitions, rejette les unes, assure les autres par des « preuves sensibles » ou des « démonstrations nécessaires ». Salviati, dans le *Dialogue des grands systèmes*, à la fin de la première journée, affirme, à l'étonnement quelque peu inquiet de Simplicio, que par la « certitude nécessaire » la connaissance de l'homme s'égale à la connaissance divine. N'en est-il pas ainsi dans les sciences mathématiques? C'est une pensée d'inspiration platonicienne, et familière à la Renaissance, qu'il n'existe rien au-delà de la vérité saisie : « Les géomètres disent que toute chose qui relève de leur art, si elle est une fois comprise, l'est de même façon par n'importe quel écolier mal dégrossi que par le plus érudit des maîtres ». Cette phrase tirée du *Momus* de Léon Baptiste Alberti pourrait être prêtée au Salviati du *Dialogue :* il suffirait de remplacer l'écolier par l'homme, le maître par Dieu.

La science, dit encore Galilée, « avance toujours », d'une marche lente et par des chemins le plus souvent sinueux, mais sans jamais rien abandonner de ses conquêtes quand elle les a une fois assurées. Tout savant, certes, est sujet à l'erreur, mais tout savant authentique distingue ses hypothèses, solutions provisoires « entrevues dans l'ombre » (fussent-elles même, à ses yeux, hors de doute) d'avec ce qu'il peut montrer en pleine lumière, démontrer en toute rigueur et enseigner en toute tranquillité d'âme. Aussi les théories aventureuses et trop évidemment fausses du *Discours des comètes* ne sont-elles présentées que comme un ensemble de conjectures, de *dubitazioni* simplement plausibles; mais s'agit-il d'une « démonstration nécessaire », comme on en trouve tant d'exemples dans les *Dialogues des sciences nouvelles*, dès les premiers mots le ton change et laisse deviner au lecteur le moins attentif la promesse d'une vérité.

De ce qui précède, il résulte que le chemin du savoir porte, à ses deux extrémités, l'empreinte divine, étant fondé à l'origine sur des facultés qui sont une création de Dieu et une création continuée au cours du temps, et débouchant à son terme dans la pure lumière du vrai. Et cependant, la science humaine n'est pas la science divine dont elle diffère sous trois aspects principaux. En premier lieu, elle est partielle et non totale : réduite à un nombre limité de propositions, elle ne s'étend pas au champ infiniment vaste des connaissances possibles. Mais l'aveu de cette première différence, trop manifeste, ne suffit pas à apaiser les scrupules de Simplicio qui avait jugé le discours de Salviati « bien assuré et bien audacieux ». Une deuxième différence, aussitôt introduite, porte sur les modes de la connaissance. L'homme procède vers la vérité, son savoir est méthodique et discursif (tous ces mots éveillent l'idée de chemin parcouru); la science divine est vision, non seulement totale mais immédiate. Ici est allégué l'exemple classique des propriétés innombrables impliquées dans une définition géométrique, propriétés que nous déduisons l'une de l'autre, avançant « pas à pas », alors qu' « elles ne sont peut-être qu'une seule dans leur essence et dans l'esprit divin » — *forse sono una sola nell'essenza loro e nella mente divina*. Ce terme d'*essence* suggère enfin une troisième distinction qui, si elle n'est pas formulée par Salviati dans le passage auquel nous nous référons, l'est ailleurs, et à maintes reprises, par Galilée. Il ne s'agit plus cette fois du nombre des notions ni de la méthode suivie pour les acquérir, mais d'une limite absolue imposée à la connaissance humaine, impuissante à atteindre, au-delà de l'apparence, la chose en soi, et, partant d'un « effet » quelconque, à remonter, de cause en cause, à la cause première. C'est à des *faits premiers* que nous nous arrêtons; ce qui les détermine est supposé, presque touché parfois, mais non point vu ni vraiment pénétré. « Inexorable à nos vains désirs », la nature est à la fois, pour nous, le livre ouvert de la divinité et son voile. L' « infini », la « pesanteur », le « mouvement » même, sont des mots dont l'usage familier fait illusion mais ne met pas à notre portée la parfaite connaissance de ce qu'ils désignent.

La physique et l'astronomie sont redevables à Galilée d'un certain nombre de découvertes qui ont fait sa gloire et dont l'énumération serait superflue; elles concernent les lois de l'optique, celles de la résistance des matériaux, les satellites de Jupiter, les phases de Vénus, les taches solaires, etc. Mais plus que ces découvertes mêmes, nous intéresse l'arrière-plan de pensée sur lequel elles se dessinent et qu'elles illustrent, nouvelle vision d'univers qui, au cours de dialogues volontairement laissés dans le désordre de l'improvisation, s'exprime en remarques précieuses sur quelques notions générales, celle d'infini, par exemple, et surtout celle de mouvement.

Quand nous employons le terme d'infini, nous croyons savoir ce dont nous parlons, mais si nous y pensons de plus près, si nous cherchons à faire entrer l'infini dans nos raisonnements et dans nos calculs, nous nous trouvons bientôt en présence de difficultés inattendues et d'apories des plus troublantes. Il convient, à cet égard, de distinguer l'infiniment grand et l'infiniment petit, chacun d'eux pouvant être considéré sous l'aspect du nombre et sous celui de l'étendue.

Dans le *Dialogue des sciences nouvelles* (1ère journée), l'idée de multiplicité infinie fait l'objet d'une digression de quelques pages. La question se pose à la suite d'un étonnement de Simplicio qui ne conçoit pas comment deux lignes inégales peuvent contenir, l'une et l'autre, une infinité de points. Existerait-il donc des nombres à la fois infinis et inégaux? Salviati (c'est-à-dire Galilée) répond à la manière de Socrate en questionnant à son tour. Il demande d'abord à son interlocuteur si les nombres carrés sont autant que les entiers. Non, sans doute, puisque les carrés vont toujours s'espaçant dans la série des nombres. Cependant, il est manifeste que tout nombre peut être la racine d'un carré. Il faut donc qu'il y ait autant de carrés que de nombres et que les carrés soient infinis comme les entiers (le même raisonnement s'appliquera aux cubes et à toute autre série de même espèce), et le fait que les carrés sont de moins en moins nombreux par rapport à l'ensemble des entiers doit simplement nous avertir que toute ascension vers les grands nombres nous engage sur une mauvaise voie et que l'infini ne se trouvera jamais dans le multiple. En effet, « il est de toute évidence que plus nous progressons dans la suite des nombres, plus nous nous éloignons du nombre infini; d'où il résulte que (notre marche en avant nous écartant du but) si quelque nombre peut être dit infini, c'est l'unité. Et en vérité, c'est dans l'un que nous trouvons les susdites conditions exigées du nombre infini, à savoir de contenir en soi autant de carrés et de cubes que de nombres au total ». Ceci ne prétend pas être une explication de ce qui demeure inexplicable, mais doit nous rendre sensible l'erreur que nous commettons quand nous parlons des infinis en leur donnant les mêmes attributs qu'aux finis, « alors qu'il n'est rien de commun entre la nature des uns et celle des autres ».

Le problème de l'étendue infinie se rattache à celui de l'univers infini, ou mieux se confond avec lui. Giordano Bruno dont la position, sur ce point, est bien connue, allègue en faveur de l'infinitude un argument théologique : infinie est la puissance de Dieu et comme cette puissance ne peut se concevoir inactive, l'infinitude de l'effet doit répondre à celle de la cause. Galilée, plus prudent, ne préjuge de rien et n'engage pas l'avenir de la science. Il se contente d'admettre que nous ne pouvons assigner une limite à l'univers. Quant à la question de savoir si cet univers est infini *en acte*, il préfère la laisser pendante. S'il l'évoque dans une lettre à Liceti (de janvier 1641), c'est d'une manière détournée, à propos de celle de la forme de l'univers et de la détermination de son centre. Les meilleurs astronomes, dit-il, se contentent d'admettre « que le globe terrestre est d'une grandeur infime en comparaison de celle de l'orbe étoilé [...] Mieux vaut donc s'épargner l'illusion de pouvoir démontrer ou que les étoiles fixes sont logées dans un espace circonscrit par une surface sphérique, ou qu'elles sont situées en tel ou tel lieu et immensément éloignées les unes des autres. Aussi bien, vouloir assigner un centre à cet espace dont on ne sait et dont on ne peut savoir quelle est sa forme ni même s'il a forme et figure, c'est là, à mon sentiment, une entreprise oiseuse et vaine ».

Parce qu'il pense en physicien, Galilée, est amené à identifier le problème mathématique de l'infiniment grand au problème cosmologique des dimensions de l'univers; pour la même raison, il ne séparera pas le problème de l'infiniment petit de celui des éléments derniers de la matière. Mais tandis que nous admirions tout à l'heure l'extrême prudence de son doute concernant les limites du monde, nous aurons plutôt à admirer la hardiesse de ses certitudes quand nous le verrons se tourner du côté de l'infiniment petit. *Multitudo non minus infinita quam finita intelligi potest*, disait Giovanni Battista Benedetti (*Disputationes*, ch. XXI) à propos des éléments derniers. Galilée ne va pas si loin. Mais s'il reconnaît le caractère illogique et incompréhensible de l'infiniment petit *en acte*, il en admet l'existence : c'est pour lui un mystère accepté, et même affirmé. Il rejette expressément toute physique du type atomistique, toute « philosophie naturelle » qui postulerait une matière composée de corpuscules indivisibles *et ayant toutefois une grandeur.* Il suppose les indivisibles mais leur dénie toute grandeur : parties non-quantités (*parti non quante*) de tout corps sensible, ils sont le terme jamais atteint et hors d'atteinte d'une division qui peut être indéfiniment poursuivie. Cette doctrine, exposée à diverses reprises, s'exprime en termes particulièrement nets dans la première journée des *Discorsi,* là où il est traité de la condensation et de la raréfaction.

Le problème s'énonce ainsi : comment se fait-il qu'une masse matérielle puisse se dilater indéfiniment sans laisser d'être cohérente et se concentrer indéfiniment sans que les parties qui la composent cessent d'être impénétrables ? (L'impénétrabilité de la matière est un des principes de la physique aristotélicienne tenus par Galilée pour incontestables). Cette question se rattache à celle de la subdivision indéfinie des figures géométriques, posée dans les termes suivants : comment peut-on pousser aussi loin qu'on voudra la division d'une ligne sans jamais en atteindre le terme final, qui est le point, ni même s'en rapprocher ? Autrement dit, comment se fait-il que la dernière « partie-quantité », si petite soit-elle, à laquelle on s'arrête, se trouve être encore indéfiniment divisible ? Pour Galilée, qui ne sépare pas les mathématiques de la physique, les deux problèmes n'en font qu'un et comportent une solution commune : la matière se résout en indivisibles, mais ces indivisibles, nous l'avons vu, sont absolument hors d'atteinte, aussi bien pour notre raison que pour nos sens. Reconnaître qu'un objet « apparaît indivisible », est-il dit dans le *Discours des comètes,* revient à reconnaître qu'il n'apparaît pas du tout. Et de même que la division d'une quantité ne nous conduit jamais à l'indivisible, de même l'accumulation de parties « non-quantités », en aussi grand nombre qu'on voudra, ne produira jamais une grandeur. Cependant, ces éléments sans grandeur sont les constituants de tout corps sensible. Il y a là une contradiction qui ne peut être résolue que par la supposition de vides-insterstices ; en sorte que toute matière, fût-elle des plus compactes en apparence, doit être considérée comme « poreuse » et, en définitive, formée d'éléments discontinus mais *infiniment petits.* Nous voici donc ramenés à cette conception (contraire à toute logique) d'un infiniment petit réel, d'un infini donné. La résolution d'une ligne en points n'est pas division indéfinie d'un continu toujours divisible en puissance, mais poursuite indéfinie d'un discontinu qui, bien en deçà du sensible et même de l'imaginable, s'impose à l'esprit, mais sans le satisfaire et au prix d'une abdication de l'intelligence.

La première lettre de Galilée à Képler, du 4 août 1597, atteste que son adhésion à l'héliocentrisme copernicien était chose faite à cette date. Depuis combien de temps? Il est difficile de le préciser. Nous savons seulement qu'après avoir, dans sa jeunesse, accepté le système de Ptolémée, il changea de parti : effort imposé d'ailleurs à tous les coperniciens de sa génération puisque seule l'astronomie traditionnelle — celle qu'il appellera plus tard l'astronomie « vulgaire » — était enseignée dans les écoles. Par la suite, le mouvement terrestre devint un des thèmes préférés de ses méditations, le sujet d'un de ses principaux ouvrages — et la source de ses malheurs.

La rotation de la Terre sur elle-même et sa révolution autour du Soleil n'éveillaient pas seulement, comme nous sommes parfois tentés de le croire, des scrupules religieux, elles soulevaient des objections d'ordre scientifique dont nous rappellerons les plus connues.

1. Si la Terre tournait, une pierre projetée en l'air verticalement ne retomberait pas à son point de départ mais un peu à l'ouest, attendu que, durant le temps de son ascension et de sa chute, le susdit point de départ se serait déplacé vers l'orient. Cet argument, formulé par Aristote, avait déjà fait l'objet de réfutations valables que Galilée se borne à résumer brièvement (*Dialogue des grands systèmes*, II) : le mouvement du projectile se compose avec celui de la Terre auquel il participe; de même, une pierre qu'on laisse tomber du haut du mât d'un navire en marche tombe au pied du mât. Du moins est-ce là ce qu'affirme Salviati, car Simplicio est d'un avis contraire : il refuse d'admettre que les choses se passeraient ainsi. Salviati lui demande alors s'il en a fait l'expérience. Non, avoue Simplicio, mais,

ajoute-t-il, « l'avez-vous faite vous-même, pour parler avec tant d'assurance? ». En définitive, personne n'a fait l'expérience du navire (elle sera réalisée pour la première fois en 1641, par Gassendi). Mais Salviati la déclare inutile tant son résultat est certain : « Et moi, sans expérience », dit-il, « je suis sûr que l'effet s'ensuivra comme je vous dis ». On peut juger par cette réplique désinvolte du peu de valeur qu'attribue Galilée à l'objection classique des aristotéliciens.

2. L'argument de Ptolémée contre le mouvement terrestre paraît à première vue plus convaincant et, de fait, il a embarrassé pendant de longs siècles les adversaires de l'astronomie traditionnelle : si la Terre tournait sur elle-même, la force centrifuge — d'autant plus efficace à mesure qu'on se rapprocherait de l'équateur — projetterait les corps dans l'espace ambiant. Galilée, cette fois, estime devoir répondre, et sa réponse est aussi pertinente qu'originale. Il remarque (*Dialogue des grands systèmes*, II) et il est le premier à remarquer que, d'abord, la projection serait tangentielle et non verticale (ce qui, pratiquement, nous ramène au cas précédent et à l'objection d'Aristote, déjà écartée), et qu'ensuite cette projection serait très faible puisqu'elle ne dépendrait pas du mouvement plus ou moins rapide de la surface terrestre mais de la vitesse angulaire du globe en rotation autour de son axe, vitesse partout égale et partout insignifiante, attendu que la conversion complète s'accomplit en vingt-quatre heures : « La rotation de la Terre ne sera pas plus suffisante pour projeter les pierres que ne le sera celle de n'importe quelle petite roue tournant sur elle-même avec une lenteur telle qu'en vingt-quatre heures elle ne fera qu'une seule révolution ».

3. Un dernier argument en faveur du géocentrisme, le plus solide sans doute (il ne fut définitivement réfuté qu'au XIXe siècle), est qu'une étoile fixe, observée à tel moment donné de la révolution apparente du ciel, se montre toujours à nous dans la même direction. Il n'en serait pas de même si la Terre tournait autour du Soleil; quand elle aurait parcouru la moitié de son orbe, le déplacement considérable de notre point de vue devrait nous permettre, par une mesure d'angle, de calculer la distance d'une étoile. Par malheur, les étoiles fixes n'ont pas — ou du moins n'avaient pas, au temps de Galilée — de paral-

laxes observables. Il fallait donc ou s'en tenir à l'hypothèse de l'immobilité terrestre, ou rejeter les étoiles à une distance dépassant toute mesure. Le second parti était le bon. Comme le disait plaisamment Paul Couderc : « Nous sommes comparables à un puceron qui, faisant le tour d'un bouton de fleur, chercherait à reconnaître si son déplacement modifie la direction dans laquelle il voit un arbre situé à quelques kilomètres ». Mais voilà bien ce que les tenants du géocentrisme refusaient d'admettre, ce qu'ils jugeaient inconcevable et absurde. Quant aux coperniciens, ils ne pouvaient opposer à leurs adversaires qu'un acte de foi en attendant que des mesures plus précises permissent de calculer la distance d'une étoile — ce qui n'eut lieu qu'en 1838.

Galilée ne donna jamais, du mouvement de la Terre, les preuves décisives qu'on attendait de lui et qu'à Rome même plusieurs de ses juges lui demandèrent avant de prononcer leur sentence. Il ne présenta, hélas!, en conclusion de son *Dialogue des grands systèmes*, que des vues trop contestables sur les causes du flux et du reflux de la mer. Sa conviction n'en était pas moins ferme : il la garda toute sa vie, malgré l'abjuration de 1633, comme l'attestent ses écrits ultérieurs, notamment sa correspondance; et le fameux *eppur si muove*, qu'il n'a certainement jamais prononcé, exprime bien son sentiment.

Les racines d'une telle certitude n'ont d'ailleurs rien de secret. Dans une lettre du 1er janvier 1611, Galilée fait part à Julien de Médicis de sa découverte des phases de Vénus. J'ai observé soigneusement la planète, dit-il, « afin de voir de mes yeux *ce dont ma raison ne doutait plus* ». La confirmation de l'expérience est ici sollicitée et impatiemment attendue, tandis qu'elle était refusée comme inutile dans le cas de la pierre tombant du haut d'un mât; cependant, le mouvement de la pensée est le même, en ce sens qu'ici et là l'expérience n'est envisagée que comme un moyen de faire apparaître une vérité déjà hors de doute. Ainsi en est-il de la révolution terrestre : l'expérience concluante n'en a pas été faite, la preuve irréfutable n'en sera pas donnée, mais l'interprétation d'une multiplicité de faits concordants déjà connus et de découvertes comme celle des satellites de Jupiter est venue corroborer l'opinion copernicienne au point que son degré de probabilité touche aux limites de la certitude. Comment concilier désormais le système des sphères célestes avec la présence de ces nouvelles planètes, sinon par l'adjonction de plus en plus invraisemblable de nouveaux orbes? L'argument est repris dans le *Discours des comètes :* « Toutes ces distinctions de sphères et d'orbes célestes auxquels planètes et étoiles seraient solidement fixées et dont le mouvement seul entraînerait les révolutions des astres sont désormais si notoirement pleines d'invraisemblances et d'impossibilités qu'une bonne part de nos plus obstinés contradicteurs a été amenée à les rejeter ». Et plus loin : « Je ne vois guère comment l'accorder avec le soin extrême que met la nature, en ses autres ouvrages, à éviter toute oisiveté *et toute superfluité* ». Tel est le fondement légitime d'une doctrine encore contestée mais dont l'homme de science ne doute plus qu'elle triomphera. Par sa simplicité, la vérité se désigne elle-même, tandis que l'erreur, pour se soutenir et demeurer cohérente, doit donner de chaque fait nouveau des explications nouvelles et dont la probabilité diminue, à chaque épreuve, jusqu'au point de s'anéantir.

La chute des corps sous ses divers aspects (chute libre suivant la verticale, descente sur un plan incliné, oscillations du pendule, etc.) est le problème central de la physique galiléenne. La chute est d'abord un fait que l'on constate, un fait premier, un fait « naturel ». Nous lisons dans le *Dialogue des sciences nouvelles* (première journée) : « Un corps grave a *par nature* un principe moteur intrinsèque qui le porte vers le centre commun des graves, c'est-à-dire vers le centre de notre globe terrestre, d'un mouvement continûment accéléré ». Ce principe intrinsèque, libre à nous de l'appeler pesanteur, mais pesanteur n'est qu'un mot. De ce mouvement donc, le physicien ne cherchera pas à connaître la cause première; il se proposera en revanche d'en découvrir l'essence, la loi, la forme mathématique, tâche bien digne d'un platonicien puisqu'elle tend à la mathématisation du réel, et particulièrement délicate quand elle s'applique à la réalité du mouvement. Il s'agira en somme de trouver des rapports numériques précis entre les temps et les espaces. Devant pareille entreprise, Simplicio, nous n'en sommes pas surpris, se montre sceptique et même hostile : la rigueur mathématique, selon lui, n'est pas de mise dans les sciences de la nature. Il faut pourtant tirer au clair, c'est-à-dire mathématiser, le mouvement de la chute en tenant compte de son caractère le plus remarquable qui est, comme Salviati vient de le dire, son accélération continue, et pour cela écarter d'abord les explications insuffisantes qui en ont jusqu'alors été données : celle des péripatéticiens et celle des nominalistes.

Pour les premiers, la vitesse d'un mobile dépend essentiellement de la plus ou moins grande résistance du milieu traversé. Aristote croit, en effet, que la vitesse d'un corps, quelle que soit l'origine de son mouvement, est fonction de cette résistance : elle lui est inversement proportionnelle, en sorte que si la résistance est nulle, la vitesse doit être infinie. De ce principe, Aristote tire argument contre la possibilité du vide : une vitesse infinie étant inconcevable, on doit nécessairement écarter l'hypothèse d'un espace vide, c'est-à-dire d'un milieu dont la résistance serait nulle. Giovanni Battista Benedetti avait déjà fait justice de cette erreur qui résulte d'une application (mais d'une application malencontreuse) des mathématiques à la physique : la vitesse d'un mobile est diminuée de et non divisée par la résistance du milieu traversé; cette résistance réduite à rien, la vitesse propre du mobile (qui, selon Benedetti, est proportionnelle à son poids) ne subira aucune diminution, mais ne deviendra pas infinie.

Pour les nominalistes, l'accélération résultait d'une sommation de l'*impetus* initial et de l'*impetus* acquis au cours de la chute; conception plus juste sans doute, mais encore très vague et se prêtant mal à une interprétation mathématique. (Comment calculer l'*impetus?* Et comment ne pas voir qu'on vient de donner à ce terme deux significations bien différentes?).

Galilée continue à faire usage du mot *impetus*, mais sans laisser à l'*impetus* le caractère d'une force mystérieusement transmise du mouvant au mobile et subsistant en ce dernier. Il dégage une notion nouvelle où se fondent celles de force et de vitesse; il la désigne par le terme nouveau de *momento* — le « moment » — et, partant du principe que dans un mouvement accéléré il n'y a jamais identité de vitesse entre deux instants consécutifs, il définit les éléments d'un calcul valable.

Cependant, une difficulté se présente. Quand un corps

tombe, sa vitesse de chute ne croît pas indéfiniment; dans la pratique, son mouvement ne tarde pas à devenir égal (c'est-à-dire uniforme) par suite de la résistance du milieu. Il y a donc deux problèmes à distinguer, à poser et à résoudre : celui de la chute dans le vide et celui de la chute dans un milieu offrant une résistance au mouvement. La solution du premier problème se résumera en une formule applicable à tous les corps, celle du second variera en fonction de données multiples, notamment du poids spécifique des graves et de la densité du milieu.

1. Dans le vide, tous les corps ont un poids : la « légèreté » chère à Simplicio n'existe plus; et tous les corps quels que soient leur densité, leur volume, leur forme et le développement de leur surface, tombent à la même vitesse, l'accélération de leur mouvement étant la même pour tous. Notons bien que Galilée n'a jamais affirmé qu'il y eût dans la nature des espaces vides (en dehors des interstices infinitésimaux qui séparent les « indivisibles »); plus qu'à l'existence d'un μέγα κένον, il incline à croire à celle d'un milieu intersidéral très subtil, d'une sorte d'air raréfié. Mais la question n'est pas là. Le vide dans lequel la chute des graves est censée avoir lieu est l'hypothèse d'un problème mathématique et la condition d'une expérience mentale. L'impossible est supposé afin de dégager une loi universelle que la réalité concrète permet seulement d'entrevoir. Ainsi, Descartes n'hésitera pas à construire un monde imaginaire. Ajoutons que Galilée a d'autant plus de mérite à entrer dans cette voie que, contrairement à Descartes, il est et, comme on le verra, il se veut plus physicien que mathématicien. Par la pensée, il substitue à l'espace que remplit notre lourde atmosphère terrestre un espace abstrait, celui d'Euclide ou d'Archimède. En termes plus généraux, il élimine les *accidents* propres à altérer le processus du phénomène étudié. Cette démarche, sans doute, a-t-elle toujours été celle du savant, mais ce qui distingue de la science ancienne la science moderne, alors naissante, c'est qu'elle reconnaît le caractère accidentel de faits considérés jusque là comme nécessaires. Dans le cosmos organique des aristotéliciens dont chaque région est affectée de propriétés immuables, comment aurait-on pu tenir pour accidentelles les résistances des milieux?

La formule générale de la chute libre, nous la trouvons dans la lettre à Paolo Sarpi du 16 octobre 1604 : l'espace parcouru est proportionnel au carré du temps, ou, dans la langue de cette époque, « les espaces franchis sont en proportion double du temps », ou encore (souvenir pythagoricien de la génération des carrés par sommation des impairs successifs) « les espaces franchis dans des temps égaux sont entre eux comme les nombres impairs à partir de l'unité ». Il résulte de ces propositions que la vitesse du mobile croît à la fois en fonction des espaces parcourus et en fonction des temps écoulés. Galilée l'a fort bien vu, mais il commit une erreur de méthode en cherchant à calculer l'accélération en fonction des espaces, la formule à laquelle il eût dû aboutir étant alors celle d'une fonction exponentielle, formule qu'il n'était pas en mesure d'établir.

2. La chute dans un milieu résistant (pratiquement dans l'air) nous remet dans les conditions de l'expérience quotidienne et nous voyons reparaître, comme fonction du milieu, la « légèreté » précédemment éliminée de nos calculs. Cette légèreté aura pour effet, selon les cas, d'imprimer au mobile un mouvement *sursum* (s'il se trouve être plus léger que le milieu), de l'immobiliser (si son poids spécifique est égal à celui du milieu) ou à tout le moins de freiner sa chute : « Le mobile se mouvant, par nature, avec une continuelle accélération, rencontrera de la part du milieu une résistance toujours plus grande; il sera donc ralenti; les nouveaux degrés de vitesse qu'il acquiert à chaque instant seront diminués, si bien que, pour finir, sa vitesse atteindra un degré tel et la résistance du milieu une grandeur telle qu'elles s'équilibreront entre elles, élimineront l'accélération et réduiront le mobile à un mouvement égal et uniforme dans lequel, par la suite, il se maintiendra toujours » (*Dialogue des sciences nouvelles*, première journée).

Dans chaque cas particulier, l'accélération et la vitesse-limite devront être calculées en fonction de trois facteurs, à savoir : 1° *le poids spécifique du mobile :* un corps pesant triomphera de la résistance du milieu plus facilement qu'un corps léger, que ce soit en chute libre ou sous l'effet d'une impulsion quelconque (avec une force égale, on lancera une balle de plomb plus loin qu'une boule de papier); 2° *la densité du milieu :* le mouvement dans l'eau n'est pas soumis aux mêmes lois que le mouvement dans l'air; 3° enfin, *le développement de la surface du mobile :* de deux mobiles de même poids spécifique et d'égal volume, celui qui présente la plus grande surface tombera plus lentement; Galilée le montre par l'exemple d'une feuille d'or; et de deux mobiles de même poids spécifique et de même figure, le plus petit tombera plus lentement que le plus grand : ainsi s'explique la suspension des poussières dans l'air.

Giordano Bruno a écrit dans la *Cène des cendres* (dialogue V) une phrase souvent commentée et dont voici la traduction littérale : « Avec cette facilité avec laquelle les choses qui naturellement ne se meuvent pas demeurent fixes en leur lieu, les choses qui naturellement se meuvent marchent par leurs espaces ». On a parfois conclu de cette proposition que Bruno avait énoncé, avant Galilée et Descartes, le principe du mouvement inertial; mais dans le système animiste de Bruno, le mouvement éternel des sphères résulte d'une force interne dont l'âme du monde est la source intarissable; or, concevoir l'inertie, c'est comprendre que si un mobile persiste dans son mouvement puis vient à s'arrêter, ce n'est pas la persistance du mouvement mais bien son arrêt qui doit être expliqué par l'action d'une cause interne ou externe.

Galilée eut (et il eut le premier) pleinement conscience de ce principe, mais parce que sa vue de l'univers était celle d'un physicien et d'un astronome plutôt que celle d'un pur mathématicien, il n'en a jamais donné l'énoncé correct. Dans l'espace d'Euclide, d'où la pesanteur elle-même est éliminée par la pensée comme un accident, c'est suivant une ligne droite que le corps mis en mouvement devrait poursuivre indéfiniment sa marche. Or, Galilée n'admet pas, dans la nature, l'existence du mouvement droit. *Moto retto impossibile per natura*, écrit-il dans la marge de son *Dialogue*. Le mouvement droit, ne revenant pas sur lui-même comme le circulaire, va à l'infini (*moto retto di sua natura infinito*); autrement dit, il ne va nulle part et la nature ne tend jamais vers un but qu'elle ne peut atteindre. Naturel ou violent, un mouvement droit ne se poursuivra jamais indéfiniment : un terme lui est imposé. Une pierre lancée en l'air verticalement ne dépasse pas une certaine hauteur, mesurée par la force qui lui a été imprimée au départ; la pierre qui retombe s'immobilise au sol, terme de sa chute; et si le sol s'ouvrait devant elle, elle s'immobiliserait au centre du globe terrestre. En définitive, le mouvement droit naturel a pour fonction de replacer les choses en leur lieu propre, de réparer un désordre; dans un univers ordonné, il s'abolit *(moto retto impossibile esser nel mondo ben ordinato)*.

Voyons maintenant comment une expérience bien conduite peut nous enseigner ou au moins nous laisser deviner quelles sont les conditions d'un mouvement sans terme. « Prenons garde », dit Galilée (*Dialogue des sciences nouvelles*, troisième journée), « au fait que le degré de vitesse existant dans un mobile lui est, par nature, *indélébilement imprimé* et qu'il subsiste tant qu'il n'est pas modifié par des causes extérieures d'accélération ou de retard ». Le principe fondamental de la conservation du mouvement ainsi posé et très clairement énoncé, vérifions-le par l'expérience du plan incliné. Une boule lancée sur ce plan, vers le haut, par quelque violence, trouve à chaque instant une cause de retard : son mouvement se ralentit, puis elle s'arrête; la même boule, à la descente, trouve à chaque instant une cause d'accélération; mais supposons qu'au bas de la pente elle continue à rouler sur un plan horizontal, rien ne modifiera désormais en plus ou en moins le degré de vitesse qu'elle a acquis, et (si nous faisons abstraction des frottements et de tous autres accidents) elle n'aura aucune raison de s'arrêter. « Donc si cet espace était sans terme, son mouvement aussi serait sans fin ». (*Dialogue des grands systèmes*, deuxième journée). Bien. Mais quel serait ce plan horizontal propre à assurer ainsi la persistance de la vitesse et la conservation indéfinie du mouvement? Serait-ce un plan « euclidien », le plan abstrait des géomètres? Certes non, car sur un tel plan — qui serait tangent à la surface terrestre — le mobile s'éloignerait du centre de la Terre et trouverait dès lors, à chaque instant de sa course, une « cause de retard ». La ligne horizontale suivie par le mobile est donc un horizon terrestre et le plan horizontal réel est une surface sphérique, si bien que, conformément au principe énoncé plus haut, le mouvement inertial (autrement dit uniformément et indéfiniment continué en l'absence de toute cause d'accélération ou de retard) ne peut être que circulaire.

L'admirable théorie que nous venons de résumer n'a qu'un défaut, si c'en est un : elle comporte deux plans de pensée et nous oblige à passer de l'un à l'autre suivant qu'elle considère le mouvement *in abstracto* ou le mouvement dans la réalité. Quand Galilée définit les conditions d'un mouvement sans fin, il imagine un monde sans frottement ni accidents d'aucune sorte; il suppose donc l'impossible pour procéder mentalement à une expérience rationnelle; mais il ne fait pas abstraction de ce que nous appelons l'attraction terrestre, de la tendance des graves à se rapprocher du centre de la Terre; et il nous fait ainsi retomber dans la réalité cosmique à laquelle il nous avait tout à l'heure si délibérément arrachés.

Mais si Galilée se refuse à imaginer un monde sans pesanteur — monde dans lequel un corps mis en mouvement continuerait à se mouvoir indéfiniment *en ligne droite* —, c'est parce que, pour lui, la pesanteur est un fait premier, seule explication du mouvement *deorsum* des graves, et lui-même inexplicable. Quand Simplicio, croyant l'affaire toute simple, s'écrie : « Tout le monde sait quelle est la cause du mouvement vers le bas : c'est la pesanteur », Salviati s'empresse de lui répondre : « Vous vous trompez; vous auriez dû dire : tout le monde sait *qu'on l'appelle la pesanteur* » (*Dialogue des grands systèmes*, deuxième journée). Et cette force, qui garde quelque chose de mystérieux, ne peut être assimilée, au même titre que le frottement, à un accident éliminable par la pensée.

Acceptons ces prémisses; retenons qu'une force dite « pesanteur » détermine la chute des corps graves; que cette force, agissant d'une manière continue, a pour effet d'accélérer à tout instant le mouvement *deorsum* (chute libre ou descente sur un plan incliné); et cherchons à connaître, à défaut de sa cause première, l'essence de ce mouvement, c'est-à-dire la loi de son accélération. La vitesse du mobile croît, selon Galilée, « à tout instant ». Pour lui, le temps se divise donc indéfiniment en instants indivisibles comme la ligne se divise en une infinité de points « sans grandeur ». Aussi le mouvement de la chute (supposé dans le vide) est-il continûment accéléré, et le mobile, pour passer de l'immobilité (ou « lenteur infinie ») à un degré de vitesse quelconque, doit-il passer par tous les degrés de vitesse intermédiaires, *en nombre infini*. Le mouvement de chute ne comporte donc ni sauts ni arrêts d'aucune sorte, aucun passage brusque d'un degré de vitesse à un degré de vitesse supérieur.

Après la conservation du mouvement (par laquelle s'explique l'accélération continue de la vitesse d'un mobile soumis à l'action d'une force constante), il nous reste à dire un mot d'un autre grand principe de la mécanique galiléenne : la *relativité du mouvement.* L'expérience nous l'enseigne et nous en montre le double aspect :

a. Le mouvement d'un corps ne doit pas être considéré dans l'espace absolu mais à l'intérieur d'un système, autrement dit par rapport à un repère supposé fixe. C'est seulement ainsi que nous pourrons en étudier utilement la vitesse et la direction. La Terre, à cet égard, est comparable au navire en marche. Voilà pourquoi la trajectoire d'un corps en chute libre est pour nous, et pour tout observateur placé sur la Terre, une ligne droite, alors que, si nous tenions compte du mouvement terrestre, elle serait une ligne courbe. (Cette courbe est définie dans le *Dialogue des grands systèmes*, deuxième journée).

b. Il résulte de la proposition précédente que le mouvement d'un corps est toujours défini par rapport à un autre corps supposé immobile; mais rien ne nous oblige, dès lors, à supposer l'immobilité de l'un plutôt que de l'autre des deux corps considérés. Nous n'ignorons pas qu'à Descartes, qui professait aussi la réciprocité du mouvement, Morus répondait : « Si je suis assis tranquille et qu'un autre, s'éloignant de moi de mille pas, soit rouge de fatigue, c'est bien lui qui se meut et c'est moi qui me repose »; malheureusement, cette objection même montre que le choix judicieux du repère immobile ne se fonde pas sur la seule variation des distances entre deux points, mais sur des faits concomitants de natures diverses. Aussi Galilée a-t-il raison de penser que le géocentrisme et l'héliocentrisme doivent paraître également plausibles à quiconque s'en tient à l'observation des mouvements célestes : « Le mouvement ne fait que varier les positions respectives des astres, et cette variation suit le même cours, que l'on fasse mouvoir la Terre en laissant le Soleil immobile ou que l'on suppose l'inverse » (*Dialogue des grands systèmes*, première journée).

Dans le cosmos des aristotéliciens, le mouvement est absolu car il s'accomplit par rapport à des repères réellement fixes; dans le monde de Galilée, au contraire, le mouvement d'un corps est observé à l'intérieur d'un système qui peut être lui-même mobile (que l'on sait être mobile si c'est un navire en marche, ou que l'on est en droit de supposer mobile si c'est le globe terrestre), *mais du mouvement duquel on fait et on doit faire abstraction* pour rendre possible la solution d'un problème physique, l'explication d'un « effet ». Il arrive d'ailleurs que cette recherche d'une explication nous conduise à négliger tels ou tels éléments de la réalité concrète qui ne sont pas simplement possibles ou fortuits, mais nécessaires, en sorte que le recours à l'expérience devient impraticable. Peu importe : à l'expérience réelle, le physicien substitue une expérience mentale, tout aussi concluante et plus significative. Aussi se donne-t-il licence de simplifier ses calculs en assignant, par exemple, aux grandeurs qu'il compare des proportions arbitraires : supposons, dira-t-il, que le plomb soit dix fois plus lourd que le bois, que le poids spécifique de l'eau soit égal à cent fois celui de l'air... Par une contradiction qui n'est qu'apparente, il cherche à rendre compte des phénomènes les plus communs, de ceux qui échappent à notre vue parce qu'ils lui sont trop familiers, et pour atteindre ce but, il s'écarte du réel et se réfugie, en pensée, dans un espace mathématique. Ici, il parle de la chute des corps dans un milieu dont la résistance est nulle (fait, en son temps, inobservable); là, il suppose un œil placé au centre de la Terre (et pour lequel aucune réfraction ne se produit à la surface de la sphère vaporeuse). Ici et là, il nous met en présence d'un cas limite, impossible mais éclairant, permettant mieux que tel fait concret, masqué par mille circonstances, l'interprétation mathématique des effets naturels. Isoler ainsi un phénomène de ses concomitants pour mieux en pénétrer l'essence, telle est la première règle méthodique de la science nouvelle.

Ces simplifications, toutefois, ne sont qu'un procédé de recherche, qu'une étape sur le chemin de la connaissance, et de l'usage qu'en fait Galilée il ne faut pas tirer des conclusions qui nous donneraient de lui une image trompeuse. S'il semble se détourner de la réalité naturelle, c'est pour y revenir mieux instruit et mieux armé. Il est et, disions-nous, il se veut avant tout physicien, à telles enseignes que, sur le point de quitter Venise pour Florence et de se mettre au service du grand-duc de Toscane, il demande instamment (dans sa lettre à Belisario Vinta, du 7 mai 1610) qu'au titre de mathématicien qui lui sera donné, soit ajouté celui de philosophe car, dit-il, « je fais profession d'avoir consacré plus d'années à l'étude de la philosophie que de mois à celle des mathématiques pures ». (Répétons que la « philosophie » dont il est ici question n'est autre que la « philosophie naturelle », c'est-à-dire la physique). Quelque trente ans plus tard, le 7 janvier 1639, Galilée écrira à Jean-Baptiste Baliani : « Pour en revenir à mon traité du mouvement, j'argumente *ex suppositione* sur le mouvement ainsi défini en sorte que, quand bien même les conséquences tirées de mon argumentation ne répondraient pas aux accidents du mouvement naturel des graves en chute, cela ne m'importerait guère, de même que la démonstration d'Archimède ne perd rien de sa valeur du fait qu'il ne se trouve dans la nature aucun mobile se déplaçant suivant des lignes spirales. Néanmoins, si je me suis aventuré, dirai-je, dans cette voie, c'est que le mouvement des graves et ses accidents répondent en tous points aux accidents que je démontre être ceux du mouvement par moi défini ». Chaque mot de cette phrase mérite attention. On notera d'abord le soin que prend Galilée d'invoquer une fois de plus l'exemple d'Archimède, son maître et son modèle; mais aussi l'aveu qu'il fait de s'être *aventuré* dans des calculs dont les données peuvent paraître arbitraires; et surtout son assurance de voir cette audace récompensée et d'aboutir en fin de compte à une exacte description du réel. Car tel est bien son but. La traduction mathématique de faits non pas observés mais « supposés » et comme idéalisés, est pour lui le moyen d'interroger correctement la nature et d'obtenir d'elle une réponse satisfaisante, propre à nous enseigner les lois qui la régissent et les modes de son opération.

La science de la nature commence par l'observation attentive des faits, de tous les faits, des plus communs comme des plus exceptionnels, de la chute d'une pierre ou du travail d'un ouvrier qui plante un clou aussi bien que de l'apparition d'une comète ou d'une aurore boréale. Quant au but de cette même science de la nature, quel serait-il sinon de rendre compte des faits observés, de montrer la nécessité des effets par le dévoilement des causes? Ainsi, le philosophe suit un chemin qui va du réel au réel, mais au milieu de son voyage, dans un deuxième temps, il nous paraît se détourner de l'objet de sa recherche : il traverse alors un espace épuré où seuls les êtres mathématiques sont admis. Sans doute n'est-ce là qu'un lieu de passage, mais c'est là que son esprit s'éclaire et que s'élabore sa conception de l'univers; c'est là qu'en isolant tel phénomène observé de tout ce qui l'entourait et le dérobait en partie à la vue, il se délivre à la fois d'une réalité trop complexe et d'une trop ambitieuse cosmologie; c'est là, pour prendre un exemple, que l'astronome échappe enfin à la hantise des « influences » célestes et aux contaminations d'une astrologie dont ne s'étaient jamais complètement délivrés un Copernic, un Tycho Brahé ni même un Képler.

Semblable effort d'abstraction sera peut-être, de nos jours, jugé facile et comme allant de soi, mais au début du XVIIe siècle l'abandon et l'oubli volontaire du *cosmos* représentaient un douloureux arrachement. Aussi ne serons-nous pas surpris si Galilée parle encore de la nécessité du mouvement circulaire « dans un monde ordonné » et de l'impossibilité, dans un tel monde, d'un mouvement droit indéfiniment poursuivi et ne conduisant nulle part. Giordano Bruno affirmait sans hésiter l'univers « infini et infigurable »; plus prudent, Galilée reste dans le doute : il se demande si l'univers a un centre, une limite, une figure; il avoue n'en rien savoir mais il en accepte au moins l'hypothèse; il montre même à plusieurs reprises sa préférence pour un monde fini et c'est là, pour qui se place dans les perspectives de la science de son temps, le signe qu'il n'a pas poussé jusqu'à ses dernières conséquences la mathématisation du réel.

Malgré ce scrupule compréhensible (et même très légitime, quand il se rapporte à l'affirmation de l'infini), on doit reconnaître en Galilée un des principaux artisans de la révolution scientifique qui, en son temps, consomma la ruine, non pas seulement du cosmos aristotélicien, mais de toute cosmologie. Sans doute accorde-t-il à l'univers le caractère de « monde ordonné », mais l'ordre naturel qu'il conçoit n'implique aucune hiérarchie : la prétention d'attribuer des rangs et des valeurs diverses aux nombres, aux formes, aux sphères célestes, à certains lieux, à certaines « directions », n'a même plus le pouvoir de l'irriter tant elle lui semble frivole et dérisoire. Toutefois, ses adversaires ont assez de puissance pour mériter d'être combattus, et à l'époque où il écrit le *Dialogue des grands systèmes*, il n'a pas oublié qu'au temps où il découvrait les satellites de Jupiter, un Francesco Sizzi refusait de croire à cette « illusion du télescope » pour la raison que le nombre des planètes ne pouvait être autre que sept, comme celui des jours de la semaine. Aussi, dès la première journée, dès les premières pages du *Dialogue*, quand Simplicio expose que le monde est parfait parce qu'il a trois dimensions et que le nombre trois est parfait, Salviati lui répond-il : « Je ne vois pas que, par exemple, en ce qui concerne les jambes, le nombre trois soit plus parfait que le nombre quatre ou le nombre deux... Aristote eût mieux fait de laisser là toutes ces fadaises ».

Ce qui est vrai des nombres ne l'est pas moins des formes. Pourquoi vouloir à tout prix supposer la sphéricité parfaite des astres? Pourquoi la Lune devrait-elle être polie comme un miroir, sans la moindre aspérité? Une forme est une forme. Une sphère imparfaite est une figure géométrique aussi bien qu'une sphère parfaite. Elle n'a pas moins de valeur; elle est seulement plus complexe. « Je n'ai jamais eu connaissance des titres de noblesse des figures, je ne sais pas celles qui sont plus ou moins nobles... J'imagine que toutes ont leur noblesse... étant bien entendu que s'il s'agit de bâtir, les carrées sont plus parfaites que les sphériques... mais que pour les roues de charrette, j'estime la forme ronde plus parfaite que la triangulaire » (*Saggiatore*, 38). Dans sa *Réponse aux difficultés proposées par Lodovico delle Colombe relativement aux inégalités de la Lune*, Galilée avait déjà affirmé, et du même ton, son indifférence quant aux prétendues perfections attribuées à certaines formes, comme aussi à certains groupements ou agencements de formes, sans craindre de tirer argument du spectacle de l'univers et de son apparent désordre. Imaginez, dit-il, « qu'un de nos plus célèbres architectes ait eu à répartir dans la grande voûte du ciel la multitude des étoiles; je crois qu'il les aurait distribuées en de beaux compartiments formant des carrés, des hexagones, des octogones, les plus grandes s'intercalant entre les moyennes et les petites... Mais Dieu, au contraire, comme s'il les avait semées par la main du hasard, il nous semble qu'il les a éparpillées là-haut sans règle, sans symétrie, sans élégance aucune ». Galilée, certes, croyait à un ordre universel, et tout l'effort de sa vie ne fut que d'en chercher les vrais principes, mais il nous invite parfois — et en des termes où nous sommes tentés de reconnaître quelque chose du sublime héraclitéen — à ne pas confondre l'ordre tel que nous le concevons et celui de Dieu.

L' « anti-cosmologisme » n'est pas seulement, chez lui, une position philosophique mais une méthode scientifique, un des impératifs de la science nouvelle qui s'élabore en son temps (et dans une large mesure grâce à lui) étant de renoncer à l'ancienne prétention de saisir le monde dans sa totalité avant d'en interpréter les apparences, de construire l'univers avant d'interroger la nature. Aristote, dit Galilée par la bouche de Salviati, « visait bien plutôt à toucher un but fixé d'avance qu'à aller là où l'eût conduit tout droit le porgrès de son raisonnement » (*Dialogue des grands systèmes*, première journée). C'est une autre route qu'il faut suivre. Si la nature est soumise à des lois qui sont les mêmes partout, le moindre fait doit en être l'application et il les révélera à qui se donnera le soin d'observer et de réfléchir, sans oublier l'adage trop volontiers rappelé par les aristotéliciens mais enfin retourné contre eux : *Eadem sit ratio totius et partium.*

P.-H. Michel.

DISCOURS DES COMÈTES [1]

Éminents académiciens, encore que la merveilleuse fabrique de cette universelle machine du monde soit exposée aux yeux de quiconque la veut regarder et qu'il n'est personne à qui soit dérobé un aussi admirable spectacle, il en existe néanmoins une part qui, étant plus que les autres digne de vénération, ne s'ouvre pas à tous mais en laquelle seuls peuvent pénétrer ceux qui ont été élevés à une dignité plus sublime. Ce très haut sommet n'est autre que la raison par laquelle cet édifice construit avec tant d'art est gouverné et à la contemplation de laquelle accèdent ceux-là seuls qui sont initiés à la philosophie. Mais ceux-là ne peuvent, autant qu'il leur plairait, en explorer du regard tous les aspects : si éblouissant est l'éclat qui de tous côtés s'y répand, et si épais le brouillard qui le remplit que l'esprit en est confondu et dessaisi plus ou moins de toutes ses puissances. Très limitée étant la permission d'arracher à ce riche sanctuaire quelque joyau de prix, ceux qui nous en ont apporté méritent d'être tenus en grande estime, comme des êtres que la fortune a comblés et qui en sont les dispensateurs magnifiques. Aussi bien doit-on les excuser si le peu de temps qu'il leur a été accordé de demeurer en un tel lieu ne leur a pas laissé tout le loisir de distinguer le meilleur du pire, et si parfois, quand nous leur avions demandé la cause d'un effet, ils nous sont revenus avec celle d'un autre. Mais de même qu'une large indulgence leur est due, de même doit-on nous épargner tout reproche si, après un examen attentif de leurs arguments, nous ne les approuvons pas également tous. Car leur prix ne vient pas de la main qui les donne, mais du poids, de la couleur et des autres propriétés par lesquelles l'or de la vérité se distingue du vil métal de l'alchimie et de toutes les impostures. Or, autant les choses nouvelles ou rarement vues éveillent en nous un plus vif étonnement que les choses communes et banales, d'autant plus doivent-elles enflammer notre désir d'en connaître les causes, et par conséquent d'éprouver l'authenticité de celles qui nous sont proposées ou qui nous sont venues à l'esprit. Voici quelques mois, une lumière nouvelle est apparue au ciel : de même qu'elle fut alors le digne sujet de votre admiration, ainsi ne sera-t-elle pas aujourd'hui un objet indigne de votre étude.

Aussi commencerai-je par vous rappeler ce qu'ont avancé, lors de semblables apparitions de comètes, les philosophes anciens et les astronomes modernes : nous examinerons avec soin leurs opinions, et vous verrez si elles vous laissent l'esprit satisfait. Je vous exposerai ensuite, sans rien affirmer et comme une chose simplement probable sinon douteuse, ce que pour ma part j'estime qu'on peut dire en une matière si obscure et si incertaine; les conjectures que je vous présenterai ont pris naissance dans l'esprit de Galilée, votre collègue en cette Académie : tirant leur origine de ce noble et sublime génie qui, par ses découvertes de tant de merveilles au ciel, n'a pas moins illustré son siècle que sa patrie, je ne doute pas qu'elles trouvent grâce à vos yeux autant que les conclusions des autres. Puissent mes explications vous les rendre en vive forme et puissiez-vous me tenir pour un bon copiste de Galilée, car j'attacherai plus de prix à cet éloge qu'aux louanges usurpées par ceux qui ont prétendu s'attribuer certaines autres de ses opinions et se donner pour des Apelles, quand leurs tableaux mal peints et plus mal dessinés laissent assez voir qu'ils ne s'égalent même pas aux maîtres de médiocre valeur [2].

Il semble bien que les opinions les plus célèbres des anciens touchant les comètes sont, outre celle d'Aristote lui-même, les trois qu'il nous rapporte, à savoir celle d'Anaxagore et de Démocrite, celle de quelques pythagoriciens ou stoïciens et celle d'Hippocrate de Chios et de son élève Eschyle, pythagoriciens eux aussi [3].

Anaxagore et Démocrite pensent que les comètes sont une conjonction d'astres errants unissant leur lumière, ce qui confirmerait l'observation faite, au moment où les comètes s'évanouissent, du surgissement de certaines étoiles.

D'autres soutiennent que la comète est une étoile du même âge que les autres, si l'on peut dire, ayant comme elles sa période et son mouvement ordonné; son apparition et son occultation dépendraient de son approche et de son éloignement, tous deux considérables; c'est ainsi et pour la même raison que Mars nous apparaît dans toute sa grandeur pour diminuer ensuite à tel point qu'on le perd de vue, ce qui a donné lieu à la fable de son exil hors du ciel.

Hippocrate de Chios et Eschyle, pythagoriciens l'un et l'autre, reconnurent dans la comète une étoile particulière qui, se rapprochant de la Terre, en attire des vapeurs humides où les rayons du Soleil se réfractent et prennent à nos yeux l'apparence d'une chevelure.

A Anaxagore et Démocrite, Aristote oppose qu'on devrait voir toujours, et non pas quelquefois, les comètes se partager en étoiles quand elles se dissolvent; or, cela ne se produit pas. De plus, non seulement les rencontres des planètes entre elles mais leurs conjonctions avec les étoiles fixes (conjonctions qui, dit-il, d'après les Égyptiens, ont réellement lieu) devraient provoquer l'apparition des comètes; et lui-même dit avoir vu au moins deux fois Jupiter entrer si bien en conjonction avec une étoile du signe des Gémeaux qu'il l'occultait, sans qu'il en soit résulté l'apparition d'une comète. Il existe en outre, selon Aristote, une raison manifeste qui ôte toute probabilité à cette théorie : c'est, dit-il, que les étoiles, si elles paraissent de grandeurs différentes, n'en paraissent pas moins indivisibles; or, qui ne voit que si en mettant ensemble un grand nombre d'indivisibles on ne composerait jamais une grandeur, de même, en rapprochant de nombreux corps en apparence indivisibles, on n'obtiendra jamais un corps d'une étendue apparente plus grande que celle d'un seul d'entre eux?

A ces objections, voici ce que l'on peut répondre pour Anaxagore et Démocrite : premièrement, une comète n'est pas toujours composée d'étoiles si grandes que, séparées, elles seraient par elles-mêmes apparentes et visibles; de plus, les étoiles fixes étant si élevées au-dessus des planètes, il n'est peut-être pas possible que, dans leurs conjonctions, elles unissent leurs rayons en sorte qu'ils se présentent comme un seul trait lumineux et continu; enfin, cette raison, donnée comme si claire et si évidente, enferme en elle tant d'incompatibilités et de contradictions que, pareille à Pénélope qui, jour après jour, défaisait par un bout autant de sa toile qu'elle en avait tissé de l'autre, elle renverse à la fin de la proposition ce qu'elle avait affirmé et établi au commencement. La première partie de l'enthymème contient deux contradictions flagrantes, car non seulement l'apparition de grandeurs différentes exclut l'apparition d'indivisibles, mais le seul fait d'apparaître y suffit, ce qui est indivisible ne pouvant en aucune manière être vu. Mais à supposer même que cette proposition fût vraie, la conclusion n'en serait pas moins fausse, car de ce qu'une grande quantité d'indivisibles rassemblés ne puisse produire réellement une grandeur, il n'est pas permis d'inférer qu'il en ira de même s'il s'agit d'apparences, autrement dit si une grande multitude de corps apparemment mais non réellement indivisibles sont rapprochés et mis au contact; car « apparaître indivisible » ne peut guère signifier autre chose qu'être invisible et ne pas apparaître du tout; si à la distance de mille brasses un grain de blé n'est pas visible à nos yeux, nous pouvons dire qu'il est « apparemment indivisible »; il est cependant évident que si nous amassons une grande quantité de grains de blé, leur masse deviendra visible. Mais ne sortons pas du sujet. La Voie Lactée ressemble tant à la comète qu'Aristote a cru et écrit qu'elles étaient sœurs, pour ainsi dire, et engendrées par une même exhalaison. Il n'en est pas moins vrai que la Voie Lactée, ainsi que l'a clairement fait voir notre académicien, est composée et formée de très petites étoiles dont chacune séparément échappe à notre vue et qui pourtant occupent ensemble une très grande place dans le ciel. En sorte qu'on pourrait, en faveur d'Anaxagore et de Démocrite, retourner ainsi l'argument contre le philosophe : la Voie Lactée ressemble tant à la comète par sa couleur et sa lumière qu'elle est, d'après toi, de même matière; mais elle est un agrégat de minuscules étoiles; donc, la comète, si l'on s'en tient à ton raisonnement, est composée d'une multitude d'étoiles.

Les objections d'Aristote étant fausses, il ne s'ensuit pas cependant que l'opinion par lui vainement attaquée soit conforme à la vérité. En effet, comme le dit Sénèque, nous constatons souvent des conjonctions de planètes sans que l'apparition de comètes en résulte, comme cela devrait se produire si telle était leur origine. Les comètes ne devraient pas non plus durer si longtemps; elles devraient même s'évanouir aussitôt apparues, en raison du cours rapide des astres qui leur donneraient naissance : les éclipses, nous le voyons bien, sont très brèves, car cette même rapidité qui rapproche et conjoint les corps célestes ne tarde pas à les disjoindre et à les séparer.

Les objections d'Aristote à la seconde opinion n'ont pas plus de valeur; en effet, elles ne se fondent sur autre chose que sur l'argument que voici : les astres errants devant nécessairement et par nature accomplir leurs révolutions sous le zodiaque, les comètes, si elles sont de même espèce, doivent apparaître sous le même cercle; or, bien des fois on en a vu s'en écarter. Contre quoi Sénèque se récrie, et non sans raison : qui donc a imposé ces frontières aux astres? Qui donc enferme en des limites aussi étroites les merveilles divines? Mais laissons là les exclamations.

Que la comète ne soit pas du nombre des astres errants, qu'elle ne soit pas une planète, qui se rendrait visible de la même façon que certaines autres se montrent tantôt plus petites, tantôt plus grandes, on peut le déduire très clairement, à mon avis, de la différence que l'on constate entre les croissances et décroissances des planètes, d'une part, et les apparitions et disparitions des comètes, d'autre part. En effet, les planètes, quand elles se rapprochent, deviennent plus grandes peu à peu jusqu'au moment où, très voisines, elles apparaissent dans toute leur grandeur, puis, s'éloignant doucement, elles diminuent et l'uniformité qu'elles avaient maintenue dans leur croissance, nous la retrouvons dans leur décroissance. La comète, au contraire, est grande dès sa première apparition, puis sa croissance est nulle ou du moins très faible et de très courte durée; puis enfin, tout le reste du temps, elle diminue jusqu'au moment où, devenue très petite, sa ténuité la dérobe à la vue : preuve évidente que ce n'est pas suivant une révolution circulaire que, descendant d'une région élevée où son éloignement la rendait invisible, elle se rapproche de nous. De plus, si on considère la longue durée de son occultation et la brièveté de son apparition, compte tenu de l'espace traversé par elle dans notre hémisphère en un temps si court, il faudra lui assigner un épicycle incomparablement plus grand que le plus vaste de tous les orbes planétaires. Si en effet, au bout d'un temps déterminé, la même comète fait retour, il n'en existe aucune, antérieurement à la nôtre [4], qui ait pu être la même sinon celle de 1577 qui seule lui fut semblable en grandeur et en durée; et s'il lui faut tant d'années pour accomplir sa révolution, elle ne peut, dans les quarante jours pendant lesquels elle a été visible pour nous, avoir parcouru plus d'un degré de son cercle; or, dans son mouvement apparent, elle a parcouru plus d'un quart d'un grand cercle de la sphère céleste. Quels mondes, quels univers faudra-t-il donc lui assigner comme champ de sa révolution entière si la quatre-centième partie de son orbe s'étend sur la moitié de notre ciel? Sans compter qu'il deviendrait impossible d'expliquer les changements considérables qu'elle subit dans sa grandeur si elle n'était visible que sur un arc de son propre cercle tellement petit qu'il serait pour nous comme une ligne droite parallèle à notre horizon. Et si, pour éviter pareille absurdité, quelqu'un se hasardait à dire que la comète a décrit, dans son orbite, durant ce peu de jours, un nombre de degrés suffisant pour justifier son apparente mutation dans notre firmament, un autre inconvénient surgirait, à savoir qu'elle devrait faire retour au bout de peu de mois, ce qui n'a pas lieu.

Contre ses troisièmes adversaires, dont Eschyle et Hippocrate de Chios mènent la troupe, Aristote emploie les armes déjà utilisées contre les seconds : les comètes, dit-il, ne devraient pas sortir des limites du zodiaque. Cet argument, déjà réfuté par Sénèque, ne porte plus. Mais je vois se dresser contre moi un philosophe qui, du carquois péripatétique, tire un syllogisme bien aiguisé et le décoche dans la direction des pythagoriciens, ne voulant pas souffrir qu'ils s'en aillent ainsi sans avoir eu à livrer bataille. Si la comète, dit-il, était une réfraction, elle ne devrait pas apparaître dans un miroir ou dans l'eau par l'effet d'une autre réfraction ou réflexion; or, nos miroirs et notre fleuve Arno en reflètent l'image lumineuse telle que nous la voyons au ciel; donc, ce n'est pas une réfraction.

Contre ce très subtil syllogisme, posté comme en embuscade derrière la comète dans le traité de la Voie Lactée [5], j'avoue ne connaître aucune parade, rien qui puisse couvrir et défendre les infortunés pythagoriciens. Qu'ils s'en remettent donc à la merci et à la clémence d'Aristote et confessent que leurs comètes, étant des réfractions, ne devraient pas se refléter dans les miroirs; elles le font pourtant, à l'exemple de l'arc-en-ciel et de ce cercle qui se forme parfois autour du Soleil ou de la Lune et que nous désignons sous le nom de halo, à l'exemple aussi des verges et des parhélies qui, bien qu'elles soient des réfractions ou des reflets, au dire d'Aristote lui-même, n'en ont pas moins la permission de se regarder au miroir.

Mais il est temps d'en arriver à l'opinion d'Aristote [6] et, par un examen attentif, de voir si elle se fonde sur des conjectures plus probables ou si, au contraire, elle n'est pas moins chancelante que celles qu'il prétend réfuter.

Il suppose que la partie du monde élémentaire contiguë à la région céleste est une exhalaison chaude et sèche que le mouvement du ciel emporte, en même temps qu'une grande masse de l'air situé au-dessous, autour de la Terre; quand cette vapeur a une consistance convenable, il se produit parfois que ledit mouvement l'enflamme, et alors apparaissent les météores que nous nommons étoiles filantes. Mais si, dans cette suprême région de l'air, s'accumule et se condense une matière propre à s'embraser, si un principe de feu lui est communiqué par le mouvement des corps supérieurs, si ce feu est tel que, sans être assez violent pour la brûler et la consumer aussitôt, il est suffisamment fort pour ne pas la laisser s'éteindre, et si en même temps, des régions inférieures, s'élève un souffle tempéré de façon à entretenir et à alimenter la combustion, alors se produit une comète, qui prend tel ou tel autre aspect suivant la forme même de la matière ardente. Sur quoi sont énoncées les différences que l'on constate entre les comètes et sont présentées quelques remarques à ce sujet, mais je ne crois pas indispensable de les rappeler, car si, comme je l'espère, nous arrivons à démontrer l'inconsistance et le caractère fabuleux de ces vues sur la génération et sur l'essence des comètes, il deviendra inutile de perdre notre temps à réfuter les conséquences de causes imaginaires.

Le raisonnement d'Aristote, si je ne me trompe, contient donc nombre de suppositions qui, si elles ne sont pas manifestement fausses, ont du moins le plus grand besoin d'être prouvées; or, dans les sciences, on ne devrait jamais partir que de suppositions très évidentes.

Et d'abord, que l'exhalaison chaude et sèche touchant à la concavité de l'orbe lunaire (à supposer que cette région soit remplie d'une semblable substance, ce qui est fort douteux) soit entraînée, avec une grande partie de l'air ambiant, par la révolution du ciel, je crois qu'on ne l'admettra pas facilement. En effet, une figure parfaite devant être assignée aux sphères célestes, l'exhalaison, substance ténue et légère, non disposée par nature à un mouvement autre que le mouvement droit, ne sera certainement pas entraînée par le simple contact de la surface unie et lisse de son contenant. Ainsi le démontre l'expérience. Car si nous faisons tourner autour de son centre, à n'importe quelle vitesse, un vase concave, arrondi et de surface bien lisse, l'air qui y est contenu restera en repos, comme vous le montrera clairement la flamme d'une petite chandelle allumée, placée à l'intérieur du vase, et qui non seulement ne s'éteindra pas mais ne sera même pas agitée par l'air contigu à la surface du récipient; pourtant, si l'air se déplaçait à pareille vitesse, même une flamme plus grande s'éteindrait. Et si l'air ne participe pas au mouvement, encore moins en sera affecté un corps plus léger et plus subtil que lui. Si donc, la rotation des orbes célestes étant posée en fait, la circulation des exhalaisons qui y sont contenues n'en résulte nullement, que sera-ce si nous rejetons cette rotation elle-même? Et en vérité, il faut la rejeter ou plutôt ne l'attribuer qu'aux corps nus et simples des astres si l'on veut éviter les difficultés et les contradictions que les récentes observations et découvertes ont rendues flagrantes.

Mais même étant admis et la rotation des orbes célestes et l'entraînement par eux des substances élémentaires les plus élevées, je ne vois pas comment, d'une semblable agitation, pourraient résulter chaleur et embrasement plutôt que froid et extinction de toute flamme. Nous ne devons pas nous laisser induire, avec Aristote, en l'erreur que le mouvement a le pouvoir de produire la chaleur. Cette proposition est fausse [7]. Il est de fait qu'une forte compression et qu'une friction de corps durs suffit à les échauffer et même à les enflammer, ne seraient-ils affectés que d'un mouvement très lent. Ainsi, les poulies des moufles et leurs cordes, quand elles soulèvent, même très lentement, des poids très lourds, s'enflammeraient sous l'effet du frottement si on ne prenait la précaution de les mouiller pour les rafraîchir; et si nous faisons tourner très vite une grande roue de bois ou de toute autre matière, elle ne s'échauffera pas à sa circonférence extrême, où son mouvement est le plus rapide, non plus qu'en aucun autre point, mais une vive chaleur se développera sur son axe, là où elle est au contact de ses supports, encore qu'à cet endroit son rayon soit très réduit et son mouvement beaucoup plus lent que partout ailleurs; et les forgerons, quand ils battent un morceau de fer avec un lourd marteau, l'échauffent en quelques coups au point d'en faire jaillir du feu. La compression et le frottement des corps solides et durs ne vont pas sans mouvement, mais bien des mouvements se font sans eux. Et puisque nous voyons qu'un frottement, même très lent, produit de la chaleur, tandis qu'un mouvement, même rapide, mais sans frottement de corps durs, n'en produit pas, nous devons reconnaître que les corps s'échauffent par l'effet du frottement et non pas du mouvement, encore qu'Aristote, préférant à l'expérience des sens les erreurs enfantées par son imagination, ait cru et écrit que le fer d'une flèche lancée à une grande vitesse devient brûlant. Pour moi, je crois tout le contraire et je soutiens que si vous tirez une flèche dont le fer est très chaud, il se refroidira, dans son extrême vitesse, beaucoup plus tôt que s'il demeurait immobile. Abusés par la même erreur, d'autres ont cru qu'une forêt s'embrasait sous l'effet d'un vent furieux; d'autres ont pensé que, lors d'une tempête, l'extrême vitesse des eaux et des vents pouvait incendier les navires en pleine mer. Mais je croirais plutôt que les étoupes et les planches du navire s'enflamment dans la tourmente par suite de pressions et de frottements dont leurs grincements et leurs secousses témoignent assez. Je crois aussi que, dans un bois épais, des arbres secoués et renversés par la fureur du vent peuvent s'enflammer sous la violence des chocs : allumer le feu en frottant deux morceaux de bois l'un contre l'autre, c'est chose connue et pratiquée en Amérique. Et quant à la flèche, je soupçonne que si Aristote s'est jamais avisé de confirmer sa théorie par une expérience, il dut s'adresser à quelque vigoureux archer et, d'un arc puissant, faire tirer une flèche contre une planche épaisse; puis, saisissant aussitôt la flèche et lui trouvant la pointe chaude, il se persuada qu'elle s'était échauffée ainsi dans l'air, et il ne lui vint pas à l'esprit que si le fer était devenu brûlant, c'était en traversant la planche et par l'effet d'un frottement violent contre le bois : expérience qu'on peut faire tous les jours avec une vrille qui, même manœuvrée lentement, s'échauffe beaucoup en forant quoi que ce soit. Que d'une simple agitation se produisant dans l'eau, dans l'air ou dans tout autre milieu dénué de solidité et de résistance puisse résulter chaleur et embrasement, c'est donc une chose que je ne crois pas, car je ne le vois pas. Je constate même le contraire.

Si le temps et le lieu me permettaient d'expliquer ma pensée comme il le faudrait, j'oserais presque dire que le mouvement, en tant que tel, n'est pas plus capable de produire dans un corps mobile la chaleur, le froid, ni aucune autre altération en dehors du changement local qu'une parfaite immobilité. En effet, le mouvement d'un corps, s'il affecte également la totalité de ce corps et chacune de ses parties, est comme s'il n'existait pas et ne diffère en rien du repos absolu, car il ne détermine aucune mutation entre les parties; et là où aucun changement n'a lieu, rien de nouveau ne se produit. Mais quand le mouvement ou la compression entraîne soit le frottement de la surface du mobile contre un autre corps solide, soit des frictions de ses parties internes entre elles, alors il se produit de la chaleur. Il convient de noter en outre que la chaleur ne résulte pas du frottement de deux corps quelconques, mais seulement de deux corps tels que, du fait de leur friction, l'un des deux au moins se consume et, pour ainsi dire, se pulvérise. Car si deux corps sont extrêmement durs et de surface parfaitement unie et lisse, ils ne s'useront pas l'un l'autre par leur frottement, aucune parcelle de matière ne s'en détachera et ce sera perdre sa peine que de vouloir les échauffer; ainsi, deux morceaux de verre bien lisses ou deux plaques d'acier bien trempé ne s'échaufferont jamais par frottement; et si avec une lime très fortement trempée on lime un morceau de fer doux, le fer prendra feu tandis que la lime s'échauffera à peine, et cela non par l'effet d'une chaleur excitée en elle, mais au contact du fer déjà chaud; les diamants tenus des heures sous le poids de meules d'acier tournant à grande vitesse ne s'échauffent point au-delà de la tiédeur parce qu'étant très durs ils s'usent très peu. Il faut donc que le corps qui doit rendre de la chaleur se résolve en particules très subtiles lesquelles, se mouvant, pénètrent en nous par les pores de la peau et, suivant qu'elles sont plus ou moins nombreuses, plus ou moins rapides, produisent dans notre chair, par leur contact, l'agréable chatouillement que nous appelons chaleur douce ou le déchirement violent et douloureux que désigne le nom de brûlure. Mais que dis-je ? Est-il un seul corps qu'on puisse voir jamais produire de la chaleur si ce n'est en se consumant et en se dissolvant en parties très subtiles ? Le bois, la cire, l'huile, toute matière en somme, pour répandre le chaud, brûle et se consume.

Mais pour en revenir à notre propos, n'est-il pas de meilleure explication de cet embrasement sublime que de supposer que les comètes sont des incendies et qu'elles s'allument dans la plus haute région de l'air ? Car c'est là supposer ce qu'il faut prouver. En outre, s'il arrive parfois qu'une partie de cette exhalaison chaude et sèche se trouve, ainsi que l'air ambiant, en disposition favorable pour s'enflammer sous l'effet du mouvement qui lui serait communiqué par la sphère supérieure, il est bien surprenant qu'en tant de siècles cette exhalaison ne se soit jamais trouvée dans des conditions telles qu'elle s'enflammât tout entière, au moins dans la région des tropiques, où la rapidité plus grande de son mouvement et l'action plus efficace du Soleil eût dû lui donner plus de chaleur qu'aux pôles; et pourtant, dans les zones polaires, on voit autant qu'ailleurs des étoiles filantes, lesquelles, d'après Aristote, sont elles aussi le résultat d'embrasements. A ce que suppose le même philosophe, ce feu qui tire origine du mouvement céleste doit être ainsi tempéré que la combustion ne saurait être rapide, ni non plus assez lente pour s'affaiblir aussitôt, mais telle qu'elle puisse durer des jours et des mois; il pense donc, me semble-t-il, que la plus ou moins longue durée de l'embrasement dépend de la qualité du feu qui lui donne naissance, chose qui, à mon sens, est très éloignée de la vérité. A ce compte, le feu qui brûle une matière combustible serait une chose externe, différente de celle en laquelle cette même matière se résoud, en sorte que, suivant la qualité des feux dont seront allumés un fagot de bois, une chandelle ou une certaine quantité de poudre à canon, il arrivera que le bois mettra une heure, quatre heures ou vingt heures à se consumer; et de même la chandelle; et que la poudre, sous l'effet d'un feu lent, pourra brûler des heures entières ou de longues journées. J'ai toujours cru que cette durée ne dépendait que de la matière en combustion et non de celle du feu qui a servi à l'embraser; et je suis sûr qu'une meule de paille allumée par un feu aussi faible qu'on voudra ne mettra jamais autant de temps à se consumer qu'une pile de bois de chêne allumée par la flamme d'une arquebuse.

Je sais parfaitement qu'un coup de foudre ou qu'un tir de mortier peuvent brûler une planche presque en un instant, et qu'un morceau de bois jeté dans une fournaise sera plus tôt consumé que sur un maigre feu de paille; mais qui voudrait défendre Aristote par des raisons et des expériences de ce genre parlerait hors de propos. D'abord parce que, dans notre affaire, il s'agit d'un principe de feu, simple occasion pour une grande masse de matière combustible de commencer à brûler, et non pas d'un feu de grande ampleur qui embraserait et envelopperait une petite quantité de matière. Deuxièmement, au dire du philosophe, ce qui doit enflammer la comète n'est autre chose que le mouvement et l'agitation de sa propre substance, entraînée par la rotation du ciel, si bien que la qualité du feu ne différera en rien de celle dont ladite substance est par elle-même capable. Enfin, si même quelqu'un disait que le feu de la comète dépend d'un autre qui lui est antérieur; que ce premier feu, résultant du mouvement céleste, est celui qui s'allume dans l'exhalaison chaude et sèche, laquelle se maintient constamment sous la concavité de l'orbe lunaire tandis que celui de la comète est allumé par ce dernier sous l'action d'un souffle plus condensé et plus tempéré, nouvellement monté jusqu'à cette région; si quelqu'un, dis-je, recourait à cette échappatoire, il se trouverait plus empêtré que jamais. En effet, ce premier feu ne serait pas du tout ce qu'il faudrait pour les besoins de la cause d'Aristote : il ne serait pas du genre lent et durable, étant celui qui produit ces incendies d'un instant que sont les étoiles filantes; en sorte que la comète, allumée par un feu d'une qualité semblable, devrait très vite se consumer et disparaître. De plus, étant donné que des feux tels que les éclairs, les foudres et certains météores fugaces, qui sont sans contredit de véritables feux et dont nous sommes sûrs qu'ils se produisent très près de la Terre, étant donné, dis-je, que ces feux sont instantanés ou de durée très courte, il n'est guère probable que des exhalaisons s'élevant tellement plus haut et que nous devons donc estimer plus légères et plus subtiles, puissent durer et brûler des mois et des mois, en étendant à d'immenses espaces des incendies cent mille fois plus grands que ceux dont nous venons de parler.

Dire que des vapeurs s'élevant des régions inférieures viennent continuellement alimenter cette combustion, c'est recoudre un morceau de l'habit et, du même coup, me semble-t-il, lui faire deux ou trois autres grandes déchirures. Car la substance de la comète et cet aliment nouveau étant une seule et même chose, ténue et combustible, je ne vois pas comment, une fois enflammée, elle ne brûlerait pas immédiatement tout entière. En outre, cette exhalaison sèche qui monte pour entretenir ce feu, personne ne dira, je pense, qu'elle provient de toute la surface du globe terrestre, mais bien d'une région déterminée ; à tout le moins sommes-nous assurés qu'elle ne provient pas de la mer dont rien ne s'exhale, ainsi que je pourrais vous le prouver par expérience. Supposons par exemple que de toute l'Afrique s'élève une exhalaison qui nourrit la comète et considérons que celle-ci fait chaque jour le tour du globe terrestre ; si cet aliment dont la racine est en Afrique et le chef dans la comète la doit suivre dans ses traversées, tant de fois répétées, des océans Atlantique et Pacifique, il faut qu'il s'étire en une très longue bande enroulée plusieurs fois sur elle-même et entourant les éléments inférieurs de notre Terre. Mais si cette traînée s'interrompt au passage des mers, il est surprenant qu'elle se réajuste si bien au retour de la comète qui, chaque jour, change de latitude, c'est-à-dire se déplace par le travers beaucoup plus que sa tête n'est grande ; il ne serait d'ailleurs pas moins surprenant que ces exhalaisons interrompues engendrassent chaque jour une comète nouvelle.

Toutes ces difficultés et d'autres encore se rapportent au mode de génération de la comète. Mais qu'elle ne soit pas essentiellement un corps en flammes, on peut le déduire avec une grande probabilité de sa forme très ordonnée et du fait qu'elle garde toujours sa chevelure (ou sa barbe) diamétralement opposée au Soleil, sans qu'elle soit jamais affectée d'aucun mouvement local; conditions qui ne pourraient en aucune façon se maintenir dans un feu tumultueux et mouvant. D'ailleurs, qu'elle ne soit pas un incendie, l'expérience et l'aveu des péripatéticiens eux-mêmes nous l'enseignent; les péripatéticiens affirment que nul corps lumineux n'est transparent, et l'expérience nous montre qu'une flamme, ne fût-ce qu'une toute petite flamme de chandelle, empêche de voir les objets placés au-delà. Que serait-ce donc d'un feu aussi vaste qu'une comète et qui, de plus, consumerait une matière tenace et visqueuse? Et comment, à travers une profondeur de tant de brasses et même de tant de milles, de petites étoiles pourraient-elles transparaître, alors que le plus ténu, le plus léger nuage suffit à les dérober à notre regard? Elles sont pourtant parfaitement visibles à travers la chevelure de la comète, et leur éclat est à peine assombri. Enfin, soutenir qu'il s'agit d'un embrasement et le situer au-dessous de la Lune est tout à fait impossible étant donné la petitesse de la parallaxe observée avec le soin le plus attentif par tant d'excellents astronomes.

Mais que notre dernier argument contre la probabilité de l'opinion d'Aristote soit le pronostic qu'il tire lui-même des comètes et que voici : l'année où apparaîtront des comètes nombreuses et grandes sera une année sèche et venteuse, car l'exhalaison chaude et sèche étant la matière commune des comètes et des vents, la fréquence et la grandeur des comètes dénotent l'abondance de cette exhalaison et annoncent le vent et la sécheresse. Mais si les comètes ne sont que des embrasements de cette exhalaison, il est clair que plus il y aura de tels feux, moins il restera de matière à brûler, la nature ne disposant pas de moyen plus violent que l'incendie pour dévorer, détruire et réduire une chose à néant dans le temps le plus bref; en sorte que la grandeur et la multitude des comètes devraient faire prévoir une saison moins sèche et moins tempétueuse que jamais, étant donné l'insolite consommation faite de la matière aride et venteuse.

Telles sont, Messieurs les Académiciens, les opinions les

plus fameuses sur les comètes qui, jusqu'à présent, soient venues à ma connaissance. Ce qui de tout cela me paraissait le plus probable et contentait le mieux mon esprit, c'était, quant à la génération des comètes, la théorie des pythagoriciens qui les tiennent pour des réfractions de notre vue à la lumière du Soleil [8], et, quant au lieu qu'elles occupent, les démonstrations concluantes des astronomes qui les situent très haut au-dessus de la Lune. Mais de nouveaux doutes me sont venus, éveillés le plus souvent par notre collègue déjà nommé, et me voici plus que jamais la proie de difficultés et d'incertitudes. Je vais vous les exposer afin que, si elles vous semblent autant qu'à moi-même dignes de considération, quelqu'un de plus spéculatif que moi s'attache à les résoudre et nous tire ainsi d'embarras.

Le reste de mon discours se rapportera donc à la valeur des arguments qui, de nos jours, ont persuadé les astronomes les plus célèbres non seulement de faire de la comète une chose du ciel, mais de lui assigner parmi les corps célestes sa juste place, et même, avec un zèle et une curiosité qui les entraînaient peut-être au-delà de ce qui est probable, à fabriquer pour elle des tables et des éphémérides. J'examinerai d'abord les principes fondamentaux de Tycho Brahé qui, sévère censeur de tous les écrits produits sur les comètes, en a traité plus longuement que tous les autres et s'est montré plus assuré dans ses affirmations. J'en viendrai ensuite au professeur de mathématiques du Collège Romain qui, dans un mémoire récemment publié [9], semble souscrire à tout ce qu'a dit Tycho, ajoutant même quelques raisons nouvelles à l'appui de cette doctrine.

M'adressant principalement à ces auteurs, je dirai donc que la méthode qui consiste à déduire la plus ou moins grande distance des objets de la grandeur ou de la petitesse de leur parallaxe — méthode jusqu'ici réputée très sûre et contre laquelle aucun de ceux qui en ont vraiment saisi la portée n'a soulevé d'objections — nous semblera être, à y regarder de plus près, la source possible de beaucoup d'erreurs si nous l'appliquons à tous les objets visibles, car il en est beaucoup dont elle reste impuissante à déterminer le site et la position.

Les objets visibles sont de deux sortes : certains sont vrais, réels, unis et immobiles; certains autres ne sont qu'apparences, réflexions de lumière, images et simulacres mouvants : leur être dépend de telle façon et à tel point de la vue de qui les observe que non seulement leur position change avec la position de l'observateur, mais que, faute d'être vus, ils s'évanouissent entièrement. Quant aux objets réels et permanents, dont l'essence n'a que faire de la vue d'autrui et qui ne changent pas de lieu parce que notre œil se déplace, la parallaxe est un sûr indice. Il n'en est plus de même s'il s'agit de simples apparences. Pour mieux m'expliquer, je citerai quelques exemples.

Le halo, bien que produit par des nuées légères très proches de nous, est toujours vu sous le même angle par ceux qui l'observent en même temps et de lieux assez éloignés les uns des autres, car il encercle le Soleil ou la Lune de façon telle qu'il semble avoir, pour quiconque le regarde, le même centre qu'eux; il est donc évident que le halo, rapporté à la sphère céleste, n'admet pas une parallaxe plus grande que celle du Soleil ou de la Lune. N'est-il pas manifeste que l'*iris*, que nous appelons *arco baleno* (arc-en-ciel) se voit à l'opposite du Soleil, de telle façon que toutes les lignes droites issues du centre du Soleil et passant par l'œil de l'observateur vont toucher le centre de l'arc? Et qui ne sait que ces droites, prolongées jusqu'à la sphère des étoiles, comprendraient (si éloignés les uns des autres que fussent les observateurs) une parallaxe égale ou à peine supérieure à celle du Soleil? Or, celle-ci, pour les observateurs d'un même arc-en-ciel, est nulle. Et pourtant la parallaxe de l'arc-en-ciel (comme celle du halo) devrait être très grande eu égard à leur proximité et aux distances qui peuvent séparer, sur la Terre, les divers observateurs. Il en est de même des parhélies, c'est-à-dire de ces trois soleils qui parfois apparaissent dans le ciel au grand étonnement du populaire et qui sont vus dans la même position relativement au Soleil par tous ceux qui les regardent en même temps, de points distants entre eux de plusieurs milles.

Passons maintenant à des choses qui ressemblent beaucoup plus aux comètes. Il n'est pas un d'entre vous, Messieurs les Académiciens, qui n'ait vu souvent, en particulier vers le soir, quand l'air est nébuleux, de longs traits ou rayons de soleil sortir d'une trouée dans les nuées et descendre jusqu'à terre; à leur point de départ, c'est-à-dire dans la trouée elle-même, ils apparaissent plus brillants et plus serrés que par la suite, car ils vont continuellement s'élargissant et s'étendraient à un espace immense s'ils ne rencontraient le sol. Ces rayons, bien que tout l'horizon soit parsemé de nuées pareillement déchirées, ne se montrent jamais à notre œil que dans la région qui correspond au lieu occupé par le Soleil : ils semblent donc descendre d'un point compris sous un angle déterminé, au-delà duquel aucun autre éclat de lumière ne se laisse voir. Il est bien croyable et même il est certain qu'un tel phénomène est visible en même temps et de divers points, fussent-ils situés à de grandes distances vers le nord ou vers le midi, et que, pour tous les observateurs, il se présente de même manière, en direction du Soleil; en sorte que si chacun devait rendre compte ou laisser mémoire de ce qu'il a observé, il dirait avoir vu, à telle heure, de grands rayons lumineux traverser l'atmosphère en provenance du Soleil. Et comme partout, entre le Soleil et les divers points de la Terre, s'interposent des nuages et des trouées lumineuses, ce ne sont pas les mêmes rayons qui sont aperçus par les différents observateurs.

Vous qui m'écoutez, vous vous êtes parfois trouvés, si je ne me trompe, dans des lieux élevés, non loin de la côte, l'état de l'air étant tel que rien ne permettait de distinguer, à l'horizon, le ciel de la surface de la mer, l'un et l'autre offrant l'aspect d'une même matière continue; et, le Soleil commençant à décliner vers l'occident, vous aurez vu une longue traînée lumineuse dirigée vers le Soleil et produite par son reflet sur la surface de la mer. Une traînée tout à fait semblable apparaît en même temps à d'autres observateurs qui, de n'importe où, peuvent découvrir et regarder, eux aussi, la surface des eaux; or, à tous elle se présente comme une ligne droite en direction du Soleil, sans rien qui scintille à droite ou à gauche. Tous donc, s'il leur fallait rapporter simplement ce qu'ils ont vu, s'accorderaient à dire qu'ils ont observé une grande lumière allant droit vers le Soleil et par conséquent vers la même partie du firmament. Il se trouve que, dans ce cas, le Soleil est élevé et la surface de la mer au-dessous de lui; mais imaginons le Soleil au-dessous de l'horizon et une surface, autre que celle de la mer, élevée au-dessus; nous y découvririons une semblable réflexion de lumière solaire, le reste demeurant confondu avec le ciel, indistinct de lui, comme l'est parfois la surface de la mer.

Que devrons-nous conclure de ce fait? Rien d'autre, je crois, sinon que le reflet lumineux du Soleil est répandu sur toute la surface de la mer avoisinante, mais que pour qui le regarde d'un point déterminé, il reste invisible en dehors de cette partie de l'eau qui s'interpose, en ligne droite, entre l'œil et le Soleil. Nous devrons dire aussi que, de tous les nuages et trouées de nuages, de toutes les brumes et vapeurs répandues dans l'air, la lumière du Soleil se répand; pour l'observateur qui regarde d'un endroit déterminé, cette lumière ne se manifeste que dans la région directement interposée entre lui et le Soleil; elle peut s'étendre à droite et à gauche sous un certain angle, mais au-delà il n'est plus rien de lumineux ni de brillant. En toutes ces nuées la lumière se répand; elle y produit des parhélies, des halos, des arcs-en-ciel qui, aux yeux de chacun en particulier, ne sont perceptibles que sous son point de vue; si bien qu'en somme chacun voit un arc-en-ciel différent, un autre halo, d'autres parhélies; à tous n'apparaissent pas les mêmes rayons, les mêmes trouées de nuages, les mêmes parties scintillantes de la surface des eaux, mais chacun voit ceux qui peuvent être vus du lieu qu'il occupe.

Si donc, de toutes ces réfractions ou réflexions, images, apparences et illusions, la parallaxe ne peut déterminer l'éloignement puisque tout changement de lieu de l'observateur entraîne chez elles un changement non seulement de lieu mais d'essence, je crois qu'on ne peut attribuer à la parallaxe la vertu de déterminer l'éloignement d'une comète que si l'on a d'abord établi que les comètes ne sont pas des reflets de lumière de même nature, mais bien des objets ayant existence réelle, unité, fixité et permanence. Et j'incline d'autant plus à en douter que, parmi les objets visibles, il ne s'en trouve peut-être pas de plus comparables aux comètes que ces simulacres apparents; et parmi ceux-ci je n'en connais pas qui en donnent une imitation plus exacte que ces projections de rayons solaires à travers les déchirures des nuages. Ce sont là deux phénomènes entre lesquels je pourrais alléguer nombre d'analogies, si le temps me le permettait. Enfin, pour que la raison qui nous fait mettre en doute l'existence réelle des comètes ne paraisse pas captieuse et introduite à seule fin de faire naître des difficultés là où il n'y en a pas, j'ajouterai que si nous examinons de près ce que rapporte Aristote de l'opinion des anciens, nous y découvrirons, me semble-t-il, que certains pythagoriciens avaient eu, sur les comètes, le même sentiment. En effet, pour expliquer la non-apparition des comètes entre les tropiques et au sud du tropique du Capricorne, ils disaient que, dans la région tropicale, les vapeurs attirées en haut et qui réfléchissent notre vue vers le Soleil sont consumées par la chaleur solaire, et qu'au-delà du Capricorne les comètes ne se montrent pas à nous, habitants du Septentrion, non que les vapeurs élevées n'existent là aussi en abondance, mais parce que, des parallèles décrites par le mouvement diurne, de petits arcs seulement s'élèvent au-dessus de notre horizon et de grands arcs restent au-dessous; et, en raison de cette obliquité, notre vue, à nous septentrionaux, ne peut être réfléchie vers le Soleil. Il est donc bien clair que, pour eux, les comètes ne sont pas des objets visibles réels, mais des images, des simulacres apparaissant ou n'apparaissant pas à la vue suivant que le corps matériel où ils se produisent se trouve placé ou non dans un lieu propre à réfléchir vers le Soleil le rayon visuel de l'observateur [10]. Quant à la parallaxe des susdits simulacres, il peut arriver que, dans certains cas, elle soit nulle, ou encore qu'elle soit bien différente de ce que serait celle d'un corps réel; mais pour qu'une comète, bien qu'engendrée dans la sphère élémentaire, soit vue sans parallaxe par tous les observateurs, il suffit que, dans la région élevée où elles se trouvent, les vapeurs ou matières quelles qu'elles soient, aptes à refléter vers nous la lumière du Soleil, soient répandues par des espaces aussi vastes, ou même un peu moins vastes, que les provinces d'où la comète est visible. Imaginons en effet que, d'une étoile fixe ou de tout autre point du firmament, des lignes droites soient menées vers des points quelconques et aussi nombreux qu'on voudra de la surface terrestre; supposons d'autre part que soit répandue au-dessus de la Terre une nappe de vapeurs propres à réfléchir ou à réfracter la lumière du Soleil : cette nappe coupant transversalement la pyramide comprise entre lesdites lignes droites, tous les observateurs dont la vue cheminera le long de ces droites, verront la comète, et tous la verront sous la même étoile ou sous le même point du firmament. Je n'affirme pas catégoriquement que telle est l'origine des comètes, mais je dis que ce mode de génération n'est pas plus douteux que les autres modes assignés par les autres auteurs, lesquels, s'ils prétendent établir leurs théories d'une manière incontestable, devront montrer que notre opinion et toutes les autres sont erronées et fallacieuses.

Des doutes que je viens d'émettre, il reste donc que l'argument tiré de l'absence de parallaxe pour déterminer la position d'une comète est fort suspect. Beaucoup plus faibles encore, si je ne m'abuse, sont les raisons ou conjectures tirées des propriétés de son mouvement, et tout à fait vaines celles que certains ont cru pouvoir déduire du peu de grossissement que reçoit la tête de la comète regardée au télescope (ou lunette moderne) alors que les autres objets visibles sont grossis des centaines de fois; ils estiment en effet que les grossissements obtenus par le moyen du télescope obéissent à cette règle que les objets paraissent très agrandis s'ils sont tout proches, de moins en moins à mesure qu'ils sont plus éloignés, et à proportion de leur éloignement; et qu'enfin les étoiles fixes, étant extrêmement lointaines, ne sont pas sensiblement agrandies. A vrai dire, je n'avais pas l'intention de discuter ces deux raisons; la seconde surtout me semblait si vaine et si fausse que je ne pensais pas qu'elle eût amais obtenu créance, sinon de personnes sans nulle autorité et ne méritant pas d'être prises au sérieux. Mais un discours prononcé au Collège Romain sur ce sujet m'a tout récemment appris que les mathématiciens dudit collège faisaient grand cas de tels arguments, que, non contents d'y applaudir, ils accusaient ceux qui s'étaient permis de les mésestimer d'être peu versés dans les principes de la perspective et peu instruits des effets qu'ils avaient eux-mêmes découverts et observés au télescope, au cours de longues expériences et démonstrations optiques [11]. Je suis alors rentré en moi-même et me suis trouvé perplexe devant les considérations par lesquelles notre académicien m'avait persuadé de la faiblesse d'une semblable théorie; notre collègue, s'il n'a pas été le seul à la discuter, a du moins été celui qui, plus résolument et plus ouvertement qu'aucun autre, l'a contredite, lui ayant dénié toute valeur bien avant que l'ouvrage dont je viens de parler ait vu le jour. Aussi ai-je changé d'avis et me suis-je déterminé à vous exposer, à vous qui m'écoutez et peut-être à ces très doctes géomètres si quelque écho de mes paroles parvient jusqu'à eux, les considérations de notre académicien; ainsi pourrons-nous, à notre bénéfice, en redresser les erreurs, à moins que ce soient au contraire les erreurs des autres qui, pour leur profit, se trouvent corrigées. Nous en viendrons ensuite à l'examen de ce qui concerne la qualité du mouvement.

Ceux donc qui affirment que la même lunette qui grossit beaucoup les objets voisins, moins ceux qui sont éloignés, à peine ou pas du tout les très lointains, je me demande à quelle cause ils attribuent le fait que le télescope a permis de voir d'innombrables étoiles fixes dont aucune n'est visible à l'œil nu; car s'il ne les grossit pas, il faut qu'il ait le privilège encore plus admirable et inouï de les illuminer. Mais si, en agrandissant leur figure comme nous devons de toute nécessité le reconnaître, d'invisibles qu'elles étaient il les rend visibles, autrement dit d'inaccessibles accessibles à nos sens, je ne vois pas pourquoi cet agrandissement devrait être qualifié d'insensible et non plutôt d'infini, car tel est le rapport de rien à quelque chose. Les astronomes, à ce que je crois, n'auraient pas distingué dans les étoiles fixes visibles diverses grandeurs si cette diversité n'avait pas été sensible; bien mieux, on estime tellement sensible la différence entre les plus petites étoiles de sixième et les plus grandes de première grandeur qu'on intercale entre elles cinq degrés apparents d'inégalité. Ce n'est donc pas seulement « sensible », mais « très grand » que devrait être dit le grossissement dû au télescope, puisqu'il nous fait apparaître plus grande que celles de la première grandeur telle étoile invisible, inférieure peut-être de plusieurs degrés aux visibles de la sixième. Cet effet que l'on constate dans les étoiles fixes, nous le constaterions mieux encore si nous pouvions rencontrer au bout de notre lunette quelqu'une de ces petites étoiles alors que l'air est un peu lumineux, c'est-à-dire au moment de l'apparition des étoiles majeures; et nous le voyons parfaitement dans les planètes médicées [12] qu'il est facile de trouver faisant cortège à Jupiter et qu'un bon télescope nous décèle bien avant que notre simple vue nous permette d'apercevoir les étoiles fixes, fussent-elles de première grandeur. Et comme les étoiles médicées sont beaucoup moins lumineuses que les fixes, il ne semble pas qu'elles puissent être rendues visibles autrement que par un grossissement considérable; car telle est leur petitesse qu'elles sont invisibles non seulement à l'œil nu mais à tout instrument qui multiplierait leur surface moins de trente ou quarante fois.

A supposer d'ailleurs (comme cela semble vrai en partie, bien qu'illusoirement) que le grossissement des étoiles fixes par le télescope soit insensible, je ne sais trop jusqu'à quel point on pourrait dire que c'est là l'effet de leur très grand éloignement : on serait alors en droit de conclure que, réciproquement, tout objet qui n'est grossi par la lunette que d'une manière insensible doit être situé à une immense distance de nous. Il me semble pourtant que les deux propositions étant vraies, leur liaison peut être une erreur. Le scintillement des mêmes étoiles fixes ne nous en est-il pas un autre exemple? Il est vrai qu'elles scintillent; il est vrai aussi qu'elles sont très lointaines; mais que leur grand éloignement soit cause de leur scintillement, voilà qui ne résulte pas des deux propositions toutes nues. De même, de ce que leur grossissement est faible et leur éloignement très grand, il ne s'ensuit pas que l'un des deux dépende nécessairement de l'autre. S'il en était ainsi, tous les objets visibles situés à la même distance de nous seraient soumis à la même loi, c'est-à-dire que non seulement les étoiles fixes mais les intervalles qui les séparent devraient nous paraître les mêmes au télescope et à l'œil nu. Nos expériences toutefois nous montrent le contraire; en effet, si nous prenons le tube d'une lorgnette et si, après en avoir retiré les verres, nous le dirigeons vers deux étoiles fixes assez rapprochées l'une de l'autre pour que nous puissions les voir sur la circonférence de l'orifice opposé à notre œil, et si nous remettons ensuite les verres, l'ouverture du tube restant la même, non seulement les deux étoiles ne seront plus visibles d'un seul regard, comme cela se produirait si les objets très lointains n'étaient pas agrandis, mais pour passer de l'une à l'autre, il sera nécessaire de déplacer le tube autant que s'il s'agissait de deux objets qui ne seraient pas éloignés de nous de plus d'un demi-mille. Ainsi, l'accroissement des intervalles, dans le ciel, est proportionnellement le même que celui des objets situés sur la Terre, à de faibles distances. De plus, si la conclusion en cause était vraie, il en résulterait l'effet merveilleux que voici : supposons qu'un objet quelconque, un disque noir, par exemple, soit placé à une certaine distance et, quatre ou cinq fois plus loin, dans la même direction, un disque blanc, assez grand pour ne pas être entièrement caché par l'interposition du premier disque et pour laisser apparaître tout autour une circonférence blanche. Prenons maintenant un télescope et tournons-le vers les disques : si le proche s'agrandit plus que l'éloigné, celui-ci se trouvera forcément couvert et soustrait à la vue; plus rien n'apparaîtra de la circonférence blanche. Si cet effet se produisait réellement, il pourrait arriver parfois, pour notre plus grand étonnement, que la Lune, très proche, s'interposant entre nous et le très lointain Soleil, l'éclipserait en partie seulement à l'œil nu et en totalité au télescope, si bien que ceux qui regarderaient à la lunette seraient plongés dans une nuit obscure tandis que les autres jouiraient, à l'œil nu, de la clarté du jour. Mais rien de pareil ne se produit et, de nos deux disques, n'apercevrait-on du plus éloigné que la largeur d'un fil, on en apercevra tout autant à la lunette, preuve incontestable que ces objets sont grossis exactement dans la même proportion.

Il me semble suffisamment démontré par ces expériences que l'extrême éloignement d'un objet ne le rend pas impropre à paraître agrandi au télescope. Mais puisque l'on constate, d'autre part, que les étoiles vues au télescope ne paraissent guère plus grandes que vues à l'œil nu, il ne sera peut-être pas hors de propos d'en chercher les véritables raisons, car c'est là un effet qui, s'écartant de la règle commune suivant laquelle nous apparaissent les objets visibles, peut facilement tromper quiconque ne le considère pas très attentivement.

J'affirme donc que le même télescope grossit tous les objets visibles dans la même proportion, quelle que soit la distance à laquelle ils sont situés; ceux qui ont été d'une autre opinion se sont abusés, soit parce que, regardant des objets divers et extrêmement inégaux entre eux, ils ont cru regarder le même, soit parce que, croyant utiliser le même instrument, ils se sont servi de télescopes très différents.

C'est chose manifeste que les étoiles — et non seulement les fixes mais les errantes, exception faite de la Lune — semblent, à l'œil nu, beaucoup plus grandes dans l'obscurité de la nuit qu'à la lueur du crépuscule au moment de leur première apparition; Vénus et Jupiter, dans l'air illuminé, ne sont pas à notre vue le centième de ce qu'ils sont dans les ténèbres. Cependant, personne, je pense, ne suppose que leur véritable grandeur matérielle, qui est celle qu'on voit de jour, augmente dans la nuit, mais bien qu'elle acquiert un rayonnement plus intense au milieu duquel le corps minuscule de l'étoile ne se distingue plus, en sorte que son apparence nocturne est très différente de son apparence diurne et beaucoup plus grande. Or, si quelqu'un, pour éprouver le pouvoir de multiplication du télescope, regarde de nuit une étoile et en compare le minuscule corps nu agrandi par l'instrument avec le corps auréolé de rayons vu sans lunette, il commettra une erreur flagrante, car il fera comparaison de deux objets différents tout en croyant n'en considérer qu'un seul. Il ne constatera certainement pas le grossissement qu'il eût constaté en observant le même objet, ce qu'il découvre à la lunette étant le corps réel de l'étoile et ce qu'il voit à l'œil nu le corps irradié; dans ces conditions, l'agrandissement dû au télescope semblera très faible, parfois nul, et parfois même l'objet paraîtra sensiblement diminué.

En confirmation de ce que je dis, que l'on braque le télescope sur une étoile, celle du Chien, par exemple, avant le jour : elle n'apparaîtra guère plus grande que vue sans lunette. Suivons-la jusqu'au lever du Soleil : dans l'instrument, elle gardera toujours la même grandeur, mais à l'œil nu elle diminuera peu à peu jusqu'à paraître moindre que la moindre étoile vue de nuit; enfin, le Soleil une fois levé, elle deviendra infiniment petite et se perdra entièrement; et néanmoins, au télescope, elle restera très visible et toujours d'égale grandeur apparente. Vénus, Jupiter et en somme tous les astres observés avec l'instrument ne nous apparaissent pas plus grands la nuit que le jour, mais à l'œil nu ils sont très grands dans les ténèbres et très petits dans l'air lumineux; signe certain que ce qu'on voit par l'instrument est l'objet pur et simple, dépouillé des rayons étrangers; de cela on trouve d'ailleurs une autre preuve dans la forme parfaite et bien arrêtée de l'objet : c'est ainsi que Vénus est parfois un croissant, que Saturne est ovale, que les autres étoiles sont circulaires. L'illusion ne dépend donc pas de l'immensité des distances mais du scintillement de l'objet; et nos lumières terrestres, si peu éloignées qu'elles soient, nous en montrent autant. Aussi, à l'obstiné qui prétendrait conclure d'un faible grossissement par le télescope à l'extrême éloignement d'un objet, pourrait-on aisément donner à croire qu'une chandelle allumée, placée à une hauteur de cent ou deux cents brasses, se trouverait parmi les étoiles fixes, attendu que la lunette la ferait voir très peu agrandie.

Mais j'entends que l'on m'oppose, pour renverser toute cette argumentation, que les corps non resplendissants, eux aussi, reçoivent du même télescope un grossissement d'autant plus grand qu'ils sont plus voisins; de sorte que si, par exemple, un objet vu à la distance de cent brasses est grossi cent fois, le même objet à la distance de dix brasses sera grossi deux cents fois, et quatre cents et mille et deux mille fois à la distance de deux, ou d'une seule, ou d'une demi-brasse; et qu'en somme, en le rapprochant, nous pouvons le multiplier démesurément à notre gré. Tout cela est très exact et notre académicien l'a parfaitement observé et compris, peut-être même avant qui que ce soit. Mais ceux qui attribuent cet effet au rapprochement de l'objet ne se rendent pas compte, me semble-t-il, de l'erreur dont ils sont victimes. Aussi aimerais-je beaucoup les entendre dire si, quand ils veulent voir distinctement un objet placé à dix brasses, ils laissent à la lunette la même longueur de tube, et par conséquent la même distance entre les verres, que lorsque le même objet se trouve à cent brasses. A coup sûr, ils diront qu'ils allongent le tube et qu'ils l'allongent bien davantage pour voir à la distance de quatre brasses; et ils reconnaîtront que, si l'objet n'est plus qu'à une brasse ou à une demi-brasse, ils donneront à leur lunette une longueur double, triple et quadruple de celle qui suffisait pour les objets lointains. Alors moi, je leur ferai remarquer que ce n'est pas là regarder avec le même instrument, mais avec des instruments différents, et que si les objets, dans la mesure où ils sont plus près, paraissent plus agrandis, ce n'est pas en raison de leur proximité mais parce qu'il est fait usage de télescopes de plus en plus longs. Pour s'en assurer, qu'ils fassent l'expérience de mettre leur lunette au point voulu pour voir un objet se trouvant, par exemple, à une distance de mille brasses; puis, sans rien changer de place, qu'ils se contentent d'allonger le tube d'un ou deux doigts; ils constateront aussitôt un accroissement notable de l'objet qui pourtant ne s'est pas rapproché et qui même a été éloigné de l'œil du peu que représente l'allongement du tube. Mais qu'au contraire, sans toucher à l'instrument, on fasse approcher l'objet, je ne dis pas d'un ou deux doigts mais de dix, vingt ou trente brasses, et même de cent ou deux cents, on ne constatera aucun accroissement en dehors de celui qui résulte d'une plus grande proximité et qui est aussi bien sensible à l'œil nu. De sorte que si, à la distance de mille brasses, l'objet vu dans la lunette nous paraissait, je suppose, dix fois plus grand que par la vue naturelle, à la distance de neuf cents, de six cents ou de quatre cents brasses, il sera toujours affecté du même décuple grossissement : rien ne sera changé, en somme, à cette multiplication tant qu'on n'aura pas allongé le tube et augmenté l'intervalle entre les verres. Et maintenant je leur demande si, quand ils ont regardé la Lune qui, de leur propre aveu, reçoit un grossissement considérable, ils ont besoin, pour observer des objets plus lointains et même des étoiles fixes, de raccourcir le tube? Certainement non. Et non seulement pour voir ce qui est au-delà de la Lune, éloignée de tant de milliers de milles, mais pour toute distance excédant un demi-mille, il n'est pas nécessaire de raccourcir le tube, fût-ce d'un cheveu, et de réduire ainsi l'accroissement des objets vus; on lui laissera toujours la même longueur, et les objets apparaîtront très distinctement et tous grossis dans une proportion égale.

Nous pouvons donc conclure sans nul risque d'erreur que tous les objets vus par le même télescope sont agrandis dans la même proportion; si les objets très proches semblent s'agrandir davantage, cela tient à ce qu'on utilise un instrument plus long; et quant aux très lointains, seuls ceux qui brillent donnent l'illusion d'un grossissement moindre, mais c'est là une conséquence de leur éclat accidentel et non de leur extrême éloignement. Personne n'ayant jusqu'à présent donné la véritable cause de cet effet, je veux croire qu'il vous sera agréable de l'entendre; car ce n'est pas sans étonnement, semble-t-il, qu'on se demande comment il se peut faire que, tous les objets visibles étant sensiblement agrandis par le télescope, les corps lumineux qui, à une certaine distance, s'auréolent de rayons, ne paraissent s'agrandir de même manière que dans leur feu premier, tandis que leur chevelure, qui pourtant elle aussi est un objet visible, ne reçoit aucun accroissement.

Il est, quant à l'essence de cette même irradiation, une opinion erronée dont il nous faut d'abord faire justice au cas où il se trouverait ici quelqu'un qui eût ajouté foi à ce que certains philosophes ont écrit à ce sujet, à savoir que les étoiles, les flambeaux et en général tous les corps lumineux enflamment et font resplendir une partie de l'air ambiant, laquelle, à une certaine distance, brille d'un éclat plus vif et affecte un contour plus net, faisant ainsi paraître plus grande la source lumineuse. Cette explication est doublement fausse car la vérité est que l'air ne s'enflamme pas et ne devient pas resplendissant; ensuite que cette irradiation ne se produit pas autour du corps lumineux mais si près de nous que, si ce n'est dans notre œil, c'est au moins à la surface de notre œil, où elle est causée sans doute par la lumière issue de la source lumineuse et réfractée dans cette humidité que la paupière entretient continuellement sur la pupille. Qu'il en soit ainsi, divers indices nous portent à le croire : à celui qui a les yeux humides et larmoyants, l'irradiation paraît plus grande; si nous fermons à moitié et comprimons nos paupières, les rayons nous paraîtront devenir extrêmement longs, signe évident que ce scintillement naît dans l'œil et y réside; nous pouvons enfin nous en donner la preuve certaine par l'expérience que voici : entre notre œil et l'objet lumineux, interposons une main ou tout autre objet opaque; si nous déplaçons doucement cet obstacle comme pour occulter la lumière, l'irradiation ne disparaît pas avant que la flamme réelle elle-même soit cachée, mais subsiste entre la main et l'œil sans être en rien altérée, ce qui n'aurait pas lieu si les rayons se trouvaient autour de la lumière, c'est-à-dire au-delà de la main; mais dès que la main commence à entamer la vraie lumière, les rayons commencent à disparaître eux aussi, en partie, et ceux qui disparaissent sont ceux qui semblaient issus de la partie opposée de la lumière, c'est-à-dire que si nous déplaçons notre main de bas en haut et éclipsons la partie inférieure de la flamme, nous voyons s'éteindre les rayons qui semblaient sortir de la partie supérieure; inversement, si, notre main étant placée plus haut que la lumière, nous l'abaissons de manière à occulter la partie supérieure de la flamme, ce sont les rayons inférieurs qui disparaissent. Une autre expérience non moins concluante prouvera la même chose : si, regardant le rayonnement, nous tournons la tête, et par conséquent les yeux, tantôt vers l'épaule droite, tantôt vers la gauche, nous constatons que les rayons suivent ce mouvement, mais non pas la flamme de la chandelle qui, elle, demeure immobile, ce qui montre à l'évidence que les rayons sont dans nos yeux et la flamme lointaine en dehors. Or, si cette irradiation est dans notre œil, comme il est manifeste, quoi d'étonnant à ce qu'elle ne soit pas agrandie par le télescope, lequel multiplie les images qui passent par les verres mais non pas celles qui sont du côté de l'œil et ne traversent pas les lentilles? Telles sont nos expériences et telles les conclusions qui dépendent de nos principes et des lois de la perspective. Si nos conclusions et nos expériences sont fausses et défectueuses, les principes sur lesquels elles se fondent sont sans valeur; mais si elles sont vraies, et fausses celles des autres, que les autres se résignent à nous voir mettre en doute la fermeté de leurs principes et à porter sur eux, mais avec raison, le jugement que, sans raison, ils avaient porté sur nous.

Ceci établi, je ne vois pas que l'on puisse rien conclure du faible grossissement de la comète vue au télescope, sinon qu'elle est un objet lumineux, tous les objets lumineux ayant la propriété de paraître, vus à une certaine distance et à l'œil nu, irradiés et bien plus grands.

Mettons-nous maintenant en devoir d'examiner l'argument tiré de la qualité du mouvement pour démontrer que la comète est un corps céleste : peut-être ne sera-t-il pas plus solide que les autres et suscitera-t-il bien des doutes.

Je noterai d'abord, sans y insister, que toutes ces distinctions de sphères et d'orbes célestes auxquels planètes et étoiles seraient solidement fixées et dont le mouvement seul entraînerait les révolutions des astres, sont désormais si notoirement pleines d'invraisemblances et d'impossibilités qu'une bonne part de nos plus obstinés contradicteurs ont été amenés à les rejeter et à admettre que les planètes sont mobiles par elles-mêmes. Mais à supposer que quelqu'un voulût assigner aux comètes une sphère propre, un ciel particulier par lequel, aussitôt nées, elles seraient emportées dans leur course (n'étant pas vraisemblable qu'elles naissent en possession d'une telle science et d'une telle pratique), ce n'est pas un seul orbe, mais un grand nombre d'orbes qu'il faudrait leur attribuer, eu égard à leurs mouvements si différents entre eux de direction autant que de vitesse et dont ne saurait rendre compte la rotation d'un unique ciel. De cela, je pourrais vous citer nombre d'exemples, mais pour être plus clair et moins fastidieux, je considérerai seulement les différences entre la comète de ces derniers mois et celle de soixante-dix-sept, si diligemment décrite par Tycho Brahé.

La comète de soixante-dix-sept paraissait se mouvoir en un cercle qui coupait l'écliptique autour du vingt-et-unième degré du Sagittaire; celle que nous avons vue le coupait au quatorzième degré du Scorpion [13]. Le cercle de la première était incliné sur l'écliptique de moins de trente degrés, celui de la seconde de plus de soixante, en sorte que les pôles des deux orbes seraient très différents et très éloignés l'un de l'autre. L'une, dès son apparition, se déplaçait dans son cercle apparent de plus de cinq degrés par jour, l'autre de trois. Enfin, leurs mouvements ont été tout à fait contraires, l'une se déplaçant selon l'ordre des signes, l'autre en sens inverse, accidents qui, étant incompatibles en une même sphère, nous obligeraient à supposer autant de sphères qu'il y eut de comètes dans le passé et peut-être qu'il y aura dans l'avenir. Or, cette multiplicité de sphères oisives, toujours dans l'attente d'une comète destinée à paraître Dieu sait quand, pour l'emporter alors pendant un temps très court et sur une petite partie seulement de son cercle, je ne vois guère comment l'accorder avec le soin extrême que met la nature, en ses autres ouvrages, à éviter toute oisiveté et toute superfluité.

Dire, avec Tycho, qu'à ces astres imparfaits — jeux de la nature, jouets des vraies étoiles et cependant, en dépit de leur caducité, célestes par leur nature et leurs coutumes — il suffit d'être de condition divine, c'est préférer les séductions de la poésie à la solidité et à la rigueur philosophiques; et de tels propos ne méritent pas qu'on s'y arrête, car ce n'est pas à la poésie que la nature se complaît [14].

Alléguer, d'autre part, la régularité du mouvement et l'extrême grandeur du cercle où il s'accomplit, est un argument bien faible. En effet, quant à la régularité, les observations, de l'aveu de ceux mêmes qui les ont faites, montrent qu'elle fait défaut; la vitesse des comètes va toujours diminuant, à telles enseignes que celle de soixante-dix-sept était vingt fois plus rapide au commencement qu'à la fin, et la dernière deux fois environ. Tycho s'efforce de rétablir l'uniformité de ce mouvement en lui assignant un orbe autour du Soleil mais il a beau faire, il ne peut déguiser la vérité au point de ne pas s'avouer contraint de supposer à la comète, dans son propre orbite, un mouvement inégal; il irait même jusqu'à admettre que ce mouvement pût s'accomplir suivant une ligne non circulaire, oubliant alors, pour satisfaire à cette nouvelle fantaisie, qu'une des principales raisons qui l'ont détourné, comme avant lui Copernic, du système de Ptolémée, a été l'impossibilité de rendre compte des apparences sans renoncer aux mouvements rigoureusement circulaires et réguliers des orbes célestes autour de leurs propres centres; oubliant aussi qu'en tous les systèmes tous les mouvements des planètes s'accomplissent dans le même sens, chose bien évidente, pour se laisser aller à cette autre et non moins grande énormité qui consiste à admettre, pour les comètes seules, un orbe se mouvant en sens contraire, chose vraiment des plus improbables.

Avant d'affirmer qu'un tel mouvement s'accomplit dans un très grand cercle, des points importants restent à démontrer, et les négliger, c'est faire preuve d'un certain défaut de logique. En effet, s'il est vrai que pour l'œil placé au centre de la sphère, les grands cercles et les mouvements faits sur eux se présentent comme des lignes droites et les cercles plus petits comme des lignes courbes, il ne s'ensuit pas, comme il le faudrait pour les besoins de Tycho et de l'auteur du *Problème*, que la réciproque soit vraie, à savoir que tout mouvement droit en apparence s'accomplisse nécessairement suivant un grand cercle; car s'il en était ainsi, un mouvement véritablement droit devrait, apparemment, être courbe, ce qui est faux. Il faut donc dire que, pour l'observateur, deux sortes de mouvements sont en apparence rectilignes : ceux qui le sont en réalité et ceux qui s'accomplissent suivant de grands cercles (et ce que je dis ici ne s'applique qu'aux mouvements simples car, à traiter la chose d'une façon générale, tous les mouvements s'accomplissant sur un plan donné paraissent rectilignes à l'observateur placé sur ce même plan); c'est pourquoi celui qui veut prouver en toute rigueur que le mouvement d'une comète suit un grand cercle est dans l'obligation de prouver d'abord qu'il ne s'accomplit pas, en réalité, suivant une ligne droite; or, cette preuve n'a pas été faite et peut-être n'était-elle pas facile à faire. Les bons astronomes, pour prouver que le mouvement d'est en ouest du Soleil, par exemple, est circulaire et non pas droit, tirent argument du fait que le disque solaire apparaît au milieu de sa course de même grandeur qu'au bord du ciel; et aussi de ce que son mouvement est uniforme en apparence, comme on suppose qu'il l'est en réalité. En effet, un mouvement rectiligne ne donnerait pas lieu à ces deux constatations : uniforme en lui-même, il paraîtrait irrégulier, c'est-à-dire rapide dans les régions centrales, plus proches de notre œil (et où d'autre part l'objet semblerait plus grand), et de plus en plus lent vers les régions extrêmes, plus lointaines, et où l'objet se montrerait plus petit. Mais si, nous appuyant sur ces conjectures judicieuses, nous voulions traiter de la comète, nous devrions conclure, je crois, avec beaucoup plus de raison, que le sens de son mouvement fût de s'éloigner de nous sans cesse et en ligne droite, étant donné que sa grandeur apparente n'a fait que décroître jusqu'à sa disparition complète et que sa vitesse apparente a toujours été en diminuant. Ces apparences et ces rencontres ne sont d'ailleurs pas les seules qui seraient favorables à l'opinion que nous venons d'avancer; il en est d'autres, et dont la probabilité se manifeste à nous d'autant plus qu'elle s'adapte mieux à atténuer les absurdités inséparables, semble-t-il, de l'hypothèse d'un orbe cométaire.

Pour plus de clarté, j'ajouterai ceci : que tant de philosophes anciens aient tenu la comète pour une étoile errante, laquelle n'apparaît que lorsqu'elle s'éloigne du Soleil et sort ainsi de son rayonnement (de la même manière que Vénus et Mercure se rendent visibles quand ils s'en éloignent et restent invisibles quand ils en sont proches), nous est une preuve que les comètes observées au cours de longs siècles se sont communément, après leur première apparition, éloignées du Soleil, comme ce fut le cas des deux dernières dont nous parlons ici plus particulièrement, ayant de l'une des observations récentes et directes, de l'autre des descriptions soigneusement faites par Tycho et par d'autres qui l'ont observée. Et puisque certaines naissent le soir, comme celle de soixante-dix-sept, et certaines autres le matin, comme la nôtre, il est normal que, s'éloignant du Soleil, celles-là se meuvent suivant l'ordre des signes et celles-ci en sens inverse, contrariété de mouvements tout à fait inconciliable avec leur fixation à une même sphère ou à des sphères différentes destinées à entraîner des corps de même nature.

Mais outre les improbabilités déjà signalées, notez, Messieurs les Académiciens, quelles autres sortes d'absurdités sont obligés d'admettre ceux qui s'attachent trop à vouloir que les phénomènes naturels s'accommodent et répondent à la conception qu'ils s'en sont gratuitement formée. Tycho, ayant observé que la comète de soixante-dix-sept, après s'être d'abord écartée du Soleil et s'en être éloignée jusqu'à un certain point, a commencé ensuite à s'en rapprocher, et qu'en outre, après son apparition, elle est allée diminuant, ce qui laissait supposer qu'elle s'éloignait de nous, imitant les digressions de Vénus et de Mercure, a cru trouver dans chacun de ces effets une bonne raison de lui attribuer une révolution autour du Soleil semblable à celles des deux planètes susdites, mais dans un orbe surpassant en grandeur celui de Vénus autant que la digression de la comète, qui fut d'environ soixante degrés, parut surpasser celle de Vénus, qui est d'environ quarante-huit. Cette explication n'avait rien d'invraisemblable, encore qu'à mon avis on puisse en donner une autre plus simple, plus naturelle et répondant mieux aux apparences, ainsi que je l'exposerai tout à l'heure. Le mathématicien du Collège Romain a admis, en ce qui concerne la dernière comète, la même hypothèse; ce qui m'incline à l'affirmer, ce n'est pas seulement le peu qu'il a écrit sur le sujet (et qui s'accorde à la position de Tycho), mais tout le reste de son ouvrage qui, à ce que j'ai vu, se conforme fidèlement aux imaginations tychoniques. A supposer donc que l'orbe des comètes soit tel que ces auteurs se le représentent, il ne m'en reste pas moins une grande raison d'être surpris que ces messieurs du Collège aient cru pouvoir conserver le titre de progéniture céleste à cette divinité quasiment triforme dont il faudra faire une habitante du ciel, des éléments et aussi de l'enfer. Car les digressions de notre comète ayant dépassé quatre-vingt-dix degrés, une petite lueur de géométrie suffit à faire voir que, son orbe entourant le Soleil, elle doit, après une longue course par le ciel, traverser les éléments et pénétrer dans les infernales entrailles de la Terre. En effet, la digression précise de quatre-vingt-dix degrés, formant avec la ligne suivie par le Soleil des angles droits, en arrive à être tangente à l'orbe de l'astre en digression et à toucher la surface de la Terre en passant par l'œil de l'observateur. Une monstruosité pareille, je ne puis croire que l'auteur du *Problème* ait l'intention de la soutenir et je suis sûr que s'il lui vient à l'esprit, pour maintenir ce qu'il a dit, d'attribuer à la comète une révolution, non plus autour du Soleil comme celles de Vénus et de Mercure, mais autour de la Terre comme celle de la Lune, ou encore en l'embrassant à la manière des planètes supérieures, je suis sûr, dis-je, que de toute façon, s'il examine soigneusement toutes les conséquences de son hypothèse, il se heurtera à de sévères et périlleux écueils.

Quant à moi, n'ayant jamais accordé place dans ma pensée à cette distinction vaine ou mieux à cette opposition entre le monde élémentaire et le monde céleste, je n'éprouve aucune répugnance ni aucune difficulté à admettre que la matière dont s'est formée la comète ait autrefois encombré nos basses régions et qu'ensuite, s'étant sublimée, elle se soit élevée dans l'air et, au-delà de l'air même, dans le milieu répandu à travers les immenses espaces de l'univers, ce qu'elle a pu faire, j'en suis sûr, sans rencontrer de résistance ou d'obstacle solide capable de lui barrer le passage ou même de la retarder un instant. De pareilles sublimations de vapeurs, de fumées, d'exhalaisons ou de toutes autres substances élémentaires légères et subtiles, il me semble même que nous en avons souvent d'autres exemples; et je sais que beaucoup d'entre vous, Messieurs les Académiciens, ont dû voir plus d'une fois le ciel, aux heures nocturnes, s'illuminer du côté du nord de telle façon que son éclat ne le cédait en rien à celui de la plus brillante aurore et approchait même celui du soleil levant; effet qui, à mon sens, n'a d'autre origine qu'une raréfaction plus grande qu'il n'est normal d'une partie de la couche d'air vaporeuse qui entoure la surface terrestre : en s'élevant très haut au-dessus de son niveau habituel, cet air arrive à dépasser le cône d'ombre de la Terre, en sorte qu'exposé aux rayons du Soleil, il en reflète la splendeur et donne ainsi naissance à l'aurore boréale. Ce phénomène est probablement dû à la cause que j'ai dite car il se produit seulement ou plus fréquemment l'été, quand le Soleil, s'avançant vers le nord, reste moins au-dessous de l'horizon : d'autant plus grande est alors l'inclinaison du cône du côté opposé à l'hémisphère austral, et les vapeurs ont moins à s'élever pour sortir de l'ombre, s'en libérer et s'exposer à la vue du Soleil. Mais sans chercher si loin, rappelons-nous que, durant les quelques jours précédant l'apparition de notre comète, on vit chaque matin avant l'aurore, en observant la poutre céleste [15], tout l'orient rempli, beaucoup plus que de coutume, de vapeurs très lumineuses, presque aussi lumineuses que la comète elle-même qui, à son principe, semblait se distinguer bien plutôt par deux bandes latérales un peu moins brillantes que par un éclat grandement supérieur à celui du reste du ciel. Enfin, que de semblables fumosités puissent errer, se produire et se dissoudre par les espaces célestes, ce que notre collègue nous a montré et démontré au sujet des taches solaires [16] nous en donne une telle certitude que raisonnablement nous n'avons plus lieu d'en douter.

Maintenant, pour remédier aux inconvénients que nous avons reconnus inséparables de l'attribution aux comètes d'une sphère particulière, je dis que toute difficulté peut être écartée sans peine et sans invraisemblance en recourant à un seul et simple mouvement : ne rêvons donc plus à d'autres chimères et tenons-nous en à ce mouvement très simple et très égal qui, en ligne droite, va de la surface de la Terre vers le ciel.

Ainsi s'explique d'abord, comme il a été dit, l'aspect rectiligne du mouvement : il est tel en apparence parce qu'il est tel en réalité; égal à lui-même, il nous semblera se ralentir toujours à cause de l'éloignement plus grand, et cet éloignement rend compte d'autre part du fait que la grandeur apparente de l'objet diminue; enfin, sans que nous ayons à faire intervenir des révolutions contraires suivant que la comète apparaît à l'orient ou à l'occident, le matin ou le soir, nous la verrons toujours s'éloigner du Soleil. Pour avoir de tout ceci une idée plus claire, que l'on veuille bien regarder la présente figure (fig. 1 p. 72) où le cercle ABC représente le globe terrestre. Soit A l'œil de l'observateur et la droite AB son horizon, en direction du Soleil levant; que l'on imagine, dans la région orientale, une ligne droite s'élevant perpendiculairement vers le ciel et suivant laquelle se déplace la matière de la comète; soit EDF cette droite, sur laquelle seront marqués des segments égaux : SO, ON, NI, IF qui représenteront, par exemple, les espaces parcourus de jour en jour par la comète; et soit O le lieu de sa première apparition : auparavant, elle ne pouvait être aperçue, se trouvant trop au-dessous des rayons du Soleil. Nous supposons que, le deuxième jour, elle apparaît au point N, le troisième jour en I, le quatrième en F, etc. Il est manifeste d'abord que, le lieu de sa première apparition étant le plus voisin de notre œil, elle apparaîtra plus grande en O qu'en N et en N qu'en I, à moins, cependant, qu'étant trop directement exposée, en O, aux rayons du Soleil, dans la clarté du crépuscule, sa lumière ne s'en trouve assombrie et que, de ce fait, pendant deux ou trois jours, elle nous semble aller plutôt grandissant; mais ensuite, une fois sortie de la lueur crépusculaire, elle ne cessera de diminuer; et son mouvement apparent se fera toujours plus lent puisque les angles OAS, NAO, IAN, FAI, etc., qui mesurent ce mouvement, deviennent nécessairement de plus en plus petits, comme il est facile de le démontrer. En effet, dans le triangle ASN, l'angle en S étant obtus, le côté AN sera plus grand que le côté AS; donc, si l'angle NAS était divisé en deux parties égales par la droite AO, le segment NO du côté opposé serait plus grand que le segment OS; or, comme nous les supposons égaux, il est forcé que l'angle NAO soit plus petit que OAS. On démontrera de la même manière que chacun des angles suivants est plus petit que celui qui le précède, raison pour laquelle le mouvement paraît diminuer de vitesse. D'autre part, si la comète se montre d'abord du côté de l'orient, elle nous paraîtra, au cours de son ascension, s'avancer toujours dans le ciel vers l'occident; pour nous, son mouvement sera donc rétrograde, c'est-à-dire contraire à l'ordre des signes, comme ce fut le cas de la dernière comète; mais si elle apparaît à l'occident, son ascension sera pour nous un mouvement vers l'orient, c'est-à-dire suivant l'ordre des signes, comme ce fut le cas pour la comète de soixante-dix-sept. En outre, dans l'une et l'autre position, elle nous semblera s'éloigner continuellement du Soleil, cet éloignement étant mesuré par l'angle OAG, NAG, IAG, lequel va croissant de jour en jour par l'adjonction de l'angle que décrit la comète dans son mouvement apparent.

Il y a toutefois entre ces deux cas une différence qui mérite d'être considérée : si une comète apparaît à l'orient, comme la plus récente, elle s'écartera du Soleil non seulement du fait de son mouvement apparent et rétrograde, mais aussi du fait du mouvement propre au Soleil qui, lui, est toujours direct; tandis que si elle apparaît à l'occident, son mouvement sera direct comme celui du Soleil, dont elle ne continuera à s'éloigner qu'aussi longtemps que son mouvement à elle sera plus grand que celui du Soleil; mais comme le mouvement apparent de la comète va se ralentissant et que celui du Soleil se maintient, il pourra arriver que la distance qui les sépare n'augmente plus et vienne même à diminuer. Or, ces deux accidents se sont exactement vérifiés pour les deux comètes dont nous parlons [17] : la dernière, étant orientale, a toujours été s'éloignant du Soleil, mais l'autre, celle de soixante-dix-sept, qui apparut à l'occident, s'en est d'abord éloignée d'environ quatre degrés par jour, car telle était la différence des deux mouvements; puis, la vitesse de la comète diminuant peu à peu, elle devint, au bout d'une vingtaine de jours, égale à celle du Soleil, en sorte qu'elle ne s'éloignait plus de lui; puis le Soleil commença à la gagner de vitesse, si bien qu'à la fin il se rapprochait d'elle de près d'un demi-degré par jour.

Je ne veux pas ici faire semblant d'ignorer que si la matière dans laquelle se forme la comète se mouvait seulement d'un mouvement rectiligne et perpendiculaire à la surface du globe terrestre, autrement dit du centre de la Terre vers le ciel, elle devrait nous paraître dirigée précisément vers notre zénith; or, ce n'est pas là ce qui s'est produit : notre comète a décliné vers le nord, ce qui nous oblige ou à désavouer ce que nous avons dit jusqu'à présent et qui, sur tant d'autres points, rendait si bien compte des phénomènes, ou à nous y tenir en y ajoutant quelque raison expliquant cette déviation apparente. Je ne saurais me résoudre au premier parti et je n'oserais prendre le second [18]. Sénèque savait, et il l'a écrit, combien il importait, pour traiter de ces choses avec certitude, d'avoir une connaissance solide et non douteuse de ce qui se rapporte à l'ordre, à la disposition, à l'état et au mouvement des diverses parties de l'univers. Cette connaissance, notre siècle en est encore privé : aussi vaut-il mieux nous contenter de ce peu que nous pouvons

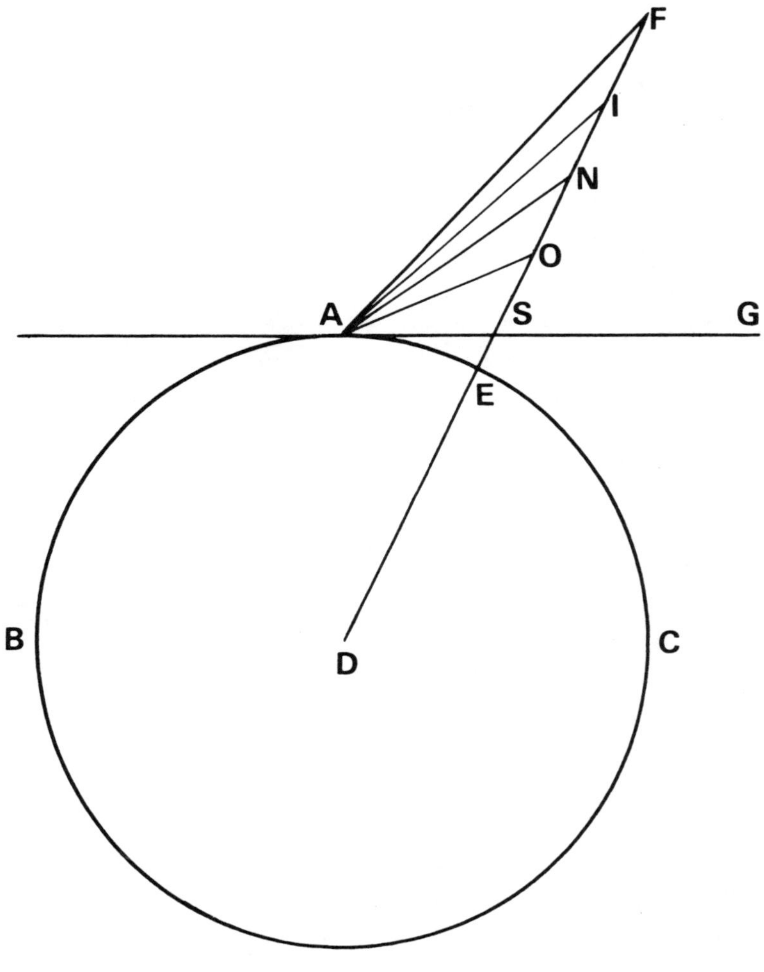

FIGURE 1. *Le cercle ABC représente le globe terrestre, la droite EDF, les déplacements de la comète. Son mouvement est rectiligne en apparence et en réalité, il semble ralentir en raison de l'éloignement.*

conjecturer ainsi dans l'ombre, en attendant qu'on nous ait enseigné la véritable constitution des parties de l'univers, car celle que nous avait promise Tycho est demeurée imparfaite. Et puisque nous avons soigneusement examiné tant de détails, il ne sera pas mauvais de nous arrêter quelque peu sur la courbure de la queue ou chevelure de la comète; au sujet de cette particularité, je ne vois pas que personne ait rien écrit, sinon Tycho, mais à mon sens il ne s'est pas montré plus véridique sur ce point que sur tout autre soumis à l'humaine conjecture. J'examinerai donc ce qu'il dit et, faute d'en pouvoir tirer des conclusions certaines, j'essaierai de vous présenter une solution probable.

Tycho estime que cette traînée de la chevelure n'est pas réellement et en elle-même incurvée, mais qu'elle est droite et que c'est par accident qu'elle nous paraît ainsi infléchie. Je crois qu'en cela son jugement est conforme à la vérité : la chevelure de la dernière comète nous est d'ailleurs apparue tantôt courbe et tantôt droite. Mais quand il donne la raison de cette apparence accidentelle, je crois qu'il s'écarte plus du vrai que ne fait la chevelure de la ligne droite.

La cause de ce que nous voyons est, selon lui, que les extrémités de la comète se trouvent à des distances inégales de notre œil; il soutient que tous les objets visibles qui, en réalité, sont droits, chaque fois que l'une de leurs extrémités est plus près de notre œil que l'autre, doivent nous apparaître non plus droits mais incurvés; à quoi il ajoute que cet effet résulte de certaines lois de la perspective démontrées par Vitellion et Al Hazen. Quant à moi, convaincu dès l'abord de la fausseté de la conclusion, j'ai voulu voir les passages des auteurs cités, car s'il me semblait étrange que des écrivains de ce mérite se fussent assez solennellement engagés dans la voie de l'erreur pour se persuader d'avoir démontré ce qui est faux et indémontrable, je ne trouvais pas moins surprenant que Tycho ait pu s'aveugler au point de mal entendre leurs démonstrations. Toutefois, le premier à s'abuser, ce fut moi, car véritablement Tycho n'a pas compris ce qu'ont démontré, dans les propositions qu'il cite, Vitellion et Al Hazen, lesquels parlent de tout autre chose que de ce qui est ici en question.

Ce que cherchent les susdits auteurs, c'est à savoir à quels indices il nous est possible de juger qu'une surface plane vue par nous est exposée à notre vue de face et « en majesté [19] » ou de biais et en raccourci; et ils disent que nous reconnaissons la position de face à ce que, les extrémités de l'objet étant également éloignées de l'œil et le rayon visuel tombant perpendiculairement sur le milieu de l'objet, nous en voyons aussi distinctement la partie droite et la partie gauche parce que, dans l'une et dans l'autre, se répondent des points équidistants de notre œil. Si au contraire le même objet est exposé « en oblique », c'est-à-dire si l'une de ses extrémités est plus près de nous et l'autre plus loin, notre œil n'y trouvera pas deux points également éloignés de lui; les parties voisines lui apparaîtront plus distinctes et les parties lointaines, graduellement, plus confuses; alors, notre faculté judicative intervenant, nous dirons que les parties distinctes sont plus proches, les autres plus lointaines, et donc que l'objet est exposé à notre vue obliquement et en raccourci. Mais nulle part il n'est écrit qu'un objet droit paraisse jamais tordu; le mot « oblique » ne signifie pas « incurvé », comme le voudrait Tycho pour les besoins de sa cause, mais il a le sens que nous donnons aux expressions *in iscorcio* et *a scancio* (*en raccourci* et *de biais*).

Si la conclusion de Tycho était vraie, on l'excuserait plus facilement d'avoir, en parcourant superficiellement ces textes, mal compris leur sens et d'avoir cru qu'ils s'appliquaient à son problème; mais étant donné la fausseté évidente de sa conclusion, il devait tenir ces passages pour suspects et même, sans autre forme de procès, les condamner. Que l'affirmation de Tycho soit fausse, l'expérience nous le montre si souvent et en tant d'occasions que je suis stupéfait à la pensée qu'il se trouve des gens, même d'intelligence médiocre, pour s'y tromper. Ne voyons-nous pas tous les jours des mâts, des piques, des rues, des tours, des campaniles et mille autres objets droits, lesquels, vus de n'importe où, et de biais autant qu'on voudra, ne nous paraissent jamais courbes? Qu'une chose droite puisse nous donner l'illusion d'être incurvée quand une de ses extrémités est plus proche de nous que l'autre, cela est si peu vrai que, tout au contraire, pour nous assurer qu'elle est bien droite, nous n'avons pas de meilleur moyen que de placer une de ses extrémités le plus près possible et l'autre le plus loin possible de notre œil; c'est ainsi que les menuisiers, d'un simple coup d'œil, se rendent compte qu'une planche est droite. Un mot encore : l'affirmation de Tycho est si diamétralement opposée à la vérité que s'il arrive jamais qu'une ligne droite puisse sembler infléchie, cela se produira quand ses extrémités se trouveront à égale distance de l'œil. C'est ainsi, par exemple, qu'une courtine de rempart pourra nous sembler s'incliner à droite et à gauche si nous la regardons de face et en son milieu; là, en effet, elle nous apparaîtra plus haute et plus large qu'à ses extrémités, en sorte que sa ligne de faîte semblera s'infléchir vers les deux bouts.

Que les arguments de Tycho soient sans valeur, nous n'avons donc plus à en douter. Je vais maintenant vous exposer ma propre opinion, bien plutôt pour vous mettre en mesure d'en discerner le bon et le mauvais qu'avec la prétention d'éliminer toute incertitude.

Je dirai donc qu'il est manifeste et communément admis que le milieu ambiant de la Terre n'est pas l'air pur et simple, mais de l'air mêlé, jusqu'à une certaine hauteur, de fumées et de vapeurs épaisses qui le rendent notablement plus dense et plus consistant que l'éther qui, au-dessus, pur et limpide, se répand à travers d'immenses espaces. Et comme ces vapeurs entourent un corps de forme sphérique, à savoir le globe terrestre, elles prennent elles-mêmes cette forme, si bien que leur surface extérieure est sphérique et convexe. En conséquence, une image visible située hors de cette région vaporeuse devra, pour atteindre notre œil qui, lui, est toujours au plus profond de la couche inférieure, traverser un second milieu diaphane plus dense, à la surface duquel, nécessairement, il lui arrivera parfois de se réfracter et de subir de ce fait une apparente déformation.

Pour mieux comprendre ce phénomène, il faut nous remettre en mémoire une proposition générale que nous ont enseignée les maîtres de la perspective, à savoir que toute réfraction se fait dans un même plan coupant perpendiculairement la surface du corps diaphane qui est cause de la réfraction [20] ; si bien que le rayon incident qui d'un point de l'objet tombe sur la surface du corps diaphane, le point d'incidence lui-même, le rayon réfracté et l'œil sont toujours dans un même plan, par lequel passe aussi la perpendiculaire élevée du point d'incidence sur la surface du corps diaphane réfringent. Or, dans cette hypothèse, un objet de forme allongée étendu en ligne droite, tel que la comète, pourra, à un œil situé à l'intérieur de la couche vaporeuse, se présenter de deux manières. En effet, ou l'œil se trouve dans le plan qui, contenant toute la longueur de l'objet, passe aussi par le centre de la sphère vaporeuse, ou il est en dehors de ce plan. Dans le premier cas, il verra la figure de l'objet sans aucune altération parce que le plan, coupant la sphère en son centre, s'élève perpendiculairement à sa surface, et que, les réfractions de tous les points de l'objet se produisant dans le même plan, l'image de l'objet se présentera à la vue en ligne droite. Bien mieux : si notre œil n'était pas seulement dans ce plan mais au centre de la sphère, notre vue embrasserait toutes les parties de l'objet sans aucune réfraction, car, de tous les points de l'objet, les lignes incidentes, perpendiculaires à la surface du corps diaphane, se prolongeraient directement vers son centre, et donc vers l'œil. Mais si l'œil est en dehors du plan, l'objet ne peut plus lui apparaître droit parce que le plan qui passe par l'œil et par la longueur de l'objet, ne passant plus par le centre de la sphère vaporeuse, ne sera plus perpendiculaire à sa surface, en sorte que les rayons issus des divers points de l'objet ne pourront plus se réfracter dans ce plan; et les réfractions ne se produisant plus sur la section commune de ce plan et de la surface de l'orbe vaporeux, mais sur une autre ligne, il est forcé qu'à notre œil cette ligne paraisse incurvée, car, des lignes tracées à la surface d'une sphère, aucune n'apparaît droite sinon celle qu'engendre la section d'un plan passant par l'œil. Ce dont je viens de vous donner une démonstration aussi évidente qu'il m'était possible de le faire ici, vous pouvez, Messieurs les Académiciens, le vérifier vous-mêmes par expérience : prenez une lentille de cristal très grande, convexe d'un côté et plane de l'autre, et, tenant la surface plane du côté de votre œil, placez une ligne droite contre la surface convexe; en modifiant les positions respectives de l'œil et de l'objet, vous verrez la ligne tantôt droite, tantôt incurvée; et vous reconnaîtrez qu'elle vous apparaît droite chaque fois que le plan imaginaire qui passe par elle et par votre œil coupe la lentille à angles droits; quand au contraire ce plan imaginaire coupe la lentille obliquement, la ligne se montre incurvée.

Or, dans notre cas, notre œil n'étant pas au centre de l'orbe vaporeux, la comète, qui en réalité est droite, ne nous paraîtra jamais telle. Il faudrait pour cela qu'elle s'étendît sur un plan passant par notre œil et par le centre de l'orbe vaporeux, ou, ce qui revient au même, qu'elle se trouvât dans l'un de nos cercles verticaux. Mais quand elle coupe ces cercles, nous la voyons toujours incurvée, et plus ou moins selon qu'elle les coupe plus ou moins transversalement. Si quelqu'un de ces points coïncide avec notre zénith, elle nous apparaîtra rectiligne, car en ce cas elle s'étendra nécessairement dans un cercle vertical; si elle s'écarte de notre zénith, mais de peu, elle s'incurvera insensiblement car elle coupera encore quelques cercles verticaux et restera presque parallèle à l'un d'eux; et à mesure qu'elle s'abaissera jusqu'à devenir presque parallèle à notre horizon, elle nous semblera de plus en plus incurvée. Ces différences se produisent parce que le plan qui passe par l'œil et par la longueur de la comète coupe d'autant moins obliquement la surface de l'orbe vaporeux que la comète est plus élevée sur l'horizon; alors, les rayons incidents sont moins obliques, ils parviennent à l'œil avec une moindre réfraction et en conséquence altèrent moins la forme rectiligne de l'objet.

Je crois, éminents auditeurs, que tout ce qui a été dit jusqu'ici doit ouvrir à ceux qui veulent raisonner en philosophes sur les conclusions examinées par nous une voie beaucoup plus facile que celle où les ont engagés Tycho Brahé et ses partisans. Aussi me ferai-je un devoir de tendre la main à ces derniers pour les aider à sortir d'une difficulté plus grande encore peut-être, et où Tycho, embarrassé lui-même, se voit contraint de demander le secours d'un mathématicien, sinon plus vaillant que lui, du moins plus heureux. Il ne cesse d'écrire et prétend démontrer que la chevelure ou barbe de sa comète a toujours été directement opposée non pas au Soleil mais à l'étoile de Vénus; il a en main les relations de beaucoup de grands astronomes : tous affirment que les nombreuses comètes diligemment observées par eux ont toutes leur chevelure opposée au Soleil; mais il aime mieux mettre en doute leurs attestations et croire qu'ils ont tous mal vu (peut-être parce qu'ils n'avaient pas des instruments d'autant de prix que les siens) [21] que de douter de lui-même et de ses propres observations. D'autre part, si la comète dépend de Vénus, il lui semble un peu dur d'admettre que la lumière si faible et si peu efficace de cet astre puisse produire une réflexion ou une réfraction si étendue et si brillante; à ne considérer que cet accident, il inclinerait plutôt à faire de sa comète une progéniture de l'immense lumière solaire; mais alors, il ne s'explique plus comment elle a pu décliner ainsi de l'opposition directe avec le Soleil.

Pour commencer à défaire ce nœud, je dirai premièrement que la comète n'est en aucune façon une réfraction de la lumière de Vénus, lumière trop petite et trop faible, n'étant elle-même que le reflet du Soleil sur un globe minuscule, pour produire une seconde réfraction si grande et d'un tel éclat. En outre, si, dans la matière de la comète, se réfractait la lumière de Vénus, pourquoi la lumière du Soleil ne s'y réfracterait-elle pas en même temps, donnant naissance à une autre comète qui l'emporterait de loin sur la première par ses dimensions et sa splendeur? Il est certain qu'entre le Soleil et la comète ne s'interposait aucun obstacle qui pût empêcher l'incidence des rayons solaires. Et puisqu'il ne s'est formé qu'une seule comète, il est à croire que la dépendance de Vénus a manqué, et non pas celle qu'engendrait le Soleil. Enfin, qui voudrait soutenir malgré tout que la comète de Tycho provient de Vénus devrait nécessairement admettre que toutes les autres comètes dérivent de la même source et que sont vaines et fallacieuses toutes les conjectures et observations de tous les autres astronomes qui les ont observées et reconnues dépendantes du Soleil. La raison en est évidente : si en effet certaines comètes naissaient du Soleil et certaines autres de Vénus, les solaires devraient à coup sûr être infiniment plus resplendissantes que les vénusiennes — dans la mesure même où le Soleil est plus resplendissant que Vénus; or, on n'a jamais vu ni entendu dire qu'il y eût, entre les comètes, aucune différence notable quant à leur éclat; si donc la tychonique est fille de Vénus, toutes les autres doivent aussi tirer de Vénus leur origine. Et je ne crois pas qu'il y ait personne pour le croire, ni pour croire que si Vénus, qui se tient toujours à proximité du Soleil, a mille fois rencontré une matière susceptible de réfracter sa lumière pour en former une comète, il ne s'est jamais trouvé, pour le Soleil, pareille occasion. Je croirais bien plutôt que les rayons du Soleil, en se réfractant, donnent naissance aux comètes et que ceux de Vénus, ou de toute autre étoile, sont tout à fait impuissants à produire le même effet.

Ce point éclairci, j'en viens à l'autre et je dis tenir pour certain que Tycho s'est trompé quand il a cru et mille fois affirmé que la chevelure de sa comète était directement opposée à Vénus, et non pas au Soleil; j'ajoute que c'est faute de n'avoir pas judicieusement déterminé la direction de cette chevelure qu'il est tombé dans l'erreur. De sa propre autorité et trop arbitrairement, me semble-t-il, il réduit la courbure apparente à une ligne droite menée du milieu de l'extrême touffe de cheveux au centre de la tête, alors qu'il avait le choix entre une infinité d'autres droites, menées de n'importe quel à n'importe quel autre point de la courbe, étant donné qu'on peut redresser une ligne courbe d'autant de façons qu'il a été possible de la courber quand elle était droite. Or, d'une ligne droite, on peut, ses extrémités restant fixes, infléchir tout le reste : c'est ainsi que se plie la perche de ceux qui travaillent au tour; on peut encore laisser immobile le point du milieu et courber le reste de chaque côté : c'est ainsi que l'on bande un arc; enfin, on peut prendre comme point fixe n'importe quel point de la ligne et en plier les autres parties, de çà et de là. Inversement, pour redresser une ligne courbe, nous pouvons en immobiliser un point quelconque et, autour de lui, ramener tous les autres à une ligne droite; tout cela, en somme, revient à dire qu'une courbe peut être ramenée à la direction de toutes les droites tangentes à n'importe quel point de l'arc qu'elle décrit, tangentes qui sont en nombre infini et dont les directions possibles sont infinies. Si Tycho avait fait cette remarque et l'avait rapprochée des autres choses qu'il a écrites, il aurait sûrement trouvé que sa comète était directement opposée au Soleil et non à Vénus. Il dit en effet, d'abord, que la courbure de la comète est apparente, mais non réelle, qu'elle est une illusion de la vue provenant de ce qu'une des extrémités de la chevelure est plus proche de l'œil et l'autre plus lointaine; c'est pour cela qu'elle nous semblerait courbe. Il dit ensuite que si la comète dérivait du Soleil, sa tête serait plus éloignée de l'œil de l'observateur que l'extrémité de sa chevelure; si bien que — étant supposé que la courbe apparente résulte du plus ou moins grand éloignement des parties de la chevelure par rapport à l'œil — l'inflexion doit se faire de la façon suivante : l'extrémité la plus proche de l'œil se présente telle qu'elle est véritablement et les autres parties s'infléchissent sur toute la longueur; donc, pour rectifier la courbe, il faut la rabattre sur la tangente à l'arc au point le plus proche de l'œil. Or, si nous prenons la figure même tracée par Tycho et si nous menons cette tangente, nous constaterons qu'elle se dirige précisément vers le centre du Soleil. Cette conclusion vraie, Tycho pouvait la déduire de son hypothèse, bien qu'elle fût fausse, en ce qui concerne la cause de l'apparente courbure, comme nous l'avons expliqué. Mais de même que l'effet, c'est-à-dire la courbure apparente, est vrai et qu'il est également vrai que la courbe peut se ramener aux diverses lignes droites qui lui sont tangentes, de même il est hors de doute que, parmi toutes ces tangentes, c'est celle qui aboutit au centre du Soleil que nous devons considérer comme la directrice de la courbe. Enfin, puisque toutes les comètes ne se montrent pas ainsi arquées et qu'une comète peut même se présenter tantôt droite et tantôt courbe selon qu'elle est plus ou moins élevée au-dessus de l'horizon et plus ou moins voisine de notre zénith (la dernière comète en est un exemple), Tycho pouvait s'en rapporter à celles qui sont droites et il aurait certainement trouvé que toutes regardent le Soleil.

Voilà, très nobles Académiciens, ce que, fort des travaux d'autrui, je puis vous offrir sur un sujet si débattu et si douteux. Je n'ignore pas que devant ce très docte auditoire, ce ne sont pas des conjectures mais bien de solides raisons et des compositions d'une finesse sans égale qu'on a l'habitude et le devoir de présenter. Mais n'ayant rien de plus, j'ai mieux aimé vous apporter ce que j'avais que de paraître devant vous les mains vides, car, en matière de science et de talent, je me garde d'approuver et de suivre le conseil d'Euripide :

> Pauvre, à toi, riche, je ne veux rien donner,
> De crainte que tu te moques du donneur
> Ou que tu croies qu'en donnant je mendie [22].

Que mes pauvres dons ne seront pas tournés par vous en dérision, votre bénignité m'en assure, et j'avoue que, grâce à eux, je compte bien augmenter infiniment mon petit avoir, car si je vous ai exposé aujourd'hui mes conjectures douteuses, ce fut à seule fin de les confier à vos intelligences aussi pures qu'élevées, comme la semence à un sol fécond, pour qu'elles prennent force, pour qu'elles germent et s'épanouissent en démonstrations certaines, d'où nous viendra pleine connaissance du vrai

Qui, de notre intellect, dissipe les nuages [23].

1. *Discorso delle comete, di Mario Guiducci.* Inspiré et en partie écrit par Galilée, le *Discours des comètes* fut prononcé en juin 1619 à l'Académie Florentine par son élève et ami Mario Guiducci. L'intention du *Discours* est de réfuter l'opinion exprimée par le P. Orazio Grassi au Collège Romain et de présenter une autre théorie, à titre d'hypothèse.

2. Allusion aux *Tres epistolæ de maculis solaribus* publiées en 1612 par le P. Christophe Scheiner sous le pseudonyme d'*Apelles latens post tabulam.*

3. Aristote, *Meteor.*, I, 6.

4. En août 1618 apparurent trois comètes. Ici, comme par la suite, Galilée a en vue la plus remarquable d'entre elles, celle qui se montra sous le signe du Scorpion.

5. *Caesaris Cremonini Apologia dictorum Aristotelis de Via lactea*, Venise, 1613, p. 38.

6. *Meteor.*, I, 7.

7. Galilée affirme avec raison que ce n'est pas le mouvement en soi, mais bien le frottement dont il s'accompagne, qui produit la chaleur. Il faut toutefois remarquer que dans un monde comme celui de la physique aristotélicienne, qui n'admet pas le vide, il n'est pas de mouvement sans frottement, ni donc sans chaleur.

8. On attendrait plutôt « réfraction du rayon solaire »; mais l'expression employée ici répond mieux à la théorie des pythagoriciens, selon laquelle le rayon visuel était issu de l'œil et dirigé vers l'objet visible.

9. Orazio Grassi, *De tribus cometis anni M. DC. XVIII-Disputatio astronomica publice habita in Collegio Romano Societatis Jesu ab uno ex patribus eiusdem Societatis* (1619).

10. Galilée affirme (et il insistera sur ce point dans le *Saggiatore*) que les pythagoriciens considéraient non seulement la « chevelure » mais la tête de la comète comme un « simulacre ». Ce n'est cependant pas ce qui résulte du texte d'Aristote par lui allégué et dont voici les premiers mots : « Suivant eux [Hippocrate de Chios et Eschyle] la comète n'a pas par elle-même une chevelure, mais... la prend à certains moments dans sa course à travers

l'espace, quand notre vue est réfléchie, *à partir de l'humidité que la comète traîne après elle vers le soleil* ». (*Meteor.*, I, 6, 343 *a*, trad. J. Tricot).

11. Nouvelle allusion au *De tribus cometis* du P. Grassi (*Tertium argumentum*) : « Illud, tertio loco, hoc idem persuadet : quod cometa, tubo optico inspectus, vix ullum passus est incrementum; longa tamen experientia compertum est atque opticis rationibus comprobatum, quaecunque hoc instrumento conspiciuntur, maiora videri quam nudis oculis inspecta compareant, ea tamen lege, ut minus ac minus sentiant ex illo incrementum. quo magis ab oculo remota fuerint; ex quo fit ut stellae fixae, a nobis, omnium remotissimae, nulla sensibilem ab illo recipiant magnitudinem. Cum ergo parum admodum augeri visus sit cometa, multo a nobis remotior quam Luna dicendus erit, cum haec tubo inspecta longe maior appareat. Scio hoc argumentum parvi apud aliquos fuisse momenti : sed hi fortasse parum opticae principia perpendunt, ex quibus necesse est huic eidem maximam inesse vim ad hoc quod agimus persuadendum ». *Opere di Galileo Galilei*, edizione nazionale, VI, p. 33.

12. Satellites de Jupiter, découverts par Galilée les 7 et 14 janvier 1610 et qui donnèrent lieu à la publication du *Nuncius sidereus*.

13. Au *Discours des comètes*, le P. Grassi répond par la *Libra astronomica ac philosophica*, imprimée à Pérouse en 1619 sous le pseudonyme de Lotario Sarsi. Mais la comète étant apparue sous le signe du Scorpion, et non de la Balance, Galilée remarquera, au début de son *Saggiatore*, que le livre de Sarsi aurait été plus justement intitulé *L'astronomico e filosofico scorpione*.

14. Tirant argument de ce passage, le P. Grassi reprochera à Galilée d'être insensible aux séductions de la poésie. On trouvera plus loin, p. 87, la réponse de Galilée.

15. Les Anciens désignaient sous le nom de *trabs* une formation de nuages oblongs affectant la forme d'une poutre et qu'ils regardaient comme un signe avant-coureur des tremblements de terre.

16. Dans les trois lettres à Marcus Welser publiées en 1613 sous le titre : *Istoria e dimostrazioni intorno alle macchie solari e loro accidenti.*

17. Les pages qui précèdent sont écrites en partie par Galilée, en partie par Mario Guiducci. L'*edizione nazionale* (VI, pp. 43 sq.) distingue par deux typographies différentes ce qui appartient à chacun des deux auteurs. Les pages qui suivent sont entièrement de la main de Guiducci. Elles n'en expriment pas moins la pensée de Galilée.

18. Allusion à la condamnation du *De revolutionibus orbium* de Copernic (prononcée en 1616) et à l'interdiction de professer le mouvement de la Terre.

19. *In maestà.* Expression empruntée au vocabulaire des arts du dessin; elle signifie proprement « dans sa plus grande étendue » et s'oppose à *in iscorcio, a scancio.* Si l'objet représenté est une figure humaine, « en majesté » a le même sens que « de face ».

20. La surface du milieu réfringent.

21. *Di tanto prezzo quanto i suoi*. Ici, Galilée joue sur le double sens du mot *pretium* (*prezzo* ou *pregio*). Les autres astronomes ne disposaient pas d'installations aussi parfaites — ni aussi coûteuses — que celles de l'observatoire d'Oranienburg, construit à grands frais.

22. *Fragmenta* 969 : Οὐ βούλομαι πλουτοῦντι δωρεῖσθαι πένης μή μ'ἄφρονα κρίνης ἢ διδοὺς αἰτεῖυ δοκῶ. — « Moi, pauvre, je ne veux rien donner à un riche. Tu penserais que c'est folie ou bien calcul ». Vers cités par Plutarque, *De Ei apud Delphos*, I, 384 *d* (trad. R. Flacelière, Paris, 1941).

23. Dante, *Purgatoire*, XXVIII, 81 : « Che puote disnebbiar vostro intelleto ».

L'ESSAYEUR[1]

Fragments

7. — *Lotario Sarsi (c'est-à-dire le P. Grassi) reproche à Mario Guiducci (et à travers lui à Galilée) sa sévérité à l'égard de la poésie, à laquelle « la nature refuse de se complaire », comme il est dit dans le* Discours des comètes. *On ne se serait vraiment pas attendu à ce qu'un homme si connu pour son urbanité se fût montré plus sourcilleux que Caton lui-même,* ipso Catone severior. Sed haec levia sunt... *Galilée répond :*

Pour me débarrasser en peu de mots de ce qu'on vient de lire, je dirai que ni le signor Mario ni moi ne sommes austères au point que les jeux et les douceurs de la poésie nous donnent la nausée. J'en prends à témoin toutes les autres gentillesses dont le P. Grassi a si joliment parsemé son mémoire et contre lesquelles le signor Mario n'a pas avancé la moindre critique. Nous nous sommes délectés, au contraire, à lire ce qui se rapporte à la naissance, au berceau, aux demeures et aux funérailles de la comète, et comment elle s'est allumée pour éclairer l'entrevue et le souper du Soleil et de Mercure. Que la lumière, après le souper, n'ait pas été éteinte de vingt jours ne nous a nullement contristés, non plus que d'apprendre que là où se trouve le Soleil les chandelles sont superflues, et que le Soleil ne soupe jamais, mais déjeune seulement, c'est-à-dire prend ses repas de jour et non pas de nuit, la nuit lui étant tout à fait inconnue. Ces choses-là n'ont pas éveillé chez nous le moindre scrupule car, exprimées ainsi, elles ne nous ont rien laissé à désirer quant à la vérité des conceptions incluses dans ce badinage, conceptions d'ailleurs si connues, si évidentes qu'elles n'exigeaient pas une autre et plus profonde démonstration. Mais quand on aborde une question importante et difficile, quand on veut me persuader pour de bon et sans plaisanterie qu'il existe dans la nature un orbe céleste particulier pour les comètes — alors que Tycho n'a jamais réussi à expliquer les irrégularités de leur mouvement apparent — suffira-t-il, pour rassurer et apaiser mon esprit, d'une petite fleur poétique à laquelle, finalement, aucun fruit ne succède? Voilà ce que le signor Mario se refuse à penser, et avec raison : c'est en toute vérité qu'il dit que la nature ne se complaît pas à la poésie, proposition très vraie encore que Sarsi montre qu'il n'y croit pas, qu'il feigne de ne pas connaître ou la nature ou la poésie, et d'ignorer que si la poésie a besoin de fictions et de fables, sans lesquelles elle n'existerait pas, ces mensonges sont en telle horreur à la nature qu'il ne serait pas moins impossible d'en trouver chez elle un seul que de trouver les ténèbres dans la lumière.

> 9. — *Contre Mario Guiducci, Sarsi soutient que la comète est un astre et non pas un reflet, une pure illusion, et que c'est à tort que l'auteur du* Discours *prête cette opinion à Anaxagore, aux pythagoriciens, à Eschyle et à Hippocrate de Chios. Ces philosophes ont toujours considéré que la tête de la comète, sinon sa chevelure, était un corps réel :* Anaxagoras enim stellarum verissimarum congeriem [cometam] esse dixit; cum Aeschylo Hippocrates nihil a Pythagoreis dissentit.

Pour en revenir à notre sujet, j'ose dire que Sarsi me semble s'y prendre un peu tard quand il prétend nous persuader que si son maître [2] ne fait pas mention de la théorie suivant laquelle la comète pourrait être un simple simulacre (auquel cas l'argument tiré de la parallaxe perdrait toute force), ce n'est pas qu'elle ne lui soit venue à l'esprit, mais bien parce qu'il l'a négligée comme une chose des plus futiles. L'excuse, dis-je, vient trop tard; nous lisons en effet dans le *Problème :* « Je pose en fait qu'un objet quelconque situé entre la Terre et le firmament, s'il est observé de divers lieux, se reflète aussi dans diverses régions du ciel »; et l'auteur de ces lignes montre qu'il n'a jamais songé à l'arc-en-ciel, aux halos, aux parhélies et autres reflets non soumis à cette loi, et qu'il avait d'autant plus le devoir de mentionner et d'excepter de la règle commune que lui-même, abandonnant Aristote, incline à l'opinion de Képler que la comète pourrait être une réflexion de lumière. Mais en poursuivant ma lecture je crois m'apercevoir que Sarsi, à cet égard, fait grande différence entre la tête de la comète et sa queue ou chevelure : quant à la chevelure, il est possible qu'elle soit véritablement une illusion de notre vue, une apparence, et que les pythagoriciens dont parle Aristote l'aient tenue pour telle; mais quant à la tête, il estime qu'elle est nécessairement quelque chose de réel, et que personne n'en a jamais douté [3]. Or, je souhaiterais ici une distinction bien spécifiée entre ce que Sarsi entend par réel et ce qu'il considère comme apparent; je voudrais savoir quelle est au juste la chose qui fait être réel ce qui est réel et apparent ce qui est apparent; car s'il dit que la tête est réelle parce qu'elle est réellement une substance, une matière, je trouve, moi, qu'on peut en dire autant de la chevelure : si en effet on supprimait les vapeurs par lesquelles notre vue est réfléchie au Soleil, la chevelure disparaîtrait, de même que si on supprimait les nuages, on ferait disparaître l'arc-en-ciel et le halo; et s'il veut que la chevelure soit illusoire parce que, sans la réflexion de la vue au Soleil, elle n'existerait pas, je dis qu'il en serait de même de la tête; si bien que tant la chevelure que la tête ne sont autre chose que le reflet de rayons lumineux sur une matière quelle qu'elle soit : l'une et l'autre, en tant que reflets, sont apparences pures; en tant que matière, elles sont réalités. Et si l'on admet, comme le fait Sarsi, qu'à tout déplacement de l'observateur répond ou peut répondre un changement du lieu où le reflet de la matière engendre la chevelure, je dis que la même chose peut se produire, et de la même façon, en ce qui concerne la tête; je ne pense d'ailleurs pas que ces anciens philosophes en eussent jugé autrement, car s'ils avaient cru, par exemple, que la tête fût une étoile lumineuse et consistante par elle-même et la chevelure seule une apparence, ils auraient dit que quand, par suite de l'obliquité de la sphère, la réfraction de notre vue au Soleil ne se produit pas, on ne voit plus la chevelure, mais l'étoile, qui est la tête de la comète, reste visible; mais ce n'est pas ce qu'ils ont dit; ils ont dit qu'on ne voyait plus la comète du tout : preuve évidente que la chevelure et la tête ont un même mode de génération. Au surplus, que ceci ait été dit ou non par les Anciens, le signor Mario a maintenant posé la question; il a émis des doutes fondés sur d'excellentes raisons qui méritent d'être pesées; c'est justement ce que fait Sarsi; et quant à nous, le moment venu, nous examinerons ce qu'il en écrit.

12. — *Portant le débat sur le plan de la pure logique, l'auteur de la* Libra astronomica *proteste contre l'emploi abusif qu'auraient fait Mario Guiducci et Galilée lui-même de certains termes, notamment du terme « infini ». Simple querelle de mots où Galilée entre à regret, dit-il, mais où il ne se montre pas inférieur à l'adversaire, ainsi qu'on pourra le constater.*

Ici, Votre Seigneurie le voit, en contrepartie de l'équivoque dans laquelle, comme le remarque le signor Guiducci, le P. Grassi, suivant les traces de Tycho et d'autres, était tombé, Sarsi veut montrer que j'ai péché moi-même autant, sinon plus, contre la logique. Pour faire comprendre que le grossissement produit par le télescope affecte les étoiles fixes autant que tous les autres objets et n'est pas, dans ce cas, insensible ou nul comme le Père l'avait écrit, j'ai argumenté de la façon suivante : nombre d'étoiles tout à fait invisibles à l'œil nu deviennent très visibles au télescope; c'est là un grossissement qui devrait être appelé infini plutôt que nul. Sarsi là-dessus crie au scandale et s'acharne, en de longs discours, à prouver que je suis un logicien détestable parce que j'ai qualifié d'infini ce grossissement. Dans mon enfance, quand j'étais encore sur les bancs de l'école, les disputes de ce genre-là faisaient mes délices, mais comme aujourd'hui elles me donnent mal au cœur, je répondrai brièvement et simplement à toutes les attaques de Sarsi qu'il se laisse voir tel qu'il tente de me montrer moi-même, c'est-à-dire peu instruit en matière de logique, quand il prend dans un sens absolu ce qui est dit *en relation*. Jamais il n'a été dit que le grossissement des étoiles fixes était infini; mais le Père ayant écrit qu'il était nul, le signor Mario, après lui avoir fait observer que ce n'était pas vrai, attendu que beaucoup d'étoiles totalement invisibles deviennent visibles, ajouta qu'un tel grossissement doit être appelé infini plutôt que nul. Qui serait assez simple d'esprit pour ne pas comprendre que si un bénéfice de mille pour cent est appelé grand et non pas nul, et un bénéfice de mille pour dix très grand et non pas nul, le même bénéfice réalisé sur un capital réduit à rien devra être dit infini plutôt que nul. Mais quand le signor Mario a parlé du grossissement absolu, il a dit — comme Sarsi le sait bien et l'a écrit plusieurs fois — que le grossissement des étoiles était le même que celui de n'importe quel autre objet vu avec le même instrument; ainsi donc, quand Sarsi vient maintenant reprocher au signor Mario son manque de mémoire sous prétexte qu'il aurait dû se souvenir d'avoir affirmé en d'autres occasions que le même instrument grossissait tous les objets dans la même proportion, l'accusation tombe à faux. Et si même le signor Mario avait qualifié ce grossissement d'infini, sans le mettre en relation avec quoi que ce soit, je n'aurais jamais pensé qu'il se fût trouvé quelqu'un d'assez chicanier pour lui en faire grief, attendu qu'il est d'usage courant et quotidien d'employer le mot infini au lieu de très grand. Un vaste champ s'ouvre devant Sarsi : il va pouvoir se montrer meilleur logicien que tous les écrivains du monde, chez lesquels, je l'en assure, il trouvera le terme *infini* pris neuf fois sur dix dans le sens de *grand* ou de *très grand*. Et puis voilà, signor Sarsi, quand le sage se dressera contre vous et dira : *Stultorum infinitus est numerus*[4], quel parti sera le vôtre? Allez-vous engager la lutte contre lui? Soutenir que sa proposition est fausse? Alléguer l'autorité de l'Écriture pour démontrer que, le monde n'étant pas éternel mais ayant été créé dans le temps, il ne peut avoir existé un nombre infini d'hommes, et que, la sottise étant le propre des hommes, ce qu'il dit ne peut être vrai quand bien même tous les hommes présents, passés et, dirai-je, à venir seraient des sots, étant impossible que le nombre des humains, le monde dût-il durer éternellement, fût jamais infini ?

Mais pour en revenir à notre sujet, que dirons-nous de cette autre coupable erreur décelée par Sarsi avec tant de subtilité, et que nous aurions commise en appelant accroissement *(accrescimento)* le fait d'un objet qui d'invisible se rend visible au télescope ? C'est là, dit-il, une chose qu'on ne peut désigner sous le nom d'accroissement, car l'accroissement implique une quantité donnée d'abord, et s'accroître, c'est de moins grand devenir plus grand. A cela, vraiment, je ne vois rien à répondre en défense du signor Mario sinon qu'il s'est exprimé tout bonnement, comme on dit. Le télescope ayant le pouvoir de faire apparaître des objets qui sans lui n'étaient pas aperçus, le signor Mario a cru que cette propriété et celle de représenter très agrandis les objets précédemment visibles n'étaient qu'une seule et même chose et, comme ici on parle d'accroissement de l'image ou de l'objet visible, il s'est laissé aller à penser que, là aussi, on pouvait se servir du même terme. Or, Sarsi nous enseigne qu'en ce dernier cas il ne fallait pas parler d'accroissement, mais de passage du non-être à l'être. En sorte que si, par exemple, la lunette nous permet de déchiffrer à grande distance une écriture où nous ne distinguions à l'œil nu que les majuscules, nous devrons, en bonne logique, dire que la lunette agrandit les majuscules, mais, quant aux minuscules, qu'elle les fait passer du non-être à l'être. Pourtant, si l'on ne peut sans erreur faire usage du mot *accroissement* là où n'est pas supposée d'abord une grandeur *en acte* qui doive en être l'objet, il est à craindre que les mots *passage* ou *transition* suggérés par Sarsi ne soient eux-mêmes impropres, car ils supposent aussi deux termes, celui d'où l'on part et celui où nous conduit le passage. Et puis, qui sait si le signor Mario ne pensait pas et ne pense toujours pas que les images [5] des objets même très lointains parviennent jusqu'à nous, mais sous des angles si aigus qu'elles demeurent, pour notre sens, imperceptibles et comme nulles, encore qu'elles soient en réalité quelque chose (car si je me permets de donner mon opinion sur ce point, j'estime que si vraiment elles n'étaient rien, toutes les lunettes du monde ne suffiraient pas à les faire devenir quelque chose), en sorte que les images des étoiles invisibles ne sont pas moins que celles des étoiles visibles répandues par l'univers, et qu'en conséquence on peut à leur sujet, avec la permission de Sarsi et sans pécher contre la logique, parler d'accroissement.

36. — *Mario Guiducci avait émis, dans son* Discours *à l'Académie Florentine, l'hypothèse que les comètes étaient des réfractions de la lumière solaire dans l'atmosphère terrestre et il avait démontré que, la surface de cette « région vaporeuse » étant sphérique, la « chevelure » de la comète devait, dans la plupart des cas, nous sembler incurvée* [6]. *Lotario Sarsi conteste cette sphéricité de la zone vaporeuse et affecte de croire que Mario Guiducci s'est contredit sur ce point ; il avoue enfin qu'il renonce à comprendre certaines explications données trop brièvement et à mots couverts,* paucis admodum atque involutis verbis.

A notre démonstration [relative à la courbure apparente de la queue des comètes], Sarsi oppose qu'elle est fondée sur une proposition fausse, à savoir que la région vaporeuse est sphérique; selon lui, elle ne l'est pas, et il en donne diverses preuves. Pour commencer, il dit que nous avons nous-même très constamment affirmé que ces vapeurs s'élèvent plus haut en tel lieu, moins en tel autre. Mais on ne trouve pas trace d'une affirmation de ce genre dans le livre du signor Mario. Il y est bien dit qu'il arrive parfois que certaines vapeurs s'élèvent plus que d'habitude, mais rarement et pour très peu de temps; conclure de là que la forme de la région vaporeuse n'est pas ronde est tout à fait gratuit. Une autre erreur décelée par Sarsi est que, selon nous, la comète est constituée par ces mêmes vapeurs qui, montant plus haut que le cône d'ombre de la Terre, donnent naissance aux aurores boréales : ceci non plus ne se trouve pas dans le livre du signor Mario. Il ajoute en troisième lieu : « Si cette vapeur, en tel endroit, s'élevait à trois mille et, en tel autre, à mille lieues, serait-il Dieu possible de soutenir qu'elle est de forme sphérique ? ». Mon Dieu, non, signor Sarsi, et qui soutiendrait cela serait, à mon avis, un grand balourd; mais je ne vois personne qui l'ait dit ni même, je crois, qui l'ait rêvé. Nommez au moins votre auteur. Quant à la quatrième objection, la voici : ceux qui professent les premiers rudiments de la sphère [7] enseignent que la figure de la région vaporeuse est ovale plutôt que ronde. A quoi je réponds que Sarsi ne doit pas s'étonner qu'on lui ait appris cela et qu'on me l'ait laissé ignorer, car en vérité je n'ai pas appris l'astronomie de ces maîtres des premiers rudiments, mais de Ptolémée, lequel, si j'ai bonne mémoire, n'a rien écrit de pareil. Et pour finir, quand il serait vrai et certain que cette figure est ovale et non point ronde, que tireriez-vous de là, signor Lotario? Rien, sinon que la chevelure de la comète n'est pas courbée en arc de cercle, mais en ligne ovale. C'est là une chose que, sans nul préjudice de notre intention ni de la méthode par laquelle nous avons montré la cause de cette apparente courbure, je puis vous concéder; mais je ne vous concède pas ce que vous voulez en déduire quand vous concluez : « Si donc cette région vaporeuse n'est pas sphérique, si elle n'est pas partout également éloignée de la Terre et si son épaisseur n'est pas la même en toutes ses parties (proposition répétée trois fois en termes différents pour épouvanter les naïfs), la courbure de la chevelure ne peut résulter de cette sphéricité qui n'existe pas ». Voilà, dis-je, une conclusion qui, en bonne logique, ne ressort pas des prémisses; tout au plus pourrait-on dire que cette courbure n'est pas un arc de cercle mais un segment de ligne ovale; tel est le gain bien misérable que vous feriez si vous arriviez jamais à la certitude que la région vaporeuse est ovale et non sphérique. En fait, que la chevelure de la comète dessine un arc de cercle, d'ellipse, de parabole, d'hyperbole, de spirale ou de toute autre courbe, je ne crois pas que personne soit en mesure de le déterminer, les différences de ces courbures en un arc de deux ou trois degrés au plus étant absolument inappréciables.

Il me reste à considérer les derniers mots [du texte auquel répond ce 36e paragraphe]. Je m'efforcerai d'en percer le mystère afin d'en tirer diverses conséquences et de pénétrer l'intime pensée de Sarsi. Et d'abord, il saute aux yeux qu'il ne s'est pas mis à étudier l'exposé du signor Mario sans préjuger de l'éloge ou du blâme qu'il y aurait lieu d'en faire, mais bien (comme je l'ai noté déjà) avec la ferme résolution de l'attaquer et de le condamner. Et c'est pourquoi, n'ayant pas soulevé de plus nombreuses objections, il s'en excuse en disant : « Comment pouvais-je réfuter les choses qu'il n'a pas énoncées et que je n'ai pu deviner? ». Mais la vérité est que, tout au contraire, il ne réfute la plupart du temps que des choses non exprimées par le signor Mario et qu'il s'est donné pour tâche de deviner. Il dit aussi que le signor Mario a usé d'un langage obscur et enveloppé, et qu'au bout de sa longue discussion on ne voit pas bien quel était son sentiment. A ceci je réponds que le signor Mario s'est proposé un tout autre but que le maître de Sarsi. On voit dès le début de l'ouvrage de Sarsi que celui qu'il nomme son maître s'est adressé au vulgaire pour lui apporter des solutions et lui enseigner ce qu'il eût été incapable d'apprendre tout seul. Le signor Mario, lui, s'adressait à de plus savants que nous, non pour les instruire mais pour s'instruire; c'est pourquoi il s'est exprimé sur le mode dubitatif, s'est abstenu de parler en maître et s'en est remis à la décision des plus entendus. Et puisque notre ouvrage paraissait tellement obscur à Sarsi, il devait, avant de le censurer, se le faire expliquer au lieu de se mettre à contredire ce qu'il ne comprenait pas, au risque de s'y casser les dents. Maintenant, s'il m'est permis de dire librement ce que je pense, je ne crois pas que Sarsi ait négligé de réfuter la plupart des choses écrites par le signor Mario parce qu'il n'en avait pas très bien saisi le sens; je crois au contraire qu'elles ne lui ont paru que trop manifestement claires et vraies et qu'il a trouvé plus expédient de faire semblant de ne pas les entendre que d'y applaudir et de les louer de mauvaise grâce.

38. — *La question posée au paragraphe* 37 *(le premier de la troisième partie) était de savoir si l'air et les exhalaisons peuvent être entraînés par le mouvement des cieux. Le débat va maintenant porter sur les deux points suivants :*
1. *Les cieux et les astres sont-ils parfaitement sphériques et sans aspérités?*
2. *Un fluide est-il entraîné par la surface concave d'un solide animé d'un mouvement de rotation?*

Avant d'aller plus loin, je répète une fois de plus à Sarsi que ce n'est pas moi qui veux que le ciel, en sa qualité de corps très noble, ait la très noble figure d'une sphère parfaite; c'est Aristote lui-même, auquel le signor Mario oppose des arguments *ad hominem*. En ce qui me concerne, comme je n'ai jamais lu les chroniques particulières et les titres de noblesse des figures, je ne sais pas lesquelles sont plus ou moins nobles, plus ou moins parfaites que les autres; je suppose que toutes ont, d'une certaine façon, de l'antiquité et de la noblesse; ou, pour mieux dire, je crois qu'elles ne sont pas plus nobles et parfaites que non nobles et imparfaites, étant bien entendu que, s'il s'agit de bâtir, les carrées sont plus parfaites que les sphériques, mais que s'il s'agit de rouler, c'est l'inverse et que pour les roues de charrette, j'estime que la forme ronde est plus parfaite, que la triangulaire. Mais pour en revenir à Sarsi, je lui aurais fourni, dit-il, des arguments en abondance pour prouver l'aspérité de la surface concave du ciel, parce que j'ai soutenu que la Lune et les autres planètes (corps célestes elles aussi, plus nobles et plus parfaits que le ciel lui-même) sont de surface montueuse, rugueuse et inégale; or, s'il en est ainsi, pourquoi cette inégalité ne se retrouverait-elle pas dans la figure du ciel? A cette question, Sarsi peut répondre lui-même ce qu'il répondrait à quelqu'un qui voudrait lui prouver que la mer devrait être toute pleine d'arêtes et d'écailles parce que tels sont les baleines, les thons et les autres poissons dont elle est peuplée.

Il me demande ensuite pour quelle raison la Lune n'est pas lisse et polie. A cela, je réponds que la Lune et les autres planètes étant par elles-mêmes ténébreuses et ne resplendissant qu'autant qu'elles sont illuminées par le Soleil, il est nécessaire qu'elles soient de surface inégale car, si elles étaient lisses et polies comme des miroirs, aucune réflexion de lumière ne nous viendrait d'elles, elles nous seraient invisibles, elles n'exerceraient aucune action sur la Terre non plus qu'entre elles, et en somme, n'ayant pour ainsi dire aucune existence propre, chacune serait pour les autres comme si elle n'était pas au monde. En revanche, le désordre ne serait pas moindre si les cieux étaient d'une substance solide et limitée par une surface qui ne serait pas parfaitement lisse et polie; en effet, comme je l'ai dit plus haut, des réfractions continuellement perturbées par une surface sinueuse ne nous permettraient pas de percevoir les mouvements des planètes, ni leurs figures, ni les projections de leurs rayons vers nous, sinon d'une manière tout à fait confuse et déréglée. Voilà, signor Sarsi, en réponse à votre question, une raison valable, en échange de laquelle vous me ferez la grâce d'effacer de votre livre le passage où vous dites avoir trouvé souvent dans ce que j'ai écrit l'affirmation que les étoiles sont de formes variées et anguleuses; en conscience, vous savez que c'est là un mensonge : cette proposition n'est jamais sortie de ma plume, et tout ce que vous pouvez avoir compris ou lu, c'est que les étoiles fixes sont d'un éclat si vif, si fulgurant, qu'il est impossible que leurs petits corps apparaissent jamais distinctement et sous forme d'un cercle au cœur de leur splendide rayonnement.

Quant à ce que Sarsi dit pour finir au sujet du Soleil, des fumosités qui s'y engendrent et s'y dissolvent et de son milieu ambiant, je n'ai jamais affirmé que la rotation du Soleil entraînât celle du milieu, ou inversement, attendu que je n'en sais rien; il se pourrait aussi, d'ailleurs, que ni le milieu ambiant ni le corps du Soleil ne fussent entraînés, mais qu'à l'un comme à l'autre fût naturelle cette rotation en vertu de laquelle je suis sûr, parce que je le vois, que les taches solaires accomplissent leurs révolutions en quatre semaines à peu près. Mais eût-on même de tout cela une science parfaite, je ne vois pas de quelle utilité elle serait dans cette présente dispute où, argumentant *ad hominem* et *ex suppositione*, et ayant fait des suppositions certainement fausses en des matières qui n'ont rien à voir avec le milieu ambiant du Soleil ni avec le Soleil lui-même, nous cherchons si la concavité dure et lisse de l'orbe lunaire, qui n'existe pas, peut, en tournant sur elle-même (ce qui est une autre fable), entraîner à sa suite le feu qui peut-être ne s'y trouve pas lui non plus.

Parlons maintenant de cette différence très grande que Sarsi prétend ne pas voir et qu'il estime être une identité. Il dit qu'un corps fluide contenu dans la concavité d'un solide sphérique animé d'un mouvement de rotation est entraîné par ce dernier exactement et tout aussi naturellement que si le contenu était une sphère solide et le contenant une masse liquide. Cela revient à peu près à croire que, de même qu'un navire est porté et entraîné par le courant d'un fleuve, de même l'eau d'un étang devrait être entraînée par le mouvement d'un navire en marche, ce qui est on ne peut plus faux. L'expérience nous montre en effet qu'un navire et même mille navires couvrant tout le fleuve suivent le mouvement de celui-ci, mais qu'inversement le mouvement d'un navire se déplaçant à quelque vitesse que ce soit n'entraîne pas à sa suite la moindre particule d'eau. La raison de cette différence ne devrait pas sembler bien mystérieuse, car la poussée exercée sur la surface du navire ne peut pas ne pas s'exercer de même sur le navire tout entier dont les parties, étant solides et solidement conjointes, ne peuvent se séparer ou se détacher en sorte que les unes céderaient à l'action du milieu extérieur et les autres non; or, ceci ne se produit pas dans le cas de l'eau (ou de tout autre fluide) dont les parties, n'ayant entre elles qu'une cohésion à peine sensible, se séparent et se détachent très facilement, si bien que seul le mince voile d'eau qui touche le corps du navire peut à la rigueur être forcé d'obéir à son mouvement, tandis que les autres parties de la masse liquide, plus éloignées, abandonnant les plus proches, et celles-ci les contiguës, se libèrent entièrement, à une très faible distance des flancs du navire en marche, de sa force et de son emprise. Ajoutons à cela que l'élan et le mouvement imprimés se conservent beaucoup plus longtemps et perdent beaucoup moins de leur intensité dans les corps solides et lourds que dans les corps fluides et légers : ainsi voyons-nous un objet d'un grand poids garder plusieurs heures l'impulsion et le mouvement qui, une seule fois, lui ont été donnés, alors qu'au contraire on peut agiter autant qu'on voudra l'air enfermé à l'intérieur d'une maison; à peine cesse l'impulsion qui lui était donnée, il s'apaise et de son agitation rien ne subsiste. Donc, quand le contenant mobile est liquide et exerce son action sur un contenu solide, consistant et pesant, il imprime sa mobilité en un sujet naturellement apte à la recevoir et à la conserver longtemps : en effet, la seconde impulsion qui survient y trouve le mouvement imprimé par la première, la troisième renforce l'*impetus* déjà communiqué par la première et la seconde, la quatrième rejoint les trois précédentes et ainsi de suite, en sorte que le mouvement transmis n'est pas seulement conservé mais accru. Si au contraire le contenu est liquide, subtil, léger et en conséquence impuissant à conserver le mouvement qui lui est donné, autant il en reçoit, autant il en perd, et vouloir lui imprimer une vitesse serait une entreprise aussi vaine que celle de remplir le tonneau des filles de Bélus [8] qui laisse fuir autant d'eau qu'on lui en verse. Vous pouvez voir maintenant, signor Lotario, à quel point diffèrent l'une de l'autre ces deux opérations qui vous semblaient être une seule et même chose.

44-45. — *Le P. Grassi accuse Galilée de s'être moqué d'Aristote parce que ce dernier « a cru et écrit que le fer d'une flèche lancée à grande vitesse devient brûlant* [9] *». La même affirmation se retrouve cependant chez nombre d'auteurs. Parmi les poètes : Ovide, Lucain, Lucrèce, Stace et Virgile; et si l'on considère comme suspect le témoignage des poètes, que l'on fasse appel à celui d'historiens, de philosophes et de savants tels que Suidas, Sénèque, Posidonius. Au rapport de Suidas, les Babyloniens avaient l'art de faire cuire un œuf en lui imprimant, à l'aide d'une fronde, un mouvement de rotation très rapide... Ces prétendus faits et ces prétendues expériences excitent la verve ironique de notre auteur.*

Que le signor Mario et moi ayons ri et nous soyons moqués de l'expérience produite par Aristote est on ne peut plus faux, car il ne se trouve pas dans le livre du signor Mario la moindre parole de dérision; il est dit simplement que nous ne croyons pas qu'une flèche froide tirée avec un arc puisse s'enflammer; nous croyons au contraire que si elle était tirée brûlante, elle se refroidirait plus vite que si on la laissait immobile. Sarsi ajoute que si nous avons cherché à réfuter cette expérience, nous n'avons pas atteint notre but parce qu'en dehors d'Aristote, beaucoup d'autres grands hommes ont cru et écrit la même chose. A quoi je réponds que si vraiment, pour réfuter ce qu'a dit Aristote, il faut faire que beaucoup d'autres n'aient pas cru et écrit la même chose, ni moi, ni le signor Mario, ni le monde entier ne le réfuterons jamais, car jamais on ne pourra faire que ceux qui ont cru et écrit quelque chose ne l'aient pas cru et écrit; je trouve d'ailleurs assez singulier qu'en un pareil débat on veuille mettre le témoignage des hommes au-dessus de ce que l'expérience nous enseigne. Citer tant de témoins ne sert à rien, signor Sarsi, attendu que jamais nous n'avons nié que beaucoup aient cru et écrit cette chose-là : nous avons seulement dit que cette chose-là était fausse. Quant à l'autorité, la vôtre toute seule a autant de force que celle de cent autres ensemble, dès lors qu'il s'agit de faire que l'effet en question soit vrai ou ne soit pas vrai. Vous en appelez à l'autorité de plusieurs poètes pour contester les expériences, que nous produisons. Et moi, je vous réponds et je vous assure que si ces poètes étaient présents à nos expériences, ils changeraient d'avis et n'hésiteraient pas à dire qu'ils se sont exprimés par hyperbole ou à avouer qu'ils se sont trompés. Mais s'il est impossible d'avoir auprès de nous ces poètes, lesquels, encore une fois, seraient convaincus par nos expériences, nous avons en revanche sous la main des archers et des frondeurs. Voyez donc si, en leur citant toutes ces autorités, vous réussirez à les rendre assez forts pour que les flèches et les balles de plomb tirées par eux s'enflamment et se liquéfient dans l'air; ainsi, vous aurez une idée juste de ce que peuvent les autorités humaines sur les effets de la nature, sourde et inexorable à nos vains désirs. Vous me direz qu'il n'existe plus d'Acestes ni de Mézences, ni de paladins à leur taille; eh! bien, j'accepte, moi, qu'au lieu d'un arc ordinaire, de ceux qu'on tend à la main, vous preniez le très puissant arc d'acier d'une grosse arbalète chargée à l'aide de crics et de leviers, un arc tel que pour le courber à la main la force de trente Mézences ne suffirait pas, et que vous tiriez une flèche, ou dix flèches, ou cent; et si jamais il arrive, je ne dis pas que le fer d'une de ces flèches s'embrase ou que son bois prenne feu, mais seulement que ses plumes soient quelque peu roussies, je veux bien avoir perdu mon procès et du même coup vos bonnes grâces, dont je fais grand cas. Mais courage, signor Sarsi, je ne veux pas vous laisser plus longtemps en suspens. Ne me tenez pas pour intraitable au point de récuser l'autorité et le témoignage de tant d'admirables poètes et de me refuser à croire que l'embrasement des flèches et la fusion des métaux ne se soient quelquefois produits; je maintiens seulement que la cause de ces merveilleux phénomènes est bien différente de celle que les philosophes nous en donnent quand ils la réduisent à des frottements de l'air, à des exhalaisons et autres chimères qui ne sont que vanités. La vraie raison, voulez-vous la savoir? Écoutez un poète qui n'est inférieur à nul autre, écoutez-le raconter le combat de Roger et de Mandricart, et le fracassement de leurs lances :

> Les tronçons s'en élevèrent jusqu'au ciel;
> Turpin écrit, en ceci véridique,
> Que deux ou trois retombèrent enflammés,
> Ayant monté jusqu'à la sphère du feu [10].

Et le grand Arioste ne nous ôte-t-il pas, peut-être, tout sujet de douter de cette vérité quand il la corrobore par l'attestation de Turpin dont chacun sait combien il est véridique et combien il mérite d'être cru?

Mais laissons les poètes à leurs paroles de vérité et revenons à ceux qui réduisent la cause du phénomène au frottement de l'air, opinion que je répute fausse. Pour montrer que des corps très durs peuvent être usés par le frottement de corps plus mous, vous dites qu'il est facile de le constater sur l'exemple de l'eau, et aussi du vent, celui-ci rongeant et consumant les angles des tours les plus solides, celle-là creusant par une stillation prolongée et des chocs répétés sans cesse les marbres et les rochers les plus durs. Tout cela, je vous l'accorde parce que c'est très vrai; je dirai plus : je ne mets pas en doute que les flèches et les boulets, non seulement de plomb mais de pierre et de fer, lancés par un feu d'artillerie, s'usent au contact de l'air plus rapidement que les rochers et les murailles sous l'action de l'eau et du vent; j'ajoute que si, pour produire une érosion ou un délabrement notable d'une roche ou d'une tour, il faut que l'assaut de l'eau et du vent se prolonge deux ou trois siècles, l'usure d'une flèche ou d'un boulet ne demanderait qu'un trajet dans l'air de deux ou trois mois; mais je ne vois pas comment, dans le temps de deux ou trois battements du pouls, un effet appréciable pourrait se produire. D'autre part, il me reste deux autres difficultés pour appliquer votre remarque, en vérité ingénieuse, à l'objet de notre débat : l'une est que nous parlons de corps liquéfiés et dissous par l'effet de la chaleur et non de corps usés par l'effet de percussion; l'autre est que, dans votre cas, il faut que ce soit non pas le corps solide mais le corps inconsistant et subtil, c'est-à-dire l'air, qui s'use, qui s'amenuise et finisse par s'enflammer; or, l'effet que vous alléguez prouve que ce sont les rochers et non pas l'air ou l'eau qui subissent l'érosion; quant à l'air et à l'eau, qu'ils frappent puisqu'ils savent frapper, mais je crois qu'ils n'en seront pas usés plus qu'avant. C'est pourquoi je conclus que de tout cela vous ne tirerez pas grand avantage ni grand secours pour la défense de votre cause, non plus d'ailleurs que de ce que vous dites concernant les grêlons et les gouttes de pluie, dont je vous accorde qu'ils diminuent de volume quand ils tombent de haut; je vous l'accorde, dis-je, non parce que je ne crois pas que le contraire puisse être aussi vrai, mais parce que je ne vois guère que, dans l'un ou l'autre cas, ceci ait le moindre rapport avec la question qui nous occupe. Quant à la fronde, que ses sifflements et crépitements soient une raison de penser que l'air agité par elle se condense, je veux bien : qu'il en soit comme il vous plaira; mais notez qu'ici vous vous contredisez vous-même et portez à votre cause un coup désastreux. Jusqu'ici, en effet, vous avez toujours soutenu que d'un ébranlement ou d'une agitation violente résultent l'attrition, la raréfaction et, pour finir, la mise en feu de l'air, et maintenant, pour rendre raison du sifflement de la fronde, ou pour trouver un sens aux paroles très obscures de Stace [11], vous parlez de condensation; si bien que le même ébranlement qui, pour servir à fondre et à brûler, raréfie l'air, pour le service des frondeurs et celui de Stace, le condense. Mais voyons maintenant le témoignage des historiens.

Je ne puis m'empêcher de m'étonner une fois de plus que Sarsi persiste à vouloir me prouver par voie de témoignages ce que je peux à toute heure vérifier par expérience. On a recours aux témoignages dans les choses douteuses, passées et non permanentes, et non pas dans celles qui existent de fait et présentement; ainsi, le juge est obligé de recueillir des témoignages pour savoir s'il est vrai que Pierre a blessé Jean la nuit dernière, mais non pas pour savoir si Jean est blessé puisqu'il le voit et peut en faire le constat. Je dirai plus : en ce qui concerne les propositions à la connaissance desquelles la raison seule nous permet d'accéder, j'attacherais moins de prix aux attestations d'une foule de gens qu'à celles de quelques personnes, étant assuré que le nombre de ceux qui, dans les choses difficiles, raisonnent bien est moins grand que le nombre de ceux qui raisonnent mal. S'il en était de raisonner sur un problème difficile comme de porter des charges, sachant que plusieurs chevaux porteront plus de sacs de blé qu'un seul cheval, je dirais que beaucoup de raisonnements feront mieux l'affaire qu'un seul. Mais raisonner, c'est discourir, c'est courir plutôt que porter, et un cheval arabe tout seul courra mieux que cent frisons. Aussi ne me semble-t-il pas, quand Sarsi nous arrive avec une multitude d'auteurs, qu'il fortifie ses conclusions; il donnerait plutôt de la noblesse à notre cause en faisant voir que nous avons, le signor Mario et moi, raisonné mieux que tant d'hommes de grand crédit. Si, pour contenter Sarsi, je dois croire sur la foi de Suidas que les Babyloniens cuisaient leurs œufs en les faisant tourner très vite au bout d'un lance-pierre, je le croirai, mais je dirai que la vraie cause d'un tel effet est très éloignée de celle qu'on lui attribue; et pour la trouver, je raisonnerai de la façon suivante : « Si nous ne réussissons pas à obtenir un effet que d'autres, en d'autres temps, ont obtenu, il faut nécessairement que manque à notre opération ce qui fut cause de leur réussite, et si une seule chose nous manque, c'est cette chose-là qui est la cause cherchée. Or, nous ne manquons ni d'œufs, ni de frondes, ni d'hommes robustes sachant les manier, et pourtant nos œufs ne cuisent pas en tournant et même, s'ils sont chauds, ils refroidissent plus vite; et comme rien ne nous manque, sinon d'être babyloniens, la véritable cause du durcissement des œufs, c'est le fait d'être babyloniens et non pas le frottement de l'air ». Voilà ce que je voulais démontrer. Est-il possible que Sarsi, en courant la poste, n'ait pas pris garde à la fraîcheur que lui porte au visage le continuel renouvellement de l'air? Et s'il en a fait l'expérience, voudra-t-il prêter foi aux récits que d'autres ont fait de choses qui se sont passées à Babylone il y a deux mille ans plutôt qu'aux choses présentes et qui lui sont arrivées à lui? Je prie Votre Seigneurie Illustrissime de lui montrer à l'occasion comment, en agitant le vin d'un mouvement très rapide, on lui donne au fort de l'été la fraîcheur de la glace. Quant à la valeur des raisons par lesquelles Sénèque et d'autres expliquent un effet qui n'existe pas, je laisse V. S. en juger.

Après m'avoir invité à prêter une oreille attentive aux

conclusions de Sénèque [12], Sarsi me demande s'il était possible de s'exprimer plus clairement et avec plus d'élégance. Sur ce point-là, je me range à son opinion et je lui accorde qu'il n'était pas possible de dire plus subtilement et plus franchement un mensonge. Mais je ne voudrais pas qu'il me contraignît, comme il cherche à le faire, au nom des convenances et de la bonne éducation, à croire ce que je répute faux, si bien qu'en le niant j'en viendrais quasiment à donner un démenti à des hommes qui sont la fleur des lettrés et, ce qui est plus dangereux, à de vaillants militaires. Je pense quant à moi qu'ils ont cru dire la vérité et qu'ainsi leur mensonge n'a rien de déshonorant; et quand Sarsi me déclare qu'il ne veut pas être de ceux qui font à des hommes de grand savoir l'affront de les contredire et de ne pas croire en leur parole, je lui réponds que je ne veux pas être de ceux qui méconnaissent les faveurs de la nature et de Dieu qui m'ont donné les sens et la raison, et que je ne veux pas me montrer assez ingrat pour mettre au-dessus de tels dons les erreurs d'un homme, croire en aveugle et stupidement ce que j'entends dire, et asservir mon intellect à qui peut se tromper aussi bien que moi.

52. — *Suivant Aristote* (Meteorologica, I, 7, 344 *b*), *les années où les comètes apparaissent en nombre sont particulièrement sèches et venteuses, car l'exhalaison chaude et sèche étant la matière commune des vents et des comètes, la fréquence de celles-ci dénote l'abondance de cette exhalaison et annonce le vent et la sécheresse. Galilée* (Discours des comètes, *voir plus haut, p.* 52) *dit qu'au contraire, l'hypothèse d'Aristote quant à la génération des comètes étant admise, le grand nombre de ces météores devrait faire prévoir une année moins sèche et moins tempétueuse que jamais « étant donné l'insolite consommation faite de la matière aride et venteuse ». Le P. Grassi juge cette objection sans valeur et fait observer plaisamment à Galilée que les années où l'on voit beaucoup de blé dans les rues et sur les places sont des années de récolte abondante et non pas de pénurie. A quoi Galilée répond :*

L'exemple en vertu duquel Sarsi croit pouvoir défendre Aristote et prouver que l'objection du signor Mario est sans force ne me semble guère s'appliquer à ce qui est en cause. Voir beaucoup de blé dans les rues et sur les places et conclure de là que l'année a été plus abondante que si l'on n'en voyait pas me paraît très raisonnable, car il dépend des cultivateurs de montrer leur blé ou de le cacher, et au surplus le montrer ne le fait pas se consumer ni se réduire; mais ce sont là deux particularités qui ne se retrouvent pas dans le cas des comètes. Qui voudrait proposer un exemple plus approprié au sujet dirait peut-être : dans l'île de Cuba croissent en abondance la cannelle et le cinname, et la preuve en est que les insulaires s'en servent couramment pour faire du feu : raisonnement concluant, car il est en leur pouvoir de les brûler ou de ne pas les brûler, et s'ils n'en avaient que très peu, ils en feraient, comme nous, des aromates. Mais s'il nous venait la nouvelle que, ces derniers mois, le feu s'est mis par accident à la grande forêt des cinnamomes et que les insulaires qui se trouvaient alors très loin de là ne purent éteindre l'incendie, en sorte que tout fut irrémédiablement brûlé; et si quelqu'un, ayant appris cet accident insolite, allait prédire à nos marchands d'épices une abondance exceptionnelle, attendu qu'un bois qu'on brûle d'ordinaire par fagotins, on le laisse flamber cette fois par taillis entiers, je crois que cet homme-là passerait pour simple d'esprit; et celui qui, voyant les flammes dévorer les blés mûrs de sa propriété, se montrerait tout réjoui et se promettrait de remplir ses greniers plus que d'habitude, puisqu'il y a du blé à brûler à pleins boisseaux, je crois qu'on le tiendrait pour complètement fou. Ou la matière de la comète est celle même dont est fait le vent, ou elle est différente : si elle est différente, on ne peut pas plus conclure de la profusion de l'une à la profusion de l'autre qu'on ne pourrait prédire, à la vue d'une grande quantité de raisin, une abondante récolte d'huile; et si elle est la même, une fois que le feu s'y sera mis, elle brûlera toute.

1. L'essayeur (*saggiatore*), préposé à l'essai des matières d'or et d'argent et à la vérification du titre des monnaies, doit se servir de balances très précises. C'est pourquoi Galilée intitule ainsi sa réponse à la *Libra astronomica* publiée par le P. Grassi sous le pseudonyme de Lotario Sarsi. Le *Saggiatore*, publié en 1623, est présenté sous la forme d'une lettre à don Virginio Cesa-

rini, camérier du pape Urbain VIII et *Academico Linceo*. L'ouvrage se divise en cinquante-trois paragraphes où les arguments de Sarsi sont repris un par un. C'est un texte plein de verve et un modèle de littérature polémique, mais qui n'a rien à voir avec l'astronomie, comme le remarque Delambre dans son *Histoire de l'astronomie moderne*.

2. C'est-à-dire le P. Grassi lui-même, dont le pseudo-Sarsi se donne pour le disciple.

3. Voir ci-dessus le *Discours des comètes*.

4. *Ecclésiaste*, I, 15.

5. Le *specie*, littéralement : les espèces; terme scolastique que Galilée emploie fréquemment sous diverses acceptions; ici, dans le sens d'image. L' « espèce » d'un objet, c'est l' εἴδωλον ou l'ensemble des εἴδωλα qui, pour nous, constitue son apparence mais dont l'existence ne dépend pas de notre vue si elle se trouve trop faible pour les apercevoir.

6. Voir ci-dessus le *Discours des comètes*.

7. *La sfera*, c'est-à-dire l'astronomie.

8. Les Danaïdes, filles de Danaüs et petites-filles de Bélus.

9. Voir ci-dessus, *Discours des comètes*, p. 47.

10. Arioste, *Orlando furioso*, XXX, 49.

11. « ... et flexae Balearicus actor habenae,
Quo suspensa trahens libraret vulnera tortu,
Inclusum quoties distringeret aëra gyro ». *Achill.*, II, 420-422.

12. « Sic liquescit escussa glans funda, et attritu aëris velut igne distillat ». *Quaest. nat.*, II, 57.

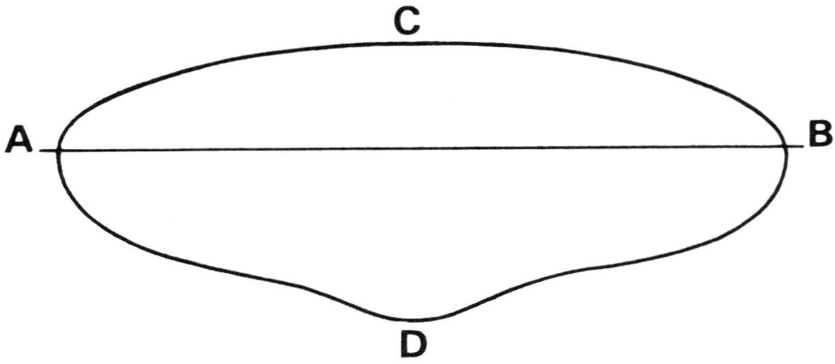

FIGURE 2. *La ligne droite AB détermine la distance car elle est plus courte que les courbes ACB et ADB et qu'elle est une, seule et limitée, les courbes étant en nombre infini, inégales entre elles et plus longues*

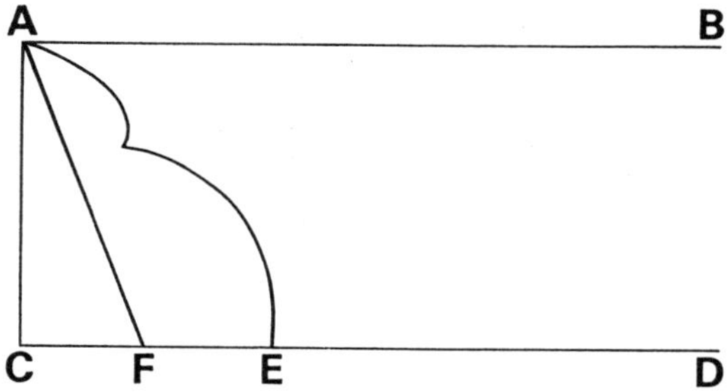

FIGURE 3. *La détermination de la largeur exclut l'oblique AF et la courbe AE, et s'établit grâce à une ligne droite AC perpendiculaire à AB et à CD*

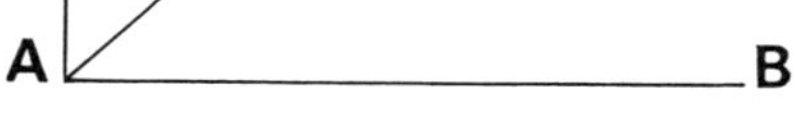

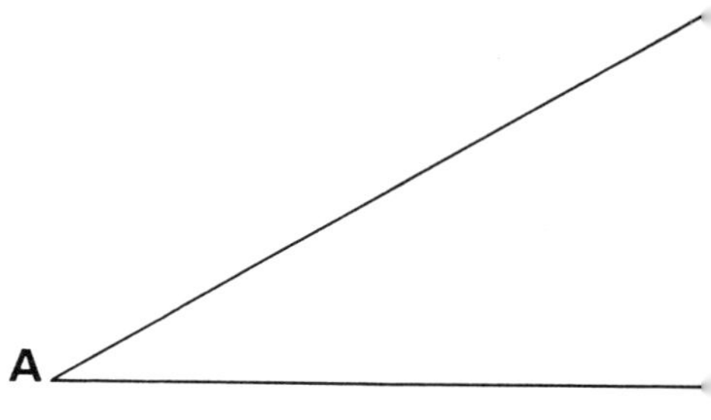

FIGURE 4. *Seules, les trois dimensions AB, AC, AD peuvent être déterminées à partir d'un même point A*

FIGURE 5. *D'après l'étude des lois qui régissent la chute de deux mobiles égaux partant d'un point donné C, l'accélération est plus grande sur la perpendiculaire CB que sur l'oblique CA ; au point A, leur* impetus *est égal*

DIALOGUE DES GRANDS SYSTÈMES[1]

Première journée

Interlocuteurs : SALVIATI, SAGREDO *et* SIMPLICIO

SALVIATI Il a été convenu hier que nous nous réunirions aujourd'hui pour discuter, avec toute la clarté et toute la précision dont nous serions capables, des raisons naturelles plus ou moins efficaces qui ont été produites jusqu'à présent, d'un côté par les tenants de la thèse aristotélicienne et ptoléméenne et de l'autre par ceux qui adhèrent au système de Copernic. Et puisque Copernic, plaçant la Terre parmi les corps célestes en mouvement, fait d'elle un globe semblable aux autres planètes, il sera bon, au début de cet entretien, d'examiner ce que sont et ce que valent les arguments allégués par les péripatéticiens pour démontrer que cette assertion est tout à fait insoutenable. D'après eux, force est de reconnaître, dans la nature, des substances différentes entre elles : la substance céleste et la substance élémentaire, la première impassible et immuable, l'autre altérable et caduque. Cette théorie est exposée dans le traité *Du ciel ;* Aristote l'insinue d'abord en des discours qui relèvent de principes généraux pour la confirmer ensuite par des expériences et des démonstrations particulières. Quant à moi, je présenterai la doctrine suivant le même ordre, puis je dirai librement ce que j'en pense, au risque d'encourir vos censures, et en particulier celles du signor Simplicio, vaillant champion et mainteneur de l'aristotélisme.

Aristote prouve d'abord — c'est là son premier pas dans la voie où nous le suivons — l'intégrité et la perfection du monde en nous faisant voir que le monde n'est pas une simple ligne, non plus qu'une surface pure, mais un corps comportant longueur, largeur et profondeur; et comme il n'existe que trois dimensions, les ayant il les a toutes, et les ayant toutes il est parfait. Il déclare ensuite que de la simple longueur est constituée la grandeur que nous appelons ligne; que, la largeur y étant ajoutée, se constitue la surface; que si l'on y ajoute encore hauteur ou profondeur, on obtient le corps, et que de ces trois dimensions on ne peut plus passer à une autre, si bien qu'en ces trois seules réside pour ainsi dire la totalité; mais j'aurais souhaité qu'Aristote m'eût démontré cela rigoureusement, d'autant plus qu'une telle démonstration pouvait être faite de la façon la plus claire et la plus aisée.

SIMPLICIO Que laissent donc à désirer les très belles démonstrations des second, troisième et quatrième textes, qui font suite à la définition du continu [2]? N'y voyez-vous pas, premièrement, qu'outre les trois dimensions il n'en est pas d'autres, parce que le trois est tout et englobe tout, ce qui nous est confirmé par l'autorité et la doctrine des pythagoriciens, lesquels disent que toute chose est déterminée par la triade commencement, milieu et fin, nombre du tout? Et que faites-vous de cette autre raison, à savoir que ce nombre, comme en vertu d'une loi naturelle, est en usage dans les sacrifices aux Dieux et que, sous la dictée de la nature, on attribue aux choses qui sont trois, et non à celles qui sont moins de trois, le titre de « toutes »; car si elles sont deux on dit « les deux », on ne dit pas « toutes », mais on le dit si elles sont trois. Cette doctrine, vous la trouvez dans le texte 2. Nous lisons ensuite, dans le troisième, *ad pleniorem scientiam*, que, formellement [3], le « toute » chose, le « tout » et le « parfait » ne font qu'un, et qu'en conséquence, parmi les grandeurs, le corps seul est parfait, car lui seul est déterminé par le 3, qui est le tout, et, étant divisible suivant trois modes, il est divisible suivant tous les modes, tandis que, des autres grandeurs, l'une est divisible d'une seule manière, l'autre de deux, car au nombre qui leur est propre correspond pour chacune celui de la continuité et de la division; ainsi, l'une est continue en un sens, l'autre en deux, mais la troisième, c'est-à-dire le corps, l'est en tous sens. De plus, dans le texte 4, après quelques autres enseignements, ne prouve-t-il pas la même chose par une nouvelle démonstration quand il dit que tout passage s'effectuant en raison de quelque déficience (par exemple : de la ligne on passe à la surface parce que la ligne est sans largeur), et étant impossible qu'au parfait rien fasse défaut, on ne peut passer du corps à une autre sorte de grandeur. Ne vous semble-t-il pas suffisamment prouvé par tous ces textes qu'au-delà des trois dimensions : longueur, largeur et profondeur, on ne passe pas à une autre, et que le corps, qui les a toutes, est parfait?

SALVIATI Pour moi, bien franchement, après tous ces discours, je ne me sens obligé à rien accorder sinon que ce qui a commencement, milieu et fin peut et doit être dit parfait; mais ensuite, que le nombre 3, parce que commencement, milieu et fin sont trois choses, soit un nombre parfait et qu'il ait faculté de conférer la perfection à qui le possède, je ne vois rien qui me pousse à l'admettre. Je ne vois pas et je ne crois pas que, par exemple, en ce qui concerne les jambes, le nombre 3 soit plus parfait que le nombre 4 ou le nombre 2; et il ne m'apparaît pas non plus que le nombre 4 soit, pour les éléments, une cause d'imperfection, et que le monde serait plus parfait s'ils étaient trois. Aristote eût donc mieux fait de laisser toutes ces fadaises aux rhéteurs et de prouver son assertion par des raisons concluantes, car c'est ainsi qu'il convient de procéder dans les sciences démonstratives.

SIMPLICIO Il me semble que vous prenez ces raisons en plaisanteries; tout cela pourtant procède de la doctrine des pythagoriciens qui attribuaient une si grande vertu aux nombres; et vous qui êtes mathématicien et, sur beaucoup de points, je crois, philosophe pythagorique, j'ai l'impression que vous méprisez leurs mystères.

SALVIATI Que les pythagoriciens aient eu en souveraine estime la science des nombres, que Platon lui-même ait admiré l'intellect humain et lui ait attribué le privilège de participer de la divinité du seul fait qu'il comprenait la nature du nombre, je le sais fort bien et je ne serais pas éloigné de penser de même; mais que les mystères en raison desquels Pythagore et ses disciples avaient la science des nombres en si grande vénération fussent les sottises qui s'étalent dans les discours et les écrits du vulgaire, je ne le crois èn aucune façon. Bien plus, sachant que ces philosophes, afin qu'un enseignement admirable ne fût pas exposé aux outrages et au mépris, condamnaient comme un sacrilège le fait de divulguer les plus secrètes propriétés des nombres et des quantités incommensurables et irrationnelles, objets de leurs études, et professaient qu'un pareil crime vaudrait à son auteur d'être tourmenté dans l'autre monde, je pense que tel d'entre eux, pour donner pâture au public et se délivrer de ces questions, dut dire que les mystères du nombre n'étaient autres que ces futilités qui, par la suite, ne furent que trop répandues. Un tel trait de prudence et de ruse rappellerait l'histoire de ce jeune homme sagace qui, pour se débarrasser de l'importune curiosité d'une mère ou d'une épouse, je ne sais plus, qui le pressait de lui confier les secrets du Sénat, composa cette fameuse fable dont cette femme et beaucoup d'autres restèrent dupes et qui fut, pour les sénateurs, une occasion de rire à leurs dépens [4].

SIMPLICIO Je ne veux pas être de ceux dont les mystères des pythagoriciens excitent trop la curiosité; mais, sans sortir de notre propos, je soutiens que les raisons produites par Aristote pour prouver que les dimensions ne sont pas et ne peuvent pas être plus de trois me semblent concluantes; et je pense que s'il eût existé une démonstration plus rigoureuse, Aristote ne l'aurait pas négligée.

SAGREDO Ajoutez au moins : s'il l'eût connue, ou si elle se fût présentée à lui. Mais vous, signor Salviati, vous me ferez un grand plaisir en m'exposant quelque preuve évidente, s'il en est une assez claire pour que je puisse la comprendre.

SALVIATI Vous la comprendrez, certes, et le signor Simplicio aussi; bien plus : vous la connaissez déjà sans vous en être jamais avisé. Pour plus facile intelligence, nous prendrons cette plume et ce papier que je vois ici préparés en vue de semblables occasions et nous ferons une figure. Nous marquerons d'abord les deux points A et B, et, de l'un à l'autre, nous mènerons les lignes courbes ACB et ADB, et la droite AB. Maintenant, dites-moi quelle est selon vous celle de ces trois lignes qui détermine la distance entre les points extrêmes A et B, et pourquoi? Fig. 2, p. 104

SAGREDO Je dirais que c'est la droite et non les courbes, parce que la droite est la plus courte et parce qu'elle est une, seule et limitée, alors que les autres sont en nombre infini, inégales entre elles et plus longues; or, la détermination, me semble-t-il, doit être tirée de ce qui est un et sûr.

SALVIATI Prenons donc la ligne droite pour déterminatrice de la distance entre les deux termes. Ajoutons maintenant une autre droite, parallèle à AB, soit CD, en sorte qu'entre elles s'interpose une surface dont je vous demanderai de m'assigner la largeur. Dites-moi donc où et comment, partant du point A, vous allez atteindre la droite CD pour me donner la largeur comprise entre les deux lignes. Cette largeur, la déterminerez-vous par la mesure de la courbe AE, ou de la droite AF, ou encore...? Fig. 3, p. 105

SIMPLICIO De la droite AF et non de la courbe, les courbes étant impropres à pareil usage.

SAGREDO Quant à moi, je les écarterais toutes deux, étant donné que la droite AF est oblique, et je tracerais une ligne tombant à angle droit sur CD : il me semble qu'elle serait la plus courte et la seule parmi l'infinité des lignes plus longues et inégales entre elles que l'on pourrait mener du point A à la parallèle CD.

SALVIATI Votre choix est parfait et parfaitement fondé. Nous avons donc établi, jusqu'ici, que la première dimension se détermine par une ligne droite et la seconde, qui est la largeur, par une autre ligne droite, et non seulement droite mais tombant à angles droits sur celle qui détermine la longueur; ainsi avons-nous défini les deux dimensions de la surface, c'est-à-dire la longueur et la largeur. Mais si vous avez à déterminer une hauteur, comme par exemple la hauteur de ce plafond au-dessus du pavement qui se trouve sous nos pieds, étant donné que de n'importe quel point du plafond on peut mener un nombre infini de lignes, droites ou courbes, et toutes de longueurs différentes, à un nombre infini de points du pavement, laquelle de ces lignes utiliserez-vous?

SAGREDO J'attacherais au plafond un fil auquel je suspendrais un petit plomb, je le laisserais librement se tendre jusqu'à ce qu'il touche presque le sol et, la longueur de ce fil étant celle d'une droite, et de la plus courte entre toutes les lignes que l'on pourrait mener du plafond au pavement, je dirais qu'elle mesure la véritable hauteur de cette salle.

SALVIATI Très bien. Et si, du point touché sur le sol par ce fil à plomb (nous supposons que le pavement est de niveau et non incliné), vous tirez deux autres lignes droites mesurant l'une la longueur, l'autre la largeur du pavement, quels angles formeront-elles avec le fil?

SAGREDO Des angles droits certainement, puisque le fil tombe à plomb et que le sol est bien plan et bien nivelé.

Fig. 4, p. 105 SALVIATI Si donc vous prenez un point quelconque pour origine et terme de vos mesures et si de ce point vous faites partir une droite déterminant la première mesure, celle de la longueur, il faudra nécessairement que la droite destinée à définir la largeur soit élevée sur la première à angle droit, et que celle qui représentera la hauteur, c'est-à-dire la troisième dimension, forme avec les deux autres, issues du même point, des angles droits et non pas obliques. Ainsi, par ces trois perpendiculaires, qui sont trois lignes uniques, bien définies et aussi courtes qu'il est possible, vous aurez déterminé les trois dimensions : la longueur AB, la largeur AC, la hauteur AD. Et comme il est clair qu'au même point ne peut concourir aucune autre ligne formant avec celles-ci des angles droits, comme d'autre part les dimensions ne peuvent être déterminées que par des lignes droites formant entre elles des angles droits, il ne peut y avoir plus de trois dimensions. Qui a ces trois les a toutes, qui les a toutes est divisible en tout sens, qui est tel est parfait, etc.

SIMPLICIO Et qui nous dit qu'on ne puisse tirer d'autres lignes ? Ne puis-je en faire venir une de dessous, jusqu'au point A, et qui serait à angle droit avec les autres ?

SALVIATI Certainement non : vous ne pouvez pas faire concourir à un même point plus de trois lignes droites formant entre elles des angles droits.

SAGREDO C'est juste, car la ligne dont veut parler le signor Simplicio ne serait autre, me semble-t-il, que la droite DA prolongée vers le bas ; et de cette façon, on pourrait en tirer encore deux autres ; mais nous n'aurions toujours que les trois premières, modifiées en ceci qu'au lieu de se toucher simplement, elles se couperaient à leur point de concours, sans pour cela faire apparaître des dimensions nouvelles.

SIMPLICIO Je ne dirai pas que votre raisonnement ne peut être concluant, mais je dirai, avec Aristote, que dans les choses naturelles, nous ne sommes pas toujours tenus à la rigueur de la démonstration mathématique.

SAGREDO Peut-être, là où nous ne pouvons l'obtenir ; mais puisqu'elle est ici à notre portée, pourquoi n'en voulez-vous pas faire usage ? Mieux vaudrait au surplus ne pas nous attarder davantage à ce détail, car je crois que, sans autres démonstrations, le signor salviati vous eût accordé, à Aristote et à vous, que le monde est un corps, qu'il est parfait et souverainement parfait, étant le plus grand ouvrage de Dieu.

SALVIATI Il en est vraiment ainsi. Laissons donc la contemplation générale du tout et venons-en à la considération des parties. Aristote, dans un premier partage, en fait deux, très différentes l'une de l'autre et, d'une certaine façon, opposées : la céleste et l'élémentaire, l'une inengendrable, incorruptible, inaltérable, impassible, etc., l'autre constamment sujette à l'altération, à la mutation, etc. Cette différence, il la tire, comme de son principe originaire, de la diversité des mouvements locaux [5]. Sur quoi, il procède de la façon suivante.

Sortant pour ainsi dire du monde sensible et se retirant dans le monde idéal, il commence architectoniquement par considérer que la nature étant principe de mouvement, il convient que les corps naturels soient affectés de mouvement local. Il déclare ensuite que les mouvements locaux sont de trois genres : circulaires, droits et mixtes, c'est-à-dire composés du droit et du circulaire; il qualifie les deux premiers de simples car, de toutes les lignes, seules la circulaire et la droite sont simples. Là-dessus, serrant son objet de plus près, il définit les deux mouvements simples : le circulaire est celui qui se fait autour du centre, le droit celui qui se fait de haut en bas et de bas en haut, le mouvement vers le haut étant celui qui part du centre, le mouvement vers le bas celui qui va vers le centre; et de là il infère que tous les mouvements simples doivent nécessairement se réduire à trois espèces, à savoir vers le centre, à partir du centre et autour du centre; ce qui, dit-il, répond, suivant une proportion certaine et fort belle, à ce qui a été dit plus haut du corps, puisque la perfection du corps résulte de trois choses, et de même celle du mouvement. Ceci posé, il dit ensuite que les corps naturels étant de deux espèces, les uns simples, les autres composés des premiers (et il appelle corps simples ceux qui par nature ont un principe de mouvement, comme le feu et la terre), il convient que les mouvements simples appartiennent aux corps simples et les mouvements mixtes aux corps composés, mais en sorte que les composés suivent le mouvement de l'élément qui prédomine dans la composition [6].

SAGREDO De grâce, arrêtez-vous un peu, signor Salviati, car, en ce discours, je sens pulluler de toutes parts tant de doutes qu'il me faudra ou vous les dire, si je veux écouter avec attention ce que vous allez ajouter, ou détourner mon attention de vos propos, si je veux garder mes objections en mémoire.

SALVIATI C'est bien volontiers que je m'arrête, car je cours semblable fortune; je me vois à tout instant au risque de me perdre, contraint que je suis de mener ma barque au milieu des écueils, par des eaux si tempétueuses qu'elles me font, comme on dit, perdre la boussole. Ainsi donc, avant d'en accumuler davantage, exposez vos difficultés.

SAGREDO Pour commencer, vous et Aristote, vous m'avez quelque peu séparé du monde sensible pour me montrer l'architecture selon laquelle il devait être construit; puis vous m'avez dit, et j'ai eu plaisir à l'entendre, que le corps naturel est par nature mobile, la nature ayant été définie ailleurs principe de mouvement. Ici me vient un premier doute : pourquoi Aristote n'a-t-il pas dit que, parmi les corps naturels, certains sont par nature mobiles et certains autres immobiles, attendu que la nature a été définie principe de mouvement et de repos; si les corps naturels ont tous principe de mouvement, il ne fallait pas introduire le repos dans la définition de la nature, ou il ne fallait pas, en la circonstance, alléguer cette définition. Quant aux explications qu'il donne au sujet de ce qu'il entend par mouvements simples, et quant à la manière dont il les définit d'après les espaces parcourus, appelant simples ceux qui se font suivant des lignes simples, telles la circulaire et la droite et elles seules, j'accepte tout cela tranquillement; je ne me soucie même pas d'avancer l'objection subtile de l'hélice autour du cylindre, laquelle, étant partout semblable à elle-même, pourrait, me semble-t-il, être mise au nombre des lignes simples. Mais j'ai quelque peine à l'entendre quand, resserrant ses définitions (alors qu'il semble ne vouloir que les reprendre en d'autres termes), il appelle circulaires les mouvements autour d'un centre et droits les mouvements *sursum* et *deorsum*, c'est-à-dire vers le haut et vers le bas; ces termes-là, en effet, ne sauraient être appliqués en dehors du monde construit, puisqu'ils le supposent non seulement construit mais même habité par nous. Car si le mouvement droit est simple en raison de la simplicité de la ligne droite, et si le mouvement simple est naturel, il faudra, quelle que soit sa direction — en haut ou en bas, en avant, en arrière, à droite, à gauche, ou suivant toute autre voie imaginable —, il faudra, dis-je, pourvu qu'il soit droit, qu'il convienne à tout corps naturel; ou sinon, l'hypothèse d'Aristote est défectueuse. De plus, Aristote suggère, à ce que l'on voit, qu'il n'existe au monde qu'un seul mouvement circulaire et par conséquent un seul centre, auquel se rapportent tous les mouvements droits vers le haut et vers le bas : autant d'indices qu'il cherche à brouiller les cartes et qu'il veut accommoder l'architecture à la bâtisse et non pas construire la bâtisse conformément aux préceptes de l'architecture; car si je dis que dans l'universalité de la nature il peut y avoir mille mouvements circulaires et en conséquence mille centres, il y aura aussi mille mouvements en haut et en bas. En outre, il postule, comme il a été dit, des mouvements simples et un mouvement mixte, les simples étant le circulaire et le droit, et le mixte leur composé. Il distingue d'autre part, entre les corps naturels, les simples (c'est-à-dire ceux qui tendent au mouvement simple en vertu d'un principe naturel) et les composés; et il attribue aux corps simples les mouvements simples et aux composés le composé. Mais, par mouvement composé, il n'entend plus le mixte composé du droit et du circulaire, dont on peut concevoir l'existence; il introduit un mouvement mixte aussi impossible qu'il est impossible de mêler des mouvements opposés s'accomplissant sur la même ligne droite pour faire naître de ce mélange un mouvement qui serait pour une part vers le haut et pour une part vers le bas; enfin, pour atténuer cette impossibilité et cette incohérence, il se borne à dire que ces corps mixtes conforment leur mouvement à celui de l'élément simple qui, en eux, prédomine. L'objection, dès lors, s'impose que le mouvement fait suivant la même ligne droite sera tantôt simple et tantôt composé, en sorte que la simplicité du mouvement ne dépendra plus de la seule simplicité de la ligne.

SIMPLICIO Eh! quoi! la différence ne vous paraît-elle pas suffisante si le mouvement simple absolu est beaucoup plus rapide que celui qui résulte d'une prédominance? Or, savez-vous de combien la vitesse de chute d'un morceau de terre pure est plus grande que celle d'un morceau de bois?

SAGREDO Bien, signor Simplicio; mais si la simplicité doit être modifiée par là, sans parler du fait qu'il y aura cent mille mouvements mixtes, vous n'arriverez jamais à déterminer le simple; bien plus, si une moins grande vitesse peut altérer la simplicité du mouvement, aucun corps simple ne se mouvra jamais d'un mouvement simple, attendu que, dans tous les mouvements droits naturels, la vitesse va toujours en augmentant, et donc en altérant toujours la simplicité, laquelle, pour être simplicité, doit être immuable; et, chose plus grave, vous allez mettre à la charge d'Aristote une nouvelle inculpation, celle d'avoir passé sous silence dans sa définition du mouvement composé, la vitesse et la lenteur dont vous faites maintenant un article nécessaire et essentiel. Ajoutez à cela que vous ne tirerez aucun avantage de cette règle, car vous trouverez des mixtes, et en grand nombre, dont les uns se meuvent plus lentement que le simple, et les autres plus vite, comme par exemple le plomb et le bois comparés à la terre. Alors, de ces mouvements, lequel appellerez-vous le simple et lequel le composé?

SIMPLICIO On appellera simple le mouvement du corps simple, et mixte celui du corps composé.

SAGREDO A merveille. Mais dites-moi, signor Simplicio, tout à l'heure vous vouliez que le mouvement simple et le mouvement composé m'apprissent à distinguer les corps simples des corps mixtes, et vous voulez maintenant que les corps simples et les corps mixtes m'enseignent quel est le mouvement simple et quel est le mouvement composé : règle excellente pour ne savoir jamais distinguer ni les mouvements ni les corps. De plus, vous venez de laisser voir que l'avantage de la vitesse ne vous suffit plus, et, pour définir le mouvement simple, vous exigez une troisième condition alors qu'Aristote se contentait d'une seule, à savoir la simplicité de l'espace; et voilà que, d'après vous, le mouvement simple sera celui qui est fait suivant une ligne simple, à une vitesse déterminée, par un corps mobile simple. Qu'il en soit comme il vous plaira et revenons à Aristote qui me définit le mouvement mixte : celui qui se compose du droit et du circulaire; par malheur, je n'ai jamais trouvé un seul corps mobile qui fût naturellement affecté d'un tel mouvement.

SALVIATI J'en reviens donc à Aristote. Son entrée en matière était excellente et très méthodique, mais comme il visait bien plutôt à toucher un but fixé d'avance dans son esprit qu'à aller où l'eût conduit tout droit le progrès de son raisonnement, il en coupe le fil, part à la traverse et énonce comme une chose connue et évidente que les mouvements droits en haut et en bas sont ceux qui par nature conviennent au feu et à la terre, et qu'il faut, en conséquence, qu'outre ces corps proches de nous, il en existe dans la nature un autre auquel convienne le mouvement circulaire et qui sera d'autant plus excellent que le mouvement circulaire est plus parfait que le mouvement droit. De combien l'un est plus parfait que l'autre, Aristote le mesure à la perfection de ligne circulaire par rapport à la droite : l'une, dit-il, est parfaite, l'autre, imparfaite; imparfaite parce que, si elle est infinie, il lui manque une fin, un terme, et, si elle est finie, il y a au-delà d'elle quelque chose où elle peut se prolonger [7]. Telle est la première pierre, base et fondement de tout l'édifice du monde aristotélique; sur elle reposent toutes les autres propriétés de ce corps parfait, à savoir de n'être ni lourd ni léger, d'être soustrait à la génération et à la corruption, exempt de toute mutation hormis le mouvement local, etc. Tous ces caractères, il affirme qu'ils sont propres au corps simple, mobile, de mouvement circulaire; et inversement, la pesanteur, la légèreté, la corruptibilité, etc., il les assigne aux corps qui, par nature, se meuvent de mouvements droits. Si donc on découvre quelque défaut dans ce qui a été établi jusqu'ici, on pourra raisonnablement douter de tout ce qui, par la suite, sera construit sur cette base. Je ne nie pas que la théorie générale introduite jusqu'ici par Aristote comme dépendant de principes premiers et universels ne soit, au cours de son exposé, confirmée par des raisons particulières et par des expériences qu'il nous faudra toutes considérer et peser l'une après l'autre; mais étant donné que, dans ce qui a été dit jusqu'ici, se présentent des difficultés nombreuses et non des moindres (il conviendrait pourtant que les premiers principes et fondements fussent assurés, fermes et stables, afin qu'on puisse résolument bâtir sur eux), peut-être sera-t-il opportun, avant de laisser nos doutes s'amonceler, de voir si, par hasard, nous ne pourrions pas, comme je le pense, nou-engager dans une autre voie, plus droite et plus sûre, et établir les premiers fondements de notre édifice suivant des règles mieux considérées. C'est pourquoi, sans suivre plus loin Aristote, quitte à reprendre en temps voulu l'exposé de sa doctrine et à l'examiner point par point, je déclare, quant à ce qui a été dit jusqu'à présent, que je m'accorde avec lui pour admettre que le monde est un corps ayant toutes les dimensions et donc parfait; et j'ajoute que, comme tel, il doit être nécessairement très bien ordonné, c'est-à-dire fait de parties disposées dans un ordre souverain. Je ne crois pas que ceci puisse être nié par vous ni par personne.

SIMPLICIO Qui voulez-vous qui le nie? Votre première assertion est d'Aristote lui-même; et le terme de « monde » ne semble-t-il pas tiré de l'ordre parfait qui y règne?

SALVIATI Ce principe établi, on peut immédiatement conclure que si les corps constituants [8] du monde doivent être, par nature, mobiles, il est impossible que leurs mouvements soient droits ou autres que circulaires; la raison en est simple et évidente; tout corps qui se meut d'un mouvement rectiligne change de lieu; s'il continue de se mouvoir, il va de plus en plus s'éloignant de son point de départ et de tous les lieux par lesquels il passe successivement; et si ce mouvement est chez lui naturel, c'est que, dès le principe, il n'était pas en son lieu naturel, et donc que les parties du monde n'étaient pas disposées en un ordre parfait. Mais nous avons supposé qu'elles le sont : comme telles, il est impossible qu'il soit de leur nature de changer de lieu, et en conséquence de se mouvoir d'un mouvement droit. En outre, le mouvement droit étant par nature infini parce que la ligne droite est infinie et indéterminée, il est impossible qu'aucun mobile ait, naturellement, en lui un principe de mouvement rectiligne, c'est-à-dire de mouvement vers un but auquel il est impossible d'arriver, le lieu n'en étant pas préfixé, car la nature, comme le dit très bien Aristote lui-même, n'entreprend pas de faire ce qui ne peut être fait, ni de mouvoir un corps vers où il est impossible qu'il parvienne [9]. Et m'objecterait-on que, si la ligne droite et par conséquent le mouvement rectiligne peuvent être prolongés à l'infini (autrement dit interminablement), il se pourrait toutefois que la nature leur ait, en quelque sorte arbitrairement, assigné certains termes et ait donné aux corps qui la constituent l'instinct naturel de se mouvoir vers eux, je répondrais que cette conception fabuleuse ne serait acceptable qu'à condition de supposer un chaos primitif où une matière indifférenciée eût été agitée de mouvements confus et sans ordre, et qu'alors la nature se fût servie fort à propos des mouvements droits, lesquels, s'ils ne peuvent, en affectant les corps bien constitués, que les mettre en désordre, tendraient au contraire à ordonner ceux qui ne le sont pas. Mais une fois obtenus la meilleure distribution et le meilleur arrangement des choses, il est impossible que subsiste en elles une tendance naturelle à se mouvoir de mouvement droit, mouvement qui désormais ne pourrait aboutir qu'à les écarter de leur lieu propre et naturel pour les remettre en désordre. Nous pouvons dire que le mouvement droit sert à transporter les matériaux pour construire l'édifice, mais que l'œuvre achevée doit demeurer immobile ou, si elle se meut, ne se mouvoir que circulairement; à moins que nous n'admettions avec Platon que les corps dont le monde est composé aient été quelque temps mus de mouvements rectilignes par leur créateur, mais qu'une fois parvenus en certains lieux déterminés, ils ont commencé l'un après l'autre à tourner en rond, passant du mouvement droit au mouvement circulaire. Pensée profonde et bien digne de Platon, que je me souviens d'avoir entendu commenter par l'*Accademico Linceo*, notre ami commun. Si j'ai bonne mémoire, voici ce qu'il disait.

Tout corps maintenu, en vertu d'une cause quelconque, à l'état de repos, mais mobile par nature, se mettra en mouvement, une fois libéré, pourvu qu'il ait par nature une inclination vers quelque lieu particulier; car si tout lieu lui était indifférent, il resterait en son repos, n'ayant aucune raison de se diriger ici ou là. De cette inclination que nous lui supposons, il résulte nécessairement que son mouvement va s'accélérant sans cesse; d'abord d'une extrême lenteur, il n'atteindra aucun degré de vitesse sans avoir passé par tous les degrés inférieurs de vitesse croissante, ou, si vous préférez, de lenteur décroissante. En effet, partant du repos (degré de la lenteur infinie), il n'y a aucune raison pour qu'il atteigne telle vitesse déterminée avant d'avoir passé par une vitesse moindre et, avant celle-ci, par une moindre encore. Il semble au contraire très rationnel de passer d'abord aux degrés de vitesse les plus proches du degré initial, et de ceux-là aux plus éloignés; mais le degré initial, pour le corps qui se met en mouvement, c'est celui de la lenteur extrême, c'est-à-dire du repos. Or, cette accélération du mouvement ne peut se produire que si le mobile, en se mouvant, l'acquiert, et il ne peut l'acquérir autrement qu'en s'approchant du lieu vers lequel il tend, c'est-à-dire vers lequel le porte son inclination naturelle et vers où il se dirigera par le plus court chemin, à savoir par la ligne droite. Nous pouvons donc raisonnablement affirmer que la nature, pour affecter un mobile d'abord constitué en l'état de repos, d'une vitesse déterminée, s'appliquera à le faire se mouvoir, pendant un certain temps et par un certain espace, d'un mouvement rectiligne. Ceci posé, imaginons que Dieu ait créé un corps, par exemple Jupiter, et ait résolu de lui imprimer une vitesse donnée qu'il devra ensuite garder toujours et uniformément : nous pourrons dire, avec Platon, que Dieu a d'abord conféré à ce corps la vertu de se mouvoir d'un mouvement rectiligne et qu'ensuite, le degré de vitesse voulu une fois atteint, il a converti ce mouvement droit en un mouvement circulaire dont la vitesse, naturellement, sera désormais uniforme.

SAGREDO Je goûte fort ce discours et le goûterai davantage encore quand vous aurez levé une difficulté qui se présente à moi : je n'arrive pas à comprendre pourquoi il faut nécessairement qu'un mobile partant du repos et entrant en un mouvement pour lequel il a une inclination naturelle passe par tous les degrés intermédiaires de lenteur qui existent entre n'importe quel degré de vitesse et l'état de repos, et qui sont en nombre infini, comme si la nature ne pouvait attribuer au corps de Jupiter, dès l'instant de sa création, son mouvement circulaire et sa vitesse propre.

SALVIATI Je n'ai pas dit et je n'oserais pas dire qu'il fût impossible à la nature et à Dieu de conférer immédiatement la vitesse dont vous parlez; mais je dis bien que, *de facto*, la nature ne procède pas ainsi; le ferait-elle, son opération serait hors du cours naturel des choses et donc miraculeuse. [Qu'un mobile aussi lourd que vous voudrez se déplace à n'importe quelle vitesse et qu'il rencontre un corps à l'état de repos, même si ce corps est très faible et offre une résistance minime, le mobile, en le heurtant, ne lui communiquera jamais immédiatement sa vitesse. La preuve évidente en est qu'on perçoit le son produit par le choc, alors qu'on ne l'entendrait pas ou, pour mieux dire, alors qu'il n'existerait pas si le corps prenait, au contact du mobile, la même vitesse que celui-ci] [10].

SAGREDO Ainsi, vous croyez qu'une pierre, sortant de son repos et entrant dans son mouvement naturel vers le centre de la Terre, n'atteint un degré de vitesse quelconque qu'après avoir passé par tous les degrés inférieurs?

SALVIATI Je le crois; j'en suis même sûr, et d'une telle certitude que je puis vous en rendre sûr vous-même.

SAGREDO De notre entretien de ce jour ne recueillerais-je que cette connaissance, j'estimerais avoir fait un très grand profit.

SALVIATI A ce qu'il me semble comprendre d'après ce que vous dites, le point difficile, pour vous, est cette obligation qu'a le mobile de passer en un temps donné, parfois très court, par ces infinis degrés de lenteur qui précèdent le degré de vitesse, quel qu'il soit, acquis par le mobile dans le même temps. Je tâcherai donc, avant d'aller plus loin, de vous délivrer de ce scrupule; ce qui sera facile quand je vous aurai répondu que le mobile passe par tous ces degrés mais sans s'arrêter à aucun d'entre eux; de sorte que, chaque passage n'exigeant pas plus d'un seul instant et tout temps, si court soit-il, contenant une infinité d'instants, il sera toujours possible d'en assigner un à chacun des infinis degrés de lenteur, et cela dans un temps aussi court que vous voudrez.

SAGREDO Jusque-là, je vous suis. Et pourtant je trouve un peu fort que ce boulet de canon (je me figure ainsi le mobile qui tombe), que ce boulet, dis-je, dont la chute, à ce que nous voyons, est si précipitée qu'en moins de dix battements du pouls il franchira plus de deux cents brasses, ait passé, au cours de son mouvement, par un degré de vitesse tellement petit que, s'il avait continué de se mouvoir à ce degré de vitesse-là, sans s'accélérer, il n'aurait pas parcouru la même distance en un jour entier.

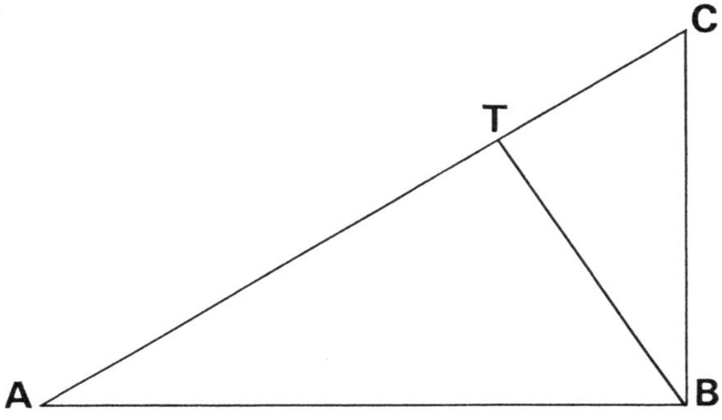

FIGURE 6. « *Le mouvement par la perpendiculaire est plus rapide que par l'inclinée* ». *Cette proposition ne se vérifie que pour les mouvements qui se produisent à partir du terme initial*

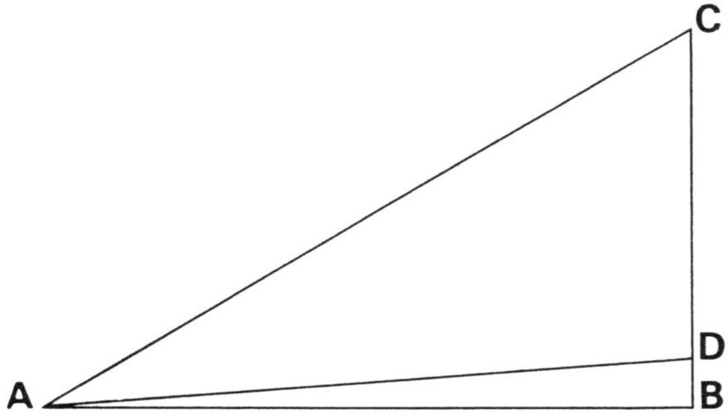

FIGURE 7. *La lenteur du mouvement étant fonction de la déclivité, un mobile partant de C arrive plus rapidement en A qu'un mobile partant de D*

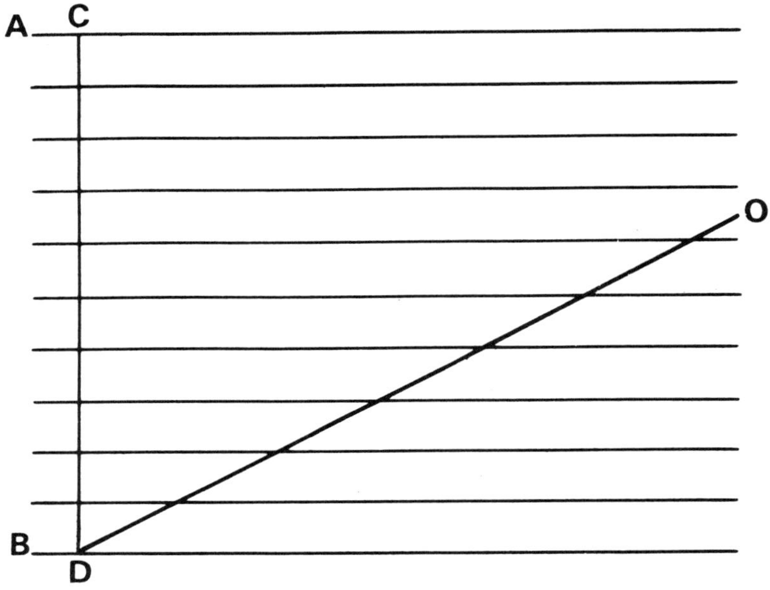

Figure 8. *L'éclairement d'une surface dépend du degré d'inclinaison des rayons éclairants. La lumière la plus forte se produit là ou les rayons sont perpendiculaires. Tous les rayons partant de A à B frappent CD, mais une bonne partie d'entre eux passent sans toucher DO*

SALVIATI Dites en un an, en dix ans, en mille ans, comme je vais m'appliquer à vous en convaincre, sans peut-être même provoquer aucune contradiction de votre part, mais simplement en vous posant quelques questions. Dites-moi donc si vous voulez bien m'accorder que le boulet, dans sa chute, va toujours acquérant plus de force et de vitesse, ou si vous trouvez là une difficulté.

SAGREDO J'en suis bien certain.

SALVIATI Et si je dis que la force acquise par le boulet, en quelque lieu que ce soit de son mouvement, est telle qu'elle suffirait pour le reconduire à la hauteur d'où il est parti, me le concéderez-vous ?

SAGREDO Je vous le concéderais sans discussion, pourvu que le mobile puisse, sans empêchement, appliquer toute sa force à cette seule opération, je veux dire à se ramener lui-même, ou un autre corps égal à lui-même, à cette même hauteur, comme ce serait le cas si la Terre était trouée en son centre et si, d'un point situé à cent ou à mille brasses de ce centre, on laissait tomber un boulet : je suis persuadé qu'il dépasserait le centre et monterait d'autant qu'il serait descendu. L'expérience montre qu'il en est ainsi d'un poids attaché à une corde : si on l'écarte de la perpendiculaire qui est son état de repos et si ensuite on l'abandonne à lui-même, il descend vers le point le plus bas et le dépasse d'autant ou d'un peu moins, la différence étant à la mesure des résistances opposées par l'air, par la corde ou par tout autre accident. De même encore, l'eau d'un siphon remonte d'autant qu'elle était descendue.

SALVIATI Votre raisonnement est parfait. Et sachant que vous n'hésitez pas à m'accorder que l'*impetus* du mobile augmente à mesure qu'il s'éloigne de son point de départ et se rapproche du centre vers lequel il tend, je vous demande si vous voyez quelque difficulté à m'accorder que deux mobiles égaux, descendant sans aucun empêchement mais suivant des lignes différentes, acquièrent néanmoins un *impetus* égal, pourvu qu'ils se rapprochent du centre dans une mesure égale.

SAGREDO Je ne comprends pas bien la question.

Fig. 5, p. 120 SALVIATI Je m'expliquerai mieux à l'aide d'une figure. Voici une ligne AB, parallèle à l'horizon. Du point B, j'élève, sur cette ligne, la perpendiculaire BC, puis, de C en A, je mène une oblique. Je suppose maintenant que CA est un plan incliné parfaitement lisse et dur, sur lequel descend une balle rigoureusement sphérique et d'une matière très dure, tandis qu'une autre balle semblable descend en chute libre suivant la perpendiculaire CB. Je vous demande si vous m'accordez que la balle descendue par le plan CA a acquis, au moment où elle atteint le point A, un *impetus* égal à celui qu'a acquis l'autre balle au terme de sa chute suivant la perpendiculaire BC.

SAGREDO Je crois que oui, et sans hésiter; car si deux mobiles se sont également rapprochés du centre, la force acquise par chacun d'eux, en raison de ce que j'ai admis tout à l'heure, sera la même, et elle suffira à les faire remonter l'un et l'autre à la même hauteur.

SALVIATI Dites-moi maintenant ce que vous pensez que ferait cette même balle posée sur le plan horizontal AB.

SAGREDO Elle resterait en place, le plan n'ayant aucune inclinaison.

SALVIATI Tandis que sur le plan incliné CA, elle descendrait, mais d'un mouvement plus lent que suivant la perpendiculaire CB?

SAGREDO J'allais vous dire oui sans hésiter, car il me paraît évident que le mouvement doit être plus rapide suivant la verticale CB que suivant l'oblique CA; mais s'il en est ainsi, comment le mobile descendant sur le plan incliné pourra-t-il avoir, à son arrivée au point A, le même *impetus*, autrement dit le même degré de vitesse qu'aura, au point B, celui qui tombe verticalement? Ces deux propositions semblent se contredire.

SALVIATI Vous croirez entendre quelque chose de bien plus faux encore si je vous dis qu'absolument les vitesses des deux mobiles qui descendent l'un par la verticale, l'autre par le plan incliné, sont égales. C'est pourtant la vérité même. Et il n'en est pas moins vrai de dire qu'un mobile se meut plus rapidement par la perpendiculaire que par l'inclinée.

SAGREDO Voilà qui sonne à mon oreille comme autant de propositions contradictoires. Et à la vôtre, signor Simplicio ?

SIMPLICIO J'ai la même impression que vous.

SALVIATI Je crois que vous vous moquez de moi en feignant de ne pas comprendre ce que vous comprenez mieux que moi-même. Mais dites-moi, signor Simplicio, quand vous imaginez un mobile plus rapide qu'un autre, qu'avez-vous à l'esprit ?

SIMPLICIO Je me figure le premier parcourant dans le même temps un espace plus grand que l'autre, ou, dans un temps moindre, un espace égal.

SALVIATI Très bien. Et pour des mobiles également rapides, quelle est votre idée ?

SIMPLICIO Qu'ils parcourent des espaces égaux en des temps égaux.

SALVIATI Vous n'avez pas d'autre idée que celle-ci ?

SIMPLICIO Elle me semble être la définition même des mouvements égaux.

SAGREDO Ajoutons-y pourtant cette autre : des vitesses sont dites égales quand les espaces parcourus sont entre eux dans le même rapport que les temps employés à les parcourir. Ce sera là une définition plus universelle.

SALVIATI Très juste, car elle s'applique aux espaces égaux parcourus en des temps égaux, et de plus aux espaces inégaux parcourus en des temps inégaux, mais proportionnels à ces espaces. Reprenez maintenant la même figure et, en y appliquant l'idée que vous vous faites du mouvement plus rapide, dites-moi pourquoi la vitesse du corps qui tombe suivant CB vous semble devoir être plus grande que celle du corps qui descend par CA.

SIMPLICIO Parce que, dans le temps que le corps qui tombe parcourra la verticale CB, celui qui descend par CA parcourra, de cette ligne, une partie moindre que CB.

SALVIATI C'est juste : et ainsi se vérifie qu'un mobile se meut plus rapidement par la perpendiculaire que par l'oblique. Voyez maintenant si cette même figure ne vous offrirait pas quelque moyen de vérifier l'autre proposition et de trouver que les deux mobiles se déplaçaient à la même vitesse sur CA et sur CB.

SIMPLICIO Je n'aperçois rien de semblable; cela me semble même en contradiction avec ce qui vient d'être dit.

SALVIATI Et vous, signor Sagredo, qu'en dites-vous? J'ai scrupule à vous enseigner ce que vous savez vous-même et ce dont vous m'avez tout à l'heure donné la définition.

SAGREDO La définition que j'ai proposée était que les vitesses des mobiles peuvent être dites égales quand les espaces parcourus sont entre eux comme les temps passés à les parcourir; mais pour que cette définition fût applicable au cas présent, il faudrait que le temps de la descente par CA fût à celui de la chute par CB comme la ligne CA à la ligne CB; mais je ne comprends pas comment ce serait possible dès lors que le mouvement est plus rapide suivant CB que suivant CA.

SALVIATI Il faut pourtant que vous le compreniez. Dites-moi un peu : ces mouvements ne vont-ils pas s'accélérant de façon continue?

SAGREDO Ils vont s'accélérant, mais plus suivant la perpendiculaire que suivant l'oblique.

SALVIATI Mais cette accélération dans la perpendiculaire, la croyez-vous telle, par comparaison à celle qui se produit sur l'inclinée, que si nous prenons, en quelque lieu que ce soit, deux parties égales sur l'une et l'autre ligne, le mouvement par la perpendiculaire sera toujours plus rapide que le mouvement par l'inclinée?

SAGREDO Non, certes. Je pourrai même prendre sur l'inclinée un espace où la vitesse sera très supérieure à celle que nous constaterons sur un espace égal de la perpendiculaire; ce sera le cas si l'espace choisi sur la perpendiculaire est voisin du point C et l'espace pris sur l'inclinée très éloigné de ce même point.

SALVIATI Vous voyez donc que si nous disons : « Le mouvement par la perpendiculaire est plus rapide que par l'inclinée », c'est là une proposition qui ne se vérifie pas dans tous les cas, mais seulement pour les mouvements qui se produisent à partir du terme initial, c'est-à-dire du repos. Si cette condition n'est pas remplie, la proposition est inexacte au point que sa contradictoire peut être vraie, autrement dit : que le mouvement est plus rapide par l'inclinée que par la perpendiculaire, puisque nous pouvons prendre, sur l'inclinée, un espace parcouru par le mobile en moins de temps que le même espace pris sur la perpendiculaire. Et puisque le mouvement par l'inclinée est en certains endroits plus rapide que par la perpendiculaire, et en d'autres moins, le temps employé par le mobile pour parcourir certains espaces de l'inclinée sera, avec le temps employé pour parcourir certains espaces suivant la verticale, en proportion tantôt plus grande, tantôt moins grande qu'entre les espaces parcourus. Supposons par exemple que deux mobiles partent du repos, c'est-à-dire du point C, l'un suivant la verticale CB, l'autre suivant l'oblique CA : dans le temps que le mobile sur la verticale aura parcouru toute la longueur CB, l'autre, sur l'oblique, aura parcouru une longueur moindre, soit CT. Donc, le temps de la descente CT sera au temps de la chute CB, qui lui est égale, dans un rapport plus grand que la ligne CT à la ligne CB, attendu que la même grandeur est à la moindre dans un rapport plus grand qu'à la plus grande.

Fig. 6, p. 120

Inversement, si sur CA, prolongée autant qu'il le faudrait, on prenait une longueur égale à CB mais parcourue en un temps plus court, le temps passé sur la ligne inclinée serait au temps passé sur la perpendiculaire dans un rapport moindre que l'espace à l'espace. Si donc, sur l'inclinée et sur la perpendiculaire, nous concevons qu'il y ait des espaces et des vitesses tels que les rapports entre ces espaces soient les uns plus petits, les autres plus grands que les rapports entre les temps, nous pouvons raisonnablement admettre qu'il y ait aussi des espaces tels qu'ils aient entre eux le même rapport qu'entre les temps employés à les parcourir.

SAGREDO Je me sens délivré de mon plus grand scrupule et je comprends que ce qui me semblait contradictoire n'est pas seulement possible mais, dirai-je, nécessaire. Toutefois, je ne vois pas encore pourquoi, entre tant de cas possibles ou nécessaires, il en est un que nous devions présentement considérer, ni comment il peut être vrai qu'il y ait, entre le temps de la descente par CA et celui de la chute par CB, le même rapport qu'entre les lignes CA et CB, en sorte que nous serions en droit d'affirmer sans contradiction que les vitesses par l'inclinée CA et par la verticale CB sont égales entre elles.

SALVIATI Contentez-vous pour le moment que j'aie dissipé votre incrédulité. Quant à la science, attendez une autre fois, je veux dire attendez de voir les démonstrations de notre académicien concernant les mouvements locaux : vous y trouverez la preuve que, dans le temps employé par le mobile en chute pour parcourir toute la hauteur CB, l'autre mobile descend, par la ligne CA, jusqu'au point T, où tombe la perpendiculaire menée du point B sur CA. Et pour trouver où le mobile en chute verticale serait parvenu au moment où l'autre arriverait en A, élevez du point A la perpendiculaire sur CA et menez-là jusqu'à son concours avec la droite CB prolongée : là est le point que vous cherchez. Vous voyez ainsi comme il est vrai que le mouvement suivant CB est plus rapide que le mouvement suivant CA (le point C étant pris comme terme initial des mouvements que nous comparons entre eux), car la ligne CB est plus grande que CT, et la verticale menée de C jusqu'à sa rencontre avec la perpendiculaire élevée de A sur CA est plus grande que CA. Donc, le mouvement suivant cette ligne est plus rapide que suivant CA. Si d'autre part nous comparons le mouvement fait sur toute la longueur CA, non pas avec le mouvement fait dans le même temps suivant la verticale prolongée, mais avec celui qui, dans une partie de ce temps, a été fait sur la seule partie CB, il n'est pas absurde que le mobile sur CA, continuant sa descente au-delà du point T, puisse arriver en A en un temps tel qu'il y ait, entre les lignes CA et CB, le même rapport qu'entre les temps employés à les parcourir. Revenons maintenant à notre premier propos qui était de démontrer qu'un corps grave, partant du repos, passe, en descendant, par tous les degrés de lenteur qui précède tout degré de vitesse qu'il acquiert; reprenons notre figure et rappelons-nous que Fig. 7, p. 120 nous étions convenus que le mobile en chute suivant CB et le mobile en descente suivant CA ont acquis, à leur arrivée aux points B et A, le même degré de vitesse. Et maintenant, allons plus loin : vous admettrez, je pense, sans aucune difficulté que, sur un autre plan, moins élevé que CA, sur DA par exemple, le mouvement du corps descendant serait plus lent encore que sur le plan CA; en sorte qu'il n'est point douteux qu'on puisse supposer des plans si peu élevés au-dessus de l'horizon AB que le mobile, je veux dire notre balle, atteindrait le point A en un temps aussi long qu'on voudrait puisqu'un temps infini ne lui suffirait pas pour l'atteindre par le plan BA, et que le mouvement se fait d'autant plus lent que la déclivité est moindre. Force est donc de reconnaître qu'il est possible de prendre, au-dessus du point B, un point si proche de B que la balle, en une année entière, ne parcourrait pas un plan mené de ce point au point A. Il faut aussi que vous sachiez que l'*impetus*, c'est-à-dire le degré de vitesse que la balle se trouve avoir acquis à son arrivée au point A, est tel que, si elle continuait à se mouvoir uniformément à ce même degré de vitesse sans accélérer son mouvement ni le ralentir, elle parcourrait, dans un temps égal à celui qu'elle a employé pour parcourir le plan incliné, un espace d'une longueur égale au double de la longueur de ce plan. Ainsi, par exemple, si, ayant parcouru DA en une heure, elle continuait à se mouvoir d'un mouvement uniforme à la vitesse qu'elle aurait atteinte au point A, elle parcourrait en une heure une longueur double de DA; et puisque les degrés de vitesse acquis aux points B et A par deux mobiles partis d'un point quelconque pris sur la verticale, l'un descendant par le plan incliné, l'autre tombant suivant la verticale, sont (comme nous l'avons dit) toujours égaux, le corps tombant verticalement peut partir d'un point si voisin de B que le degré de vitesse acquis par ce corps en B ne serait pas suffisant (s'il ne variait plus) pour lui faire parcourir une longueur double de celle du plan incliné en un an, ni même en dix ou en cent ans.

Pour conclure, s'il est vrai que, suivant le cours ordinaire de la nature et tout obstacle extérieur et accidentel étant écarté, un mobile se meut sur des plans inclinés avec une lenteur de plus en plus grande suivant que l'inclinaison est moindre, en sorte que finalement cette lenteur devient infinie, ce qui se produit quand l'inclinaison disparaît et qu'on arrive au plan horizontal; et s'il est vrai d'autre part que le degré de vitesse acquis en un point quelconque du plan incliné est égal au degré de vitesse que se trouve avoir le corps tombant suivant la verticale au point où celle-ci est coupée par une parallèle à l'horizon menée du point choisi sur le plan incliné, nous sommes obligés d'admettre que le corps en chute, partant du repos, passe par tous les degrés de lenteur, en nombre infini, et qu'en conséquence, pour acquérir un degré de vitesse déterminé, il faut qu'il se meuve d'abord en ligne droite et parcoure à la descente un espace plus ou moins long, suivant que la vitesse à acquérir est plus ou moins grande et le plan sur lequel il descend plus ou moins incliné. Aussi peut-il exister un plan dont l'inclinaison serait si faible que, pour acquérir tel degré de vitesse donné, le mobile devrait parcourir, en un temps très long, un très long espace; enfin, sur le plan horizontal, il n'acquerra jamais naturellement aucun degré de vitesse quel qu'il soit, attendu que, sur un tel plan, il ne se mettra jamais en mouvement de lui-même. Or, le mouvement suivant une ligne horizontale qui ne s'abaisse ni ne s'élève est un mouvement circulaire autour d'un centre; donc, le mouvement circulaire ne s'acquerra jamais naturellement s'il n'a été précédé du mouvement rectiligne mais, une fois acquis, il se continuera toujours à une vitesse uniforme. Je pourrais vous exposer ces mêmes vérités en d'autres termes et vous en donner d'autres preuves, mais je ne veux pas interrompre par de si longs détours notre principal raisonnement; mieux vaut revenir là-dessus à une autre occasion, d'autant plus que si nous sommes entrés en ces propos, ce ne fut pas en vue d'une démonstration rigoureuse, mais pour orner d'un commentaire une pensée de Platon, à laquelle je n'ajouterai plus qu'une dernière observation, bien étonnante, de notre académicien. Imaginons que le divin Architecte ait eu la pensée et la volonté de créer dans ce monde ces globes que nous voyons se mouvoir continuellement en cercle, qu'il ait fixé le centre de leurs révolutions et qu'il ait placé, immobile en ce centre, le Soleil; supposons qu'il ait ensuite façonné tous ces globes en un même lieu et qu'il leur ait donné l'inclination de se mouvoir en descendant vers le centre jusqu'à ce qu'ils aient acquis tels degrés de vitesse qui semblaient bons à la divine intelligence; que, ces degrés acquis, les astres se soient mis à tourner en rond, chacun en son cercle, en gardant la vitesse acquise. Demandons-nous maintenant à quelle hauteur, à quelle distance du Soleil était le lieu où ces globes avaient été primitivement créés et s'il est possible que tous aient été créés en même lieu. Pour résoudre ce problème, il faut nous enquérir, auprès des plus habiles astronomes, des grandeurs des cercles suivant lesquels tournent les planètes, ainsi que des temps de leurs révolutions. De cette double connaissance, nous déduirons dans quelle mesure le mouvement de Jupiter, par exemple, est plus rapide que celui de Saturne; et ayant constaté qu'il est plus rapide (il l'est en effet), nous admettrons qu'étant parti de la même hauteur, Jupiter a dû descendre plus bas que Saturne, ce que nous savons être vrai, l'orbe de Jupiter étant inférieur à celui de Saturne. Allons plus loin : le rapport qui existe entre les deux vitesses de Jupiter et de Saturne, la distance qui sépare leurs orbes et la raison de l'accélération du mouvement naturel nous permettront de déterminer à quelle hauteur et à quelle distance du centre de leurs révolutions se situe le lieu d'où ils sont partis. Ce point trouvé et bien déterminé, on cherchera si Mars, descendant de là jusqu'à son orbe, la grandeur de cet orbe et la vitesse du mouvement s'accordent au résultat de notre calcul. On fera de même pour la Terre, pour Vénus, pour Mercure, et on constatera que les grandeurs des cercles et les vitesses des mouvements approchent de si près ce que donnent les calculs que c'est chose merveilleuse.

SAGREDO J'ai pris un extrême plaisir à vous entendre, et n'était ma crainte que faire ces calculs avec précision ne fût une entreprise longue et laborieuse, et peut-être trop difficile pour être à ma portée, je vous en prierais instamment.

SALVIATI De fait, l'opération est longue et difficile et je ne sais trop si je m'y retrouverais si vite; aussi la réserverons-nous pour une autre fois.

SIMPLICIO De grâce, qu'il me soit accordé en raison de ma faible pratique des sciences mathématiques de dire en toute liberté que vos raisonnements, qui mettent en jeu des proportions plus grandes ou plus petites, et d'autres termes que je n'entends pas aussi bien qu'il faudrait, n'ont pas écarté de moi le doute ou mieux le refus de croire que, nécessairement, ce très pesant boulet de plomb de cent livres qu'on laisse tomber de haut passe, à partir de l'état de repos, par tous les degrés de lenteur, et les plus extrêmes, alors que nous voyons qu'en quatre battements de pouls il a parcouru plus de cent brasses, effet qui rend à mes yeux totalement incroyable qu'il se soit trouvé à aucun moment en un état de lenteur tel que, s'il s'y était maintenu, il n'aurait, fût-ce en mille ans, franchi l'espace d'un demi-pouce. Si pourtant cela est vrai, je voudrais le comprendre.

SAGREDO Le signor Salviati, en son profond savoir, estime bien souvent que ces termes qui lui sont très connus et très familiers doivent l'être également aux autres, et c'est pourquoi il lui arrive d'oublier qu'il serait bon de venir en aide à notre incapacité par des discours moins mystérieux. Avec sa permission, j'essaierai donc, moi qui ne m'élève pas si haut, de dissiper au moins en partie l'incrédulité du signor Simplicio par des explications plus faciles à saisir. Et pour nous en tenir au cas du boulet de canon, ne m'accorderez-vous pas, signor Simplicio, que le passage d'un état à un autre doit être plus facile et plus prompt si ces deux états sont plus voisins l'un de l'autre que s'ils sont plus éloignés?

SIMPLICIO Cela, je le comprends et je le concède : je ne mets pas en doute, par exemple, qu'un fer rouge, en se refroidissant, passe de dix degrés de chaleur à neuf degrés avant de passer de dix à six.

SAGREDO Parfait. Dites-moi maintenant : ce boulet, lancé en haut verticalement par la violence du feu, ne va-t-il pas ralentir continuellement son ascension, en sorte que pour finir, arrivant au plus haut point qu'il puisse atteindre, il se trouvera en repos? Et à mesure que sa vitesse décroît ou, si vous préférez, que sa lenteur augmente, n'est-il pas logique de penser qu'il passera de dix degrés à onze plutôt que de dix à douze, ou de mille à mille un plutôt que de mille à mille deux, et en somme d'un degré quelconque à un autre plus voisin plutôt qu'à un plus éloigné?

SIMPLICIO Oui, c'est logique.

SAGREDO Mais si éloigné que soit d'un mouvement quelconque tel degré de lenteur, le repos, qui est lenteur infinie, n'en est-il pas encore plus éloigné? Aussi n'est-il pas à mettre en doute que notre boulet, avant d'arriver à son point de repos, ne passe par tous les degrés de lenteur croissante et donc par celui qui ne lui permettrait pas de franchir, en mille ans, l'espace d'un pouce. Ceci étant vrai (et rien n'est plus vrai), il ne devra pas vous paraître improbable, signor Simplicio, que dans son retour en bas le même boulet, partant du repos, reprenne sa vitesse en repassant par les mêmes degrés de lenteur que dans son ascension plutôt que de sauter, par-dessus les degrés de lenteur les plus voisins de l'état de repos, à un degré plus éloigné.

SIMPLICIO Ce discours m'a mieux instruit que les subtilités mathématiques de tout à l'heure; le signor Salviati va donc pouvoir reprendre et continuer son raisonnement.

SALVIATI Revenons donc à notre propos et reprenons-le au point où nous nous en sommes écartés. Nous en étions, si j'ai bonne mémoire, à démontrer que le mouvement en ligne droite ne saurait être d'aucun emploi dans les régions bien ordonnées de l'univers; à quoi nous ajoutions qu'il n'en est pas ainsi des mouvements circulaires, dont l'un — la rotation du corps sur lui-même — maintient le mobile toujours dans le même lieu, et dont l'autre, qui entraîne le mobile suivant une circonférence de cercle autour d'un centre stable et fixe, ne le jette dans aucun désordre et ne trouble pas l'ordre des corps voisins. En effet, le premier caractère d'un mouvement comme celui-ci est d'être fini et terminé; et non seulement il est fini et terminé, mais il n'est pas un point de la circonférence parcourue qui ne soit le premier et le dernier terme de la révolution; de plus, le mouvement se poursuivant dans la circonférence qui lui est assignée, laisse, à l'intérieur comme au dehors, le champ libre pour d'autres mouvements, sans jamais les troubler ou leur faire obstacle. Ce mouvement étant tel qu'à tout instant le mobile part de son terme initial et arrive à son terme final, il peut et il peut seul être uniforme, car l'accélération du mouvement se produit quand le mobile va vers un but auquel le porte son inclination et le retardement survient quand au contraire le mobile répugne à quitter son lieu et à s'éloigner de son point de départ; et comme le mobile, dans le mouvement circulaire, part toujours de son terme naturel et se meut toujours vers ce même terme, en lui répugnance et inclination sont toujours d'égale puissance; de cette égalité résulte une vitesse jamais retardée ni accélérée, autrement dit l'uniformité du mouvement. Cette uniformité et cette détermination du mouvement en permettent la continuation perpétuelle sous la forme d'une révolution toujours réitérée, chose naturellement impossible suivant un parcours sans terme et dans un mouvement sans cesse retardé ou accéléré; et je dis *naturellement* car le mouvement droit retardé est un mouvement violent qui ne peut être perpétuel; quant au mouvement droit accéléré, il arrive nécessairement à son terme s'il en est un; et s'il n'est pas de terme, il ne peut y avoir non plus de mouvement, car la nature ne meut jamais un corps vers un but qu'il serait impossible d'atteindre. De quoi je conclus que seul le mouvement circulaire peut convenir naturellement aux corps naturels, constituants de l'univers et disposés dans le meilleur ordre; et que, du mouvement droit, le plus qu'on puisse dire est qu'il a été assigné par la nature aux corps ou aux parties des corps qui, se trouvant hors de leurs lieux propres et en disposition désordonnée, ont besoin de regagner par le plus court leur état naturel. Il me semble donc très raisonnable de poser en dernière conclusion que, pour le maintien de l'ordre parfait entre les parties du monde, il faut que les corps ne se meuvent que d'un mouvement circulaire; et s'il en est qui ne se meuvent pas ainsi, ils doivent de toute nécessité demeurer immobiles, car seuls le repos et le mouvement circulaire sont propres à la conservation de l'ordre. Aussi ne suis-je pas peu surpris qu'Aristote — dont l'opinion était pourtant que le globe terrestre, placé au centre du monde, y demeurait immobile — n'ait pas dit que, des corps naturels, les uns étaient par nature mobiles et les autres immobiles, d'autant plus qu'il avait déjà défini la nature : principe de mouvement et de repos.

SIMPLICIO Aristote, qui n'attendait pas de son génie, si pénétrant fût-il, plus qu'il eût convenu d'en attendre, estimait et professait que l'expérience sensible [11] doit être mise au-dessus de tout raisonnement forgé par l'esprit humain, et disait que ceux qui récusent le témoignage des sens méritaient, pour leur châtiment, d'en être privés. Or, qui donc est assez aveugle pour ne pas voir les parties de la terre et de l'eau, en tant que graves, se mouvoir naturellement vers le bas, c'est-à-dire vers le centre de l'univers, assigné par la nature elle-même pour fin et terme du mouvement droit *deorsum;* et pour ne pas voir pareillement le feu et l'air s'élever droit vers la concavité de l'orbe lunaire comme vers le terme naturel du mouvement *sursum?* [12]. Ayant devant les yeux des faits si manifestes et assurés que nous sommes, d'autre part, que *eadem est ratio totius et partium*, comment ne pas tenir pour une proposition d'une vérité évidente que le mouvement naturel de la terre est le mouvement droit *ad medium*, et celui du feu le mouvement droit *a medio?*

SALVIATI Le plus que vous puissiez exiger qu'on vous accorde, en vertu de votre argumentation, se réduit à ceci : du fait que les parties de la terre écartées de leur tout (c'est-à-dire du lieu où elles demeurent naturellement) et réduites ainsi en une disposition désordonnée et mauvaise retournent à leur lieu propre spontanément, et donc naturellement, d'un mouvement rectiligne, on pourrait inférer (étant admis que *eadem sit ratio totius et partium*) que le globe terrestre, s'il se trouvait écarté par violence du lieu à lui assigné par la nature, y retournerait en ligne droite. Voilà, je vous l'ai dit, le plus qu'on pourrait vous concéder en vous accordant toutes les facilités possibles. Mais qui voudrait examiner l'affaire de plus près commencerait par nier que les parties de la Terre, revenant à leur tout, se meuvent d'un mouvement droit plutôt que d'un mouvement circulaire ou mixte[13]; et vous seriez fort en peine de prouver le contraire, comme vous le feront clairement comprendre les réponses aux raisons et aux expériences particulières alléguées par Ptolémée et par Aristote. En second lieu, si quelqu'un vous disait que les parties de la terre se meuvent, non pour aller au centre du monde, mais pour aller se réunir à leur tout, et que c'est de là que résulte leur inclination naturelle vers le centre du globe terrestre, inclination grâce à laquelle elles conspirent à le former et à le conserver, quel autre tout et quel autre centre trouverez-vous en ce monde auquel l'entier globe terrestre, s'il en était écarté, chercherait à retourner, en sorte que la raison du tout serait la même que celle des parties? Ajoutez que ni Aristote ni vous ne prouverez jamais que la Terre est *de facto* le centre de l'univers; et s'il est possible d'assigner à l'univers un centre, nous verrons que c'est bien plutôt le Soleil qui s'y trouve placé, comme vous le comprendrez par la suite.

Et si, du fait que toutes les parties de la terre, en parfait accord, conspirent à former son tout, il résulte qu'elles y concourent mues par une égale inclination, et que pour s'unir entre elles le plus possible, elles s'y rassemblent en une sphère, pourquoi ne pas croire que la Lune, le Soleil et les autres corps célestes ne sont eux aussi de forme sphérique qu'en raison d'un instinct concordant et d'un concours naturel de toutes leurs parties composantes? Et si une de ces parties venait, par quelque violence, à être séparée de son tout, n'est-il pas raisonnable de penser que spontanément et par instinct naturel elle y retournerait et, en conséquence, de conclure que le mouvement droit convient également à tous les corps de l'univers?

SIMPLICIO Puisque, sans aucun doute, vous ne voulez pas simplement nier les principes des sciences mais récuser les données manifestes de l'expérience et le témoignage des sens, et que par conséquent vous ne pourrez jamais être convaincu ni revenir sur une opinion arrêtée, me voici, quant à moi, plutôt disposé à me taire — en vertu de l'adage *contra negantes principia non est disputandum* [14] — que persuadé par vos arguments. Mais pour m'en tenir à ce que vous venez d'avancer (quand vous allez jusqu'à douter si le mouvement des graves est ou n'est pas rectiligne) je vous demande comment vous pouvez raisonnablement nier que les parties de la terre, c'est-à-dire les matières les plus pesantes, descendent vers le centre d'un mouvement droit, alors que, lâchées du haut d'une tour très élevée dont les parois sont on ne peut plus droites et construites d'aplomb, elles tombent en rasant pour ainsi dire la bâtisse et touchent le sol au point même où le toucherait un plomb suspendu à un fil attaché au sommet, à l'endroit même d'où nous avons laissé tomber la pierre. N'est-ce pas là une preuve évidente que le mouvement du corps grave est rectiligne et qu'il tend vers le centre? En second lieu, vous révoquez en doute que les parties de la terre se meuvent pour aller au centre du monde, ainsi que l'affirme Aristote, comme s'il ne l'avait pas démontré de façon concluante par une argumentation où il met en jeu les mouvements contraires [15] : le mouvement des graves, dit-il, est contraire à celui des corps légers; or, on voit que le mouvement de ces derniers est dirigé droit en haut, autrement dit vers la circonférence du monde; donc, le mouvement des graves est dirigé droit vers le centre du monde, et il se trouve *per accidens* que c'est vers le centre de la Terre, puisque l'un et l'autre coïncide. Quant à chercher ce que ferait une partie du globe lunaire ou du Soleil si elle était séparée de son tout, c'est chose vaine puisque c'est chercher ce qui résulterait d'une impossibilité, attendu que les corps célestes, comme Aristote le démontre, sont impassibles, impénétrables, infrangibles, et qu'ainsi le cas envisagé ne peut se produire; et à supposer qu'il se produisît et que la partie séparée revînt à son tout, elle n'y reviendrait pas en tant que grave ou légère puisque les corps célestes, comme le prouve le même Aristote, ne sont ni graves ni légers.

SALVIATI Que j'aie quelque raison de douter si les graves se meuvent en ligne droite et perpendiculaire, vous l'entendrez, comme je le disais tout à l'heure, quand j'examinerai ce sujet particulier. Quant au second point, je m'étonne que vous ayez besoin qu'on vous mette sous les yeux le paralogisme d'Aristote, si évident par lui-même, et que vous ne vous aperceviez pas qu'Aristote suppose ce qui est en question. Veuillez donc remarquer...

SIMPLICIO De grâce, signor Salviati, parlez avec plus de respect d'Aristote. A qui d'ailleurs ferez-vous jamais croire que celui qui a été le premier, l'unique, l'admirable explicateur de la forme syllogistique, de la démonstration, des réfutations, des diverses manières de reconnaître sophismes et paralogismes, de toute la logique en somme, ait pu tomber dans une erreur aussi grave que celle de supposer connu ce qui est en question. Ah! Messeigneurs, il faut l'entendre parfaitement avant d'essayer de s'en prendre à lui.

SALVIATI Signor Simplicio, nous sommes ici entre nous pour discuter familièrement, à la recherche de quelques vérités; jamais je ne trouverai mauvais que vous me signaliez mes erreurs et, s'il m'arrive de mal entendre la pensée d'Aristote, reprenez-moi librement, je vous en saurai gré. Permettez-moi, à votre tour, de vous exposer mes difficultés et laissez-moi répondre en quelques mots à ce que vous venez de dire. La logique, vous le savez fort bien, est l'organe de la philosophie; mais de même qu'il peut arriver qu'un artisan soit très habile à fabriquer des orgues et incapable d'en jouer, de même on peut être grand logicien et ne pas savoir se servir de la logique [16]; beaucoup de gens savent la poétique par cœur et ne réussissent pas à composer, ne fût-ce qu'un quatrain; d'autres possèdent tous les préceptes de Vinci et ne sauraient pas seulement peindre un escabeau. Jouer de l'orgue ne s'apprend pas de ceux qui font des orgues mais de ceux qui en jouent; la poésie s'apprend par la lecture des poètes; l'art de peindre, par la pratique assidue de la peinture et du dessin, et le talent de démontrer par la pratique des ouvrages pleins de démonstrations, lesquels sont ceux des mathématiciens seuls, et non pas des logiciens. Revenant maintenant à notre propos, je dis que ce qu'Aristote voit du mouvement des corps légers, c'est que le feu, partant d'un lieu quelconque de la superficie du globe terrestre, s'en écarte en droite ligne, de bas en haut; c'est là, à vrai dire, se mouvoir vers une circonférence plus vaste que celle de la Terre, à savoir, comme l'énonce Aristote lui-même, vers la concavité de la Lune, mais que cette circonférence soit celle du monde ou qu'elle lui soit concentrique, en sorte que se mouvoir vers l'une soit autant que se mouvoir vers l'autre, c'est ce qu'on ne peut affirmer si l'on n'a supposé d'abord que le centre de la Terre d'où nous voyons s'éloigner, dans leur ascension, les corps légers, est le même que le centre du monde, autrement dit que le globe terrestre est constitué au centre du monde. Or, c'est justement ce dont nous doutons et ce qu'Aristote entend démontrer. Direz-vous que ce n'est pas là un paralogisme flagrant?

SAGREDO Cette argumentation d'Aristote m'avait déjà paru, à un autre égard, défectueuse et non concluante, fût-il même accordé que la circonférence vers laquelle le feu s'élève en ligne droite est bien celle qui enferme le monde. En effet, si on prend à l'intérieur d'un cercle un point quelconque, et non pas forcément le centre, tout mobile qui, partant de ce point, se déplacera en ligne droite dans n'importe quelle direction ira sans aucun doute vers la circonférence et, pourvu qu'il ne s'arrête pas, il finira par y arriver, en sorte qu'il est tout à fait vrai de dire qu'il se meut vers la circonférence; mais il ne sera pas vrai qu'en se déplaçant suivant les mêmes lignes et en sens contraire, il ira vers le centre, à moins que le point pris pour origine soit lui-même le centre, ou que le mouvement ait lieu suivant l'unique droite qui, du point choisi, passe par le centre. Si bien que dire : « Le feu, se mouvant en ligne droite, va vers la circonférence du monde, donc les parties de la Terre qui se meuvent d'un mouvement contraire, suivant les mêmes lignes, vont vers le centre du monde », ne prouve rien si l'on n'a pas d'abord supposé que les lignes suivies par le feu, étant prolongées, passeraient par le centre du monde; et comme tout ce que nous savons desdites lignes, c'est qu'elles passent par le centre du globe terrestre (perpendiculaires qu'elles sont à sa surface et non inclinées), il faudra, pour aboutir à la conclusion désirée, supposer que le centre de la Terre coïncide avec celui du monde, ou au moins que les parties de feu et de terre montent et descendent par l'unique ligne qui passe par le centre du monde, ce qui est faux et répugne à l'expérience puisque nous voyons que ce n'est pas par une seule ligne, mais par une infinité de lignes menées du centre de la Terre vers toutes les régions de l'univers, que le feu s'élève perpendiculairement à la surface du globe terrestre.

SALVIATI Très ingénieusement, signor Sagredo, vous avez conduit Aristote à la même impasse que moi en dévoilant son erreur manifeste. Ajoutez à cela une autre inconséquence. Nous voyons que la Terre est sphérique, nous sommes donc assurés qu'elle a un centre; nous constatons que, vers ce centre, se meuvent toutes ses parties et qu'il est nécessaire, de ce fait, que leurs mouvements soient perpendiculaires à la surface terrestre; nous comprenons que, se mouvant vers le centre de la Terre, elles se meuvent vers leur tout, vers leur mère commune; et nous avons ensuite la bonté de nous laisser convaincre que leur instinct naturel est d'aller non pas vers le centre de la Terre mais vers celui de l'univers, dont nous ne savons ni où il est, ni s'il existe, ni même, au cas où il existerait, s'il n'est autre chose qu'un point imaginaire, un néant totalement dénué de puissance. Quant à ce que disait en dernier lieu le signor Simplicio, à savoir qu'il est vain de mettre en question si les parties du Soleil, de la Lune ou de tout autre corps céleste séparées de leur tout y retourneraient naturellement, attendu que le cas ne peut se présenter, les démonstrations d'Aristote ayant rendu évident que les corps célestes sont impassibles, impénétrables, indivisibles, etc., j'y réponds que les conditions par lesquelles, suivant Aristote, les corps célestes diffèrent des corps élémentaires sont uniquement fondées sur ce qu'il déduit de la diversité des mouvements naturels de ceux-ci et de ceux-là; de sorte que si l'on refuse d'attribuer le mouvement circulaire aux seuls corps célestes et si l'on affirme qu'il convient à tous les corps naturels mobiles, on devra nécessairement admettre que les attributs d'engendrable ou d'inengendrable, d'altérable ou d'inaltérable, de divisible ou d'indivisible, etc., conviennent également et sont communs à tous les corps mondains, tant célestes qu'élémentaires, ou bien que c'est à tort et par erreur qu'Aristote a déduit du mouvement circulaire ceux qu'il assigne aux corps célestes.

SIMPLICIO Cette manière de philosopher tend à la subversion de toute la philosophie naturelle, elle jette le trouble partout, elle met en désordre le ciel, la Terre, l'univers entier. Mais je crois que les fondements du péripatétisme sont tels qu'il n'y a pas à craindre qu'on puisse jamais, sur leurs ruines, édifier de nouvelles sciences.

SALVIATI Ne vous mettez point en souci du ciel et de la Terre; ne craignez pas leur subversion, non plus que celle de la philosophie. Quant au ciel, vos craintes sont vaines puisque vous-même le réputez inaltérable et impassible; et quant à la Terre, nous ne cherchons qu'à l'ennoblir et à lui donner perfection quand nous nous appliquons à la rendre semblable aux corps célestes et, en quelque sorte, à la placer dans le ciel d'où vos philosophes l'ont bannie. La philosophie elle-même ne peut que tirer bénéfice de nos disputes car, si nos pensées sont vraies elle fera de nouvelles acquisitions et, si elles sont fausses, leur réfutation aboutira à établir plus fermement les anciennes doctrines. Mettez-vous plutôt en peine de certains philosophes, veillez à les assister et à les soutenir car, pour la science, elle ne peut que progresser. Revenant donc à notre propos, exposez librement ce qui vous vient à l'esprit en faveur du maintien de cette différence essentielle qu'introduit Aristote entre les corps célestes et les corps élémentaires en faisant les uns inengendrables, incorruptibles, inaltérables, etc., les autres corruptibles, altérables, etc.

SIMPLICIO Je ne vois toujours pas qu'Aristote ait besoin d'être secouru : il reste sur ses pieds, solide et fort. Loin de l'avoir abattu, vous ne l'avez même pas attaqué. Maintenant, je voudrais voir quelle sera votre parade en ce premier assaut. Aristote écrit[17] : « Ce qui s'engendre provient de son contraire et dans un sujet déterminé, et pareillement toute corruption s'opère dans un sujet déterminé, sous l'action d'un contraire et vers un contraire, de sorte que la génération et la corruption ne peuvent, notez-le bien, se produire que dans les contraires; mais des contraires les mouvements sont contraires, si bien qu'il ne peut être assigné de contraire à un corps céleste, attendu qu'au mouvement circulaire aucun autre mouvement n'est contraire; et il apparaît que la nature a très bien fait d'exempter de contraires ce qui devait être inengendrable et incorruptible. Ces principes fondamentaux une fois établis, on en déduit sans peine que le corps céleste est inaugmentable, inaltérable, impassible, éternel enfin, séjour à la mesure des dieux immortels selon l'opinion de tous les hommes qui, des dieux, se font quelque idée. Le témoignage des sens, d'ailleurs, nous le confirme : dans le passé, aussi loin que remontent nos traditions et nos mémoires, on n'a jamais vu que rien ait changé dans l'ensemble du dernier ciel ni dans aucune des parties qui le composent ». Quant au fait qu'il n'est pas de contraire au mouvement circulaire, Aristote en donne bien des preuves; sans les rapporter toutes, tenons-nous en à cette démonstration si claire : il n'existe que trois mouvements simples : vers le centre, à partir du centre, autour du centre; de ces trois mouvements, les deux droits, *sursum* et *deorsum*, sont manifestement contraires, et chacun d'eux n'a qu'un seul contraire; il ne reste donc aucun autre mouvement qui puisse être le contraire du circulaire. Voilà par quel raisonnement subtil et irréfutable Aristote démontre l'incorruptibilité du ciel.

SALVIATI Ceci n'ajoute rien à la doctrine d'Aristote telle que je l'ai moi-même résumée; et si je refuse d'admettre que le mouvement attribué par vous aux corps célestes ne puisse pas convenir aussi à la Terre, toute cette argumentation reste nulle. Or, je vous dis que ce mouvement circulaire que vous assignez aux corps célestes convient aussi à la Terre. Ceci posé, et en admettant que le reste de votre raisonnement soit concluant, il s'ensuit, comme je vous le disais il y a quelques instants et comme je vous le répète, une de ces trois choses : ou que la Terre est inengendrable et incorruptible comme les corps célestes, ou que les corps célestes sont, comme les corps élémentaires, engendrables, altérables, etc., ou que cette différence des mouvements n'a rien à voir avec la génération et la corruption. Le raisonnement d'Aristote, qui est aussi le vôtre, contient nombre de propositions qu'on ne saurait accepter à la légère et, pour les mieux examiner, il sera bon de les réduire en termes aussi nets et distincts que possible. Que le signor Sagredo me pardonne si, non sans quelque ennui peut-être, il m'entend répéter plusieurs fois la même chose et qu'il se figure assister à l'un de ces débats publics où l'habitude est de reprendre les arguments de l'adversaire. Vous dites : « La génération et la corruption ne s'opèrent que là où existent des contraires; les contraires n'existent qu'entre les corps simples naturels, mobiles de mouvements contraires; les mouvements contraires sont ceux-là seuls qui se font en ligne droite entre des termes contraires; il n'y a que deux mouvements de cette espèce : à partir du centre et vers le centre, et ils n'appartiennent à d'autres corps naturels que la terre, le feu et les deux autres éléments; donc, la génération et la corruption ne sont possibles que parmi les éléments. Et comme le troisième mouvement simple, c'est-à-dire le mouvement circulaire autour d'un centre, n'a pas de contraire (puisque les deux autres sont contraires et que chacun n'a qu'un seul contraire), le corps naturel auquel appartient ce mouvement n'a pas de contraire et, n'ayant pas de contraire, il n'est pas sujet à la génération, à la corruption, etc., attendu que là où il n'y a pas contrariété, il n'y a ni génération ni corruption; or, ce mouvement appartient aux seuls corps célestes; donc, seuls ces corps sont inengendrables, incorruptibles, etc. »

Pour commencer, j'ai l'impression qu'il est bien plus facile de s'assurer si la Terre (corps très vaste et que sa proximité met à portée de notre étude) se meut d'un mouvement rapide comme le serait sa révolution sur elle-même en vingt-quatre heures, que de vérifier et de s'assurer si la génération et la corruption procèdent des contraires, ou même si la corruption, la génération et les contraires sont dans la nature. Et vous, signor Simplicio, si vous pouviez m'enseigner comment la nature s'y prend quand elle engendre, en un temps très court, cent mille moucherons d'un peu de vapeur de moût, si vous pouviez me montrer quels sont là les contraires, me dire ce qui se corrompt et comment s'opère la corruption, j'aurais encore plus d'estime pour vous que je n'en ai car, moi, je n'entends rien à ces choses-là. Je serais aussi bien aise de comprendre comment et pourquoi ces contraires corruptifs sont à tel point bénins envers les corneilles et féroces contre les colombes, tolérants pour les cerfs et impatients à l'égard des chevaux, qu'ils accordent aux uns plus d'années de vie, c'est-à-dire d'incorruptibilité, qu'aux autres de semaines. Les pêchers et les oliviers ont leurs racines dans les mêmes terrains, sont exposés aux mêmes froids, aux mêmes chaleurs, aux mêmes vents, aux mêmes pluies, en un mot aux mêmes contrariétés, et néanmoins ceux-là périssent en peu de temps et ceux-ci vivent des centaines d'années. De plus, je n'ai jamais pu concevoir (sans sortir des limites de la nature) cette transmutation substantielle par laquelle une matière se transforme à tel point qu'on est bien obligé de dire qu'elle est entièrement détruite, que rien ne subsiste de son être premier et qu'un autre corps, tout différent, en est issu. Et si un corps se présente à moi sous un certain aspect et, peu après, sous un autre aspect très différent, je ne tiens pas pour impossible que cela puisse résulter d'une simple transposition des parties, sans qu'il y ait corruption ou génération, car nous sommes témoins à toute heure de semblables métamorphoses [18]. J'en reviens donc à vous répondre que si vous voulez me persuader que la Terre ne peut être affectée d'un mouvement circulaire pour cause de corruptibilité ou de générabilité, vous aurez beaucoup plus à faire que moi qui vous prouverai le contraire par des arguments bien plus difficiles mais non moins concluants.

SAGREDO Signor Salviati, pardonnez-moi si j'interromps votre discours; j'ai grand plaisir à vous entendre, me trouvant moi-même embarrassé par les difficultés qui vous arrêtent, mais je doute qu'il soit possible d'en venir à bout sans renoncer complètement au principal objet de notre entretien; si donc il était possible d'y revenir, je jugerais bon de remettre à une autre fois cette question de la génération et de la corruption et d'en faire alors le seul sujet de notre débat. Et si vous voulez bien, signor Simplicio, nous en userons de même pour les autres questions particulières qui pourront être soulevées au cours de la conversation : j'en garderai bonne mémoire et nous les reprendrons un jour prochain pour les examiner en détail. Quant à présent, puisque vous dites que si le mouvement circulaire, en dépit d'Aristote, appartient à la Terre comme aux autres corps célestes, il doit s'ensuivre que pour ce qui est d'être engendrable, altérable, etc., il n'y a aucune différence entre la Terre et le ciel, laissons de côté la question de savoir si génération et corruption sont ou ne sont pas dans la nature et remettons-nous à chercher ce que fait le globe terrestre.

SIMPLICIO Mes oreilles s'accommodent mal d'entendre mettre en doute que la génération et la corruption soient dans la nature quand c'est une chose que nous avons continuellement devant les yeux et sur laquelle Aristote a écrit deux livres entiers. Mais dès lors qu'on en vient à nier les principes des sciences et à mettre en question les faits les plus manifestes, qui ne sait que chacun pourra prouver ce qu'il voudra et soutenir n'importe quel paradoxe ? Si vous ne voyez pas tous les jours s'engendrer et se corrompre herbes, plantes, animaux, que voyez-vous donc ? Et ne voyez-vous pas à tout instant les contraires en lutte, la terre se changer en eau, l'eau se convertir en air, l'air devenir feu et de nouveau se condenser en nuages, pluies, grêles et tempêtes ?

SAGREDO Certes, nous voyons tout cela, aussi vous accordons-nous qu'Aristote a raison en ce qui concerne la génération et la corruption produite par les contraires; mais si, en vertu de ces propositions mêmes que je viens d'admettre, je conclus que les corps célestes ne sont pas moins engendrables et corruptibles que les corps élémentaires, que direz-vous ?

SIMPLICIO Je dirai que vous avez fait ce qui ne peut se faire.

SAGREDO Dites-moi un peu, signor Simplico, ces attributs ne sont-ils pas contraires entre eux ?

SIMPLICIO Quels attributs ?

SAGREDO Ceux-ci : altérable, inaltérable; passible, impassible; engendrable, inengendrable; corruptible, incorruptible ?

SIMPLICIO Tout à fait contraires.

SAGREDO S'il en est ainsi, et s'il est vrai que les corps célestes sont inengendrables et incorruptibles, je vous prouve qu'il faut de toute nécessité que les corps célestes soient engendrables et corruptibles.

SIMPLICIO Votre argument ne sera jamais qu'un sophisme.

SAGREDO Écoutez-le, ensuite vous lui donnerez un nom et vous y répondrez. Les corps célestes, parce qu'ils sont inengendrables et incorruptibles, ont, dans la nature, des contraires, à savoir les corps engendrables et corruptibles; or, là où il y a contrariété, il y a génération et corruption; donc, les corps célestes sont engendrables et corruptibles.

SIMPLICIO Ne vous disais-je pas que ce ne pourrait être qu'un sophisme? C'est là un de ces arguments cornus qu'on appelle sorites comme celui du Crétois qui disait que tous les Crétois étaient menteurs; or, Crétois lui-même, en disant que tous les Crétois étaient menteurs, il mentait; il fallait donc que les Crétois fussent véridiques et par conséquent lui, en qualité de Crétois, il devenait véridique et quand il disait que tous les Crétois étaient menteurs, il disait vrai, et dès lors, étant Crétois, il était menteur. Dans les sophismes de cette sorte, on tournerait éternellement sans jamais rien conclure.

SAGREDO Jusqu'ici vous avez nommé l'argument; il vous reste à le résoudre, à montrer en quoi il est fallacieux.

SIMPLICIO Quant à cela, ne voyez-vous pas d'abord cette contradiction manifeste : les corps célestes sont inengendrables et incorruptibles, donc; les corps célestes sont engendrables et corruptibles? Et puis, ce n'est pas entre les corps célestes qu'il y a contrariété, mais entre les éléments, lesquels ont la contrariété des mouvements *sursum* et *deorsum*, de la légèreté et de la gravité; tandis que les cieux qui se meuvent circulairement, c'est-à-dire d'un mouvement auquel nul autre n'est contraire, sont exempts de contrariété, et c'est pourquoi ils sont incorruptibles, etc.

SAGREDO Doucement, signor Simplicio. Cette contrariété en raison de laquelle, selon vous, certains corps simples sont corruptibles réside-t-elle dans le corps même qui se corrompt ou a-t-elle relation avec un autre corps? L'humidité, par exemple, par laquelle se corrompt une partie de terre, réside-t-elle dans la terre elle-même ou dans un autre corps tel que l'air ou l'eau? Vous me direz, je pense, que, pas plus que le mouvement en haut et en bas, que la gravité et la légèreté dont vous faites les premiers contraires ne peuvent être dans le même sujet, pas davantage ne s'y trouvent l'humide et le sec, le chaud et le froid. Il vous faut donc dire que, quand un corps se corrompt, c'est en raison d'une qualité qui se trouve dans un autre corps et qui est contraire à la sienne propre. Donc, pour que le corps céleste soit corruptible, il suffit qu'il existe dans la nature des corps qui aient contrariété avec lui, et tels sont les éléments, s'il est vrai que la corruptibilité est contraire à l'incorruptibilité.

SIMPLICIO Non, signor Sagredo, cela ne suffit pas. Les éléments s'altèrent et se corrompent parce qu'ils sont en contact, parce qu'ils s'entremêlent et ainsi peuvent exercer leurs contrariétés. Mais les corps célestes sont séparés des éléments, desquels ils ne sont pas touchés encore qu'eux-mêmes les touchent. Si vous voulez prouver que la génération et la corruption existent dans les corps célestes, il faut que vous montriez qu'il y a entre eux des contrariétés.

SAGREDO Eh! bien, entre eux-mêmes, j'en trouve. La première source dont vous tirez la contrariété des éléments est la contrariété de leurs mouvements en haut et en bas; il faut donc que les principes dont ces mouvements dépendent soient pareillement contraires entre eux; et puisque tel corps se meut de bas en haut du fait de sa légèreté et tel autre de haut en bas du fait de sa gravité, il faut que légèreté et gravité soient contraires entre elles; et nous ne devons pas estimer moins contraires entre eux les autres principes en vertu desquels tel corps est grave, tel autre léger. Or, pour vous, la gravité et la légèreté résultent de la rareté et de la densité; rareté et densité seront donc contraires, et ces deux conditions sont si amplement réalisées dans les corps célestes que les étoiles, selon votre théorie, ne sont autre chose que les parties les plus denses de leur ciel; s'il en est ainsi, il faut que la densité des étoiles dépasse infiniment celle du reste du ciel, comme le montrent à l'évidence l'extrême transparence du ciel et l'extrême opacité des étoiles, et le fait qu'il ne se trouve là-haut, en dehors du rare et du dense, d'autres qualités qui puissent être principe de plus grande ou de moindre transparence. Puisqu'il existe entre les corps célestes de telles contrariétés, il est nécessaire qu'ils soient engendrables et corruptibles au même titre que les corps élémentaires, ou alors que la contrariété ne soit pas cause de la corruptibilité, etc.

SIMPLICIO L'un n'est pas plus nécessaire que l'autre, car densité et rareté, dans les corps célestes, ne sont pas contraires entre elles comme dans les corps élémentaires; elles ne dépendent pas en effet des qualités premières, le chaud et le froid, qui sont contraires entre elles, mais de la plus ou moins grande quantité de matière; or, le plus et le moins ne signifient qu'une opposition relative, la moindre qui soit, et sans rapport avec la génération et la corruption [19].

SAGREDO Si je comprends bien, pour que le dense et le rare — qui, dans les éléments, doivent être cause de gravité et de légèreté, lesquelles peuvent être causes de mouvements contraires *sursum* et *deorsum*, desquels dépendent enfin les contrariétés d'où résultent la génération et la corruption — [produisent cette génération et cette corruption], il ne suffit pas qu'ils affectent des corps qui, sous la même quantité ou, si vous préférez, sous le même volume, contiennent plus ou moins de matière, mais il faut que ces corps soient denses ou rares par l'effet des qualités premières de chaud et de froid; sinon rien ne se produirait. Mais s'il en est ainsi, Aristote nous a induits en erreur, car il devait dire dès le principe et spécifier par écrit que seuls sont engendrables et corruptibles les corps simples mobiles de mouvements simples en haut et en bas du fait d'une légèreté et d'une gravité causées par une rareté et une densité résultant du plus ou du moins de matière par l'effet du chaud et du froid, et non pas se fonder sur le simple mouvement *sursum* et *deorsum ;* car je vous assure que, pour ce qui est de rendre les corps graves ou légers en sorte qu'ils soient mobiles de mouvements contraires, il suffit d'une densité et d'une rareté quelconques causées par le chaud et le froid ou par tout ce que vous voudrez, car le chaud et le froid n'ont rien à faire en cette opération. Vous verrez en effet qu'un fer rouge, dont vous ne nierez pas qu'il soit chaud, a le même poids et se meut à la même vitesse que s'il était froid. Mais passons, et dites-moi ce qui vous fait croire que le dense et le rare dans les corps célestes ne dépendent pas du chaud et du froid.

SIMPLICIO Je le sais parce que ces qualités n'appartiennent pas aux corps célestes, lesquels ne sont ni chauds ni froids.

SALVIATI Je vois que nous allons de nouveau nous lancer sur un océan infini dont nous ne sortirons jamais, car à naviguer ainsi sans boussole, sans étoiles, sans rames et sans gouvernail, nous ne pouvons que passer d'un écueil à un autre, ou échouer sur un banc de sable, ou errer sans fin, à jamais perdus. Si donc nous voulons, suivant votre conseil, revenir à notre principal sujet, il nous faut laisser de côté pour l'instant ces considérations générales sur le mouvement droit, sur sa nécessité dans la nature ou sur les corps qu'il peut affecter, pour en arriver aux démonstrations, observations et expériences particulières. Nous envisagerons d'abord toutes celles qui jusqu'à ce jour ont été produites par Aristote, par Ptolémée et par d'autres pour prouver l'immobilité de la Terre; nous tâcherons de les réfuter; et enfin nous en proposerons d'autres, propres à nous persuader que la Terre doit être, non moins que la Lune ou que toute autre planète, mise au nombre des corps naturels mobiles d'un mouvement circulaire.

SAGREDO Je m'en tiendrai d'autant plus volontiers à cela que votre discours architectonique et général me laisse beaucoup plus satisfait que celui d'Aristote : il m'apaise, il est sans obstacles tandis que l'autre en soulève devant moi à chaque pas.

J'en suis même à me demander comment le signor Simplicio a pu ne pas se laisser convaincre par votre raisonnement quand vous nous avez donné la preuve que le mouvement rectiligne ne peut avoir lieu dans la nature, étant supposé que les parties de l'univers sont constituées dans le meilleur état et parfaitement ordonnées.

SALVIATI Permettez-moi de vous interrompre, signor Sagredo, car il me vient justement à l'esprit un moyen de donner satisfaction au signor Simplicio lui-même, pourvu toutefois qu'il veuille bien ne pas rester attaché à Aristote au point de tenir pour sacrilège de s'écarter de la moindre de ses opinions. Il n'est pas douteux que, pour maintenir la meilleure disposition et l'ordre parfait des parties de l'univers, quant à leur situation locale, il n'est que le mouvement circulaire ou le repos. Quant au mouvement en ligne droite, je ne vois pas qu'il puisse servir à autre chose qu'à ramener à son état naturel tel fragment d'un des corps intégraux qui se trouverait séparé et éloigné de son tout, comme nous l'avons dit. Considérons maintenant le globe terrestre en sa totalité et voyons ce qu'il peut advenir de lui, étant admis que lui-même et les autres corps mondains doivent se maintenir dans leur meilleure et naturelle disposition. Il faudra ou qu'il demeure et se tienne perpétuellement en son lieu, ou que, sans s'écarter de ce même lieu, il tourne sur lui-même, ou enfin qu'il se meuve autour d'un centre suivant la circonférence d'un cercle. Aristote, Ptolémée et toute leur école affirment que, de ces trois éventualités, c'est la première qui se réalise, autrement dit que la Terre s'est toujours maintenue et se maintiendra éternellement en perpétuel repos dans le même lieu. Dès lors, pourquoi ne pas dire que son inclination naturelle est de rester immobile plutôt que de lui supposer une tendance à se mouvoir naturellement en bas, quand elle n'a jamais été et ne sera jamais mue d'un mouvement semblable? Et quant au mouvement en ligne droite, on peut admettre que la nature s'en sert pour ramener à leur tout les particules de terre, d'eau, d'air, de feu ou de tout autre corps constituant l'univers, quand l'une d'elles, par quelque hasard, se trouve écartée de ce tout et transportée en un lieu de désordre; à moins toutefois qu'il ne se trouve, pour opérer ce retour, quelque mouvement circulaire mieux adapté. Il me semble que cette supposition préalable s'accorde mieux, même suivant la voie d'Aristote, à toutes conséquences de fait, que l'attribution du mouvement droit aux éléments comme leur principe intrinsèque et naturel. C'est l'évidence même, car si je demandais au péripatéticien, pour qui les corps célestes sont incorruptibles et éternels, s'il pense que le globe terrestre, au contraire, est corruptible et mortel, en sorte qu'un temps devrait venir où le Soleil, la Lune et les autres astres persistant dans leur être et dans leurs opérations, la Terre n'existerait plus au monde, mais serait, avec tout le reste des éléments, détruite et anéantie, je suis sûr qu'il me dirait non. Corruption et génération n'affectent donc pas le tout mais les parties, et des parties minimes, superficielles, autant dire imperceptibles en comparaison de la masse totale. Et puisqu'Aristote fait dépendre la génération et la corruption de la contrariété des mouvements droits, laissons ces mouvements aux parties qui seules s'altèrent et se corrompent et, à l'ensemble du globe et sphère des éléments, attribuons ou le mouvement circulaire, ou une perpétuelle permanence en son lieu propre, seules conditions assurant la perpétuation de l'être et le maintien de l'ordre parfait. Ce qui est dit de la terre peut être dit avec égale raison du feu et de la majeure partie de l'air, éléments auxquels les péripatéticiens en sont arrivés à assigner, comme leur étant naturel et intrinsèque, un mouvement duquel ils ne se sont jamais mus et n'auront jamais à se mouvoir, tandis qu'ils considèrent comme contraire à leur nature le mouvement dont ils se meuvent, se sont mus et se mouvront toujours. Ils assignent en effet à l'air et au feu le mouvement de bas en haut qui jamais n'a affecté ces éléments [pris dans leur ensemble], mais seulement quelques-unes de leurs parties, et à seule fin de les ramener à leur état de perfection quand elles se trouvent hors de leur lieu naturel; et en revanche, ils tiennent pour contre nature le mouvement circulaire dont ils se meuvent sans cesse, oubliant en quelque sorte ce qu'Aristote a dit et redit, à savoir qu'aucun mouvement violent ne peut être de longue durée.

SIMPLICIO A tout cela nous avons des réponses très pertinentes; pour l'instant, nous les laisserons de côté afin d'en venir aux arguments particuliers et aux expériences sensibles, lesquelles doivent être préférées, comme le dit fort bien Aristote, à tout ce que nous peut suggérer la raison humaine.

SAGREDO Ce qui a été dit jusqu'à présent nous met en mesure d'estimer quelle est la plus probable des deux théories en présence, celle d'Aristote ou celle du signor Salviati. D'un côté, Aristote veut nous persuader qu'en raison de la diversité de leurs mouvements simples, les corps sublunaires sont par nature engendrables, corruptibles, etc., et donc essentiellement différents des corps célestes, ceux-ci étant impassibles, inengendrables, incorruptibles, etc.; de l'autre, le signor Salviati, supposant les parties intégrales du monde constituées dans le meilleur état, exclut, en conséquence, le mouvement droit, comme n'étant d'aucun usage dans la nature, du domaine des corps simples naturels, et reconnaît dans la Terre un corps céleste comme les autres, jouissant des mêmes prérogatives que les autres. Jusqu'à présent, je me sens bien plus en accord avec cette seconde théorie qu'avec la première. Qu'il plaise donc au signor Simplicio de produire toutes les raisons, expériences et observations particulières, tant naturelles qu'astronomiques, propres à nous persuader que la Terre diffère des corps célestes, qu'elle est immobile, située au centre du monde; et aussi les raisons, s'il s'en trouve, en vertu desquelles elle ne peut pas être mobile comme une planète, comme Jupiter ou la Lune, etc. Le signor Salviati voudra bien ensuite être assez bon pour répondre point par point.

SIMPLICIO Voici pour commencer deux puissants arguments qui prouvent que la Terre est très différente des corps célestes. Premièrement, les corps engendrables, corruptibles, altérables, etc., sont très différents de ceux qui sont inengendrables, incorruptibles, inaltérables, etc.; or, la Terre est engendrable, corruptible, altérable, etc., et les corps célestes sont inengendrables, incorruptibles, inaltérables, etc.; donc la Terre est très différente des corps célestes.

SAGREDO Pour premier argument, vous remettez sur la table ce que nous y avons vu tout ce jour et qui vient tout juste d'en être enlevé.

SIMPLICIO Doucement, signor Sagredo; écoutez la suite et vous verrez bien que j'apporte du nouveau. Dans le premier raisonnement, la mineure était prouvée *a priori;* dans celui-ci, je vais la prouver *a posteriori :* jugez si c'est la même chose. Je prouve donc la mineure, la majeure étant évidente. L'expérience sensible nous montre comment, sur la Terre, générations, corruptions, altérations, etc., se produisent continuellement; or, rien de tel, jamais, n'a été observé dans le ciel ni par nous ni par nos anciens, si nous nous reportons à leurs traditions et à leurs mémoires; donc, le ciel est inaltérable et la Terre altérable, etc. Mon second argument, je le tire d'un accident principal et essentiel. Le voici : un corps qui, par nature, est obscur et sans lumière propre est différent d'un corps lumineux et resplendissant. Or, la Terre est ténébreuse et sans lumière et les corps célestes sont resplendissants et pleins de lumière; donc, etc. Pour éviter que les arguments ne s'accumulent, qu'on réponde d'abord à ceux-ci; après quoi, j'en produirai d'autres.

SALVIATI Quant au premier, qui selon vous tire sa force de l'expérience, je désire que vous m'exposiez plus distinctement les altérations que vous voyez se produire sur la Terre et non dans le ciel et qui vous permettent d'affirmer que la Terre est altérable et le ciel non.

SIMPLICIO Sur la Terre, je vois continuellement s'engendrer et se corrompre herbes, plantes et animaux, se déchaîner vents, pluies, orages et tempêtes; l'aspect de la Terre est en perpétuelle métamorphose; les corps célestes au contraire ne présentent aucune de ces altérations : leur état et leur forme sont exactement ce qu'ils ont toujours été de mémoire d'homme; rien de nouveau ne s'y est engendré, rien d'ancien ne s'y est corrompu.

SALVIATI Mais puisque vous voilà prêt à vous reposer sur ces faits d'expérience visibles ou, pour mieux dire, vus, vous êtes forcé de tenir la Chine ou l'Amérique pour des corps célestes : vous n'y avez jamais vu, j'en suis sûr, ces altérations que vous voyez ici en Italie; au témoignage de vos sens, elles sont donc inaltérables.

SIMPLICIO Encore que je n'aie jamais vu de mes yeux ces altérations en ces contrées, il en existe des relations certaines; et d'ailleurs, *cum eadem sit ratio totius et partium*, ces pays, étant des parties de la Terre comme les nôtres, sont forcément altérables comme ceux-ci.

SALVIATI Et pourquoi, sans vous réduire à en croire les rapports d'autrui, n'avez-vous pas observé ces altérations, pourquoi ne les avez-vous pas vues vous-même, de vos propres yeux?

SIMPLICIO Parce que ces pays ne sont pas exposés à nos yeux; ils en sont même si loin que notre regard ne pourrait s'étendre jusqu'à saisir en eux les changements dont nous parlons.

SALVIATI Voyez un peu comment, sans y prendre garde, vous avez vous-même découvert le défaut de votre argument. Car si vous dites que des altérations visibles sur la Terre, près de nous, vous ne pourriez, à cause de la trop grande distance, les constater en Amérique, bien moins encore pourriez-vous les constater dans la Lune, tant de centaines de fois plus éloignée. Et si, pour croire aux altérations qui se produisent au Mexique, vous vous fondez sur les renseignements venus de là, quels rapports avez-vous reçus de la Lune pour être si sûr qu'il n'y a point en elle d'altérations? Ainsi donc, du fait que vous ne voyez pas d'altérations dans le ciel alors que, même s'il y en avait, vous ne pourriez les voir à cause de leur éloignement, et du fait que vous n'en recevez aucune nouvelle, en recevoir de là étant impossible, vous ne pouvez pas arguer qu'il n'y en a pas; de même qu'en voyant ou en connaissant par ouï-dire celles qui se produisent sur la Terre, vous concluez avec raison qu'il y en a.

SIMPLICIO Je vous trouverai, moi, des changements si grands survenus sur la Terre que, s'il s'en produisait de tels dans la Lune, ils pourraient fort bien être observés d'ici-bas. Nous savons par de très anciennes traditions que jadis, au détroit de Gibraltar, Abela et Calpé étaient reliés ensemble par d'autres montagnes plus petites qui endiguaient l'Océan; mais ces deux grands monts ayant été séparés, pour quelque cause que ce fût, et le passage ayant été ouvert aux eaux marines, celles-ci pénétrèrent si loin qu'elles formèrent la Méditerranée [20]. Or, si on considère la grandeur de cette mer et la diversité d'aspect que doivent offrir, vues de loin, la surface de la terre et la surface de l'eau, nous ne pouvons mettre en doute qu'un changement pareil aurait été visible de la Lune, et que le même changement, survenu dans la Lune, devrait être visible pour nous, habitants de la Terre; mais de mémoire d'homme, on n'a jamais vu chose semblable : rien donc ne nous autorise à dire que, des corps célestes, il en est un qui soit altérable, etc.

SALVIATI Que d'aussi grands changements se soient produits dans la Lune, je n'oserais l'affirmer, mais je ne suis pas certain non plus qu'ils n'aient pu se produire : un changement de cet ordre ne se présenterait jamais, pour nous, que sous l'aspect d'un déplacement des parties plus claires et des parties plus sombres de la Lune, et je ne sache pas qu'il y eût jamais sur terre de curieux sélénographes qui, pendant une longue suite d'années, nous aient pourvus de sélénographies assez exactes pour nous assurer qu'une semblable altération n'a jamais affecté la face de la Lune, dont les descriptions les plus minutieuses que m'offrent les uns et les autres sont qu'elle ressemble à un visage humain, ou à un mufle de lion, ou encore que c'est Caïn portant un fagot épineux sur son épaule [21]. Dire que « le ciel est inaltérable parce qu'on ne voit pas, dans la Lune ou dans tout autre corps céleste, les altérations que l'on constate sur la Terre », c'est donc une chose qui ne prouve rien.

SAGREDO Au sujet de ce premier argument du signor Simplicio, il me reste je ne sais quel scrupule dont je serais heureux d'être délivré. Aussi lui demanderai-je si, avant l'inondation de la Méditerranée, la Terre était déjà engendrable et corruptible, ou si elle a commencé à l'être à ce moment-là.

SIMPLICIO Elle l'était avant, sans aucun doute, mais la mutation qu'elle subit alors fut si vaste que, même de la Lune, elle aurait pu être observée.

SAGREDO Mais si la Terre était engendrable et corruptible dès avant cette inondation, pourquoi la Lune ne le serait-elle pas, même en l'absence d'un pareil changement? Pourquoi exiger de la Lune ce qui n'importait en rien à la Terre?

SALVIATI Objection très subtile. Mais moi, je me demande si le signor Simplicio n'a pas quelque peu altéré le sens des textes d'Aristote et des autres péripatéticiens, lesquels disent que le ciel doit être tenu pour inaltérable parce qu'on n'a jamais vu en lui s'engendrer ni se corrompre aucune étoile, alors qu'une étoile est une moindre partie du ciel que ne l'est, de la Terre, une ville, et que d'innombrables villes ont été détruites au point qu'il n'en reste plus trace.

SAGREDO Pour moi, j'en jugeais tout autrement : je croyais que le signor Simplicio évitait de produire des textes pour ne pas charger le maître et son école d'une faute beaucoup plus lourde encore. N'est-il pas vain de dire que « la région céleste est inaltérable, parce qu'en elle aucune étoile ne s'engendre et ne se corrompt? ». Quelqu'un a-t-il jamais vu un globe terrestre se corrompre et un autre s'engendrer? Et n'est-il pas admis par tous les philosophes que très peu d'étoiles au ciel sont plus petites que la Terre, tandis qu'un très grand nombre sont plus grandes, et de beaucoup? La corruption d'une étoile au ciel n'est pas un moindre accident que la destruction du globe terrestre tout entier; si donc, pour qu'on puisse introduire la génération et la corruption dans l'univers, il faut que se corrompent et se régénèrent des corps aussi vastes que les étoiles, renonçons à en parler, car je vous assure bien que jamais on ne verra se corrompre le globe terrestre ou quelque autre corps intégral du monde, en sorte qu'après avoir été visible durant de longs siècles, il se dissolve et ne laisse aucune trace de lui-même.

SALVIATI Mais pour donner surabondante satisfaction au signor Simplicio et, s'il se peut, pour le tirer d'erreur, j'ajoute que notre siècle nous apporte des observations nouvelles et des faits nouveaux tels que si Aristote vivait aujourd'hui, je suis bien certain qu'il changerait d'opinion. Sa façon même de philosopher nous le prouve : quand, en effet, il écrit qu'il tient les cieux pour inaltérables, etc., parce qu'on n'a jamais vu s'y engendrer rien de nouveau ni rien d'ancien s'y corrompre, il laisse implicitement entendre que, s'il avait été témoin de tels accidents, il aurait pensé le contraire et placé, comme il convient, l'expérience sensible avant la raison naturelle; car s'il n'avait pas voulu tenir compte du témoignage des sens, il n'aurait pas conclu de l'absence des mutations sensibles à l'immutabilité.

SIMPLICIO Aristote se fonde d'abord sur le raisonnement *a priori* et déduit de principes naturels, clairs et évidents, la nécessité de l'inaltérabilité du ciel, qu'il établit ensuite *a posteriori* par le donné sensible et les traditions des anciens.

SALVIATI Ce que vous dites, c'est la méthode selon laquelle il a écrit sa doctrine, mais je ne crois pas que ce soit celle qui lui a permis de la trouver, car je tiens pour certain que, par la voie des sens, des expériences et des observations, il a d'abord pris soin de s'assurer, autant que possible, de la vérité de sa conclusion, et qu'ensuite il a cherché le moyen de la démontrer. Ainsi procède-t-on le plus souvent dans les sciences démonstratives, et cela parce que, si la conclusion est vraie, on retrouve aisément, en employant la méthode résolutive, quelque proposition déjà démontrée ou on remonte à quelque principe évident; si, au contraire, la conclusion est fausse, on procède indéfiniment sans jamais rencontrer aucune vérité connue, ou même on aboutit à une absurdité manifeste. Ne doutez pas que Pythagore, longtemps avant d'avoir trouvé la démonstration pour laquelle il fit l'hécatombe, s'était assuré que le carré du côté opposé à l'angle droit du triangle rectangle était égal à la somme des carrés des deux autres côtés; aussi bien la certitude de la conclusion n'est-elle pas d'un médiocre secours pour la découverte de la preuve, toujours, bien entendu, dans les sciences démonstratives. Quel que fût au surplus le procédé d'Aristote, qu'il ait fait passer l'*a priori* du raisonnement avant l'*a posteriori* du sensible, ou inversement, il n'en reste pas moins que (comme on l'a souvent rappelé) il met l'expérience des sens au-dessus de tout discours. Enfin, quant aux raisonnements *a priori*, nous avons déjà examiné quelle est leur force.

Pour en revenir à notre sujet, je dis que les choses découvertes dans le ciel, de notre temps, sont et ont été de nature à donner pleine satisfaction à tous les philosophes; en effet, que ce soit dans des corps célestes particuliers ou dans l'universelle étendue des cieux, on a vu et on voit encore des accidents semblables à ceux que nous désignons sous les termes de générations et de corruptions : nombre de comètes observées par d'excellents astronomes sont nées et se sont dissipées dans des régions plus hautes que l'orbe lunaire, sans parler des deux nouvelles étoiles apparues en 1572 et en 1604 et qui, sans contradiction possible, sont très élevées au-dessus de toutes les planètes; sur la face du Soleil lui-même, on voit, grâce au télescope, se produire et se dissoudre des amas de matière denses et obscurs dont l'aspect rappelle beaucoup celui des nuages autour de la Terre, et dont plusieurs sont si vastes qu'ils surpassent en étendue, et de loin, non seulement le golfe méditerranéen, mais toute l'Afrique et l'Asie avec elle. Eh! bien, signor Simplicio, si Aristote voyait tout cela, que pensez-vous qu'il dirait et qu'il ferait?

SIMPLICIO J'ignore ce que ferait et dirait Aristote qui était le maître des sciences, mais je sais quelque chose de ce que font et disent et de ce que font bien de faire et de dire ses disciples pour ne pas s'aventurer seuls, sans guide et sans chef, dans la philosophie. Quant aux comètes, ces astronomes moderces qui voulaient en faire des corps célestes n'ont-ils pas été convaincus par l'*Antitycho* et battus par leurs propres armes, je veux dire par ces parallaxes, par ces calculs retournés de toutes les façons et qui, au bout du compte, ont donné raison à Aristote et montré que toutes les comètes sont des corps élémentaires?

SALVIATI Tout doux, signor Simplicio. Cet auteur moderne, que dit-il des étoiles nouvelles de 1572 et 1604? Et que dit-il des taches solaires? Car pour les comètes, en ce qui me concerne, peu m'importe qu'elles soient engendrées au-dessous ou au-dessus de la Lune : je n'ai jamais fait grand cas des bavardages de Tycho; je ne répugne d'ailleurs nullement à croire qu'elles sont des corps élémentaires et qu'elles peuvent s'élever autant qu'il leur plaît sans rencontrer d'obstacles dans l'impénétrabilité du ciel péripatéticien, que j'estime beaucoup plus ténu, plus subtil et moins résistant que notre atmosphère; quant au calcul des parallaxes, d'abord, je doute que les comètes soient sujettes à ces accidents; ensuite, l'inconsistance des observations sur lesquelles sont faits ces calculs me rend également suspectes l'une et l'autre opinion, et surtout, il me semble que l'*Antitycho* accommode à sa manière ou rejette comme fausses les observations qui contrarient sa thèse.

SIMPLICIO Quant aux étoiles nouvelles, l'*Antitycho* s'en débarrasse fort bien en quatre mots : rien ne nous assure, dit-il, que ces modernes étoiles nouvelles font partie des corps célestes, et nos adversaires, s'ils veulent prouver que la génération et la corruption existent là-haut, doivent nous montrer que des mutations ont eu lieu dans des étoiles décrites depuis longtemps et qui, elles, sont à n'en pas douter des corps célestes; or, c'est là ce qu'ils ne sont absolument pas en mesure de faire. Et pour ce qui est des matières que d'aucuns prétendent être engendrées et dissoutes sur la face du Soleil, l'*Antitycho* n'en fait pas mention, d'où je conclus qu'il les tient pour des fables ou pour des illusions de la lunette, ou à la rigueur pour quelques légères affections de l'air : en somme, pour tout ce qu'on voudra, mais non pas pour des substances célestes.

SALVIATI Mais vous, signor Simplicio, qu'avez-vous imaginé de répondre à l'objection de ces taches importunes, venues troubler le ciel et plus encore la philosophie péripatéticienne? Intrépide champion de cette philosophie, vous avez sûrement trouvé quelque défense, quelque solution dont vous ne devez pas nous frustrer.

SIMPLICIO J'ai entendu émettre divers avis à ce sujet. Les uns disent que ces taches sont des étoiles qui, dans leurs orbes propres, tournent, comme Mercure et Vénus, autour du Soleil et qui, passant au-dessous de lui, nous paraissent obscures; comme elles sont très nombreuses, il arrive souvent qu'un certain nombre d'entre elles s'agglomèrent puis se séparent; d'autres pensent que ce sont des impressions de l'air; d'autres, des illusions provoquées par les lentilles, et d'autres, d'autres choses. Pour moi, j'incline à croire et même je tiens pour assuré qu'elles sont un agrégat de corps opaques nombreux et divers, fortuitement rassemblés; aussi arrive-t-il souvent qu'en une seule tache on puisse distinguer une dizaine et plus de ces corpuscules aux formes irrégulières, offrant l'aspect de flocons de neige ou de laine, ou d'un vol de mouches; ils changent de place entre eux, tantôt se disséminent, tantôt s'amoncellent, en particulier au-dessous du Soleil, autour duquel ils se meuvent comme autour de leur centre. Toutefois, il n'est pas nécessaire de dire qu'ils s'engendrent et se corrompent, mais que, selon les temps, ils se cachent derrière le corps du Soleil, ou se trouvent, bien que fort éloignés de lui, encore trop près de son immense lumière pour qu'on puisse les voir; car dans l'orbe excentrique du Soleil est constitué une sorte d'oignon fait de nombreuses pelures superposées dont chacune est parsemée de petites taches et se meut; et bien que leur mouvement ait d'abord paru inconstant et irrégulier, j'entends dire qu'on a observé dernièrement le retour des mêmes taches à intervalles déterminés. Telle me semble être la réponse la plus pertinente qu'on ait trouvée jusqu'à présent pour rendre compte de ce phénomène et maintenir néanmoins l'incorruptibilité et l'ingénérabilité du ciel; et si cette explication n'est pas suffisante, nous ne manquerons pas de plus hauts génies pour en trouver d'autres meilleures.

SALVIATI Si notre discussion portait sur un point de droit ou de quelque autre de ces études humaines où le vrai et le faux n'existent pas, nous pourrions mettre toute notre confiance dans la subtilité d'esprit, dans l'à-propos du langage et dans la pratique du style, et espérer de qui excellerait en tout cela qu'il ferait paraître et juger supérieure l'opinion par lui soutenue; mais dans les sciences de la nature dont les conclusions sont vraies et nécessaires et où rien ne dépend du jugement de l'homme, il faut se garder d'assumer la défense de l'erreur, car mille Démosthènes et autant d'Aristotes seraient désarçonnés par tel médiocre esprit qui aurait eu le bonheur de prendre le parti de la vérité. Veuillez donc, signor Simplicio, vous arracher à la pensée et à l'espoir qu'il puisse exister des hommes qui nous surpassent à tel point par leur science, leur érudition et leurs lectures qu'ils soient capables, en dépit de la nature, de rendre vrai ce qui est faux. Et puisque, entre toutes les opinions émises jusqu'à présent quant à l'essence de ces taches solaires, celle que vous venez d'exposer vous semble être la vraie, toutes les autres, si vous avez raison, doivent être fausses. Eh! bien, moi, pour vous délivrer de cette chimère (car c'en est une, et des plus fausses), je vais, laissant de côté mille autres improbabilités que j'y trouve, lui opposer deux simples faits d'observation. Le premier est que beaucoup de ces taches naissent au milieu du disque solaire, et que de même beaucoup se dissolvent et disparaissent de la vue dans des régions éloignées de la circonférence du Soleil : preuve évidente qu'elles s'engendrent et se décomposent; car si elles venaient à apparaître par le seul effet du mouvement local, sans qu'il y ait génération et corruption, on les verrait toutes entrer et sortir par l'extrême circonférence. L'autre fait convaincra ceux qui ne sont pas totalement ignorants de la perspective : en effet, de la mutation des figures apparentes et du changement de vitesse apparent de leur mouvement, ils concluront nécessairement que ces taches sont au contact du corps solaire, que, touchant sa surface, elles se déplacent avec elle ou sur elle, et qu'en aucune façon elles ne tournent autour de lui en des cercles éloignés. La preuve en est dans leur mouvement, qui semble très ralenti vers la circonférence du disque solaire, et plus rapide vers le centre; elle en est aussi dans les formes de ces taches qui, vers la circonférence du Soleil, semblent très étroites en comparaison de ce qu'elles sont dans les parties centrales, et cela parce que, dans les parties centrales, elles se montrent en majesté et telles qu'elles sont vraiment, tandis que, vers la circonférence, la fuite de la surface sphérique ne les laisse voir qu'en raccourci. L'une et l'autre diminutions, celle de la vitesse et celle de la forme, répondent en effet précisément, pour qui a su les observer et les calculer avec soin, à ce que doit être l'aspect d'une tache au contact du Soleil, et ne s'accordent absolument pas avec l'hypothèse de corps tournant en cercle, à distance — seraitce même à faible distance — autour du corps solaire. Tout cela a été démontré en détail par notre ami dans ses lettres à Marcus Velserus [22] sur les taches du Soleil. De ces mêmes changements de forme, il résulte aussi qu'aucune de ces taches n'est une étoile ou quelque autre corps sphérique; car, entre toutes les figures, seule la sphère n'apparaît jamais en raccourci et ne se présente jamais que parfaitement ronde; si donc quelqu'une de ces taches était un corps sphérique, comme nous estimons que le sont toutes les étoiles, elle apparaîtrait également ronde au centre du disque solaire et à son extrémité. Mais leurs raccourcis, leur aspect si étroit sur les bords du disque et leur grande étendue dans la région centrale nous donnent la certitude que ce sont là des plaques d'une profondeur ou d'une épaisseur très faible relativement à leur longueur et à leur largeur. Quant à ce que le retour des mêmes taches suivant des périodes de temps déterminées aurait été observé récemment, n'en croyez rien, signor Simplicio : celui qui vous a dit cela cherche à vous tromper. Il s'est bien gardé de vous parler, n'est-il pas vrai? des taches qui naissent et se dissolvent sur la face du Soleil, loin de sa circonférence; pas davantage, il n'a soufflé mot de ces raccourcis, preuve certaine que les taches sont au contact du Soleil. Et pour ce qui est de ces retours périodiques, n'y voyez pas autre chose que ce que nous en lisons dans les susdites lettres, à savoir que certaines taches sont assez durables pour ne pas se dissiper au cours d'une seule révolution autour du Soleil, révolution qui s'accomplit en moins d'un mois.

SIMPLICIO A vrai dire, je n'ai jamais fait des observations suffisamment longues et attentives pour m'être rendu maître du *quod est* en cette matière; mais je compte bien m'y appliquer, et je verrai ensuite si je parviens à concilier les données de l'expérience et les démonstrations d'Aristote, car il est clair que deux vérités ne peuvent s'opposer l'une à l'autre.

SALVIATI Si vous voulez accorder le témoignage de vos sens avec ce qu'il y a de plus solide dans les enseignements d'Aristote, rien au monde ne vous coûtera moins de peine. Écoutez plutôt : Aristote ne dit-il pas des choses du ciel qu'en raison de leur grand éloignement on ne peut en traiter en toute certitude[23]?

SIMPLICIO Il le dit expressément.

SALVIATI Ne dit-il pas aussi que ce que l'expérience et les sens nous montrent doit être préféré à tout raisonnement, si bien fondé qu'il nous paraisse? Et n'affirme-t-il pas cela résolument et sans hésiter?

SIMPLICIO Il l'affirme.

SALVIATI Ainsi, de ces deux propositions qui toutes deux font partie de la doctrine d'Aristote, celle qui dit qu'il faut mettre le donné sensible au-dessus du raisonnement est beaucoup plus ferme et plus affirmative que cette autre d'après laquelle le ciel est inaltérable. Vous philosopherez donc plus aristotéliquement si vous énoncez que « le ciel est altérable parce que le sens nous le montre tel » que si vous dites : « Le ciel est inaltérable puisque le raisonnement en a persuadé Aristote ». Ajoutez que nous sommes beaucoup plus à même qu'Aristote de raisonner des choses du ciel parce qu'en avouant que cette connaissance lui était difficile en raison de l'éloignement de son objet par rapport à nos sens, il accorde que le philosophe à qui les sens représenteraient mieux le ciel pourrait en traiter avec plus de certitude; or, nous, grâce au télescope, nous nous sommes rendu le ciel trente ou quarante fois plus proche qu'il ne l'était pour Aristote, en sorte que nous pouvons y découvrir cent choses que lui ne pouvait voir, et entre autres ces taches du Soleil qui lui étaient absolument invisibles. Nous sommes donc en mesure de parler du ciel et du Soleil avec plus de certitude qu'Aristote.

SAGREDO Je me mets à la place du signor Simplicio et je vois que son cœur est ébranlé par la force de ces raisons qui ne sont que trop concluantes; mais d'un autre côté, quand il considère la grande autorité que s'est universellement acquise Aristote, quand il pense au nombre des commentateurs illustres qui se sont appliqués à interpréter le sens de ses enseignements, quand il voit d'autres sciences si utiles au public, si nécessaires même, fonder sur le crédit d'Aristote une bonne part de l'estime où on les tient, il se trouble, il est saisi d'épouvante et il me semble l'entendre dire : « Aristote dépossédé de sa chaire, à qui donc aurons-nous recours pour mettre fin à nos controverses? Quel autre auteur suivra-t-on dans les écoles, dans les académies, dans les universités? Quel autre philosophe a traité de toutes les parties de la philosophie naturelle avec tant de méthode, et sans négliger la moindre conclusion particulière? Faudra-t-il dévaster cet édifice où tant de voyageurs trouvent refuge? Faudra-t-il détruire cet asile, ce Prytanée où tant d'hommes d'étude reçoivent une hospitalité si douce, où, sans s'exposer aux injures du plein air, en tournant seulement quelques feuillets, ils acquièrent toute connaissance de la nature? Faudra-t-il raser cette forteresse où, contre tout assaut ennemi, nous demeurons en sûreté? ». Je compatis à sa peine autant qu'à celle de ce gentilhomme qui, sans ménager le temps ni la dépense et avec le concours de centaines d'ouvriers, avait construit un palais de grand style, qui le voit aujourd'hui, du fait de ses mauvaises fondations, menacer ruine et qui, pour s'épargner la cruelle douleur de voir détruits des murs décorés de si agréables peintures, renversées ces colonnes, soutiens de galeries magnifiques, ruinés les plafonds dorés, les chambranles, les frontons, les coûteuses corniches de marbre, cherche, à grand renfort de chaînes, d'étais, de contreforts, d'arcs-boutants et de barbacanes, à parer au désastre.

SALVIATI Que le signor Simplicio ne redoute point semblable catastrophe. A beaucoup moins de frais, je me charge de l'assurer contre tout dommage. Il n'y a aucun danger qu'une si grande multitude de philosophes subtils et sagaces se laisse écraser par un ou deux adversaires qui font un peu de bruit; ils n'auront même pas à tourner contre eux les pointes de leurs plumes : par leur seul silence, ils feront d'eux un objet de dérision et de mépris pour tout le monde. Rien ne serait plus vain que la prétention d'introduire une philosophie nouvelle par la réfutation de tel ou tel auteur : il faut d'abord apprendre à réformer les cervelles, à les rendre plus aptes à distinguer le vrai du faux, et cela, Dieu seul peut le faire. Mais, d'un discours à l'autre, où nous sommes-nous laissés entraîner? J'ai perdu la trace et ne saurais la retrouver sans le secours de votre mémoire.

SIMPLICIO Je m'en souviens très bien. Nous traitions des ripostes de l'*Antitycho* aux objections contre l'immutabilité du ciel, au nombre desquelles vous mettiez celle des taches solaires, dont il ne parle pas; et je crois que vous vous proposiez d'examiner ce qu'il répond au sujet des étoiles nouvelles.

SALVIATI Je me rappelle le reste. Revenant donc à notre propos, il me semble, dirai-je, que, dans la réponse de l'*Antitycho*, certaines choses sont à reprendre. Et d'abord, si les deux étoiles nouvelles, qu'il est impossible de ne pas situer dans les plus hautes régions du ciel, qui ont duré longtemps et qui finalement se sont évanouies, ne m'empêchent pas de maintenir l'inaltérabilité des cieux, parce qu'il n'est pas sûr qu'elles leur appartiennent et parce qu'elles ne résultent pas de changements survenus dans les anciennes étoiles, pourquoi se donner tant de souci et de tourment à cause des comètes et vouloir à toute force les bannir du domaine céleste? Ne suffisait-il pas d'en dire la même chose que des étoiles nouvelles, à savoir que, n'étant pas indubitablement des parties du ciel et ne résultant pas de mutations de corps célestes, elles ne sauraient porter préjudice au ciel et à la doctrine d'Aristote? En second lieu, je n'arrive pas à bien saisir sa pensée intime quand il déclare que des altérations survenues dans les étoiles seraient destructrices des prérogatives du ciel, c'est-à-dire de son incorruptibilité, etc., attendu que les étoiles sont, de toute évidence et de l'avis de tous, choses du ciel, alors qu'au contraire il ne s'inquiète en rien d'altérations semblables qui pourraient se produire en dehors des étoiles, dans quelque autre région de la céleste étendue. Estimerait-il que le ciel n'est pas chose céleste? Je croyais, moi, que les étoiles étaient dites célestes parce qu'elles sont dans le ciel, ou faites de la matière du ciel, de sorte que le ciel est encore plus céleste qu'elles; ainsi pourrait-on dire que rien n'est plus terrestre que la Terre elle-même, ni plus igné que le feu. Enfin, qu'il n'ait pas fait mention des taches solaires, dont il a été démontré de façon concluante qu'elles se produisent et se dissolvent, qu'elles sont proches du corps du Soleil et qu'elles tournent avec lui ou autour de lui, me donne fort à penser que cet auteur pourrait bien écrire par complaisance pour autrui plutôt que pour sa propre satisfaction. Et si je dis cela, c'est parce qu'ayant fait preuve de connaissances en mathématiques, il ne peut pas ne pas avoir été convaincu par les démonstrations qui en ont été données que ces taches sont forcément au contact du corps du Soleil et qu'elles résultent de générations et de corruptions comme on n'en voit pas d'aussi grandes sur la Terre. Et s'il s'en produit de telles, et si souvent, dans le globe du Soleil que l'on a tout sujet de considérer comme une des plus nobles parties du ciel, quelle raison sera assez forte pour nous persuader qu'il ne peut s'en produire aussi dans les autres globes?

SAGREDO Je ne puis sans un profond étonnement et, dirai-je, sans un refus de mon intelligence, entendre attribuer, comme un titre de haute noblesse et de perfection, aux corps naturels qui composent l'univers ce fait d'être impassible, immuable, inaltérable, etc., alors qu'on tient au contraire pour une grave imperfection le fait d'être altérable, engendrable, sujet aux mutations, etc. Quant à moi, je tiens la Terre pour très noble et très digne d'être admirée, à cause précisément du nombre et de la diversité des altérations, mutations, générations, etc., qui s'y produisent sans cesse. Si elle n'était sujette à aucun changement, si elle n'était qu'un vaste désert ou un bloc de jaspe, ou si, après le déluge, les eaux en se retirant n'avaient laissé d'elle qu'un immense globe de cristal où rien, jamais, ne viendrait à naître, à s'altérer, à se transformer, je n'y verrais plus qu'une lourde masse paresseuse, inutile au monde, superflue en un mot et comme étrangère à la nature, différente d'elle-même, à mes yeux, comme le serait d'un animal vivant un animal mort. Et j'en dis autant de la Lune, de Jupiter et de tous les autres astres. Plus je médite sur la vanité des raisonnements populaires, plus je les trouve frivoles et insensés. Peut-on imaginer plus grande sottise que d'estimer choses précieuses l'argent, l'or et les gemmes, et choses viles la terre et la boue. Ne vient-il donc jamais à l'esprit de ces gens que si la terre était aussi rare que le sont les perles et les métaux les plus appréciés, il ne se trouverait pas un prince qui ne dépensât volontiers un double sac de diamants et de rubis et quatre charretées d'or pour obtenir seulement le peu de terre qu'il faudrait pour mettre un jasmin en pot, ou pour semer un oranger de Chine, pour le voir naître, croître, pousser son beau feuillage, ses fleurs odorantes, ses nobles fruits? La pénurie et l'abondance, voilà donc pour le vulgaire ce qui donne et retire à toute chose son prix. Tel dira d'un diamant qu'il est très beau parce qu'il ressemble à une eau pure, mais ne l'échangerait pas contre dix tonnes d'eau. Ceux qui exaltent tant l'incorruptibilité, l'inaltérabilité, etc., ne font, je crois, que céder à leur grand désir de se tirer d'affaire le plus longtemps possible et à la terreur que leur inspire la mort; ils ne s'avisent même pas que si les humains étaient immortels, leur tour ne serait pas venu de naître au monde [24]; ils mériteraient de rencontrer une tête de Méduse qui les changerait en statues de jaspe ou de diamant pour les rendre plus parfaits qu'ils ne sont.

SALVIATI Pareille métamorphose ne serait peut-être pas sans quelque avantage pour eux, car il vaut mieux, je crois, ne pas raisonner du tout que de raisonner à contre-sens.

SIMPLICIO Il n'est pas douteux que la Terre est beaucoup plus parfaite étant, comme elle l'est, altérable, sujette au changement, etc., que si elle était une masse de pierre ou même un entier diamant impassible et d'une extrême dureté. Mais autant ces qualités donnent à la Terre sa noblesse, autant elles ne feraient que rendre plus imparfaits les corps célestes : elles seraient, en eux, superflues, car ces corps — le Soleil, la Lune et les autres étoiles — sont destinés à un autre usage et à un autre service que la Terre et n'ont besoin, pour atteindre à leur fin, que du mouvement et de la lumière.

SAGREDO La nature n'a donc produit ces corps célestes, impassibles et immortels, elle ne les a faits si nobles, si parfaits, si vastes, que pour les destiner au service d'une Terre passible, caduque et mortelle, de ce que vous appelez la lie de l'univers, la sentine de toutes les immondices? Et pourquoi les aurait-elle faits immortels pour le service de ce qui est caduc? Otez-lui cet emploi de servir la Terre et l'innombrable armée des corps célestes devient inutile et superflue, puisqu'ils n'exercent et ne peuvent exercer aucune action les uns sur les autres, étant tous inaltérables, immuables, impassibles, etc. Si la Lune, par exemple, est impassible, que voulez-vous qu'opère en elle le Soleil, ou toute autre étoile? Leur opération, à coup sûr, serait encore beaucoup moins efficace que celle de qui voudrait, du regard ou par la pensée, liquéfier une grande masse d'or. D'autre part, il me semble que si les corps célestes ont quelque influence sur les générations et altérations de la Terre, il faut qu'ils soient eux-mêmes altérables; autrement, je ne vois pas que l'action exercée par la Lune ou le Soleil sur la Terre aux fins de la génération puisse différer en rien de celle qui consisterait à mettre à côté de la nouvelle mariée une statue de marbre, puis de rester là à attendre d'une telle union qu'elle donne ses fruits.

SIMPLICIO Corruptibilité, altération, mutation, etc., n'affectent pas le corps entier du globe terrestre, lequel, dans son ensemble, n'est pas moins éternel que le Soleil et la Lune, mais est engendrable et corruptible quant à ses parties externes. En ces parties, d'ailleurs, il est constant que la génération et la corruption sont perpétuelles et, comme telles, soumises à des opérations célestes éternelles [25]; il est donc nécessaire que les corps célestes soient éternels.

SAGREDO Tout cela marche à merveille. Mais si la corruptibilité de ses parties superficielles n'est pas préjudiciable à l'éternité du globe terrestre dans son ensemble, si même le fait d'être ainsi engendrable, corruptible, altérable, etc., ajoute à sa beauté et augmente sa perfection, pourquoi ne pourriez-vous et ne devriez-vous pas admettre pareillement, dans les parties externes des corps célestes, des altérations, générations, etc., qui leur seraient une parure sans ôter à leur perfection, qui ne réduiraient en rien leur influence, qui ne feraient au contraire que l'accroître, puisqu'ils ne l'exerceraient pas seulement sur la Terre mais entre eux, les uns sur les autres, tandis que la Terre elle-même exercerait la sienne sur eux?

SIMPLICIO Cela ne peut être, car les générations, mutations, etc., qui se produiraient, par exemple, dans la Lune seraient inutiles et vaines, *et natura nihil frustra facit.*

SAGREDO Et pourquoi seraient-elles inutiles et vaines?

SIMPLICIO Parce qu'il saute aux yeux, parce qu'on touche du doigt que les mutations, générations, etc., qui se produisent sur terre concourent toutes, directement ou indirectement, à l'usage, à la commodité et au bénéfice de l'homme. C'est pour la commodité de l'homme que naissent les chevaux, pour la nourriture des chevaux que la terre produit le foin et que les pluies l'arrosent; c'est pour la commodité et la nourriture des hommes que naissent les herbes, le blé, les fruits, les animaux sauvages, les oiseaux, les poissons; et en somme, si nous examinons toutes ces choses avec soin et si nous essayons d'en pénétrer les raisons, nous voyons qu'elles tendent toutes à l'utilité, à la commodité et au plaisir de l'homme. Or, de quel usage pourraient être au genre humain les générations qui se produiraient dans la Lune ou dans quelque autre planète? A moins que vous ne prétendiez qu'il y a des hommes dans la Lune pour jouir de ses fruits : conception fabuleuse, sinon impie [26].

SAGREDO Peut-il naître dans la Lune ou dans toute autre planète des herbes, des plantes ou des animaux semblables aux nôtres? S'y produit-il, comme autour de la terre, des pluies, des vents, des orages? Je l'ignore et ne le crois pas; et encore moins croirai-je qu'elle est habitée par des hommes. Mais qu'il ne s'y trouve pas de choses semblables à celles de la terre n'oblige pas, selon moi, à conclure qu'aucune altération ne doive s'y produire, qu'il ne puisse s'y engendrer, s'y transformer et s'y dissoudre d'autres choses non seulement différentes des nôtres, mais très éloignées de tout ce que nous pouvons imaginer et en somme, pour nous, impensables. Je suis sûr qu'un être humain né et nourri dans une vaste forêt, parmi les bêtes sauvages et les oiseaux, et qui n'aurait aucune connaissance de l'élément liquide, n'imaginerait jamais qu'il pût exister dans la nature un monde différent de la Terre, rempli d'animaux se déplaçant avec rapidité sans jambes ni ailes, et non seulement à la surface, comme les bêtes sauvages sur la terre, mais dans toute la profondeur de leur élément, et qui non seulement s'y déplaceraient mais pourraient à leur gré s'y tenir immobiles, ce que ne peuvent faire les oiseaux dans l'air; et que, dans ce monde-là, il y eût aussi des hommes, qu'on y construisît des palais, des cités, qu'on y trouvât toute facilité de voyager, qu'on y eût un chemin pour se rendre sans fatigue avec sa famille, sa maison, avec une ville entière, aux pays les plus lointains;

je suis sûr, dis-je, qu'un tel homme, fût-il doué de l'imagination la plus perspicace, ne pourrait jamais se représenter les poissons, l'océan, les navires, les flottes, les armées de mer. Or, à bien plus forte raison, se peut-il que dans la Lune, si éloignée de nous et faite d'une matière peut-être si différente de la terre, il y ait des substances et se produisent des opérations non seulement éloignées de ce que nous imaginons mais tout à fait étrangères à notre imagination, sans ressemblance avec rien de ce que nous pouvons connaître et donc proprement inconcevables; car ce que nous imaginons, il faut que nous l'ayons déjà vu, ou que ce soit un composé d'objets et de parties d'objets déjà vus, comme le sont les sphinx, les sirènes, les chimères, les centaures, etc.

SALVIATI J'ai souvent rêvé à ce que vous dites là et, finalement, il me semble que si je puis trouver des choses qui n'existent pas et ne peuvent exister dans la Lune, en revanche, je crois impossible d'imaginer ce qui peut y exister, sinon en m'en tenant aux plus vagues généralités; j'entends par là qu'il doit y avoir des beautés, des modes d'action, de mouvement et de vie tout à fait différents de ceux que nous connaissons, des êtres susceptibles de voir, d'admirer la grandeur et la beauté du monde, de chanter et de célébrer la gloire du Créateur, et en somme (à mon sens) d'accomplir ce que les Saintes Écritures affirment si souvent devoir être l'occupation de toutes les créatures, à savoir de louer Dieu.

SAGREDO Des choses qui s'y trouvent, on ne peut parler qu'en termes très généraux. Mais j'aurais plaisir à vous entendre énumérer celles dont vous croyez qu'elles ne peuvent y exister, car à celles-ci, il est évidemment possible de donner un nom.

SALVIATI Prenez garde, signor Sagredo, que, pour la troisième fois, de proche en proche et sans nous en apercevoir, nous nous serons détournés de notre principal objet et que nous tarderons beaucoup à conclure nos entretiens si nous nous égarons de la sorte; aussi vaudrait-il mieux, peut-être, joindre cette question à celles que nous sommes convenus de remettre à une séance particulière.

SAGREDO De grâce, puisque nous voici dans la Lune, expédions les affaires qui s'y rapportent pour ne pas avoir à faire une seconde fois un si long chemin.

SALVIATI Comme il vous plaira. Pour commencer par les choses les plus générales, je crois le globe lunaire très différent du globe terrestre, encore qu'à certains égards ils laissent voir entre eux des conformités. Je parlerai d'abord des conformités, puis des différences. La Lune certainement ressemble à la Terre par sa forme qui est, sans aucun doute, sphérique, comme nous le prouvent son disque parfaitement rond et la façon dont elle reçoit la lumière du Soleil. Si, en effet, sa surface était plane, elle serait toute et dans le même temps vêtue de cette lumière, et de même elle en serait toute et au même moment dépouillée, alors qu'en fait les parties qui regardent vers le Soleil sont éclairées d'abord, puis, successivement, les suivantes, en sorte que, l'opposition venue mais non auparavant, le disque apparent est illuminé tout entier. Si la surface visible de la Lune était concave, l'illumination, au contraire, commencerait par les parties les plus éloignées du Soleil. Deuxièmement, la Lune est par elle-même, comme la Terre, obscure et opaque et, en raison de cette opacité, apte à recevoir et à refléter la lumière du Soleil, ce qu'autrement elle ne pourrait faire. Troisièmement, je la tiens pour composée d'une matière très dense et très solide, non moins que celle de la Terre, comme le prouve clairement à mon sens l'aspect de sa surface, rendue inégale, dans sa majeure partie, par les saillants et les cavités qu'on y découvre grâce au télescope. De ces éminences, il en est beaucoup qui sont en tout point semblables aux plus âpres et escarpées de nos montagnes, et on en voit qui s'étendent sans interruption sur des centaines de milles; d'autres sont réunies en groupes plus compacts; il y a aussi de nombreux rochers séparés et solitaires, aux pentes très rudes et très abruptes; mais ce qu'on trouve le plus souvent, ce sont des remblais (il ne me vient pas à l'esprit de meilleur terme pour les désigner) d'une grande hauteur, enfermant et entourant des plaines d'étendues inégales et de configurations très diverses, mais pour la plupart circulaires, dont beaucoup ont au centre une haute montagne, et dont quelques-uns, les plus grands, d'une matière plus sombre, constituent ces grandes taches visibles à l'œil nu; quant aux plus petites et aux très petites, elles sont innombrables et presque toutes circulaires. Quatrièmement, de même que la surface de notre globe offre deux grandes zones distinctes, celle de la terre et celle de l'eau, ainsi, dans le disque lunaire, nous distinguons nettement deux sortes de champs, les uns plus brillants, les autres moins. Leur aspect me donne à croire que tel serait sensiblement celui de la Terre pour qui, de la Lune ou d'un point aussi éloigné, pourrait la voir éclairée par le Soleil : la surface des mers lui apparaîtrait plus obscure, et plus claire celle des continents. Cinquièmement, de même que de la Terre nous voyons la Lune, suivant les temps, lumineuse tout entière, ou seulement à moitié, ou plus, ou moins, ou encore en forme de faucille, et qu'enfin elle nous est tout à fait invisible à certaines époques, c'est-à-dire quand elle se trouve sous les rayons du Soleil en sorte que la face qu'elle tourne vers la Terre demeure obscure, ainsi et exactement ainsi verrait-on, de la Lune, sous les mêmes périodes et avec les mêmes changements d'aspect, l'illumination produite par le Soleil sur la face de la Terre. Sixièmement...

SAGREDO Pas si vite, signor Salviati. Que l'illumination de la Terre, quant à ses diverses figures, soit pour l'observateur placé dans la Lune exactement ce qu'est pour nous l'illumination de la Lune, je le conçois fort bien; mais je n'arrive pas à comprendre comment la période peut être la même, attendu que l'illumination par le Soleil de toute la surface lunaire se fait en un mois, et celle de la surface terrestre en vingt-quatre heures.

SALVIATI Il est vrai que l'action du Soleil, j'entends celle qui consiste à éclairer ces deux corps et à répandre la lumière sur toute leur surface, se déroule, pour la Terre, en un jour naturel et, pour la Lune, en un mois. Mais ce n'est pas de cela seulement que dépend la variation des figures sous lesquelles, de la Lune, on verrait les parties éclairées de la surface terrestre : il faut tenir compte aussi des positions diverses que prend successivement la Lune par rapport au Soleil. Si, par exemple, la Lune suivait exactement la marche du Soleil et se tenait toujours en ligne droite entre lui et la Terre (en conjonction, comme nous disons), elle regarderait toujours l'hémisphère terrestre exposé au Soleil et, donc, le verrait continuellement lumineux; si, au contraire, elle restait toujours en opposition avec le Soleil, elle ne verrait jamais la Terre, qui tournerait toujours vers elle sa partie ténébreuse et donc invisible; si enfin la Lune était dans une quadrature du Soleil, elle regarderait une moitié de l'hémisphère éclairé de la Terre et une moitié de l'hémisphère obscur; la partie lumineuse de la Terre prendrait ainsi, vue de la Lune, la figure d'un demi-cercle.

SAGREDO Me voici parfaitement au fait. Je comprends maintenant que, partant de l'opposition avec le Soleil d'où elle ne voyait rien de la surface éclairée de la Terre, la Lune, se rapprochant de jour en jour du Soleil, commence à découvrir peu à peu quelque partie éclairée de la surface terrestre et, comme la Terre est ronde, c'est d'abord sous l'aspect d'un très mince croissant qu'elle doit apparaître; puis, son mouvement se poursuivant, la Lune se rapproche chaque jour un peu plus du Soleil, en sorte qu'elle découvre une partie toujours plus grande de l'hémisphère terrestre illuminé; au moment de la quadrature, elle en voit juste la moitié de même que nous voyons, nous, la moitié de la Lune; continuant sa marche vers la conjonction, elle voit, de cette surface illuminée de la Terre, une portion toujours plus grande, et enfin, la conjonction venue, elle voit l'hémisphère lumineux tout entier. En somme, je comprends très bien que ce qui arrive aux habitants de la Terre quand ils voient les aspects successivement variés de la Lune, arriverait à qui, de la Lune, considérerait les aspects de la Terre. L'ordre toutefois serait inversé; je veux dire qu'au moment où la Lune pour nous serait pleine et en opposition avec le Soleil, la Terre, pour les habitants de la Lune, serait en conjonction avec le Soleil, donc entièrement obscure et invisible; au contraire, quand la Lune serait en conjonction et donc, pour nous, dans le silence et les ténèbres, notre globe serait, pour elle, en opposition avec le Soleil et tout lumineux : ce serait, si l'on peut dire, la pleine Terre; enfin, la partie de la surface lunaire qui nous apparaît illuminée est toujours égale à la partie de la Terre qui, au même moment, serait obscure et invisible pour qui se trouverait dans la Lune, et la partie de la Lune qui, pour nous, est privée de lumière correspond à la partie de la Terre qui, vue de la Lune, serait illuminée; en sorte que, dans les quadratures seulement, Terre et Lune apparaissent l'une à l'autre sous le même aspect d'un demi-cercle. Ces effets réciproques ne me semblent différer que par une chose : dans le cas (pris pour hypothèse, mais non accordé) où quelqu'un pourrait, de la Lune, observer la Terre, il verrait chaque jour toute la surface terrestre par suite du mouvement de la Lune autour de la Terre en vingt-quatre ou vingt-cinq heures, alors que nous ne voyons jamais que la moitié de la Lune parce qu'elle ne tourne pas sur elle-même comme il le faudrait pour qu'elle pût se montrer tout entière.

SALVIATI A moins que cela n'arrive pour la raison contraire, c'est-à-dire que la rotation de la Lune sur elle-même soit cause que nous ne voyions jamais son autre hémisphère; car il en serait ainsi nécessairement si elle avait un épicycle [27]. Mais il existe une autre différence qui fait le pendant de celle que vous avez aperçue. Qu'en faites-vous?

SAGREDO Et quelle est-elle? Pour le moment, je n'en aperçois pas d'autre.

SALVIATI C'est que si la Terre (comme vous l'avez bien noté) ne voit que la moitié de la Lune tandis que, de la Lune, on peut voir toute la Terre, en revanche, toute la Terre voit la Lune tandis que la moitié seulement de la Lune voit la Terre; car les habitants, pour ainsi parler, de l'hémisphère supérieur de la Lune, qui nous est invisible, sont privés de la vue de la Terre; et ce sont là, peut-être, les antichthones [28]. Mais il me vient ici en mémoire un accident particulier récemment observé dans la Lune par notre académicien et d'où l'on tire deux conséquences nécessaires : la première est que nous voyons quelque chose de plus que la moitié de la Lune, et l'autre que le mouvement de la Lune s'opère exactement autour du centre de la Terre. Voici l'accident et l'observation dont il s'agit : si la Lune est en correspondance et sympathie naturelle avec la Terre vers laquelle elle tourne telle partie déterminée de sa surface, il faut que la ligne droite qui joint leurs centres passe toujours par le même point de la surface de la Lune, en sorte que celui qui, du centre de la Terre, observerait la Lune verrait toujours le même disque exactement limité par la même circonférence; mais si notre observateur se trouve à la surface de la Terre, le rayon qui, de son œil, irait au centre de la Lune ne passerait pas par le point de la surface de celle-ci par lequel passerait la ligne droite menée du centre de la Terre à celui de la Lune, sinon dans le cas où cette ligne serait pour lui la verticale. Mais si la Lune est à l'orient ou à l'occident, le point d'incidence du rayon visuel se trouve plus haut que le point d'incidence de la ligne qui joint les centres; et de ce fait, une partie de l'hémisphère lunaire, vers le bord supérieur du disque, se découvre à l'observateur et, vers le bord inférieur, une partie équivalente se dérobe à sa vue. Quand je dis *se découvre* et *se dérobe*, j'entends cela par rapport à ce que l'on verrait du centre de la Terre. Et comme la partie du disque lunaire qui, à son lever, est supérieure devient, à son coucher, inférieure, une différence très sensible devra se produire dans l'aspect desdites parties par suite de l'apparition ou de l'occultation de leurs taches ou de tous autres accidents notables. Des changements d'aspect du même ordre doivent aussi pouvoir s'observer vers les extrémités boréale et australe du disque suivant que la Lune se trouve en tel ou tel ventre de son dragon [29], car si elle est au septentrion, certaines parties septentrionales de son disque se dissimulent tandis que certaines parties australes se découvrent; et inversement. Or, que ces conséquences se vérifient en fait, le télescope nous en assure. Il existe en effet dans la Lune deux taches remarquables : quand la Lune est dans le méridien, une de ces taches est tournée vers le mistral [30], l'autre lui est diamétralement opposée; la première est visible même sans télescope, l'autre non. La « maestrale » est une tache ovale, assez petite, séparée de ses voisines qui sont très grandes; l'autre, plus petite encore, est également à l'écart des plus grandes et située dans un champ très clair. En ces deux taches se manifestent très visiblement les variations dont j'ai parlé; on les voit, contrairement l'une à l'autre, tantôt plus proches, tantôt plus éloignées du bord du disque lunaire, et leurs déplacements sont tels que, pour la « maestrale », l'intervalle entre elle et la circonférence du disque varie du simple au double, et pour l'autre tache (parce qu'elle est plus près de la circonférence) du simple au triple. Ces faits rendent évident que la Lune, comme attirée par une force magnétique, tourne une de ses faces vers le globe terrestre et ne l'en détourne jamais [31].

SAGREDO Et jusqu'où donc iront les observations nouvelles et les découvertes de cet admirable instrument?

SALVIATI Si les progrès du télescope doivent aller de pair avec ceux des autres grandes inventions, on peut espérer qu'avec le temps on arrivera à voir des choses qui, aujourd'hui, pour nous sont inimaginables. Mais pour en revenir à notre propos, voici le sixième trait commun à la Lune et à la Terre : de même que la Lune supplée, une grande partie du temps, au défaut de la lumière du Soleil et, de son reflet, éclaire nos nuits, ainsi la Terre lui rend la pareille quand elle en a le plus grand besoin et, reflétant sur elle les rayons du Soleil, l'illumine d'une vive clarté qui, à mon sens, l'emporte d'autant sur celle que nous en recevons que la surface de la Terre est plus grande que celle de la Lune.

SAGREDO Un instant, signor Salviati, arrêtez-vous. Laissez-moi le plaisir de vous montrer comment ces premiers aperçus m'ont permis de pénétrer la cause d'un phénomène auquel j'ai pensé mille fois sans parvenir à la comprendre. Vous voulez dire que cette clarté estompée que l'on voit sur la Lune, surtout quand elle a la forme d'un croissant, vient de la lumière du Soleil reflétée par la surface de la terre et de la mer [32]; et plus fin est le croissant, d'autant plus visible est cette clarté puisqu'alors la partie lumineuse de la Terre vue de la Lune est plus grande, conformément à ce qui vient d'être établi, à savoir que la partie lumineuse de la Terre visible de la Lune est toujours à proportion de la partie obscure de la Lune tournée vers la Terre; quand le croissant est très aminci et que par conséquent la partie obscure de la Lune est très grande, grande est donc aussi la partie illuminée de la Terre vue de la Lune, et d'autant plus intense la lumière qu'elle reflète.

SALVIATI C'est exactement ce que je voulais dire. Et il est bien agréable de converser avec des personnes judicieuses et d'esprit ouvert, surtout quand on ne fait que traverser en se promenant le champ des vérités. Je me suis souvent trouvé aux prises avec des cervelles si dures que j'ai eu beau leur répéter mille fois ce que de vous même vous avez tout de suite saisi, jamais il ne m'a été possible de le leur faire entendre.

SIMPLICIO Si vous voulez dire que vous n'avez pas su leur parler en sorte qu'ils vous comprennent, vous m'étonnerez beaucoup; et ce que vos explications n'ont pu leur faire comprendre, je suis sûr que celles d'aucun autre n'y parviendront, car il me semble que vous vous exprimez de la façon la plus claire. Mais si vous voulez dire que vous n'avez pas su les persuader et les convaincre, cela ne me surprend guère, car j'avoue être moi-même un de ceux qui entendent vos discours mais n'y trouvent pas leur apaisement. A cette dernière ressemblance entre la Terre et la Lune, comme à une partie des six autres, j'aperçois bien des difficultés que j'exposerai quand vous serez au bout de votre énumération.

SALVIATI Mon désir d'acquérir de nouvelles connaissances et l'aide que peuvent m'apporter en cela les objections d'hommes intelligents comme vous l'êtes m'inciteront à expédier en peu de mots ce qu'il me reste à dire. La septième ressemblance consiste en ceci que la Terre et la Lune font échange de mauvais services non moins que de bons. Il arrive, en effet, que la Lune qui, bien souvent, au suprême degré de son illumination, se trouve privée de lumière et éclipsée par l'interposition de la Terre entre elle et le Soleil, prenne sa revanche et, à son tour, s'interpose entre le Soleil et la Terre qu'elle obscurcit de son ombre. Et si la vengeance est inégale à l'injure (car bien des fois la Lune demeure, et pour longtemps, totalement immergée dans l'ombre de la Terre, tandis que jamais la Terre n'est entièrement ni longtemps obscurcie par la Lune), toutefois, eu égard à la petitesse du globe lunaire par rapport au globe terrestre, on ne peut lui dénier une grande force d'âme. Et voilà pour les ressemblances. Il resterait à parler des disparités; mais puisque le signor Simplicio veut bien nous exposer ses doutes, il sera bon de les entendre et de les examiner avant d'aller plus loin.

SAGREDO Oui, d'autant plus que le signor Simplicio n'aura probablement rien à objecter quant aux disparités et dissemblances entre la Terre et la Lune, attendu que leurs substances sont, d'après lui, très différentes.

SIMPLICIO Des ressemblances que vous venez d'énumérer dans votre parallèle entre la Terre et la Lune, j'estime ne pouvoir admettre sans répugnance que la première et deux des autres. J'admets la première, c'est-à-dire la forme sphérique, encore que j'y trouve je ne sais quoi de gênant car je pense, quant à moi, que la Lune est polie et pure comme un miroir alors que cette Terre que nous touchons de la main est âpre et rugueuse; mais sur cette question de l'inégalité des surfaces, nous aurons à revenir à propos d'une autre ressemblance alléguée par vous; je réserve donc ce que j'ai à dire là-dessus jusqu'à ce moment-là. Vous avez dit en second lieu que la Lune est par elle-même, comme la Terre, opaque et obscure. De ces deux attributs, je concède seulement le premier, l'opacité, dont m'assurent les éclipses solaires. Si en effet la Lune était transparente, l'occultation totale du Soleil n'assombrirait pas l'air comme nous le constatons, car la transparence du corps lunaire laisserait passer une lumière réfractée comme celle que nous voyons filtrer à travers les nuées les plus épaisses. Mais quant à l'obscurité, je ne crois pas que la Lune soit totalement privée, comme la Terre, de lumière propre; je crois même que cette clarté que l'on aperçoit sur le disque lunaire au-delà des fines pointes du croissant éclairées par le Soleil est l'effet de sa lumière propre et naturelle, et non pas un reflet de la Terre que j'estime impuissante, en raison de son obscurité et de sa rugosité extrêmes, à réfléchir les rayons du Soleil. Sur un point de votre troisième parallèle, je m'accorde avec vous; sur l'autre, non. Je m'accorde avec vous pour attribuer à la Lune une solidité et une dureté comparables à celles de la Terre, et même beaucoup plus grandes, car si le ciel, comme nous l'enseigne Aristote, est d'une dureté impénétrable, et si les astres sont les parties les plus denses du ciel, il faut bien que leur solidité et leur impénétrabilité soient extrêmes.

SAGREDO Quelle belle matière pour construire des palais que cette matière du ciel, si dure, si transparente!

SALVIATI Détestable au contraire, car son extrême transparence la rendrait invisible, et on ne pourrait pas passer d'une pièce dans une autre sans grand péril de heurter les montants de portes et de se rompre la tête.

SAGREDO On ne courrait pas ce danger s'il est vrai, comme certains péripatéticiens le prétendent, que la matière céleste est intangible : si on ne peut la toucher, encore moins peut-on la heurter.

SALVIATI N'espérez pas vous en tirer si facilement : la matière céleste ne peut être touchée parce qu'elle n'a pas les qualités tangibles, mais elle peut très bien toucher les corps élémentaires [33]; et pour nous blesser, il suffit qu'elle nous heurte : c'est même pis encore que si nous la heurtions. Mais laissons là ces palais ou pour mieux dire ces châteaux en l'air et n'interrompons pas le signor Simplicio.

SIMPLICIO La question que vous venez de soulever incidemment est une des plus difficiles qui se posent aux philosophes, et je me souviens à ce sujet des enseignements remarquables d'un grand professeur de Padoue; mais ce n'est pas l'heure d'entrer dans cette voie. Pour en revenir à notre propos, je répète que la Lune est d'une solidité extrême et qui l'emporte sur celle de la Terre, mais si je l'estime telle, ce n'est pas, comme vous faites, en raison des aspérités et rugosités de sa surface, c'est au contraire parce qu'elle se prête à recevoir (comme nos pierres précieuses les plus dures) un poli et un lustre supérieurs à ceux du miroir le plus pur; car telle doit être sa surface pour pouvoir si vivement réfléchir les rayons solaires. Quant à ces apparences de montagnes, de rocs, de talus, de vallées dont vous faites état, elles ne sont toutes qu'illusions; au cours de débats publics auxquels j'étais présent, j'ai eu l'occasion d'entendre soutenir avec beaucoup de force contre les introducteurs de ces nouveautés que ces apparences n'ont d'autre cause que l'opacité et la diaphanéité inégales des parties dont, intérieurement et extérieurement, est composée la Lune [34]; cette illusion, le cristal, l'ambre et beaucoup de pierres précieuses parfaitement lisses nous la donnent souvent quand, par suite de l'opacité de certaines parties et de la transparence de certaines autres, nous croyons y distinguer des cavités et des proéminences. De votre quatrième analogie, je retiens que la surface du globe terrestre, vue de loin, offrirait deux apparences diverses, l'une plus claire, l'autre plus obscure, mais ces diversités seraient, je crois, le contraire de celles que vous dites : c'est la surface des eaux qui paraîtrait brillante, étant transparente et lisse, tandis que la surface des terres resterait obscure, son opacité et ses accidents la rendant impropre à refléter la lumière du Soleil. Quant au cinquième point, nous sommes entièrement d'accord : je conçois que si la Terre avait le même éclat que la Lune, elle se présenterait, à qui l'observerait de là-haut, sous un aspect comparable à celui qu'offre la Lune à nos yeux; je conçois aussi que la période de son illumination et de ses changements de forme serait d'un mois, encore que le Soleil la couvre toute entière de ses feux en vingt-quatre heures; et enfin j'admets sans difficulté qu'une seule moitié de la Lune voit la Terre et que toute la Terre ne voit qu'une seule moitié de la Lune. Passant au sixième point, j'estime tout à fait faux que la Lune puisse être éclairée par la Terre qui est obscure, opaque et parfaitement hors d'état de réfléchir la lumière solaire comme la Lune la reflète pour nous; je crois, comme je l'ai dit, que cette clarté que nous voyons sur le disque de la Lune, au-delà des très brillantes pointes du croissant illuminé par le Soleil, est un effet de la lumière propre et naturelle de la Lune; et il en faudrait beaucoup pour me faire changer d'avis. La septième ressemblance, celle qui a trait à la réciprocité des éclipses, peut être admise bien qu'on ait coutume d'appeler proprement éclipse du Soleil ce que vous tenez à appeler éclipse de la Terre. Voilà, pour le moment, tout ce que j'ai à objecter à vos sept ressemblances. S'il vous plait de répondre à ces objections, je vous écouterai volontiers.

SALVIATI Si je vous ai bien compris, il me semble qu'un désaccord subsiste entre nous au sujet de quelques-unes des conditions communes, selon moi, à la Lune et à la Terre. Et ce sont les suivantes. Vous estimez que la Lune est polie et unie comme un miroir et, comme telle, apte à réfléchir la lumière du Soleil, tandis que la Terre y est impropre du fait de ses aspérités. Vous accordez que la Lune est solide et dure, et ce qui le prouve, d'après vous, c'est que sa surface est polie et non pas qu'elle est montueuse; de son aspect montueux, vous donnez pour raison la plus ou moins grande opacité ou transparence de ses parties. Vous estimez enfin que cette clarté secondaire est propre à la Lune et non reflétée par la Terre; cependant, vous ne déniez pas aux océans, dont la surface est unie, quelque pouvoir de réflexion. Quant au fait que la Lune ne réfléchit pas la lumière comme ferait un miroir, j'ai peu d'espoir de vous en convaincre et de vous tirer d'erreur dès lors que ce qu'on lit à ce sujet dans l'*Essayeur* et dans les *Lettres solaires* de notre ami ne vous a pas fait changer d'opinion, si toutefois vous avez lu attentivement ce qui y est écrit sur ce point.

SIMPLICIO Je l'ai parcouru assez vite à cause du peu de loisir que me laissent de plus solides études; si toutefois, en répondant à quelques-uns de mes arguments et en en produisant d'autres, vous pensez résoudre mes difficultés, je vous écouterai plus attentivement.

SALVIATI Je vous dirai donc ce qui présentement me passe par la tête, et il se pourrait que ce fût un mélange de mes propres idées avec ce que j'ai lu dans les ouvrages dont nous parlions à l'instant et dont je me souviens qu'ils m'ont entièrement convaincu, bien qu'au premier abord leurs conclusions m'aient semblé très paradoxales. Nous nous demandons, signor Simplicio, si pour produire une réflexion de lumière semblable à celle qui nous vient de la Lune, il est nécessaire que la surface qui reflète soit lisse et polie comme celle d'un miroir, ou si une surface rugueuse et mal polie ne ferait pas mieux l'affaire. Eh! bien, si deux reflets, l'un plus lumineux et l'autre moins, proviennent de deux surfaces placées devant nous, je vous demande quelle est celle de ces surfaces que vous croyez devoir être à nos yeux la plus claire et laquelle serait au contraire la plus obscure?

SIMPLICIO Il me semble hors de doute que celle qui produit le plus vif reflet doit être aussi la plus claire des deux, et l'autre la plus obscure.

SALVIATI Ayez donc la bonté de prendre ce miroir qui est accroché au mur, et sortons dans la cour. Venez, signor Sagredo. Attachez le miroir là, contre ce mur où donne le Soleil; éloignons-nous et retirons-nous dans l'ombre. Voilà deux surfaces frappées par le soleil : le mur et le miroir. Et maintenant dites-moi laquelle vous paraît la plus claire : celle du miroir ou celle du mur? Vous ne répondez pas?

SAGREDO Je laisse le soin de répondre au signor Simplicio qui a soulevé la question. Quant à moi, ce premier début d'expérience suffit à me persuader que la surface de la Lune doit être fort mal polie.

SALVIATI Dites-moi, signor Simplicio, si vous aviez à représenter ce mur en peinture, avec ce miroir suspendu, quand emploieriez-vous des couleurs plus sombres : pour peindre le mur ou pour peindre le miroir?

SIMPLICIO J'emploierais des couleurs bien plus sombres pour le miroir.

SALVIATI Or, si de la surface qui paraît la plus claire nous vient le reflet de lumière le plus puissant, le mur reflétera les rayons du Soleil plus vivement que le miroir.

SIMPLICIO A merveille. Ne connaissez-vous rien de mieux en fait d'expériences? Vous nous avez placés dans un endroit soustrait à la réverbération du miroir; mais venez un peu avec moi de ce côté-ci. Non... Venez.

SAGREDO Peut-être cherchez-vous l'endroit où tombe le reflet du miroir?

SIMPLICIO Parfaitement.

SAGREDO Eh! bien, voyez, c'est là, sur le mur opposé. Le reflet a tout juste la dimension du miroir et il est à peine moins clair que si le Soleil y donnait directement.

SIMPLICIO Allez-y donc : vous regarderez de là la surface du miroir et vous me direz si elle est plus obscure que celle du mur.

SAGREDO Regardez-la, vous. Pour moi, je ne tiens pas à être aveuglé; je sais très bien, sans y aller voir, que le miroir sera aussi lumineux et éclatant que le Soleil lui-même, ou guère moins.

SIMPLICIO Alors, pourquoi dites-vous que le reflet d'un miroir est moins puissant que celui d'un mur? Je vois, moi, que sur ce mur-ci, exposé au reflet du mur d'en face en même temps qu'à celui du miroir, le reflet du miroir est beaucoup plus clair; et je vois également que, d'ici où je suis, le miroir m'apparaît beaucoup plus clair que le mur.

SALVIATI Votre coup d'œil m'a prévenu, car j'avais besoin de cette observation pour expliquer ce qui reste. Vous voyez donc la différence qui existe entre les réflexions faites par les deux surfaces du mur et du miroir exposées exactement de même manière aux rayons du Soleil; vous voyez comment la réverbération du mur se répand sur toutes les parties du mur opposé et comment celle du miroir se concentre en une seule, et qui n'est pas plus grande que le miroir lui-même; vous voyez aussi que la surface du mur, d'où qu'on la regarde, se montre toujours également claire et semblable à elle-même, et partout plus claire que celle du miroir, exception faite de cette zone restreinte où donne le reflet du miroir, car là, au contraire, le miroir apparaît beaucoup plus clair que le mur. Par le moyen de ces expériences sensibles et tangibles, il me semble qu'on peut sans peine arriver à savoir si la réflexion qui nous vient de la Lune est comparable à celle d'un miroir ou à celle d'un mur, autrement dit à celle d'une surface lisse ou à celle d'une surface rugueuse.

SAGREDO Fussé-je dans la Lune, je ne crois pas que je pourrais mieux toucher de la main l'aspérité de sa surface que je ne la conçois maintenant en écoutant ce que vous dites. La Lune, quelle que soit sa position relativement au Soleil et à nous-mêmes, nous montre toujours également claire sa surface exposée au Soleil; or, cet effet s'accorde on ne peut mieux à celui du mur, également clair, lui aussi, d'où qu'on le regarde, et s'oppose à celui du miroir qui, vu d'un certain endroit, se montre lumineux, mais de partout ailleurs obscur. En outre, la lumière réfléchie par le mur est faible et supportable, comparée à celle du miroir qui est intense et ne blesse guère moins que la lumière directe du Soleil. Aussi nous est-il doux de contempler la face de la Lune, tandis que si elle était un miroir, et compte tenu du fait que sa proximité la rend pour nous aussi, grande que le Soleil, son éclat nous serait absolument intolérable : elle serait presque, à nos yeux, un autre Soleil.

SALVIATI De grâce, signor Sagredo, n'attribuez pas à ma démonstration plus de portée qu'elle n'en a. J'ai une objection à vous faire dont je ne sais trop s'il sera facile d'y répondre. La grande différence entre la Lune et le miroir est, selon vous, que la Lune envoie son reflet également dans toutes les directions, comme le mur, alors que le miroir envoie le sien en un seul endroit bien déterminé; d'où vous concluez que la Lune ressemble au mur, et non au miroir. Mais je vous ferai observer que ce miroir-ci envoie son reflet en un seul endroit parce que sa surface est plane : les rayons réfléchis devant l'être sous des angles égaux à ceux des rayons incidents, tous les rayons réfléchis par une surface plane prennent forcément la même direction. Or, la surface de la Lune est sphérique et non point plane, et, sur une pareille surface, les rayons incidents étant réfléchis sous des angles égaux à ceux de l'incidence, ils le seront dans toutes les directions à cause de l'infinité des inclinaisons qui composent la surface sphérique. Donc, la Lune peut envoyer son reflet partout et elle n'est nullement forcée de le diriger vers un seul lieu, comme ce miroir qui est plan.

SIMPLICIO C'est là justement une des objections que je voulais présenter.

SAGREDO Une des objections, dites-vous? Vous en avez donc d'autres. Exposez-les, car, pour cette première, il me semble qu'il en sortira un argument contre vous plutôt qu'en votre faveur.

SIMPLICIO Vous avez énoncé comme une évidence que la réflexion faite par ce mur est aussi claire et illuminante que celle qui nous vient de la Lune; mais j'estime, moi, que celle-là est nulle en comparaison de celle-ci; car « en cette affaire de l'illumination, il faut bien considérer et distinguer la sphère d'activité; et qui met en doute que la sphère d'activité des corps célestes ne soit plus grande que celle de nos corps élémentaires, caducs et périssables? Ce mur, en fin de compte, n'est rien qu'un peu de terre obscure et impropre à répandre la lumière ».

SAGREDO Je crois que, sur ce point encore, vous vous méprenez beaucoup. Mais j'en reviens à la première objection soulevée par le signor Salviati, et je considère que pour qu'un objet nous apparaisse lumineux, il ne suffit pas que tombent sur lui les rayons du corps illuminant; il faut aussi que les rayons réfléchis parviennent à notre œil, comme nous le constatons manifestement par l'exemple de ce miroir sur lequel, nous n'en doutons pas, tombent les rayons lumineux du Soleil, et qui néanmoins n'est clair et brillant à nos yeux que si nous nous plaçons à l'endroit précis où la réflexion se dirige. Représentons-nous maintenant ce qui se produirait si le miroir était de surface sphérique. Nous verrions que, de toute la lumière réfléchie par la surface éclairée, une très faible partie viendrait toucher l'œil de l'observateur, car seule une minime partie de toute la surface sphérique a l'inclinaison qu'il faut pour renvoyer le rayon à l'endroit précis où se trouve l'œil; si bien que, pour l'observateur, la zone brillante est très restreinte tandis que tout le reste de la surface sphérique paraît sombre. Si donc la Lune était polie comme un miroir, une très petite partie de sa surface apparaîtrait, aux yeux d'un observateur particulier, illuminée par le Soleil, encore qu'un hémisphère entier fût exposé aux rayons solaires; le reste serait comme non éclairé, et par conséquent invisible; et pour finir, la Lune serait tout à fait invisible, car le reflet émis par elle, étant donné la faible étendue de la surface reflétante et son grand éloignement, se perdrait; et comme elle serait invisible à l'œil, son pouvoir d'illumination serait nul, car il est bien impossible qu'un corps lumineux dissipe nos ténèbres par son éclat et que nous ne puissions le voir.

SALVIATI De grâce, arrêtez-vous, signor Sagredo, car j'aperçois chez le signor Simplicio certains gestes et certains jeux de physionomie qui me semblent autant d'indices qu'il n'a pas bien saisi ou qu'il n'est pas content de l'exposé d'une suprême évidence et d'une vérité absolue que vous venez de faire. Je songe à l'instant à une nouvelle expérience propre, je crois, à lever tout scrupule. J'ai vu, dans une chambre au-dessus, un grand miroir sphérique; faisons-le porter ici, et en attendant, que le signor Simplicio veuille bien aller voir de nouveau, là-bas, sous la loggia, à quel point est vif le reflet du miroir plan.

SIMPLICIO Je vois qu'il est à peine moins lumineux qu'un rayon directement issu du Soleil.

SALVIATI A peine moins, en effet. Mais dites-moi, si nous ôtions ce petit miroir plan et si nous mettions à la même place le grand miroir sphérique, quel effet pensez-vous que produirait sa réflexion sur la même paroi?

SIMPLICIO Je crois qu'il produirait une clarté beaucoup plus forte et beaucoup plus ample.

SALVIATI Mais si l'illumination était nulle, ou si petite que vous la distinguiez à peine, que diriez-vous alors?

SIMPLICIO Quand j'aurai vu l'effet, je penserai à la réponse.

SALVIATI Voici notre miroir; je vais demander qu'on le place à côté de l'autre. Mais d'abord, approchons-nous du reflet du miroir plan et considérons attentivement sa clarté : vous constatez qu'à cet endroit le mur est vivement éclairé et que l'on en distingue parfaitement les moindres détails.

SIMPLICIO J'ai vu et fort bien vu. Faites mettre le second miroir à côté du premier.

SALVIATI Mais il y est déjà. On l'a mis en place dès que vous avez commencé à observer les détails du mur et vous ne vous en êtes pas aperçu, si grand fut l'accroissement de lumière sur le reste de la paroi. Qu'on enlève maintenant le miroir plan. Vous voyez qu'il n'y a plus aucun reflet, encore que le grand miroir convexe n'ait pas bougé. Qu'on l'enlève lui aussi et qu'on le replace de nouveau tant qu'on voudra : vous ne verrez nulle part sur le mur le moindre changement d'éclairage. Ainsi, le témoignage de vos propres yeux vous prouve que la réflexion du Soleil sur un miroir sphérique convexe n'illumine pas sensiblement les lieux circonvoisins. Et maintenant, qu'allez-vous répondre?

SIMPLICIO J'ai peur qu'il n'y ait là quelque tour de passe-passe. Car enfin, quand je regarde ce miroir, j'en vois sortir une lumière si éblouissante que j'en suis presque aveuglé; chose plus curieuse, d'où que je regarde, je la vois, et je la vois se déplacer sur la surface du miroir suivant que je me déplace moi-même pour l'observer de tel ou tel endroit : preuve nécessaire que la lumière est reflétée très vivement dans toutes les directions, et par conséquent aussi forte sur toute la surface du mur que sur mon œil.

SALVIATI Voyez quelle prudence il faut garder et quelles précautions il faut prendre avant d'acquiescer à ce que le raisonnement seul nous propose. Il n'est pas douteux que ce que vous dites ait toutes les apparences du vrai, et pourtant, vos yeux en font foi, l'expérience montre le contraire.

SIMPLICIO Comment donc marche cette affaire-là?

SALVIATI Je vous dirai ce que j'en pense, mais je ne sais trop si vous vous en contenterez. Et d'abord, cette tache lumineuse d'un éclat si vif que vous voyez sur le miroir et qui vous paraît en occuper une bonne partie n'est pas à beaucoup près si grande; elle est même très, très petite; mais sa vivacité se réfléchissant sur l'humidité du bord des paupières produit dans votre œil une irradiation adventice semblable à ce halo que vous croyez voir autour de la flamme d'une chandelle placée un peu loin ou, si vous voulez, à l'éclat adventice d'une étoile. Si vous comparez, par exemple, le petit corps de la

Canicule vu de jour, au télescope, et sans irradiation, avec le même astre vu de nuit, à l'œil nu, vous admettrez, sans doute possible, que la grandeur apparente du corps irradié est plus de mille fois supérieure à celle du même corps nu et réel. Or, l'image du Soleil que vous voyez dans ce miroir est affectée d'un accroissement du même ordre, et plus grand encore; je dis plus grand car cette image est plus vive qu'une étoile, comme il ressort du fait incontestable qu'on peut regarder une étoile avec beaucoup moins de fatigue pour l'œil que ce reflet du miroir. La réverbération répandue sur tout ce mur vient donc d'une très petite partie du miroir convexe, tandis que celle qui venait de toute la surface du miroir plan se limitait et se restreignait à une très petite partie du même mur : quoi d'étonnant dès lors à ce que celle-ci fût très vive et à ce que celle-là soit presque imperceptible?

SIMPLICIO Me voici plus que jamais perplexe. L'autre difficulté subsiste : comment est-il possible que ce mur, d'une matière si obscure et d'une surface si rugueuse, doive répercuter une lumière plus vive et plus forte qu'un miroir bien lisse et bien net?

SALVIATI Plus vive non, mais plus universelle car, pour ce qui est de la vivacité, vous voyez que la réflexion de ce petit miroir plan, là où elle donne sous la loggia, projette une clarté très forte tandis que le reste de la paroi, exposée à la réverbération du mur où le miroir est accroché, n'est pas éclairé, et il s'en faut, comme cette petite surface où tombe le reflet du miroir; et si vous voulez comprendre parfaitement la manière dont les choses se passent, considérez que, pour la surface de ce mur, être rugueuse revient au même qu'être formée d'innombrables et minuscules facettes disposées sous des angles d'une innombrable diversité, et dont nécessairement beaucoup doivent être placées de façon à diriger les rayons qu'elles reflètent vers tel endroit, et beaucoup vers tel autre, si bien qu'en somme il n'est aucun lieu où n'arrivent un très grand nombre de rayons réfléchis par la multitude des facettes disséminées sur toute la surface du corps rugueux exposé à la lumière; d'où il résulte qu'à n'importe quelle partie d'une surface quelconque opposée à celle qui reçoit les rayons incidents, parviennent des rayons réfléchis qui l'illuminent. Il s'ensuit en outre que le corps exposé au rayon lumineux se montre tout entier illuminé et éclairé, d'où qu'on le regarde; et c'est pourquoi la Lune, parce qu'elle est couverte d'aspérités et non point lisse, renvoie la lumière solaire dans toutes les directions et se montre également brillante à tout observateur. Si sa surface, étant sphérique, était polie comme un miroir, elle demeurerait invisible, attendu que la zone très restreinte d'où pourrait venir jusqu'à l'œil d'un observateur quelconque l'image reflétée du Soleil resterait invisible à cause de son grand éloignement, ainsi que nous l'avons dit.

SIMPLICIO J'ai fort bien compris votre raisonnement. Il me semble toutefois très facile d'y répondre et de maintenir que la Lune est parfaitement ronde et polie, et qu'elle nous reflète la lumière du Soleil à la façon d'un miroir, sans que pour cette raison l'image du Soleil doive apparaître au milieu du disque lunaire. Ce n'est pas, en effet, « par les espèces du Soleil lui-même que l'on peut avoir, à si grande distance, la petite image du Soleil : ce que la lumière issue du Soleil nous fait voir, c'est l'illumination du corps lunaire tout entier. Nous constatons un effet analogue par le moyen d'une plaque dorée et bien brunie, laquelle, sous les rayons d'un corps lumineux, paraît à qui la regarde de loin toute resplendissante; c'est seulement de près qu'on découvre en son milieu l'image réduite de la source de lumière ».

SALVIATI Reconnaissant ingénument mon incapacité, j'avoue ne rien comprendre à votre raisonnement, à part ce qui concerne cette plaque dorée; et si vous me permettez de parler franc, je soupçonne fort que vous n'y comprenez rien vous non plus, mais que vous saviez par cœur ces phrases, inspirées à qui les a écrites par le seul désir de contredire et de se montrer plus intelligent que l'adversaire; plus intelligent, bien sûr, aux yeux de ceux qui, pour paraître eux-mêmes plus savants, applaudissent à ce qui leur est obscur et se font des personnes une idée d'autant plus haute qu'ils entendent moins ce qu'elles disent; au demeurant, je crains que votre auteur ne soit de ceux (et ils sont nombreux) qui écrivent des choses qu'ils ne comprennent pas, en sorte qu'on ne comprend pas ce qu'ils ont écrit. Laissant donc de côté le reste, je répondrai à l'argument de la plaque dorée. Si elle est plane et pas très grande, elle pourra paraître de loin, étant exposée à une lumière vive, toute resplendissante, mais elle ne paraîtra telle que si l'œil de l'observateur se trouve sur une ligne déterminée, celle que suivent les rayons réfléchis; et elle semblera plus flamboyante que si elle était, par exemple, d'argent, à cause de sa coloration et de son aptitude à recevoir, du fait de la grande densité du métal, un brunissage parfait. Supposons maintenant que la surface, tout en restant parfaitement polie, ne soit pas exactement plane mais comporte plusieurs inclinaisons; son éclat alors sera aperçu de plusieurs lieux différents, c'est-à-dire de tous les points où parviendront les rayons réfléchis par les diverses parties de la surface. De même, si les diamants se taillent à facettes, c'est pour que leur éclat soit vu de partout. Si, d'autre part, la plaque était très grande, elle ne paraîtrait pas, vue de loin, fût-elle parfaitement plane, entièrement resplendissante. Pour mieux m'expliquer, je suppose une plaque dorée, plane, très grande et exposée au Soleil : à un œil éloigné, l'image du Soleil semblera n'occuper qu'une partie de cette plaque, à savoir celle d'où partira la réflexion des rayons incidents; il est vrai, toutefois, qu'à cause de l'intensité de la lumière, cette image paraîtra frangée de nombreux rayons et donc étalée sur une partie de la plaque plus étendue que celle qu'elle occupera réellement. Pour vérifier cela, notez sur la plaque l'emplacement exact d'où provient la réflexion ainsi que celui qui, à votre œil, paraît resplendissant; couvrez ensuite cette large zone à la seule exception de la région centrale; la grandeur apparente de la partie brillante ne sera pas diminuée : elle s'étendra sur l'étoffe ou sur la chose, quelle qu'elle soit, dont vous aurez voilé la plaque. Si donc quelqu'un, parce qu'il aurait vu de loin une petite plaque dorée tout entière brillante, s'imaginait qu'un effet semblable pût être observé sur des plaques grandes comme la Lune, il serait dans la même erreur que celui qui croirait que la Lune n'est pas plus grande qu'un fond de cuve. Si enfin la surface métallique était sphérique, le reflet de lumière ne serait visible que sur une partie très petite de cette surface, mais comme il serait très vif, il paraîtrait entouré d'une frange de rayons étincelants; quant au reste du globe, il semblerait coloré, et encore à condition qu'il ne fût pas parfaitement poli car, s'il l'était, il resterait obscur. Nous en avons des exemples sous les yeux tous les jours quand nous voyons des vases d'argent qui, s'ils n'ont encore subi que le blanchiment, sont blancs comme neige et ne renvoient pas les images, mais qui, le brunissage commencé, deviennent sombres là où ils sont brunis et renvoient les images comme des miroirs. Ce passage du blanc au sombre n'a d'autre cause que le polissage d'une très fine granulation qui rendait la surface du métal rugueuse et donc propre à refléter la lumière en toutes directions, si bien que, de partout, elle se montrait également illuminée; quand ensuite, par le brunissage, on a fait disparaître ces minimes aspérités, et que dès lors la réflexion de rayons incidents se fait toute entière vers un endroit bien précis, la partie brunie se montre, de cet endroit-là, beaucoup plus claire et luisante que les autres, mais, de partout ailleurs, on la voit très sombre. On sait que la diversité des points de vue, pour qui regarde une surface brunie, entraîne de tels changements d'apparence que si l'on veut, par exemple, imiter et représenter en peinture une cuirasse brunie, il faut juxtaposer des noirs purs et des blancs pour rendre des parties de cette cuirasse également exposées à la lumière.

SAGREDO Si donc messieurs les philosophes accordaient seulement que la Lune, Vénus et les autres planètes ne sont pas lisses et fourbies comme des miroirs, mais un rien de moins, c'est-à-dire comme des plaques d'argent blanchies mais non encore brunies, ils en accorderaient assez pour les rendre visibles et aptes à réfléchir la lumière du Soleil?

SALVIATI Dans une certaine mesure, oui; mais la Lune, en ce cas, ne refléterait pas une lumière aussi puissante qu'elle le fait étant montueuse, hérissée de saillants, creusée de cavités profondes. D'ailleurs, nos philosophes n'accorderont jamais qu'elle soit moins polie qu'un miroir; ils voudront qu'elle le soit beaucoup plus, s'il est possible, car il faut que la sphéricité des globes célestes soit absolue; d'ailleurs, s'ils me concédaient la moindre inégalité, je m'en octroierais sans scrupule une bien plus grande puisque cette perfection, impliquant l'indivisibilité, ne serait pas moins altérée par un cheveu que par une montagne.

SAGREDO Ici, je me pose deux questions : l'une est de savoir pourquoi une plus grande inégalité de surface doit rendre plus puissante la réflexion de la lumière; l'autre, pourquoi messieurs les péripatéticiens exigent cette parfaite exactitude des figures.

SALVIATI Je répondrai à votre première question et je laisserai au signor Simplicio le soin de répondre à la seconde. Notez d'abord que les mêmes surfaces, exposées à la même lumière, sont plus ou moins éclairées suivant que les rayons éclairants y tombent plus ou moins obliquement, si bien que l'illumination la plus forte se produit là où les rayons sont perpendiculaires. Vous allez en juger par vos yeux : je plie cette feuille de papier en sorte qu'une de ses parties soit à angle droit sur l'autre, et je l'expose à la lumière réverbérée par le mur d'en face; vous constatez que cette demi-feuille, qui reçoit les rayons obliquement, est moins claire que cette autre où la lumière réfléchie tombe à angle droit; et notez que plus les rayons deviennent obliques, plus l'illumination s'affaiblit.

SAGREDO Je vois l'effet mais je ne comprends pas la cause.

Fig. 8, p. 121 SALVIATI Si vous y pensiez le centième d'une heure, vous la trouveriez; mais pour ne pas gaspiller notre temps, voici une figure qui vous tiendra lieu de démonstration.

SAGREDO A la seule vue de cette figure, tout devient clair. Poursuivez donc.

SIMPLICIO Dites-moi le reste, je vous en prie, car moi, je ne comprends pas si vite.

SALVIATI Imaginez que toutes les droites parallèles que vous voyez partir des extrémités A B sont des rayons tombant à angles droits sur la ligne CD. Inclinez maintenant CD jusqu'en DO; ne voyez-vous pas qu'une bonne partie des rayons qui frappaient CD passent sans toucher DO? Et si DO est éclairée par moins de rayons, il est raisonnable de penser que la lumière qu'elle reçoit est plus faible. Maintenant, revenons à la Lune. Étant de forme sphérique, si de plus sa surface était aussi unie que cette feuille de papier, les parties de son hémisphère éclairé par le Soleil qui sont vers les extrémités recevraient beaucoup moins de lumière que les parties centrales puisque les unes seraient exposées à des rayons très obliques et les autres à des rayons tombant à angles droits; ainsi, dans la pleine lune, quand l'hémisphère illuminé se montre presque entier à nous, les régions centrales devraient nous apparaître beaucoup plus brillantes que les bords du disque, ce qui n'est pas [35]. Représentez-vous maintenant la face de la Lune couverte de montagnes très élevées : ne voyez-vous pas que leurs versants et leurs cimes, dressés sur la convexité de la sphère parfaite, s'offriront à la vue du Soleil, recevront beaucoup moins obliquement ses rayons et donc apparaîtront aussi éclairés que le reste?

SAGREDO Parfait. S'il existe de telles montagnes, il est certain que le Soleil les frappera beaucoup plus directement qu'il ne frapperait la partie inclinée d'une surface unie, mais il n'est pas moins certain qu'entre ces montagnes il y aurait des vallées obscures du fait des grandes ombres qui descendraient de ces hauteurs, tandis que les régions centrales, bien qu'elles fussent elles aussi couvertes de vallées et de monts, se trouveraient directement exposées au soleil, sans ombres, et par conséquent beaucoup plus brillantes que les parties extrêmes. Or, cette différence n'apparaît pas.

SIMPLICIO J'imaginais bien, moi aussi, une objection de ce genre.

SALVIATI Que le signor Simplicio est donc plus prompt à saisir les difficultés qui favorisent les opinions d'Aristote que non pas leurs solutions! Mais je soupçonne un peu qu'il fait exprès quelquefois de les passer sous silence; et dans ce cas particulier, j'ai peine à croire qu'ayant de lui-même vu l'objection, il n'ait pas aussi aperçu la réponse. C'est pourquoi je vais tâcher de la lui tirer de la bouche, comme on dit. Dites-moi donc, signor Simplicio, croyez-vous qu'il puisse y avoir de l'ombre là où donnent les rayons du Soleil ?

SIMPLICIO Je crois, ou plutôt je suis sûr que non, car le Soleil étant le grand luminaire qui par ses rayons chasse les ténèbres, il est impossible que là où il se montre les ténèbres subsistent; et puis nous avons cette définition : *Tenebrae sunt privatio luminis* [36].

SALVIATI Donc, le Soleil, quand il regarde la Terre ou la Lune, ou tout autre corps opaque, n'en voit jamais aucune partie dans l'ombre, n'ayant pour voir d'autres yeux que ses rayons porteurs de lumière; par conséquent, si quelqu'un se trouvait dans le Soleil, il ne verrait jamais rien qui fût dans l'ombre, puisque ses rayons visuels iraient toujours de compagnie avec les rayons solaires illuminants.

SIMPLICIO Voilà qui est d'une vérité incontestable.

SALVIATI Mais quand la Lune est en opposition avec le Soleil, quelle différence y a-t-il entre le trajet de vos rayons visuels et celui des rayons solaires ?

SIMPLICIO Maintenant, j'ai saisi : vous voulez dire que rayons visuels et rayons solaires cheminant sur la même ligne, nous ne pouvons découvrir les vallées ombreuses de la Lune. Mais, de grâce, cessez de me tenir pour capable de simulation ou de dissimulation ! Foi de gentilhomme, je n'avais pas deviné cette réponse et peut-être ne l'eussé-je jamais trouvée sans votre aide ou sans une longue méditation.

SAGREDO Quant à cette dernière difficulté, la solution à laquelle vous vous rangez tous deux me satisfait vraiment, moi aussi; mais d'autre part, cette considération de la route suivie en commun par la vue et par les rayons du Soleil éveille en moi un nouveau scrupule. Je ne suis pas sûr de savoir bien vous l'exposer car il ne fait que naître à l'instant et je ne l'ai pas encore ordonné comme je voudrais, mais nous verrons si, à nous tous, nous ne pourrons le tirer au clair. Sans aucun doute, les parties situées au bord du disque lunaire, supposé poli mais non bruni, quand elles seront illuminées par les rayons obliques du Soleil, en recevront beaucoup moins que les parties centrales, directement exposées à ses feux; il se pourra qu'une bande large, par exemple, de vingt degrés, à l'extrémité de l'hémisphère, ne reçoive pas plus de rayons qu'une zone égale située au centre et large au plus de quatre degrés; en sorte que la première sera plus obscure et apparaîtra telle à quiconque les regarderait toutes deux en face ou, si vous voulez, en majesté. Mais si l'œil de l'observateur est placé en un point tel que la bande obscure de vingt degrés n'ait pas plus de largeur apparente que la bande médiane de quatre degrés, je ne crois pas impossible qu'elle puisse se montrer aussi claire et lumineuse; car, en définitive, sous deux angles égaux, c'est-à-dire de quatre degrés chacun, parviendront à l'œil les réflexions de deux quantités égales de rayons, à savoir ceux que reflétera la bande du milieu, de quatre degrés, et ceux que reflétera l'autre bande, qui a bien en réalité vingt degrés, mais qui, vue en raccourci, ne paraît en avoir que quatre. Or, l'œil sera en telle situation s'il se trouve entre ledit hémisphère et la source lumineuse, puisqu'alors la vue et les rayons suivront les mêmes lignes. Il ne semble donc pas impossible que la surface de la Lune soit très unie et que néanmoins, en temps de pleine Lune, elle ne se montre pas moins lumineuse au voisinage de la circonférence qu'au centre du disque.

SALVIATI Votre objection est ingénieuse et mérite attention. De même qu'elle vous est venue à l'improviste, c'est à l'improviste que j'y répondrai; je vous dirai ce qui me passe par la tête; il se peut d'ailleurs qu'à y mieux penser je trouve une meilleure réponse. Mais avant de rien avancer de nouveau, il sera bon de nous assurer que votre objection, si concluante en apparence, répond bien à la réalité des choses. Je reprends donc ma feuille de papier et, en la pliant, j'en incline une petite partie sur le reste; exposons-la maintenant à la lumière en sorte que les rayons lumineux tombent droit sur la petite partie et obliquement sur l'autre, et voyons si celle qui reçoit les rayons directement paraît plus claire. Oui, n'est-ce pas? Et notablement. L'expérience le manifeste. Et maintenant, pour que votre objection soit concluante, il va falloir qu'en abaissant notre œil jusqu'au point où, la partie moins éclairée du papier étant vue en raccourci, elle ne nous paraisse pas plus large que la partie illuminée, autrement dit qu'elle ne soit pas vue sous un plus grand angle, il va falloir, dis-je, qu'elle nous paraisse aussi éclairée que l'autre. Eh! bien, je la regarde, je la vois même si obliquement qu'elle m'apparaît la plus étroite des deux, mais j'ai beau faire, son obscurité ne s'éclaircit pas. Voyez si vous serez plus heureux.

SAGREDO J'ai vu. J'abaisse l'œil et elle ne s'illumine ni ne s'éclaircit davantage; il me semble même qu'elle s'assombrirait plutôt.

SALVIATI Nous voilà donc assurés que l'objection est inefficace. Quant à la solution, voici ce que je crois : la surface de ce papier étant unie ou presque, les rayons reflétés dans la direction des rayons incidents sont très peu nombreux en comparaison de ceux qui sont réfléchis dans la direction opposée, et leur petit nombre se réduit d'autant plus que les rayons visuels se rapprochent davantage des rayons lumineux incidents; et comme ce ne sont pas les rayons incidents mais ceux qui sont réfléchis vers l'œil qui font paraître l'objet lumineux, il se produit qu'en abaissant l'œil, on perd plus d'un côté qu'on ne gagne de l'autre, ainsi que vous le constatez vous-même puisque, dites-vous, le papier vous semble alors devenir plus sombre.

SAGREDO L'expérience et la raison m'ont mis l'esprit en paix. Il reste au signor Simplicio à répondre à mon autre question en m'expliquant ce qui détermine les péripatéticiens à vouloir dans les corps célestes une aussi exacte rotondité.

SIMPLICIO Du fait que les corps célestes sont inengendrables, incorruptibles, inaltérables, impassibles, immortels, etc., ils sont absolument parfaits; et de ce qu'ils sont absolument parfaits, on tire la conséquence que tout genre de perfection est en eux; ils doivent donc être de forme parfaite, c'est-à-dire sphérique, et absolument et parfaitement sphérique, et non point rugueuse et irrégulière.

SALVIATI Et cette incorruptibilité, d'où la tirez-vous?

SIMPLICIO Immédiatement, du défaut de contraire, et médiatement, du mouvement circulaire simple.

SALVIATI Mais alors, autant que j'en puis juger d'après ce que vous dites, pour rendre l'essence des corps célestes incorruptible, inaltérable, etc., vous n'introduisez pas comme cause ou comme condition nécessaire la sphéricité. Si la forme sphérique entraînait l'inaltérabilité, nous pourrions à notre gré rendre incorruptible le bois, la cire ou toute autre matière élémentaire : il suffirait de leur donner cette forme.

SIMPLICIO N'est-il pas manifeste qu'une boule de bois se conservera mieux et plus longtemps qu'une aiguille ou que tout autre objet de forme anguleuse fait d'une égale quantité du même bois?

SALVIATI C'est très juste; néanmoins, votre objet corruptible ne deviendra pas pour autant incorruptible; il restera corruptible, encore que de plus longue durée. Il faut donc prendre garde que la corruptibilité est susceptible du plus et du moins, et que nous pouvons dire : « Ceci est moins corruptible que cela », comme, par exemple, le jaspe est moins corruptible que le travertin; mais l'incorruptible, lui, n'admet pas le plus et le moins en sorte qu'on puisse dire : « Ceci est plus incorruptible que cela », puisque l'un et l'autre sont incorruptibles et éternels. Aussi la diversité des figures ne peut-elle agir que sur les matières destinées à durer plus ou moins longtemps; mais sur les matières éternelles, qui ne peuvent être qu'également éternelles, l'action de la figure est nulle. Et dès lors que la matière des corps célestes est incorruptible, non pas du fait de leur forme mais pour d'autres raisons, il n'y a pas lieu de tant s'inquiéter de cette sphéricité parfaite, car si la matière est incorruptible, elle le sera toujours quelle que soit sa forme.

SAGREDO J'irais plus loin : si l'on admet que la forme sphérique a le pouvoir de conférer l'incorruptibilité, tous les corps, quelle que soit leur forme, devraient être éternels et incorruptibles. En effet, un corps rond étant incorruptible, la corruptibilité d'un corps devrait se réduire aux parties qui en altèrent la sphéricité. A l'intérieur d'un dé à jouer, par exemple, il existe une sphère parfaite, et comme telle incorruptible; il ne reste donc de corruptible que les angles qui recouvrent et cachent cette parfaite sphéricité; tout ce qui pourrait se produire, c'est que ces angles — ces excroissances, pourrions-nous dire — se corrompent. Mais si nous examinons la chose plus profondément, il nous faudra convenir qu'à l'intérieur de ces parties anguleuses, il existe d'autres sphères plus petites et de même matière, et qu'elles aussi, étant rondes, sont incorruptibles; et dans les résidus qui enveloppent ces huit petites sphères, nous pouvons en concevoir d'autres, si bien que pour finir le dé à jouer tout entier se réduira en boules innombrables et qu'il faudra le reconnaître incorruptible. Or, le même raisonnement et la même réduction peuvent s'appliquer à toutes les autres figures [37].

SALVIATI Tout s'enchaîne très bien : si, par exemple, un cristal sphérique était, en raison de sa forme, incorruptible, autrement dit s'il avait le don de résister à toutes les altérations internes et externes, il ne semble pas que le fait de lui ajouter d'autre cristal dût l'altérer intérieurement ni même extérieurement, en sorte qu'il devînt moins apte à résister à son nouveau milieu ambiant de même matière qu'il ne l'était à un milieu de matière différente, surtout s'il est vrai que la corruption se fait par les contraires, comme le dit Aristote; car cette boule de cristal, de quoi pourrait-on l'entourer qui lui fût moins contraire que le cristal même? Mais sans que nous y prenions garde, les heures passent, et nous arriverons bien tard au bout de nos discussions si chaque point particulier fait l'objet d'aussi longs discours; sans compter que la multiplicité des questions soulevées me trouble la mémoire au point que j'ai peine à me rappeler les difficultés que le signor Simplicio avait proposées, avec ordre, à notre examen.

SIMPLICIO Mais moi, je me les rappelle bien. En ce qui concerne l'aspect montueux de la Lune, la raison que j'en ai donnée reste valable : on peut très bien sauver cette apparence en disant qu'elle est une illusion due à ce que les parties de la Lune sont inégalement opaques et diaphanes.

SAGREDO Tout à l'heure, quand le signor Simplicio, conformément à l'opinion de certain péripatéticien de ses amis [38], attribuait les apparentes inégalités de la Lune au fait que ses parties sont inégalement opaques et diaphanes, illusion que donnent des cristaux et des gemmes de plusieurs sortes, j'ai pensé à une matière beaucoup mieux appropriée encore à produire de tels effets. Je songe à la nacre dont on fait des objets de formes variées, lesquels, parfaitement lisses, semblent offrir à l'œil des creux et des reliefs tels que c'est tout juste si le toucher peut nous convaincre du poli de leur surface.

SALVIATI C'est vraiment là une très belle idée. Ce que nous avons négligé aujourd'hui pourra être repris une autre fois, et puisqu'on a mis en avant des gemmes et des cristaux dont les effets ne sont pas à comparer aux illusions que donne la nacre, nous ne manquerons pas de tenir compte de celles-ci. En attendant, sans priver personne de l'avantage d'un tel argument, je tairai la réponse qu'on y pourrait donner et me contenterai de satisfaire aux objections formulées par le signor Simplicio. A mon sens, donc, votre affirmation a un caractère trop général, et comme vous ne l'appliquez pas à toutes les apparences prises une à une, qu'offre la Lune et qui nous ont déterminés, moi et d'autres, à la tenir pour montueuse, je ne crois pas que vous trouviez personne qui se satisfasse d'une telle doctrine. Je ne crois même pas que vous puissiez, vous et votre auteur, vous reposer sur cette explication plus que sur toute autre étrangère au sujet. Des apparences nombreuses et variées que l'on découvre, de soir en soir, au cours d'une révolution lunaire, il n'en est pas une seule que vous pourriez imiter en fabriquant à votre fantaisie une boule qui comprendrait des parties diversement opaques et diaphanes et dont la surface serait polie; tandis qu'au contraire, avec n'importe quelle matière solide et non transparente, on pourra fabriquer des boules qu'il suffira de pourvoir des creux et des reliefs voulus et d'exposer à divers éclairages pour qu'elle reproduise de façon exacte les aspects et les changements que nous offre d'heure en heure le disque de la Lune. Vous y verrez les versants des montagnes exposés à la lumière du Soleil apparaître très clairs et projeter derrière eux des ombres très obscures, plus ou moins étendues suivant que les montagnes se trouveront plus ou moins éloignées de la limite séparant l'hémisphère éclairé de la Lune de son hémisphère ténébreux; vous verrez cette limite non pas sous l'aspect d'une ligne bien tracée comme ce serait le cas si la boule était polie, mais hérissée d'anfractuosités et de dentelures; vous verrez, au-delà de cette même limite, dans la partie obscure, nombre de cimes éclairées, détachées de la zone lumineuse; quant aux ombres susdites, à mesure que la lumière tombera de plus haut, vous les verrez aller se réduisant jusqu'à s'évanouir et disparaître toutes quand l'hémisphère entier sera illuminé; et quand ensuite la lumière tombera sur l'autre hémisphère, vous reconnaîtrez les hauteurs primitivement observées, vous verrez leurs ombres se projeter de nouveau, mais en sens contraire, et aller croissant; et de ces choses-là, je vous le répète, il n'en est pas une que vous puissiez me représenter par vos juxtapositions de parties opaques et de parties diaphanes.

SAGREDO Il en est une pourtant, c'est l'aspect de la pleine lune quand, le disque étant illuminé tout entier, on n'y distingue plus ni ombre ni quoi que ce soit qui puisse être affecté d'aucun changement du fait des saillants et des cavités de sa surface. Mais de grâce, signor Salviati, ne vous attardez plus à ce détail, car tout homme qui aurait eu la patience d'observer une ou deux lunaisons et qui ne se rendrait pas à une vérité aussi évidente mériterait qu'on l'estimât privé de tout jugement; et à quoi bon, pour de telles gens, gaspiller son temps et sa peine?

SIMPLICIO A vrai dire, je n'ai jamais fait, moi, ces observations, parce que je n'en ai pas eu la curiosité et aussi parce que l'instrument approprié me manquait; mais je tiens absolument à les faire. En attendant, laissons cette question pendante et passons au point suivant : exposez-nous les raisons qui vous font croire que la Terre peut réfléchir la lumière du Soleil aussi vivement que la Lune, car la Terre me semble à moi si opaque et si obscure que je ne puis imaginer qu'un pareil effet soit possible.

SALVIATI La cause pour laquelle vous réputez la Terre impropre à réfléchir la lumière n'est pas celle que vous dites, signor Simplicio. Et ne serait-ce pas une belle chose si je pénétrais votre raisonnement mieux que vous-même?

SIMPLICIO Si je raisonne bien ou mal, il se peut que vous en jugiez mieux que moi; mais, dans un cas comme dans l'autre, que vous puissiez mieux que moi pénétrer mon raisonnement, c'est ce que je ne croirais jamais.

SALVIATI Pourtant, je vous le ferai croire tout à l'heure. Dites-moi un peu, lorsque la Lune est presque pleine, en sorte qu'on peut la voir de jour et au milieu de la nuit, quand vous paraît-elle plus brillante, la nuit ou le jour?

SIMPLICIO La nuit, sans comparaison; la Lune imite, me semble-t-il, cette colonne de nuée et de feu qui guidait les enfants d'Israël : sous le Soleil, elle n'était qu'un petit nuage, mais la nuit, elle flamboyait. Ainsi m'est-il arrivé d'observer de jour, au milieu des nuages, la Lune pâle et blanchâtre comme l'un d'eux; mais la nuit venue, elle retrouvait son éclat.

SALVIATI De sorte que si vous n'aviez jamais eu l'occasion de voir la Lune autrement qu'en plein jour, vous ne l'auriez pas jugée plus brillante qu'un de ces petits nuages blancs?

SIMPLICIO J'ai tout lieu de le croire.

SALVIATI Et croyez-vous aussi que la Lune soit, en réalité, plus brillante la nuit que le jour? Ou pensez-vous que si elle nous paraît telle, c'est en raison de quelque accident?

SIMPLICIO Je crois qu'en réalité son éclat est le même le jour et la nuit, mais que la nuit, sa lumière nous paraît plus intense parce que nous la voyons dans le champ obscur du ciel, tandis que le jour, à l'espace lumineux qui l'entoure, elle n'ajoute que peu de clarté et, de ce fait, se montre moins brillante.

SALVIATI Encore une question : avez-vous jamais vu, au milieu de la nuit, le globe terrestre illuminé par le Soleil?

SIMPLICIO Cette question-là me paraît de celles que l'on ne peut poser que pour rire, à moins de l'adresser à une personne dont on sait qu'elle n'a pas un grain de bon sens.

SALVIATI Pas du tout, je vous tiens pour un homme des plus sensés et ma question est très sérieuse. Répondez-moi donc. S'il vous semble ensuite que j'ai parlé à tort et à travers, j'accepte que ce soit moi l'insensé, car celui qui interroge sottement est bien plus sot que celui que l'on interroge.

SIMPLICIO Eh! bien, si vous ne me croyez pas tout à fait simple d'esprit, mettez que j'ai répondu et que j'ai dit qu'il est impossible à un homme se trouvant, comme nous, sur la Terre, de voir de nuit la partie de la Terre où il fait jour, c'est-à-dire celle qui est exposée au Soleil.

SALVIATI Donc, il ne vous est jamais arrivé de voir la Terre illuminée, sinon de jour; la Lune, au contraire, vous la voyez par la nuit la plus profonde resplendir au ciel; et voilà, signor Simplicio, la raison qui vous fait croire que la Terre ne resplendit pas comme la Lune; car si vous pouviez voir la Terre illuminée, étant vous-même dans des ténèbres pareilles à celles de nos nuits, vous la verriez brillante plus que la Lune. Maintenant, si vous voulez que la comparaison soit valable, il faut mettre en parallèle la lumière de la Terre avec celle de la Lune vue en plein jour et non pas avec celle de la Lune nocturne, car la Terre, nous ne la voyons éclairée que le jour. N'est-ce pas ainsi?

SIMPLICIO Forcément.

SALVIATI Et en avouant, comme vous l'avez fait tout à l'heure, avoir vu la Lune de jour parmi de petits nuages blancs, et très semblable à eux quant à l'aspect, vous avez du même coup reconnu que ces nuages, qui pourtant sont de matière élémentaire, sont aptes à recevoir l'illumination autant que la Lune, et plus encore. Éveillez en vous le souvenir de nuages très grands et blancs comme la neige (il vous est bien arrivé d'en voir) et supposez que l'un d'eux puisse se conserver aussi lumineux dans la nuit la plus profonde : il est hors de doute qu'il éclairerait les régions avoisinantes plus que cent Lunes. Si donc nous étions assurés que la Terre s'illumine au Soleil à l'égal de ces mêmes nuages, nous ne douterions plus qu'elle fût aussi resplendissante que la Lune. Or, sur ce point, toute ombre de doute disparaît si nous considérons que ces nuages, la nuit, en l'absence du Soleil, demeurent aussi obscurs que la Terre. Mieux encore : il n'est pas un d'entre nous à qui il ne soit arrivé plusieurs fois de voir des nuages bas et lointains et de se demander si c'étaient des nuages ou des montagnes, signe manifeste que les montagnes n'étaient pas moins lumineuses que les nuages.

SAGREDO Mais à quoi bon en dire davantage? Vous voyez au ciel la Lune à moitié pleine, et là ce mur élevé où donne le Soleil; reculez jusqu'ici, de manière que la Lune se montre à côté du mur. Maintenant, regardez : lequel des deux est le plus clair? S'il y a une différence, ne vous semble-t-il pas qu'elle soit à l'avantage du mur? Le Soleil qui le frappe est réverbéré sur les parois d'une première salle, d'où la lumière est renvoyée dans cette chambre : elle n'y parvient donc qu'après une triple réflexion. Cependant, il y fait plus clair que si elle était directement exposée à la lumière de la Lune.

SIMPLICIO Oh! pour cela, je n'en crois rien, car la Lune, surtout quand elle est pleine, est un luminaire puissant.

SAGREDO Elle ne paraît telle qu'à cause de l'obscurité des lieux circonvoisins qui sont dans l'ombre; mais absolument, sa lumière est faible, plus faible que celle du crépuscule une demi-heure après le coucher du Soleil, comme le manifeste le fait que c'est alors seulement que vous commencerez à distinguer sur la Terre les ombres des corps éclairés par la Lune. Au surplus, que cette troisième réflexion du Soleil éclaire mieux la chambre que ne ferait un rayon de Lune, vous vous en rendrez compte en allant y lire un livre. Essayez cette nuit de lire à la lumière de la Lune : vous verrez si c'est plus facile; je crois pour ma part que vous aurez bien plus de peine.

SALVIATI Maintenant, signor Simplicio, vous pouvez comprendre (si toutefois nos arguments vous ont satisfait) comment vous-même n'ignoriez pas que la Terre ne resplendit pas moins que la Lune, et vous voyez que le souvenir de choses connues de vous et non pas enseignées par moi vous en donne la certitude; car ce n'est pas moi qui vous ai appris que la Lune se montre plus brillante la nuit que le jour; vous le saviez de vous-même, comme vous saviez qu'un nuage est aussi lumineux que la Lune; vous saviez également que l'illumination de la Terre n'est pas visible la nuit : en somme, vous saviez tout sans savoir rien savoir. Dès lors, aucune raison, je pense, ne vous empêchera d'accorder que la réflexion de la Terre puisse éclairer l'hémisphère ténébreux de la Lune d'une lumière qui, loin d'être plus faible que celle dont la Lune éclaire nos nuits, est au contraire beaucoup plus forte, attendu que la Terre est quarante fois plus grosse que la Lune.

SIMPLICIO Je croyais vraiment que cette lumière secondaire était la lumière propre de la Lune.

SALVIATI Voilà encore une chose que vous savez sans vous apercevoir que vous la savez. N'avez-vous pas, dites-moi, remarqué de vous-même que la Lune se montre beaucoup plus lumineuse la nuit que le jour, à cause de l'obscurité de l'espace ambiant? Et n'en avez-vous pas tiré cette conséquence qu'en général tout corps lumineux apparaît d'autant plus brillant que le champ qui l'entoure est plus obscur?

SIMPLICIO Quant à cela, je le sais très bien.

SALVIATI Mais lorsque la Lune a forme de faucille et laisse voir clairement cette lumière secondaire, n'est-elle pas toujours dans le voisinage du Soleil et donc dans la lumière du crépuscule ?

SIMPLICIO Elle y est en effet, et j'ai maintes fois désiré que l'air se fît plus sombre afin de mieux pouvoir voir cette lumière ; mais la Lune se couchait avant que la nuit fût obscure.

SALVIATI Vous savez donc parfaitement qu'au cœur d'une nuit profonde cette lumière se verrait mieux.

SIMPLICIO Certes. Et mieux encore si on pouvait supprimer cette vive lumière du croissant exposé au Soleil, dont l'éclat offusque la faible clarté voisine.

SALVIATI Eh ! bien, n'arrive-t-il pas quelquefois qu'on puisse voir par une nuit sombre le disque entier de la Lune non éclairé par le Soleil ?

SIMPLICIO Je ne sache pas que cela arrive jamais, sinon dans les éclipses totales de la Lune.

SALVIATI Alors donc, cette lumière propre devrait être des plus vives, se montrant dans un champ très obscur et sans être offusquée par les cornes lumineuses. Mais dans cette circonstance, l'avez-vous vu briller ?

SIMPLICIO Je l'ai parfois vue cuivrée ou légèrement blanchâtre ; mais d'autres fois, elle est restée si obscure que je l'ai tout à fait perdue de vue.

SALVIATI Comment cette lumière que vous voyez si bien dans la clarté du crépuscule, malgré l'importun voisinage des cornes resplendissantes, pourrait-elle donc être sa lumière propre, alors que, dans la nuit la plus noire, toute autre lumière écartée, elle ne se montre plus du tout ?

SIMPLICIO Certains ont pensé, d'après ce que j'entends dire, que cette lumière, la Lune la recevrait d'autres étoiles, et en particulier de Vénus, sa voisine [39].

SALVIATI C'est là une opinion tout aussi vaine car la Lune, en ce cas, devrait paraître plus brillante que jamais lors de son éclipse totale; on ne peut, en effet, prétendre que l'ombre de la Terre lui cache la vue de Vénus, non plus que des autre étoiles. Mais elle reste totalement privée de lumière parce que l'hémisphère terrestre alors tourné vers la Lune est celui où il fait nuit, c'est-à-dire celui qui ne reçoit rien de la lumière du Soleil. Une observation conduite avec soin vous rendra sensible les faits suivants : la Lune, quand elle n'est qu'un mince croissant, éclaire très peu la Terre, mais à mesure qu'elle nous montre une partie plus étendue de son hémisphère illuminé par le Soleil, nous voyons augmenter son éclat, qui est un reflet de la lumière solaire; mais d'autre part, quand la Lune n'est pour nous qu'un mince croissant, placée alors entre le Soleil et la Terre, elle voit une grande partie de l'hémisphère terrestre illuminé et en reçoit une clarté très vive; à mesure qu'elle s'éloigne du Soleil et s'approche de la quadrature, cette clarté s'affaiblit et, au-delà de la quadrature, elle devient très faible parce que chaque jour la Lune perd de vue un peu plus la partie lumineuse de la Terre. Or, c'est le contraire qui devrait se produire si cette lumière lui était communiquée par les étoiles, étant donné qu'à ce moment-là nous pouvons la voir dans la nuit profonde et dans un champ des plus obscurs.

SIMPLICIO Pardonnez-moi si je vous interromps, mais je me souviens à l'instant d'avoir lu dans un récent « livret de conclusions »[40] plein d'idées nouvelles « que cette lumière secondaire ne vient pas des étoiles, qu'elle n'est pas propre à la Lune, qu'elle lui est encore moins communiquée par la Terre, mais qu'elle dérive de l'illumination même du Soleil. En effet, le corps de la Lune étant légèrement transparent, le Soleil le pénètre tout entier, mais éclaire plus vivement la surface de l'hémisphère exposé à ses rayons; quant aux profondeurs, elles s'imbibent et s'imprègnent, pour ainsi dire, de cette lumière comme ferait une nuée ou un bloc de cristal; elles la transmettent et la laissent filtrer jusqu'à l'autre hémisphère qui paraît visiblement éclairé. Tout cela, si j'ai bonne mémoire, l'auteur le prouve par l'autorité, par l'expérience et par le raisonnement; il allègue Cléomène, Vitellio, Macrobe et plusieurs auteurs modernes. L'expérience montre, ajoute-t-il, que cette lumière secondaire paraît plus vive aux époques voisines de la conjonction, c'est-à-dire quand la Lune a la forme d'un croissant; elle est alors particulièrement resplendissante aux contours du limbe. Il dit en outre que lors des éclipses du Soleil, quand la Lune se trouve au-dessous du disque solaire, on la voit translucide, et surtout vers la circonférence du cercle. Quant aux preuves tirées du raisonnement, il les déduit, me semble-t-il, du fait que cette lumière ne pouvant provenir ni de la Terre ni des étoiles doit nécessairement provenir du Soleil. Au surplus, son hypothèse rend parfaitement compte de toutes les apparences. En effet, si la lumière secondaire paraît plus vive aux bords du limbe, c'est que l'épaisseur que les rayons solaires doivent traverser y est moindre, attendu que, des lignes qui traversent une sphère, la plus longue est celle qui passe par le centre, et que les autres sont d'autant moins longues qu'elles en sont plus éloignées. Du même principe, il conclut que cette lumière diminue peu. Par cette théorie, enfin, il explique pourquoi, dans les éclipses du Soleil, il se produit que le cercle plus lumineux qui se forme autour de la Lune est visible dans la partie placée sous le disque du Soleil, mais non pas dans celle qui est en dehors; la raison en est que les rayons solaires qui traversent les parties de la Lune situées au-dessous du Soleil viennent directement à notre œil tandis que ceux qui traversent les autres parties de la Lune prennent une autre direction ».

SALVIATI Si le philosophe dont vous parlez avait été le premier auteur de cette théorie, je ne serais point surpris qu'il y fût attaché au point de la croire vraie; mais sachant qu'il l'a reçue d'autrui, je ne vois pas de raison suffisante pour l'excuser de ne s'être pas rendu compte de son inanité, surtout après avoir entendu énoncer la véritable cause de cet effet et avoir été à même de s'assurer par mille expériences concordantes qu'il résulte du reflet de la Terre et de rien d'autre. Et autant cette connaissance me fait mettre en doute la pénétration de votre auteur et de tous ceux qui ont refusé leur assentiment à la vraie doctrine, autant je trouve excusable les plus anciens qui n'en avaient jamais entendu parler et n'y avaient pas pensé eux-mêmes, mais dont je suis bien sûr que, si on la leur donnait maintenant à connaître, ils l'accepteraient sans hésiter. D'ailleurs, s'il me faut vous dire tout net mon sentiment, je ne puis croire qu'au fond de lui-même ce moderne ne l'accepte pas, et je soupçonne que le fait de ne pouvoir s'en proclamer le premier auteur le stimule un peu à essayer de la supprimer ou de la discréditer au moins auprès des simples, dont chacun sait que le nombre est très grand. Bien des gens se complaisent aux applaudissements d'un peuple nombreux beaucoup plus qu'à l'assentiment de quelques esprits non vulgaires.

SAGREDO Ici, je vous arrête, signor Salviati, car il me semble que vous n'allez pas droit au but. Ceux qui tendent leurs panneaux aux vulgaires savent aussi très bien s'approprier les inventions d'autrui, pourvu qu'elles ne soient pas si anciennes et si ressassées du haut des chaires et sur les places qu'elles soient de notoriété publique.

SALVIATI Oh! je suis plus méchant que vous. Que parlez-vous de ce qui est public ou notoire? Que les doctrines et les inventions soient nouvelles pour les hommes ou que les hommes soient nouveaux pour les doctrines et les inventions, n'est-ce pas la même chose? Si vous vous contentez de l'estime des débutants (et il y a toujours des débutants dans les sciences), vous pouvez vous attribuer la découverte de l'alphabet et gagner ainsi l'admiration des foules; et si, avec le temps, votre imposture se découvre, vous n'en aurez pas moins atteint votre but, car d'autres débutants viendront relayer les premiers, et le nombre de vos admirateurs ne sera pas réduit. Mais revenons au signor Simplicio et montrons-lui en quoi les raisonnements de son auteur moderne sont inefficaces, erronés, illogiques et insoutenables. Pour commencer, il est faux que cette lumière secondaire soit plus brillante vers la circonférence du disque de la Lune que dans les parties centrales et qu'elle y forme un anneau ou un cercle plus resplendissant que le reste. Il est exact que si on regarde la Lune au crépuscule, on distingue, à première vue, un cercle semblable, mais par une illusion due aux aspects différents des zones qui limitent le disque où est répandue la lumière secondaire; car du côté qui est vers le Soleil, cette lumière confine aux cornes brillantes de la Lune, et de l'autre, elle se détache sur le fond obscur du crépuscule et, par constraste, paraît plus forte tandis que, dans la région opposée, elle est obscurcie par le vif éclat du croissant. Si votre auteur avait essayé d'interposer entre son œil et cette lumière intense le toit d'une maison ou n'importe quel autre obstacle, de manière à ne laisser dans son champ de vue que le disque lunaire à l'exclusion du croissant, il l'aurait vu partout également lumineux.

SIMPLICIO Je crois pourtant me rappeler qu'il affirme avoir usé d'un artifice de ce genre pour soustraire à ses yeux l'éclat du croissant.

SALVIATI Eh! bien, dans ce cas, ce que je prenais pour une inadvertance devient un mensonge, et un mensonge effronté puisque l'expérience est fréquemment possible et à la portée de chacun. Que d'autre part, lors des éclipses du Soleil, le disque de la Lune se voie autrement que par privation, j'en doute fort (et surtout si l'éclipse n'est que partielle, comme l'ont été nécessairement celles qu'à observées votre auteur). Mais y distinguerait-on même quelque lueur, c'est là une chose qui, loin de contrarier notre opinion, ne pourrait que la favoriser. En effet, dans les éclipses solaires, l'hémisphère terrestre illuminé par le Soleil est tout entier face à la Lune, et si la Lune en obscurcit une partie, c'est une partie bien faible en comparaison du reste. Ce qu'il ajoute encore, à savoir que, dans les éclipses, le bord du disque lunaire apparaît très brillant dans sa partie placée sous le Soleil, mais non pas dans la partie qui se trouve au-delà, et que cette différence résulte du fait que les rayons solaires viennent directement à notre œil à travers la première des parties susdites, mais non pas à travers la seconde, c'est là une de ces fables qui dénoncent les autres fictions de celui qui les raconte. Car si la Lune, pour que nous soit perceptible sa lumière secondaire, devait être placée de telle sorte que les rayons du Soleil vinssent [à travers elle] directement à notre œil, le pauvre homme ne voit-il pas que nous ne verrions jamais cette lumière secondaire, sinon lors des éclipses du Soleil? Et s'il suffit qu'une partie de la Lune s'écarte du disque solaire de moins d'un demi-degré pour faire dévier les rayons du Soleil en sorte qu'ils n'arrivent plus à notre œil, qu'en sera-t-il quand la Lune s'en trouvera éloignée de vingt et trente degrés, comme cela se produit lors de sa première apparition? Et comment les rayons du Soleil qui auront à traverser le corps de la Lune parviendront-ils à notre œil? Cet homme trouve plus expédient d'accommoder les choses en sorte qu'elles répondent à ses théories que d'accommoder ses théories aux choses telles qu'elles sont. C'est bien simple : pour que la lumière du Soleil puisse pénétrer la substance de la Lune, il donne à la Lune la transparence d'un nuage ou d'un cristal; mais je me demande ce qu'il penserait d'une transparence de ce genre si les rayons du Soleil avaient à traverser une épaisseur de nuages de plus de deux mille milles. Peut-être me répondra-t-il hardiment que cela peut très bien se produire dans les corps célestes qui n'ont rien de commun avec nos corps élémentaires impurs et souillés; convainquons-le donc de son erreur par des arguments qui n'admettent pas de réplique, ou pour mieux dire, pas d'échappatoires. S'il prétend maintenir que la substance de la Lune est diaphane, il faut qu'il dise qu'elle est telle quand les rayons du Soleil ont à en pénétrer toute la profondeur, c'est-à-dire une épaisseur de plus de deux mille milles, mais que si l'obstacle qu'ils rencontrent n'a qu'un seul mille d'épaisseur, ou moins encore, ils ne le pénétreront pas plus qu'ils ne pénètrent une de nos montagnes.

SAGREDO Vous me faites souvenir d'un homme qui voulait me vendre un secret permettant de parler, au moyen d'une certaine sympathie entre des aiguilles aimantées, à un interlocuteur qui se fût trouvé à une distance de deux ou trois milles. Comme je lui disais que j'achèterais volontiers son invention mais que je voulais en faire l'épreuve, et qu'il suffirait pour cela de nous installer, lui dans une pièce de ma maison et moi dans une autre, il me répondit que de si près on ne pouvait bien juger de l'opération; sur quoi, je le congédiai en lui disant que, pour le moment, je ne me sentais pas disposé à me rendre au Caire ou en Moscovie, mais que s'il voulait y aller, lui, je lui donnerais la réplique sans quitter Venise. Mais voyons un peu comment notre auteur procède dans son raisonnement et comment il est conduit à admettre que la matière de la Lune est très perméable aux rayons solaires quand elle leur oppose une épaisseur de deux mille milles, et d'une opacité qu'égale à peine celle de nos montagnes quand son épaisseur ne dépasse pas un mille.

SALVIATI Les montagnes mêmes de la Lune nous en sont témoins, puisqu'étant exposées d'un côté aux rayons du Soleil, elles projettent de l'autre des ombres très noires, d'un contour net, et plus tranchantes encore que celles de nos monts. Si elles étaient diaphanes, jamais nous n'aurions pu distinguer la moindre aspérité à la surface de la Lune ni voir ces cimes éclairées au delà de la limite qui sépare la partie illuminée de la partie ténébreuse. Que dis-je? Nous ne verrions pas cette limite même s'il était vrai que la lumière du Soleil pénétrât les profondeurs du globe lunaire; et bien plus encore, suivant la propre théorie de l'auteur, cette transition, cette frontière entre la région ensoleillée et celle qui ne l'est pas devrait nous apparaître confuse, mêlée de lumière et d'ombre, car la substance qui donne passage aux rayons solaires dans une profondeur de deux mille milles, il faut de toute évidence qu'elle soit assez diaphane pour ne leur opposer qu'un bien faible obstacle quand son épaisseur est cent fois plus petite, ou moindre encore. Or, au contraire, la partie illuminée et la partie obscure sont séparées par une limite bien tranchée et aussi distinctes l'une de l'autre que le blanc du noir; et cela surtout quand leur démarcation traverse une zone naturellement plus claire et plus accidentée, car là où elle coupe les anciennes taches, qui sont des plaines épousant la forme sphérique et inclinées de manière à recevoir très obliquement les rayons du Soleil, cette limite exposée à une illumination plus faible est loin d'être aussi nette. Enfin, quand il prétend que la lumière secondaire ne diminue ni ne tend à s'éteindre à mesure que la Lune croît, mais qu'elle demeure toujours pareillement intense, il dit quelque chose d'on ne peut plus faux; en effet, dans les quadratures, elle apparaît peu alors qu'elle devrait être, au contraire, plus intense, pouvant être vue hors du crépuscule, au cœur de la nuit. Concluons donc que la réflexion de la Terre est très puissante sur la Lune; et déduisez de là une autre congruence fort belle, dont je vous demande de faire le plus grand cas : s'il est vrai que les planètes agissent sur la Terre par leur lumière et leur mouvement, peut-être réciproquement la Terre n'exerce-t-elle pas sur elles une action moins puissante par sa lumière et, qui sait? par son mouvement aussi. D'ailleurs, en admettant qu'elle ne se meuve point, cette action pourrait s'exercer tout autant car, ainsi que nous l'avons vu, l'action de sa lumière, c'est-à-dire de la lumière réfléchie du Soleil, resterait la même; le mouvement ne fait que varier les positions respectives des astres, et cette variation suit le même cours, que l'on fasse mouvoir la Terre en laissant le Soleil immobile ou que l'on suppose l'inverse.

SIMPLICIO Vous ne trouverez pas un philosophe qui ait dit que ces corps inférieurs agissent sur les corps célestes, et Aristote affirme clairement le contraire.

SALVIATI Aristote et les autres, ayant ignoré que la Terre et la Lune s'éclairent réciproquement, sont dignes d'excuse, mais ils seraient dignes de répréhension si, voulant que nous leur accordions et que nous croyions, d'après eux, que la Lune exerce une action sur la Terre, ils prétendaient nier, maintenant que nous leur avons enseigné que la Lune est éclairée par la Terre, l'action de la Terre sur la Lune.

SIMPLICIO Tous comptes faits, j'éprouve une extrême répugnance à admettre, entre la Terre et la Lune, cette relation dont vous voudriez me persuader en mettant la Terre, comme on dit, au rang des astres; car n'y eût-il pas autre chose, la séparation, le grand éloignement qui existe entre la Terre et les corps célestes me paraît être la preuve incontestable d'une dissimilitude profonde entre elle et eux.

SALVIATI Voyez, signor Simplicio, le pouvoir d'un attachement invétéré et d'une opinion enracinée : il est si fort qu'il vous fait regarder comme favorables à votre doctrine les choses que vous-même produisez contre elle. Si, en effet, séparation et éloignement sont des accidents qui vous semblent suffisamment témoigner d'une profonde diversité de nature, il conviendra qu'à l'inverse voisinage et contiguïté impliquent similitude. Mais la Lune, combien n'est-elle pas plus proche de la Terre que de tout autre corps céleste? Avouez donc, en accord avec votre propre concession (et en compagnie d'autres philosophes), qu'il y a une très grande affinité entre la Terre et la Lune. Maintenant, poursuivons, et dites-nous s'il reste autre chose à examiner qui se rapporte aux objections soulevées par vous contre l'affinité de ces deux corps.

SIMPLICIO Il y aurait encore je ne sais quoi au sujet de la solidité de la Lune que je déduisais de la parfaite égalité de sa surface et vous de ses aspérités. Une autre difficulté m'embarrassait : je croyais que la mer, parce que sa surface est unie, devait refléter la lumière avec plus de force que la Terre, si montueuse et si opaque.

SALVIATI Sur le premier point, voici ce que j'ai à dire : si les parties de la Terre, du fait de leur pesanteur, tendent toutes à se rapprocher le plus possible du centre, certaines cependant en demeurent plus éloignées que d'autres — ainsi, les montagnes plus que les plaines — et cela en raison de leur solidité et de leur dureté (car elles se nivelleraient si elles étaient de matière fluide) ; si donc nous voyons certaines parties de la Lune s'élever au-dessus de la sphéricité des parties plus basses, nous pouvons en tirer argument en faveur de leur dureté, car il est à croire que la matière de la Lune se modèle en forme sphérique par la tendance commune de ses parties vers un même centre. Quant à votre seconde difficulté, ce que nous avons observé tout à l'heure des reflets de nos miroirs nous permet, me semble-t-il, de très bien comprendre que la lumière réfléchie par la mer doit être beaucoup plus faible que la lumière réfléchie par la terre; étant bien entendu qu'il s'agit de la réflexion universelle, car le reflet particulier qu'un plan d'eau tranquille envoie vers un endroit déterminé paraîtra éblouissant à quiconque se placera en cet endroit; mais, de partout ailleurs, la surface de l'eau sera plus sombre que celle de la terre. Pour que vous en puissiez juger par vos yeux, entrons dans cette salle et répandons un peu d'eau sur le pavement; dites-moi maintenant si ce carreau mouillé n'est pas plus foncé que les autres qui sont secs? Oui, certes, et tel il se montrera d'où qu'on le regarde, exception faite d'un seul endroit : celui où donne le reflet de la lumière qui entre par la fenêtre : retirez-vous donc en arrière tout doucement.

SIMPLICIO D'ici, je vois la surface mouillée plus brillante que le reste du pavement et je vois que la cause en est le reflet de la lumière entrée par la fenêtre qui vient vers moi.

SALVIATI L'eau répandue n'a fait autre chose que remplir les petites cavités du carrelage et rendre sa surface parfaitement plane, en sorte que les rayons réfléchis prennent tous la même direction; au contraire, la partie du pavement restée sèche garde ses aspérités, c'est-à-dire que ses minimes particules offrent une variété innombrable d'inclinaisons, si bien qu'elles réfléchissent la lumière en tous sens plus faiblement que si elles la renvoyaient en un faisceau unique mais partout également ou presque. Aussi, de quelque côté qu'on regarde, l'aspect du pavement sec se montre le même, et beaucoup moins brillant que celui de la partie mouillée quand on en reçoit le reflet direct. J'arrive donc à cette conclusion que, vue de la Lune, la surface de la mer, pour la raison même qu'elle se montrerait très unie (exception faite des îles et des écueils), paraîtrait moins lumineuse que la surface de la terre ferme, montueuse et inégale. Et si ce n'était que je ne voudrais pas avoir l'air, comme on dit, d'aller trop loin, j'ajouterais que, d'après mes observations, cette lumière secondaire de la Lune que j'attribue à la réflexion du globe terrestre est sensiblement plus claire deux ou trois jours avant la conjonction qu'elle ne l'est après, c'est-à-dire plus claire quand nous la voyons à l'orient, avant l'aube, que quand nous la voyons le soir après le coucher du Soleil, à l'occident. Or, la cause de cette différence est que l'hémisphère terrestre qui fait face à la Lune orientale présente peu de mer et beaucoup de terre puisqu'il comprend toute l'Asie, tandis que la Lune, quand elle est à l'occident, regarde de grandes étendues marines, à savoir l'Atlantique tout entier jusqu'aux Amériques : argument propre à nous convaincre que la surface de l'eau est moins illuminante que celle de la Terre.

SIMPLICIO Ainsi, à votre sentiment, la Terre offrirait un aspect comparable à ce que nous voyons du disque lunaire en ses deux parties principales. Mais penseriez-vous que ces grandes taches que l'on distingue sur la face de la Lune soient des mers et que les parties plus lumineuses soient de la terre, ou quelque chose de semblable?

SALVIATI Votre question nous amène aux différences qui, selon moi, existent entre la Lune et la Terre et dont il est grand temps que nous nous occupions pour en finir, car nous ne nous sommes que trop attardés dans cette Lune. Voici donc ce que j'ai à dire : s'il n'était dans la nature qu'un seul mode de faire que deux surfaces éclairées par le Soleil apparussent l'une plus claire et l'autre plus sombre, et qu'il fallût pour cela que l'une fût de terre et l'autre d'eau, nous serions obligés de supposer que la surface de la Lune est en partie terreuse, en partie aqueuse; mais plusieurs autres manières d'obtenir le même effet nous sont connues, et peut-être en est-il d'autres encore que nous ignorons; aussi ne me hasarderai-je pas à affirmer que celle-ci appartienne à la Lune plutôt que celle-là. Comme nous l'avons vu tout à l'heure, une plaque d'argent blanchi, quand on la passe au brunissoir, perd sa blancheur et devient sombre; une terre humide est plus sombre qu'une terre sèche; au flanc des montagnes, les parties boisées apparaissent plus foncées que les parties dénudées et stériles : cela vient de ce qu'entre les arbres il tombe beaucoup d'ombre tandis que les terrains découverts sont tout illuminés par le Soleil; et ce mélange d'ombre produit de tels effets que, dans les velours façonnés, la couleur de la soie rase est plus obscure que celle de la soie non taillée à cause des ombres disséminées entre les fils, et pareillement un velours uni est plus sombre qu'un taffetas fait de la même soie; en sorte que s'il existait dans la Lune des choses comparables à de grandes forêts, leur aspect pourrait être celui des taches que nous voyons; et si c'étaient des mers, l'apparence serait la même; enfin, rien n'empêche d'admettre que ces taches sont réellement de couleur plus obscure que le reste; ainsi, la neige fait paraître plus claire les sommets des montagnes. Ce qui n'est pas douteux, c'est que les parties obscures de la Lune sont toutes des plaines et que les rochers et les accidents du sol y sont rares, encore qu'il y en ait quelques-uns; les parties plus lumineuses, au contraire, sont hérissées de rocs, de monts, de cirques et d'escarpements de toutes formes; autour des taches, en particulier, il y a de très grandes chaînes de montagnes. Une chose nous assure que les taches sont des surfaces planes, c'est de voir comment la limite qui sépare la zone illuminée de la zone obscure coupe ces taches d'un trait régulier tandis que, dans les parties claires, elle présente partout des anfractuosités et des dentelures. Mais je ne suis pas certain que le nivellement de leur surface soit suffisant à lui seul pour donner aux régions de plaines cette apparence plus sombre, et je croirais plutôt que non. Outre cela, je tiens la Lune pour très différente de la Terre, car tout en rêvant qu'il y a autre chose là-haut que des contrées oisives et mortes, je n'ose toutefois affirmer qu'on y trouverait du mouvement, de la vie et moins encore des plantes, des bêtes et tout ce que nous connaissons, ou ce serait alors sous des formes très différentes et pour nous inimaginables. J'incline à penser ainsi en premier lieu parce que j'estime que la matière du globe lunaire n'est pas de terre et d'eau, et cela seul suffit à exclure la possibilité de générations et d'altérations semblables aux nôtres; mais à supposer même qu'il y eût dans la Lune de l'eau et de la terre, nos plantes et nos animaux ne pourraient y naître, et cela pour deux raisons principales. La première est que les variations d'aspect du Soleil sont si nécessaires à nos générations que, sans elles, toute vie ferait défaut; or, le Soleil ne se présente pas du tout de la même manière à la Terre et à la Lune. Quant à l'illumination diurne, la plus grande partie du globe terrestre connaît toutes les vingt-quatre heures l'alternance d'un temps de jour et d'un temps de nuit; dans la Lune, cette alternance se produit en un mois; et quant à cet abaissement et à cette élévation du Soleil qui nous donnent, au cours d'un an, la diversité des saisons et l'inégalité des jours et des nuits, pour la Lune, ils s'achèvent eux aussi en un mois. De plus, alors que pour nous l'abaissement et l'élévation du Soleil sont tels qu'entre les niveaux extrêmes qu'il atteint la différence est de quarante-sept degrés, c'est-à-dire autant que la distance d'un tropique à l'autre, cette différence n'est, pour la Lune, que de dix degrés ou à peine davantage, c'est-à-dire autant que les latitudes extrêmes du Dragon [41] en deçà et au-delà de l'écliptique. Il suffit d'imaginer quelle serait l'action du Soleil dans la zone torride si, durant quinze jours consécutifs, il la frappait de ses rayons, pour comprendre que tout y serait détruit : plantes, herbes et animaux, ou que, s'il en pouvait naître encore, ils seraient complètement différents des nôtres. En second lieu, je tiens pour assuré que, dans la Lune, il n'y a pas de pluies, car si des nuages s'y rassemblaient comme autour de la Terre, ils nous cacheraient telle ou telle de ces choses que nous y distinguons à l'aide du télescope et feraient que, sur certains points, la face de la Lune changerait d'aspect, effet que de longues et diligentes observations ne m'ont jamais permis de voir : je n'ai jamais constaté, au contraire, qu'une très pure et très uniforme sérénité.

SAGREDO A cela, on pourrait répondre ou qu'il y a, dans la Lune, de très abondantes rosées, ou qu'il y pleut la nuit, c'est-à-dire quand le Soleil ne l'éclaire pas.

SALVIATI Si d'autres indices nous laissaient croire à la possibilité, dans la Lune, de générations semblables aux nôtres et auxquelles ne manquerait que le bénéfice des pluies, nous pourrions imaginer qu'il y serait suppléé par le moyen que vous dites ou par tel autre, comme en Égypte par la crue du Nil; mais nous ne trouvons pas trace, dans la Lune, d'accidents propres à produire des effets de ce genre et qui s'accorderaient à ce que nous connaissons; pourquoi, dès lors, se mettre en peine d'en introduire un, tout seul, et cela non parce qu'une sûre observation nous en révèle la présence, mais simplement parce que nous n'avons aucune répugnance à l'admettre? Au surplus, à qui me poserait la question de savoir s'il se produit là-haut des choses semblables aux nôtres ou au contraire différentes des nôtres, et me demanderait quelle réponse me suggère de prime abord la pure raison naturelle, je répondrais : des choses très différentes et pour nous inimaginables, car c'est là ce que me paraissent exiger la profusion de la nature et la toute puissance de Celui qui l'a créée et qui la gouverne.

SAGREDO D'une extrême témérité m'ont toujours semblé ceux qui veulent faire de l'intelligence humaine la mesure de ce que peut et sait opérer la nature, alors qu'au contraire il n'est dans la nature aucun effet, si minime soit-il, dont les esprits les plus spéculatifs puissent atteindre la pleine connaissance. Cette vaine prétention de tout comprendre ne peut avoir d'autre principe que le fait de n'avoir jamais rien compris; car celui à qui il serait arrivé une seule fois de comprendre parfaitement une seule chose et qui aurait vraiment senti là quel est le goût du savoir, saurait aussi qu'il n'entend rien à tout le reste.

SALVIATI Votre discours est sans réplique; pour le confirmer, il n'est que de faire appel à l'expérience de ceux qui ont ou ont eu l'intelligence de quelque chose : plus leur savoir est grand, plus ils reconnaissent et avouent sans détours qu'ils savent peu; et l'homme le plus sage de la Grèce, celui à qui les oracles ont décerné ce titre, disait ouvertement savoir qu'il ne savait rien.

SIMPLICIO Il faut donc que l'oracle ait menti, ou Socrate lui-même, puisque l'oracle dit que Socrate est le plus sage et que Socrate se reconnaît le plus ignorant.

SALVIATI Ces conséquences sont à écarter l'une et l'autre, attendu que les deux sentences peuvent être également vraies. L'oracle juge Socrate le plus sage entre les hommes, dont le savoir est limité; Socrate se reconnaît ignorant par rapport au savoir absolu, qui est infini. Et comme le beaucoup, le peu et le rien, en tant que parties de l'infini, sont égaux (car pour atteindre par exemple au nombre infini, accumuler les milliers, les dizaines ou les zéros, c'est tout un), Socrate avait raison de reconnaître que sa science limitée, au regard de la science infinie qui lui manquait, était nulle; mais comme, d'autre part, il se trouve quelque savoir chez les hommes et qu'il ne leur est pas à tous également départi, Socrate pouvait en posséder plus que les autres, et en ce sens la réponse de l'oracle pouvait être vérifiée.

SAGREDO Je crois comprendre cela très bien. Le pouvoir de faire œuvre, signor Simplicio, a été donné aux hommes, mais non pas également partagé entre eux; il n'est pas douteux que la puissance d'un empereur est beaucoup plus grande que celle d'une personne privée, mais l'une et l'autre ne sont rien en comparaison de la puissance divine. Parmi les hommes, il en est quelques-uns qui entendent mieux l'agriculture que beaucoup d'autres; mais l'art de planter un sarment de vigne dans une fosse a-t-il quelque rapport avec celui de lui faire pousser des racines, puiser sa nourriture, en tirer et en distinguer les éléments propres à former les feuilles, les vrilles, les grappes, les grains et les pépins — car tel est l'ouvrage de la très savante nature? Ce n'est là qu'une de ses œuvres particulières parmi tant d'autres sans nombre, et elle témoigne d'une science infinie; aussi peut-on conclure que le savoir divin est infiniment infini.

SALVIATI En voici un autre exemple. Ne dirons-nous pas que l'art de faire surgir d'un marbre une très belle statue a élevé le génie de Michel-Ange bien au-dessus du commun des hommes? Or, cet art n'est que celui d'imiter une seule attitude, une seule disposition des membres, l'aspect extérieur et superficiel d'un personnage immobile. Qu'est cela en comparaison d'un homme fait par la nature, composé de tant d'organes externes et internes, de tant de muscles, de tendons, de nerfs et d'os lui permettant des mouvements si nombreux et si divers? Mais que dire des sens, des facultés de l'âme, de l'intelligence enfin? N'avons-nous pas raison de reconnaître que l'exécution d'une statue le cède d'infiniment loin à la formation d'un homme vivant, à celle même du plus humble ver de terre?

SAGREDO Quelle différence ne devons-nous pas supposer entre la colombe d'Archytas et une colombe de la nature? [42]

SIMPLICIO Ou je ne suis pas du nombre des hommes doués d'entendement, ou il y a dans votre discours une contradiction manifeste. L'entendement, dites-vous, est un des plus grands, voire le plus grand privilège qui soit attribué à l'homme fait par la nature, et vous disiez tout à l'heure, avec Socrate, que l'entendement humain n'est rien; il vous faudra donc ajouter que la nature elle-même est incapable de créer un entendement qui entende.

SALVIATI Votre objection est des plus subtiles. Pour y répondre, il convient de recourir à une distinction philosophique et de distinguer deux modes d'entendement suivant qu'il est pris *intensive* ou *extensive*. *Extensive*, c'est-à-dire eu égard à la multitude des intelligibles, qui est infinie, l'entendement humain est comme nul, fût-il capable d'entendre mille propositions, puisque mille, par rapport à l'infini, est autant que zéro; mais si le terme « entendement » est pris *intensive*, signifiant alors la compréhension intensive, c'est-à-dire parfaite, d'une proposition donnée, je dis que l'entendement humain en comprend quelques-unes aussi parfaitement et en a une certitude aussi absolue que la nature elle-même; telles sont, par exemple, les propositions des sciences mathématiques pures, à savoir la géométrie et l'arithmétique; l'intellect divin en connaît un nombre infiniment plus grand puisqu'il les connaît toutes, mais si l'intellect humain en connaît peu, je crois que la connaissance qu'il en a s'égale en certitude objective à la connaissance divine parce qu'il arrive à en comprendre la nécessité et que c'est là le plus haut degré de la certitude.

SIMPLICIO C'est là, me semble-t-il, un langage bien assuré et bien audacieux.

SALVIATI C'est le langage du sens commun, sans ombre de témérité ou d'audace; il ne porte aucune atteinte à la majesté de la sagesse divine, de même qu'on ne diminue en rien la toute puissance de Dieu en disant qu'Il ne peut faire que ce qui est fait ne soit pas fait. Mais je soupçonne, signor Simplicio, que vous prenez ombrage de ce que j'ai dit parce que vous avez mal entendu le sens de mes paroles. Aussi vais-je essayer de m'expliquer mieux : la vérité dont les démonstrations mathématiques nous donnent connaissance est celle même que connaît la sagesse divine; mais je suis tout prêt à vous accorder que le mode suivant lequel Dieu connaît l'infinité des propositions est souverainement plus excellent que le mode suivant lequel nous en connaissons quelques-unes : le nôtre est un procédé discursif, un cheminement de conclusion en conclusion, alors que le Sien est une intuition simple [43]. Ainsi, par exemple, pour acquérir la notion de quelques propriétés du cercle, lesquelles sont en nombre infini, nous partons de l'une des plus simples et, l'ayant prise comme définition, nous passons par raisonnement à une autre, de celle-ci à une troisième, puis à une quatrième et ainsi de suite; tandis que l'intellect divin, par simple appréhension de l'essence du cercle, saisit, sans nul discours déroulé dans le temps, le nombre infini des propriétés de cette figure, lesquelles d'ailleurs, comme celles de toute figure, sont virtuellement contenues dans la définition et, pour infinies qu'elles soient, ne sont peut-être qu'une seule en leur essence et dans la pensée de Dieu. Cette connaissance intuitive n'est pas elle-même tout à fait étrangère à l'intellect humain, mais elle est obscurcie par un profond et épais brouillard, lequel se raréfie et s'éclaircit un peu quand nous nous sommes rendus maîtres d'un certain nombre de conclusions fermement démontrées et quand nous les avons si bien présentées à l'esprit que nous pouvons très rapidement les parcourir. Car, après tout, que dans un triangle rectangle le carré opposé à l'angle droit soit égal à la somme des deux carrés adjacents, qu'est-ce autre chose sinon que les parallélogrammes construits sur une base commune et entre les mêmes parallèles sont égaux entre eux? Et ceci, pour finir, qu'est-ce autre chose sinon que deux surfaces appliquées l'une sur l'autre et contenues dans les mêmes limites sont égales? Or, ces passages que notre intellect opère dans le temps et en avançant pas à pas, l'intellect divin, prompt comme la lumière, les fait en un instant, ce qui revient à dire que tous lui sont présents à la fois. J'en arrive donc à cette conclusion que notre entendement, en ce qui concerne tant le mode de connaissance que la multiplicité des choses connues, est séparé de l'entendement divin par un intervalle infini, mais je ne l'abaisse pas au point de le réputer absolument nul; bien plus, quand je considère combien sont nombreuses et merveilleuses les choses que les hommes ont comprises, découvertes et opérées, je connais et conçois clairement que l'esprit humain est œuvre de Dieu, et l'une des plus excellentes.

SAGREDO Bien souvent, j'ai songé à ce que vous venez de dire, considérant à part moi combien grande est la pénétration du génie humain. Quand je vais ainsi parcourant en pensée toutes les merveilleuses inventions des hommes, dans les arts comme dans les lettres, et quand ensuite je fais retour sur mon propre savoir, quand je le vois si loin de pouvoir se promettre non seulement de trouver quelque chose de nouveau, mais même d'embrasser ce qui a déjà été trouvé, la stupeur me confond, un désespoir m'afflige et je ne suis plus guère à mes yeux qu'un misérable. Si je regarde quelque statue des meilleures, je me dis à moi-même : « Quand sauras-tu, d'un bloc de marbre, arracher le superflu [44] et mettre au jour cette forme si belle qui y était cachée? Quand sauras-tu mélanger différentes couleurs, les étendre sur une toile ou sur un mur et représenter par ce moyen tous les objets visibles comme font un Michel-Ange, un Raphaël, un Titien? ». Si je pense à l'ingéniosité qu'il fallut aux hommes pour définir les intervalles musicaux, pour formuler des préceptes et des règles permettant de les mettre en œuvre à la plus grande délectation de l'ouïe, pourrai-je finir de m'étonner? Et que dire du nombre et de la variété des instruments? Et la lecture des poètes excellents? De quel émerveillement ne comble-t-elle pas quiconque est assez attentif à l'invention et à l'expression des idées? Et l'architecture? Et l'art de naviguer? Mais toutes ces inventions étonnantes, de quelle hauteur ne sont-elles pas dominées par l'esprit de celui qui imagina le moyen de communiquer ses plus secrètes pensées à n'importe quelle autre personne, fût-elle séparée de lui par une très longue distance ou un très grand intervalle de temps, de parler à ceux qui sont aux Indes, à ceux qui ne sont pas nés encore et ne naîtront pas avant mille ans, ou dix mille ans? Et avec quelle facilité! Par la combinaison de vingt caractères sur une feuille! Que l'invention de l'alphabet soit donc le sceau de toutes les belles découvertes humaines et la fin de nos propos d'aujourd'hui. Les heures les plus chaudes ont passé, et je crois que le signor Salviati goûtera volontiers la fraîcheur d'une de nos promenades en barque. Demain, nous serons là tous deux pour reprendre avec lui l'entretien commencé.

1. *Dialogo di Galileo Galilei Linceo... dove ne i congressi di quattro giornate si discorre sopra i due massimi sistemi del mondo tolemaico e copernicano...* Florence, 1632.

2. *De coelo*, I, 1, 268 *a*, 7 sq.

3. *Formalmente*, c'est-à-dire *par leur notion*, traduit le κατὰ τὴν ἰδέαν d'Aristote (*De coelo*, I, 1, 268 *a*, 21).

4. Aulu-Gelle, *Noct. att.*, 1, 23. Papirius Praetextatus, le jeune homme dont parle Aulu-Gelle, avait fait à sa mère le récit d'une prétendue discussion au Sénat sur la question de savoir s'il était préférable d'accorder aux hommes

le droit d'avoir deux épouses ou aux femmes celui d'avoir deux maris. Le bruit s'en étant répandu, une délégation de femmes vint demander aux sénateurs de s'en tenir au second parti.

5. Selon Aristote, *Phys.*, III, I, 201 *a*, la définition du mouvement s'étend à tout changement selon la substance, la quantité, la qualité ou le lieu; d'où le terme plus précis de « mouvement local » communément employé pour désigner le mouvement *secundum ubi*.

6. *De coelo*, I, II, 268 *b*-269 *a*.

7. *De coelo*, I, II, 269 *a*, 19 sq.

8. Littéralement, « les corps intégraux » (*corpi integrali*), appelés aussi « corps premiers », c'est-à-dire les corps célestes.

9. « Il n'y a pas de transport sur une droite infinie, car tel infini n'existe pas; et, s'il existait, rien ne serait mû, car l'impossible ne se produit pas et parcourir l'infini est impossible ». *Phys.*, VIII, 265 *a* (trad. Carteron).

10. Adjonction marginale de Galilée en marge de son propre exemplaire, conservé à la Bibliothèque du Séminaire de Padoue.

11. Littéralement « : les expériences sensibles » (*le sensate esperienze*), mais le singulier rend mieux ici la pensée de Simplicio qui ne fait pas allusion à *des expériences*, mais simplement à la valeur attribuée par Aristote au témoignage des sens.

12. *De coelo*, IV, 4.

13. En effet, si l'on admet la rotation de la Terre sur elle-même, le mouvement du grave « descendant vers le centre » se compose avec le mouvement terrestre duquel il participe. Voir sur ce point la IIe Journée du *Dialogue* (éd. Rizzoli, p. 227 sq.) et l'analyse de ce passage par A. Koyré, *Études galiléennes*, Paris, 1939, p. 260-262.

14. Adage inspiré d'Aristote (*Phys.*, VIII, III, 253 *b*, 2) et courant dans les écoles.

15. *De coelo*, IV, 4.

16. Salviati joue sur le triple sens du mot *organo* : l'organe, l'orgue et l'*Organon* ou logique d'Aristote.

17. *De coelo*, I, III, 270 *a*, 12 sq.

18. Il est à noter qu'Aristote sauvegarde autant que Galilée l'unité de la matière et qu'au moins en ce qui concerne les corps composés, la mutation *secundum quid* s'opère toujours par voie d'association ou de dissociation d'éléments.

19. Simplicio se réfère ici à la théorie exposée par Cesare Cremonini, aristotélicien padouan, dans son ouvrage *De coelo disputatio*, Venise, 1618, p. 23.

20. Suivant une tradition dont on retrouve l'écho chez Diodore de Sicile, c'est Hercule qui, séparant l'Europe de l'Afrique, aurait réuni l'Océan et la Méditerranée, déjà existante mais jusqu'alors mer fermée. A côté de ce récit mythique, une autre tradition attestée par Pline (*Hist. nat.*, VI, I)

veut que l'Océan, après avoir « arraché Calpé à l'Afrique » ait envahi les terres et ainsi *donné naissance* à la mer Méditerranée, puis au Pont-Euxin. C'est du texte de Pline que Simplicio semble tirer argument.

21. C'est en 1636, quatre ans après la publication du *Dialogue des grands systèmes*, que fut dressée par Peiresc et Gassendi et gravée par Claude Mellan la première carte lunaire.

22. Les lettres de Galilée à Marc Welser des 4 mai, 14 août et 1er décembre 1612 furent publiées en 1613 par les soins de l'Académie des *Lincei*, sous le titre *Istoria e dimostrazioni intorno alle macchie solari e loro accidenti*. Les premières observations des taches solaires par Galilée remontent à 1610.

23. *De coelo*, II, II, 292 *a*, 14 sq.

24. Cf. Giordano Bruno, *De la causa, principio e uno*, IV; à la question posée par Polinnio : « Ne croyez-vous pas que, si la matière se contentait de la forme présente, aucune altération ni aucune passion n'auraient de prise sur nous, que nous ne mouririons pas, que nous serions incorruptibles et éternels ? », Gervasio réplique : « Et si elle s'était contentée de la forme qu'elle possédait il y a cinquante ans, que dirais-tu ? » (trad. E. Namer, Paris, 1930, p. 165).

25. La doctrine d'Aristote est que rien n'est corruptible par accident; et c'est précisément parce que, dans le monde du corruptible, la corruption est nécessaire que ce monde peut être objet de science, de connaissance stable.

26. Giordano Bruno, *De immenso*, III, *passim*, admettait au moins comme possible que les corps célestes fussent habités; et de même Nicolas de Cusa (*Docta ignorantia*, II, XII).

27. Si en effet la Lune tournait dans un épicycle en présentant toujours la même face au centre de cet épicycle (centre que l'on suppose transporté sur l'excentrique de l'orbe lunaire), il est évident qu'elle apparaîtrait à la Terre sous différents aspects. Si au contraire elle tourne sur elle-même (sans épicycle) en un temps égal à celui de sa révolution autour de la Terre, elle présente toujours la même face à la Terre.

28. Les pythagoriciens appelaient antichthone une planète diamétralement opposée à la Terre, donc toujours invisible pour nous.

29. Dans l'astronomie ancienne, le terme « dragon » désignait l'espace compris dans la sphère céleste entre l'écliptique et l'orbite lunaire. Les points d'intersection de ces deux cercles (la *Tête* et la *Queue* du Dragon, figurés par les signes ☊ et ☋) séparaient les deux « ventres », nord et sud.

30. *Verso maestro*, c'est-à-dire vers le nord-ouest.

31. Conception empruntée à l'astronome anglais William Gilbert, *De magnete*, II, VIII; VI, IV.

32. « Il te faut démontrer comment la Terre remplit le même office à l'égard de la Lune que la Lune à l'égard de la Terre ». « Quand l'œil est à l'orient et voit la Lune à l'occident près du Soleil couchant, il constate que sa partie

lumineuse entoure sa partie ombreuse; les portions latérales et supérieures de cette lumière sont empruntées au Soleil, et la portion inférieure provient de l'océan occidental qui reçoit encore les rayons solaires et les réfléchit dans les mers inférieures de la Lune; et il confère autant d'éclat à toute la partie ombreuse de la Lune que celle-ci en dispense à la Terre, à minuit... » (Léonard de Vinci, *Carnets*, trad. Louise Servicen, Paris, 1942, I, 236, 238).

33. Suivant Aristote, le contact peut être, dans certains cas, unilatéral; cf. *De gen. et corr.*, I, VI, 323 *a*, 25 sq.

34. Théorie soutenue par Giulio Cesare La Galla dans son opuscule *De phoenomenis in orbe lunae*, Venise, 1612, écrit en réponse au *Nuncius sidereus* de Galilée.

35. En fait, l'intensité de la lumière rayonnée par une surface sphérique étant proportionnelle au sinus de l'inclinaison des rayons, elle doit paraître égale sur tous les points de cette surface.

36. Aristote, *De anima*, II, VII, 418 *b*, 18, dit exactement : « L'obscurité est la privation, dans le diaphane, de la disposition [que produit la présence du feu] ».

37. Toutes les formes sont comme ensevelies dans la matière qui les contient en puissance. Michel-Ange écrit :

Non ha l'ottimo artista alcun concetto
Ch'un marmo solo in se non circonscriva
Col suo soverchio...

Cette conception est aristotélicienne.

38. Giulio Cesare La Galla. Voir plus haut, note 34.

39. Opinion attribuée à Tycho Brahé par Képler.

40. Johann Georg Locher, *Disquisitiones mathematicae*, Ingolstadt, 1614.

41. Voir ci-dessus, note 29.

42. Favorinus (cité par Aulu-Gelle, X, XII) attribue à Archytas l'invention d'une machine volante : « Archytas de Tarente, à la fois philosophe et mécanicien, fit une colombe en bois qui volait. Mais une fois qu'elle s'était reposée, elle ne s'élevait plus; le mécanisme s'arrêtait là ».

43. Saint Augustin écrit : « L'esprit de Dieu, immuable et sans bornes, dénombre la totalité des choses innombrables sans aucun mouvement de pensée » (*sine cogitationis alternatione*). *De civ. Dei*, XII, XVII.

44. *Il soverchio*. C'est le mot même employé par Michel-Ange dans le poème cité plus haut, note 37.

DIALOGUE DES SCIENCES NOUVELLES [1]

Première journée

Interlocuteurs : SALVIATI, SAGREDO *et* SIMPLICIO

SALVIATI C'est un vaste champ que me paraît ouvrir aux méditations des esprits spéculatifs la fréquentation assidue de votre fameux arsenal, Seigneurs Vénitiens, et en particulier celle des ateliers dits de mécanique, où toutes sortes d'instruments et de machines sont constamment mis en usage par un grand nombre d'ouvriers dont certains, grâce aux observations de leurs prédécesseurs et à celles que leur suggère une pratique quotidienne, doivent forcément acquérir une expérience remarquable et un jugement des plus subtils.

SAGREDO Votre Seigneurie ne se trompe pas. Quant à moi, curieux de nature, je me rends souvent en ce lieu pour mon plaisir et j'y recherche la compagnie de ces ouvriers auxquels nous donnons, à cause de leur prééminence sur le reste de la maîtrise, le nom de « protes »; leur conversation m'a aidé plus d'une fois à trouver la cause d'effets non seulement merveilleux mais obscurs et à peine croyables. Je dois dire qu'il m'est arrivé d'être troublé et que j'ai parfois désespéré de comprendre comment pouvait se produire tel fait inconcevable pour moi et dont mes sens, pourtant, me certifiaient la vérité. Ainsi, ce que nous disait il y a peu d'instants ce bon vieux me semble être une affirmation des plus communes, et néanmoins je l'estime tout à fait vaine, comme tant d'autres que les ignorants ont à la bouche pour faire montre de leur savoir en des matières auxquelles ils n'entendent rien.

SALVIATI Peut-être faites-vous allusion aux paroles qu'il a prononcées alors que nous cherchions à comprendre pourquoi on disposait, autour de cette galéasse qui allait être mise à flot, des soutiens, des étais, des échafaudages tellement plus importants qu'il n'est d'usage de faire autour de navires plus petits ?

SAGREDO C'est bien à quoi je pense, et surtout à cette conclusion qu'il a tirée (et qui, à mon sens, relève de la sottise populaire), à savoir qu'en matière de machines, qu'il s'agisse de celles-ci ou d'autres, il ne faut pas inférer du petit au grand, car beaucoup de machines qui, en petit, remplissent leur office, en grand ne seraient pas viables. Étant donné que toutes les lois de la mécanique ont leur fondement dans la géométrie, et qu'en géométrie je ne vois pas que la grandeur ou la petitesse des cercles, des triangles, des cylindres, des cônes ou de n'importe quelles figures solides influe sur leurs propriétés, je ne vois pas non plus pourquoi la machine plus grande, si elle est fabriquée de telle sorte que toutes ses parties soient entre elles dans les mêmes proportions que celles de la plus petite — celle-ci étant supposée solide et propre à l'usage auquel elle est destinée —, ne serait pas soustraite aux mêmes accidents et aux mêmes causes de destruction.

SALVIATI L'affirmation du vulgaire est oiseuse; elle l'est à tel point que son contraire pourrait être énoncé avec autant de vérité : beaucoup de machines sont plus parfaites en grand qu'en petit; une grande horloge, par exemple, indiquera et sonnera les heures avec plus de précision qu'une petite. Il se trouve cependant des personnes intelligentes pour reprendre à leur compte l'opinion populaire en lui donnant une meilleure base : suivant elles, si les machines de grandes dimensions ne sont pas telles, à l'usage, que le laisseraient prévoir les pures et abstraites démonstrations de la géométrie, la cause en est dans le fait que la matière est sujette à nombre d'altérations et d'imperfections. Je ne sais donc trop si je ne risque pas d'être taxé d'arrogance en disant qu'alléguer les imperfections de la matière, imperfections capables de contaminer les très pures démonstrations mathématiques, ne suffit pas à excuser les désobéissances de la machine réalisée aux lois abstraites et idéales de la mécanique. J'oserai pourtant le dire et l'affirmer : supprimons par la pensée toutes les imperfections de la matière, supposons la matière absolument parfaite, inaltérable, exempte de toute mutation accidentelle, il n'en reste pas moins que, du seul fait qu'elle est matérielle, la machine plus grande, construite avec les mêmes matériaux et suivant les mêmes proportions que la plus petite, lui sera en tout semblable et répondra aux mêmes conditions, excepté en ce qui concerne la solidité et la résistance aux heurts violents; car plus elle sera grande, plus, en proportion, elle sera faible. Et puisque je suppose une matière inaltérable, c'est-à-dire toujours identique à elle-même, il est manifeste qu'elle se prêtera, en tant qu'objet éternel et nécessaire, à des démonstrations aussi rigoureuses que toute autre, voire mathématique. Rejetez donc, signor Sagredo, l'opinion qui était la vôtre et que partagent peut-être beaucoup de ceux qui ont étudié la mécanique, à savoir que les machines et constructions composées des mêmes matériaux et avec une ponctuelle observance des mêmes proportions entre leurs parties, doivent être également ou, pour mieux dire, proportionnellement disposées à résister ou à céder aux poussées et aux chocs du dehors, car on peut géométriquement démontrer que les plus grandes sont toujours, proportionnellement, moins résistantes que les plus petites, si bien qu'en fin de compte, à toute machine ou construction non seulement artificielle mais encore naturelle, est nécessairement assignée une limite que ni l'art ni la nature ne sauraient outrepasser, même si les proportions demeurent invariables et la matière identique.

SAGREDO Je sens mon cerveau bouleversé, et, tel un nuage que l'éclair tout à coup déchire, mon esprit est envahi par une soudaine et insolite lumière qui, de loin, me fait signe et aussitôt confond et dissipe les fantômes d'imaginations indigestes. De ce que vous avez dit, il me semble qu'on devrait conclure à l'impossibilité de fabriquer deux objets de même matière, semblables et inégaux, et offrant proportionnellement la même résistance; et si cela est, il sera impossible de trouver fût-ce deux bâtons du même bois d'une solidité égale et inégaux en grandeur.

SALVIATI Ainsi en est-il, signor Sagredo; et pour mieux nous assurer du parfait accord de nos pensées, je prendrai cet exemple : si nous donnons à une perche de bois une longueur et une grosseur telles que, fixée en un mur à angle droit, c'est-à-dire suivant l'horizontale, elle soit coupée à l'extrême longueur possible, en sorte que, plus longue d'un rien, elle se briserait sous son propre poids, je dis que cette tige sera unique au monde. J'entends par là que, sa longueur étant supposée centuple de sa grosseur, aucune autre tige, de dimensions différentes, ne sera apte à se soutenir elle-même, sans plus, fût-elle de même matière et de proportions identiques : plus longue, elle se brisera; plus courte, il lui sera possible de soutenir, outre son propre poids, quelque charge supplémentaire. Et ce que je dis des conditions dans lesquelles un objet peut se soutenir lui-même s'appliquera à n'importe quel cas analogue; si par exemple une solive peut supporter la charge de dix solives d'un poids égal au sien, aucune solive semblable [*i.e* de mêmes proportions mais de dimensions différentes] ne supportera pareillement un poids décuple. Que le signor Simplicio et Votre Seigneurie veuillent bien noter ici comment, examinées avec tant soit peu d'attention, les conclusions véritables, pour improbables qu'elles paraissent à première vue, se dépouillent des vêtements qui les cachaient à nos yeux et, nues et simples, font joyeux étalage de leurs secrets. Qui ne voit qu'un cheval tombant d'une hauteur de trois ou quatre brasses se rompra les os, tandis qu'un chien ne se fera aucun mal, non plus qu'un chat tombant de huit ou dix brasses, ou un grillon du haut d'une tour, ou une fourmi précipitée de l'orbe lunaire? Qui ne voit que les enfants en bas âge restent indemnes après des chutes où de plus grands se casseraient bras et jambes? Et de même que les petits animaux sont, à proportion, plus robustes et plus forts que les grands, de même les végétaux de petite taille se soutiennent mieux : vous conviendrez tous deux, je crois, qu'un chêne haut de deux cents brasses ne pourrait supporter le poids d'un branchage aussi étendu que celui d'un chêne de grandeur médiocre, et que la nature ne pourrait produire un cheval grand comme vingt chevaux ou un géant dix fois plus haut qu'un homme, sinon par l'effet d'un miracle, ou en altérant beaucoup les proportions des membres, et surtout des os, qui devraient être, par rapport à l'ensemble de l'organisme, sensiblement plus gros qu'il est normal. Pareillement, s'il s'agit de machines artificielles, croire que les plus grandes et les plus petites peuvent être fabriquées et conservées dans les mêmes conditions est une erreur manifeste : une aiguille de pierre, une colonnette, n'importe quel objet solide de faible dimension pourra être manié, dressé, couché sans risque de se rompre, alors que tout accident fâcheux réduira en pièces un élément de très grande taille du simple fait de son propre poids. Et il faut ici que je vous rapporte un fait vraiment digne d'être connu, comme le sont tous les accidents qui se produisent sans qu'on s'y attende, et surtout quand la précaution prise pour obvier à un inconvénient se révèle par la suite cause déterminante du désordre. Une très grosse colonne de marbre était couchée et soutenue à ses deux extrémités par deux tronçons de poutre; au bout d'un certain temps, il vint à l'esprit d'un ouvrier qu'il serait bon, pour mieux s'assurer que la colonne, par l'effet de son propre poids, ne se briserait pas en son milieu, de lui donner à cet endroit un troisième point d'appui; le conseil parut judicieux à tout le monde mais le résultat prouva le contraire, attendu qu'il ne s'écoula pas de longs mois que la colonne ne se trouvât fendue et rompue, et juste au point où on lui avait donné un troisième soutien.

SIMPLICIO Accident surprenant et en vérité *praeter spem*, si toutefois il résultait bien de l'adjonction du soutien placé au milieu.

SALVIATI Il en résultait à coup sûr; et la cause d'un tel effet une fois connue, tout étonnement, comme vous allez voir, se dissipe : après qu'on eût posé à plat, par terre, les deux morceaux de la colonne, on s'aperçut que l'une des poutres qui lui servaient de soutien aux extrémités avait pourri et s'était affaissée avec le temps; et comme celle du milieu n'avait rien perdu de sa solidité et de sa dureté, il se produisit que la moitié de la colonne privée de son appui extrême demeura en l'air, en sorte que l'excès de son propre poids lui fit faire ce qu'elle n'aurait pas fait si elle n'avait été soutenue que par les deux premières poutres car, l'une d'elles s'affaissant, la colonne l'aurait suivie. D'autre part, il est hors de doute que pareil accident n'aurait pu advenir à une colonne de petite dimension, eût-elle été taillée dans la même pierre que la grande et lui eût-on donné le même rapport entre grosseur et longueur.

SAGREDO Jusque-là, je suis assuré de la vérité de l'effet produit, mais je ne saisis pas encore bien la raison pour laquelle l'accroissement de la matière n'entraîne pas du même coup celui de la résistance et de la robustesse; ceci me confond d'autant plus qu'en d'autres cas je vois au contraire robustesse et résistance croître beaucoup plus que n'augmente la grosseur de la matière : si, par exemple, deux clous sont plantés dans un mur, l'un étant deux fois plus gros que l'autre, le gros clou supportera non seulement un poids double mais un poids triple ou quadruple.

SALVIATI Dites même octuple et vous ne serez pas loin du vrai; et c'est là un effet qui n'est pas contraire à celui dont nous parlions, encore qu'il nous paraisse bien différent.

SAGREDO Eh bien, signor Salviati, aplanissez-nous ces obstacles et éclairez-nous ces obscurités si vous en avez le moyen, car j'ai idée que cette question des résistances est un champ fertile en belles et utiles contemplations; et si vous avez pour agréable qu'elle soit le sujet de nos entretiens d'aujourd'hui, j'en serai très heureux quant à moi, et le signor Simplicio ne le sera pas moins, je pense.

SALVIATI Je ne peux manquer de répondre à votre attente, pourvu que la mémoire ne me fasse pas défaut et qu'elle me rende présent ce que m'enseigna naguère notre académicien, lequel, ayant beaucoup médité cette matière, avait formulé des propositions qu'il avait, à son habitude, géométriquement démontrées, en sorte que cette science par lui cultivée mériterait bien le titre de science nouvelle; car si quelques-unes de ses conclusions sont déduites de faits déjà observés par d'autres, et d'abord par Aristote, elles ne sont pas toutefois des plus remarquables et, ce qui importe davantage, elles n'avaient pas été prouvées par démonstrations nécessaires, à partir d'indubitables principes fondamentaux. Et comme je me propose de vous donner par démonstrations des certitudes et non pas de vous convaincre par des discours seulement probables — supposant d'ailleurs que les théorèmes de mécanique déjà solidement établis et nécessaires à notre dessein vous sont connus —, il convient qu'avant toute chose nous considérions de quelles causes résulte la rupture d'un morceau de bois ou de tout autre solide dont les parties sont fortement cohérentes; tel est le fait dont la connaissance est primordiale, car en elle consiste le premier et simple principe qu'il y a lieu de supposer parfaitement connu. Pour plus de clarté, dessinons le cylindre ou prisme AB, de bois ou de quelque autre matière solide et cohérente, fixé par le haut en A et pendant à plomb, un poids C étant attaché à l'autre extrémité B. Il est manifeste que la cohérence entre elles des parties de ce solide, quelle qu'elle soit pourvu qu'elle ne soit pas infinie, pourra être vaincue par la force du poids C, dont je suppose que la gravité peut croître autant qu'il me plaira, et que finalement le solide se rompra comme ferait Fig. 9, p. 232 une corde. De même, en effet, que la résistance de la corde résulte, nous l'entendons bien, de la multitude des fils de chanvre qui la composent, de même, dans le bois, on distingue des fibres et des filaments allongés qui le rendent beaucoup plus résistant à la rupture que ne le serait n'importe quelle corde de même grosseur; et s'il s'agit d'un cylindre de pierre ou de métal, la cohérence de ses parties (encore plus grande selon toute apparence) dépend d'agglutinants qui ne seront ni des filaments ni des fibres mais qui, eux aussi, soumis à une traction suffisamment forte, devront céder.

SIMPLICIO Si l'affaire procède comme vous dites, j'entends bien que les fibres du bois qui sont aussi longues que le bois lui-même peuvent le rendre solide et lui permettre de résister à une grande force appliquée à le rompre; mais comment est-il possible qu'une corde composée de fils de chanvre dont chacun n'a pas plus de deux ou trois brasses reste à ce point solide, eût-elle cent brasses de long? J'aimerais aussi connaître votre opinion quant à la cohésion entre les parties des métaux, des pierres et d'autres matériaux privés de tels filaments et qui pourtant, si je ne m'abuse, sont encore plus résistants.

SALVIATI S'il nous faut résoudre ces difficultés, nous n'éviterons pas de nous engager en des spéculations nouvelles et qui ne sont pas nécessaires à notre propos.

SAGREDO Mais si ces digressions nous conduisent à la connaissance de nouvelles vérités, quel inconvénient y a-t-il pour nous qui cherchons dans ces réunions notre plaisir, sans nous astreindre à une méthode rigoureuse et concise, quel inconvénient, dis-je, y a-t-il à nous écarter de notre sujet pour ne pas laisser perdre une occasion de nous instruire qui ne se représentera peut-être plus? Qui sait même si bien souvent on n'aboutit pas ainsi à la découverte de curiosités plus admirables que les conclusions d'abord cherchées? C'est pourquoi je vous prie à mon tour de donner satisfaction au signor Simplicio et à moi-même, car je ne suis pas moins curieux et désireux que lui de savoir quel est cet agglutinant qui assure une si tenace cohésion entre les parties de solides qui, pour finir, peuvent être fragmentés : il est nécessaire d'en être instruit pour comprendre la cohésion entre les parties des filaments eux-mêmes dont certains solides sont composés.

SALVIATI Me voici à vos ordres puisqu'il vous plaît ainsi. La première difficulté est de bien voir comment les fils d'une corde longue de cent brasses (la longueur de chacun d'eux ne dépassant pas deux ou trois brasses) peuvent être si fortement tenus ensemble qu'il faut une extrême violence pour les rompre. Mais, dites-moi, signor Simplicio, ne pourriez-

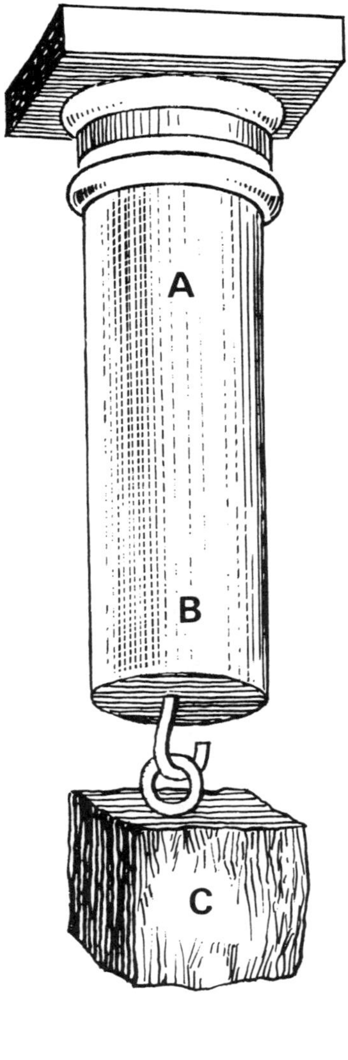

FIGURE 9. *La résistance d'une corde dépend de la cohérence de ses parties, mais peut être vaincue par la force d'un poids. Le cylindre AB cédera à la traction du poids C si celui-ci est suffisamment lourd*

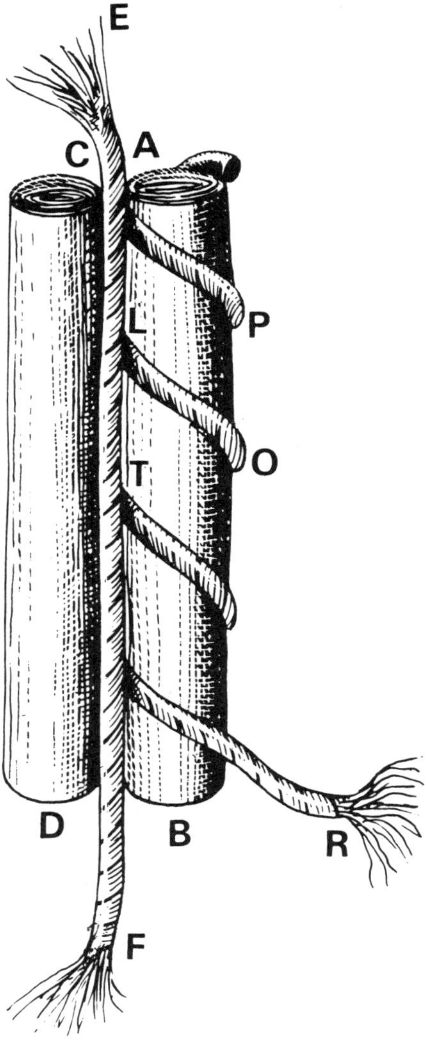

FIGURE 10. *La résistance d'une corde est due à la compression exercée par les fibres les unes sur les autres. Placée entre les deux cylindres AB et CD, la corde EF se déplace difficilement. Enroulée en spirale autour de AB, elle se déplace d'autant moins que les spires sont plus nombreuses et que sa pression sur le cylindre s'accentue*

vous tenir l'extrémité d'un fil de chanvre si bien serrée entre vos doigts qu'en le tirant par l'autre bout je le casserais avant de vous l'arracher de la main? Oui, n'est-ce pas? Mais s'il s'agit d'une corde, le fait seul de l'enrouler serre les fils entre eux de telle manière que si ensuite vous tirez sur cette corde avec une très grande force, les fils se brisent et ne se séparent pas les uns des autres, comme vous vous en rendrez compte facilement si vous considérez que les fils cassés sont très courts, alors qu'ils seraient pour le moins longs d'une brasse si la rupture du cordage avait pour cause, non pas la rupture des fils, mais leur séparation.

SAGREDO A l'appui de ce que vous dites, ajoutons qu'on voit parfois une corde se rompre sans subir de traction mais par le seul effet d'un torsion excessive : argument, à mon avis, concluant. Les fils sont comprimés les uns par les autres de telle sorte que les comprimants ne permettent plus aux comprimés de se déplacer du peu qu'il faudrait pour allonger les spirales, si bien que la corde tordue devient plus courte et en conséquence un peu plus grosse.

SALVIATI Très juste, mais voyez comme une vérité en entraîne une autre. Ce fil qui, serré entre les doigts, ne cède pas à la traction de qui voudrait l'en arracher, résiste parce qu'il est retenu par une double pression; il se produit, en effet, que le doigt supérieur ne presse pas moins contre l'inférieur que celui-ci contre celui-là. Et si de ces deux pressions on n'en retenait qu'une seule, la résistance résultant de la conjonction des deux diminuerait de moitié; mais comme on ne peut en levant, par exemple, le doigt supérieur annuler sa pression sans supprimer du même coup celle de l'autre doigt, il conviendra, pour conserver l'une d'elles, de recourir à un nouvel artifice, autrement dit d'obtenir par quelque moyen que le fil se serre de lui-même contre le doigt, ou contre tout autre corps solide sur lequel il serait placé, en sorte que la force appliquée à l'en séparer l'y comprime d'autant plus qu'elle le tire plus gaillardement; et cela, on l'obtiendra en enroulant le fil en spirale autour du corps solide. Quelques traits de dessin rendront la chose plus facile à comprendre. Soient AB et CD deux cylindres et, tendu

entre eux, le fil EF que nous figurerons pour plus de clarté par une petite corde. Il n'est pas douteux que si nous serrons très fort les deux cylindres l'un contre l'autre, la corde FE, tirée par son extrémité F, résistera beaucoup à cette action violente avant de glisser entre les deux solides qui la compriment; mais si nous écartons l'un des cylindres, la corde, tout en restant au contact de l'autre, ne sera plus empêchée par ce contact de se déplacer librement. Si maintenant, après avoir fixé la corde, fût-ce faiblement, à l'extrémité A du cylindre, nous l'enroulons tout autour suivant une spirale APLOTR et si nous la tirons par
Fig. 10, p. 233 l'autre bout R, il est évident qu'elle commencera à faire pression contre le cylindre; et si les spires sont nombreuses, plus nous tirerons sur la corde, plus cette pression sera forte; en multipliant les spires, nous augmentons la longueur du contact et il devient de plus en plus difficile que la corde cède à la traction et se déplace. Or, telle est, cela saute aux yeux, la résistance des fils dont les mille et mille enroulements composent la grosse corde. Bien plus : le resserrement qui résulte de semblables tortuosités est si intense qu'avec un petit nombre de brins de jonc — pas très longs au surplus et donc tressés en spirales peu nombreuses — on peut former ces liens extrêmement robustes qu'on appelle, je crois, des licous.

SAGREDO Votre discours dissipe en moi l'étonnement produit par deux effets dont je ne saisissais pas bien les causes. L'un était de voir comment deux ou au plus trois tours de l'amarre autour du fût d'un cabestan peuvent non seulement retenir le cordage et l'empêcher de céder à la traction d'un poids énorme, mais comment, de plus, en virant le cabestan, on arrive, grâce au seul contact de la corde autour du fût sur lequel elle s'enroule, à tirer et soulever de gros blocs de pierre, l'autre bout de ladite corde étant tenu en main par un garçon médiocrement robuste. L'autre est celui d'un appareil simple mais ingénieux, imaginé par un jeune homme de ma famille pour descendre d'une fenêtre au moyen d'une corde sans s'écorcher cruellement les mains, comme il lui était arrivé peu de temps auparavant, à son grand dommage. Pour mieux vous montrer de quoi il s'agit, je vous en ferai une petite esquisse. Autour d'un cylindre de bois AB, de la grosseur d'un roseau et long à peu près d'une palme, il creusa une rainure en forme de spirale, d'un tour et demi tout au plus, et assez large pour y loger la corde dont il pensait se servir. Il introduisait la corde dans la rainure à l'extrémité A et l'en faisait sortir en B. Cylindre et corde étaient ensuite enfermés dans un tuyau de bois, ou même de métal, mais fendu dans toute sa longueur et muni de gonds, en sorte qu'on pouvait facilement l'ouvrir et le fermer. La corde solidement accrochée en haut, il saisit le tuyau à deux mains et s'y suspendit. La corde se trouva par ce moyen si bien comprimée entre le tuyau et le cylindre qu'il pouvait à son gré, en serrant fortement le tuyau, se soutenir en l'air sans bouger ou, en desserrant quelque peu son étreinte, se laisser glisser lentement. Fig. 11, p. 248

SALVIATI Invention vraiment ingénieuse; et je crois entrevoir un peu confusément qu'une entière explication de sa nature conduirait à plus d'une nouvelle remarque. Mais je ne veux pas m'étendre davantage sur ce détail; je le veux d'autant moins que vous souhaitez connaître ma pensée quant à la résistance au fractionnement des corps qui ne sont pas formés de fils ou de fibres comme les cordes ou comme la plupart des bois, mais où la cohésion des parties entre elles résulte d'autres causes, lesquelles, à mon point de vue, se réduisent à deux principales : l'une est la répugnance de la nature à admettre le vide; l'autre (car le vide n'explique pas tout), il faut la chercher dans l'action de quelque agglutinant, viscosité ou colle qui lie fortement entre elles les particules dont le corps est constitué. Je parlerai en premier lieu du vide et montrerai, par des expériences probantes, quelle est et combien grande est sa vertu. Représentons-nous d'abord, si vous voulez bien, deux plaques de marbre de métal ou de verre, parfaitement planes, polies et fourbies. L'une d'elles étant posée sur l'autre, nous constatons qu'on peut sans grand effort la déplacer en la faisant glisser (preuve évidente qu'elles ne sont pas collées ensemble) mais que si nous voulons les séparer en les maintenant équidistantes, elles s'y refusent au point que la plaque supérieure soulève l'autre, l'entraîne à sa suite et la maintient soulevée, même si elle est très grosse et très lourde. Ainsi se manifeste à nos yeux la répugnance de la nature à admettre, fût-ce un court moment, l'espace qui, entre les deux plaques, resterait vide avant que les parties de l'air ambiant ne l'aient occupé et rempli. Je suppose maintenant que les deux plaques ne sont pas rigoureusement planes et qu'en conséquence leur contact n'est pas tout à fait sans défaut; nous constatons alors qu'à vouloir les séparer lentement nous ne rencontrons aucune résistance sinon celle de la pesanteur; si au contraire nous soulevons la plaque supérieure d'un mouvement brusque, l'inférieure sera entraînée, mais presque aussitôt retombera, car elle ne suivra la première que durant le temps très bref nécessité par l'expansion de la petite quantité d'air interposée entre les deux surfaces imparfaitement jointes et par l'introduction entre elles de la masse d'air répandue alentour. Cette résistance qui si manifestement s'oppose à la disjonction des deux plaques, il n'est pas douteux qu'elle s'oppose pareillement à toute rupture entre les parties d'un même solide et qu'elle contribue, au moins dans une certaine mesure et à titre de cause concomitante, à leur cohésion.

SAGREDO Arrêtez, de grâce, et permettez-moi d'exprimer une idée qui vient de me traverser l'esprit : le fait que la plaque inférieure est entraînée par la supérieure quand celle-ci est soulevée d'un mouvement très rapide, nous assure que, contre l'opinion de nombreux philosophes et peut-être d'Aristote lui-même, le mouvement dans le vide ne doit pas être instantané, car s'il était tel, lesdites plaques se disjoindraient sans aucune résistance puisque le même instant suffirait à leur séparation et à l'afflux de l'air ambiant dans l'espace vide qui pourrait se former entre elles. Donc, le fait que la plaque inférieure est entraînée prouve la non-instantanéité du mouvement dans le vide; il prouve aussi qu'il subsiste quelque vide entre les deux plaques, au moins pendant un temps très bref, le temps nécessaire pour que l'air ambiant afflue et remplisse le vide; car s'il ne restait aucun vide, il n'y aurait nul besoin d'afflux d'air ni de mouvement. Force est donc de convenir que, serait-ce par violence ou contre la nature, le vide parfois se produit (encore que mon opinion soit que rien n'existe contre la nature, sinon l'impossible, qui en fin de compte ne se produit jamais). Mais j'aperçois ici une autre difficulté : si l'expérience m'assure de la vérité de ma conclusion, je n'arrive pas à bien concevoir la cause à laquelle pareil effet doit être attribué. Car la séparation des deux plaques est un effet antérieur au vide, lequel devrait résulter de cette séparation; et comme il me semble que la cause doit, sinon dans l'ordre du temps, du moins par nature, précéder l'effet, je ne comprends pas comment de l'adhérence des deux plaques et de leur résistance à la disjonction, effets qui sont déjà en acte, on puisse rapporter la cause au vide qui n'est pas, mais devrait s'ensuivre, étant donné que les choses qui ne sont pas ne sauraient exercer aucune action, conformément à l'assertion très certaine énoncée par le philosophe.

SIMPLICIO Mais dès lors que vous admettez cet axiome d'Aristote, je ne pense pas que vous refusiez d'en admettre un autre tout aussi beau et vrai, à savoir que la nature ne se détermine pas à vouloir faire ce qui répugne à être fait, principe dont, me semble-t-il, dépend la solution de votre doute. Car si la nature répugne à laisser se former un espace vide, elle interdit que soit faite une chose dont le vide serait la conséquence nécessaire, ce qui est le cas de la séparation des deux plaques.

SAGREDO Ce qu'avance le signor Simplicio étant admis comme la solution adéquate de mon doute, je reviens à mon propos et je poursuis : il me paraît que cette horreur du vide devrait suffire à maintenir en contact les parties d'un solide de pierre, de métal ou de toute autre matière, s'il en existe, dont les parties seraient encore plus solidement conjointes et résistantes à la division. Car si un effet procède d'une cause unique, comme on me l'a enseigné et comme je l'ai cru, ou de causes apparemment multiples mais réductibles à une seule, pourquoi cette cause qui réellement existe, je veux dire la répugnance au vide, ne suffira-t-elle pas à expliquer toutes les résistances?

SALVIATI J'aime mieux, pour l'instant, ne pas entrer dans cette dispute sur la question de savoir si le vide, à lui seul et sans autre attache, suffit à tenir ensemble les parties séparables des corps consistants; mais je vous dis bien que cette raison du vide, valable et concluante dans le cas des deux plaques, ne peut, à elle seule, rendre compte de la forte cohésion qui existe entre les parties d'un cylindre de marbre ou de métal, lesquelles, violentées par l'effort d'une traction suffisamment puissante, finissent par se diviser et se disjoindre. Et si je trouve le moyen de distinguer cette résistance déjà connue (celle qui dépend du vide) de toute autre, quelle qu'elle soit, qui avec elle concourrait à renforcer la conjonction des parties, et si je vous montre comment, à elle seule, elle n'est pas à beaucoup près suffisante pour obtenir pareil effet, ne m'accorderez-vous pas qu'il est nécessaire d'en introduire une autre? Venez à son secours, signor Simplicio, car je vois qu'il ne sait trop ce qu'il doit répondre.

SIMPLICIO Il faut que le silence du signor Sagredo ait une autre cause, car il n'y a pas lieu de douter d'une si claire et nécessaire conséquence.

SAGREDO Vous l'avez deviné, signor Simplicio. J'allais songeant que si un million d'or venu chaque année d'Espagne n'était pas suffisant pour subvenir aux dépenses de l'armée, il faudrait bien trouver d'autres ressources pour assurer la paye des soldats. Mais poursuivez, signor Salviati, et, votre raisonnement étant supposé admis, enseignez-nous le moyen de séparer des autres l'action du vide, et, en la mesurant, faites-nous voir comment elle est trop faible pour produire l'effet dont nous parlons.

SALVIATI Votre démon vous assiste. Je dirai donc le moyen d'isoler des autres la vertu du vide, puis la manière de la mesurer. Pour l'isoler, nous prendrons une matière continue dont les parties n'offrent d'autre résistance à leur disjonction que celle du vide; cette matière, comme il a été longuement démontré dans un certain traité de notre académicien, est l'eau; en sorte que si nous disposons un cylindre d'eau et si, nous efforçant de l'attirer, nous rencontrons une résistance à la séparation de ses parties, nous ne pouvons attribuer cette résistance à une autre cause qu'à la répugnance au vide. Pour réaliser cette expérience, j'ai imaginé un dispositif qu'un dessin vous fera comprendre mieux que tout un discours. Soit CABD le profil d'un cylindre de métal, ou mieux de verre, dont l'inté-

rieur est vide mais très exactement façonné, et dans lequel est logé un cylindre de bois dont je désigne le profil par les lettres EGHF. Les deux cylindres sont rigoureusement ajustés et en contact; le second peut être déplacé à l'intérieur du premier, vers le haut ou vers le bas; de plus, il est perforé au centre, si bien qu'on y passe un fil de fer dont l'extrémité K est recourbée et dont l'autre extrémité I s'évase en manière de cône ou de turbine. Le trou pratiqué dans le bois doit aussi s'élargir à sa partie supérieure en forme de cône, de façon que puisse s'y introduire exactement l'extrémité conique I du fil de fer IK, chaque fois qu'il sera tiré vers le bas. Le morceau de bois EH — appelons-le la bonde — inséré dans le cylindre creux AD ne devra pas toucher la partie supérieure dudit cylindre, mais en rester éloigné de deux ou trois doigts, et l'espace ainsi réservé sera rempli d'eau. Pour verser cette eau, on retournera le récipient et, dans l'ouverture CD qui se trouvera en haut, on enfoncera la bonde EH, la turbine I restant un peu écartée du creux du bois pour permettre le passage de l'air qui, à mesure que s'enfoncera la bonde, sortira à travers le bois perforé dont le trou, à cette fin, aura été fait un peu plus large que la tige Fig. 12, p. 248
de fer IK. L'air une fois sorti, on tirera la tige de fer pour que la turbine I s'encastre bien dans le bois; puis on retournera de nouveau l'appareil, l'ouverture en bas, et on suspendra au crochet K un récipient qui pourra contenir du sable ou quelque autre matière pesante, et on le chargera jusqu'au point où finalement la surface supérieure EF de la bonde se détachera de la surface inférieure de l'eau, à laquelle rien ne le faisait adhérer sinon la répugnance au vide [2]. Après quoi, il suffira de peser la bonde, la tige de fer, le récipient suspendu en K et tout ce qui aura été mis dedans, pour mesurer la force du vide. D'autre part, étant accroché à un cylindre de marbre ou de métal de même grosseur que notre cylindre d'eau un poids tel qu'ajouté à celui du métal ou du marbre, il soit égal à celui de tous les ustensiles ci-dessus désignés, si la rupture du cylindre solide s'ensuit, nous serons fondés à affirmer que les parties en étaient tenues conjointes par la seule force du vide; mais si la charge est insuffisante et s'il faut y ajouter quatre fois autant de poids pour que la rupture ait lieu, il conviendra de dire que la résistance du vide ne représente qu'un cinquième de la résis-

tance totale et que la résistance supplémentaire est quadruple de celle du vide.

SIMPLICIO On ne saurait nier que l'invention soit ingénieuse, mais je la tiens sujette à nombre de difficultés qui m'inspirent des doutes. Qui m'assure, en effet, que l'air ne peut pénétrer entre le verre et la bonde, celle-ci fût-elle entourée d'étoupe ou de quelque autre matière compressible? Pour que le cône I obture bien le trou, sera-t-il suffisant de l'enduire de cire ou de térébenthine? Et pourquoi les parties de l'eau ne pourraient-elles pas se distendre et se raréfier? Pourquoi l'air, ou des vapeurs, ou je ne sais quels éléments plus subtils, ne pourraient-ils s'infiltrer par les porosités du bois, ou même du verre?

SALVIATI Le signor Simplicio énonce très judicieusement les difficultés de l'expérience et il nous en suggère en partie les remèdes, quant à la pénétration de l'air à travers le bois ou entre le bois et le verre. Mais quant à moi, je note que nous pourrions du même coup vérifier — et ce serait l'occasion d'acquérir de nouvelles connaissances — si les difficultés ainsi mises en avant sont réelles. Car si l'eau est par nature susceptible, serait-ce sous l'effet de quelque violence, de se dilater, comme c'est le cas de l'air, on verra la bonde s'abaisser; et si nous ménageons à la partie supérieure du verre un ombilic légèrement proéminent, comme celui que désigne la lettre V, l'air, ou toute autre substance plus ténue, pénétrant par les porosités du verre ou du bois, émergera de l'eau et se rassemblera en V. Si ces choses ne se produisent pas, nous serons assurés que l'expérience peut être tentée, pourvu que soient prises les précautions nécessaires; et nous saurons que l'eau n'est pas susceptible de se dilater, ni le verre de se laisser traverser par aucun fluide, même très subtil.

SAGREDO Et moi, à la faveur de cet entretien, je découvre la cause d'un effet qui longtemps m'a tenu l'esprit plein d'étonnement et vide d'intelligence. J'eus naguère l'occasion d'observer une citerne où quelqu'un avait fait disposer une pompe, croyant peut-être, mais à tort, pouvoir ainsi tirer au prix d'une moindre fatigue la même quantité d'eau qu'avec les seaux ordinaires. Le piston et la soupape de cette pompe sont placés en haut, de sorte qu'on élève l'eau par aspiration et non par refoulement, comme font les pompes où ces mêmes organes sont en bas. Celle dont je parle débite en abondance tant que, dans la citerne, l'eau atteint un niveau déterminé, mais quand l'eau s'abaisse au-dessous d'une certaine marque, la pompe n'agit plus. La première fois que je constatai cet accident, je crus que l'appareil était abîmé, mais l'homme de métier que j'allai chercher pour réparer le dommage me dit qu'il n'y avait d'autre défaut que celui de l'eau, laquelle, s'étant trop abaissée, ne souffrait plus d'être élevée à une telle hauteur; il ajouta qu'au moyen d'une pompe, ou de n'importe quelle autre machine faite pour élever l'eau par aspiration, il était impossible de la faire monter d'un cheveu plus haut que dix-huit brasses; que la pompe soit large ou étroite, cette limite est rigoureuse. Et moi, jusqu'aujourd'hui, j'étais si peu averti que — tout en comprenant qu'une corde, une perche de bois, une tige de fer, si on en augmente toujours davantage la longueur en les tenant suspendues, finissent par s'arracher par l'effet de leur propre poids — je ne m'étais pas avisé qu'une colonne d'eau devait être sujette, et à bien plus forte raison, au même accident. Or, ce qui s'élève par attraction dans la pompe, qu'est-ce d'autre qu'un cylindre d'eau attaché à sa partie supérieure? Et ce cylindre, si on l'allonge de plus en plus, ne doit-il pas arriver à ce terme au-delà duquel, tout comme ferait une corde, il se décroche?

SALVIATI L'affaire marche ainsi, très exactement. Et puisque cette hauteur de dix-huit brasses se trouve être la limite assignée jusqu'à laquelle une quantité d'eau quelconque (le conduit fût-il large, étroit ou aussi mince qu'un fétu de paille) peut se soutenir, chaque fois que nous pèserons l'eau contenue dans un conduit de dix-huit brasses, large ou étroit, nous aurons la mesure de la résistance du vide dans un cylindre solide, quelle qu'en soit la matière, d'un diamètre déterminé. Et puisque nous en avons tant dit, cherchons, pour tous métaux, pierres, bois, verres, etc., le point au-delà duquel il sera impossible d'allonger les cylindres, fils ou tiges de toutes grosseurs, sans qu'ils se brisent par l'effet de leur propre poids. Prenons par exemple un fil de cuivre d'une longueur et d'une grosseur quelconques fixons-le en haut par une de ses extrémités et, à l'autre bout, accrochons un poids que nous rendrons de plus en plus lourd jusqu'au moment où se produira la rupture. Supposons que le poids maximum qui pourra être ainsi accroché soit de cinquante livres : il est évident que cinquante livres de cuivre (outre le poids du fil qui sera, si vous voulez, d'un huitième d'once) étirées en un fil de même grosseur sera la longueur maximum d'un fil capable de se soutenir lui-même. Mesurons ensuite la longueur du fil rompu, soit une brasse; puisqu'il pesait un huitième d'once et pouvait soutenir son propre poids plus cinquante livres, lesquelles équivalent à quatre mille huit cents huitièmes d'once, nous dirons que tous les fils de cuivre, quelle que soit leur grosseur, peuvent rester suspendus sans se rompre jusqu'à la longueur de quatre mille huit cent une brasses, et pas davantage. Si une verge de cuivre peut se soutenir ainsi jusqu'à la longueur de quatre mille huit cent-une brasses, la part de résistance qui, dans la résistance totale, dépend du vide correspond au poids d'une verge d'eau longue de dix-huit brasses et de la même grosseur que la verge de cuivre; et si le cuivre est neuf fois plus dense que l'eau, la résistance de toute verge de cuivre à la rupture dépendra du vide à concurrence du poids de deux brasses de ladite verge. Le même raisonnement et la même expérience permettront de calculer, pour les fils ou verges de toutes les matières solides, les limites des longueurs qu'on pourra leur donner sans provoquer leur rupture, et en même temps la part du vide dans leur résistance totale.

SAGREDO Il vous reste à nous dire en quoi consiste le reste de la résistance, quel est, le vide mis à part, l'agglutinant ou la colle qui maintient attachées les parties du solide; car je ne saurais, quant à moi, imaginer de quelle sorte est cette colle qui ne peut être brûlée ou consumée dans une fournaise très ardente, l'y laisserait-on deux, trois ou quatre mois, ou dix ou cent; l'argent, l'or et le verre liquéfiés restent ainsi très longtemps dans leur creuset, mais si on les en retire, leurs parties, en se refroidissant, se rattachent et retrouvent la même cohérence qu'avant la fusion. Sans compter que la difficulté que soulève la cohésion des parties du verre n'eşt pas moindre quand il s'agit des parties de la colle. Qu'est-ce donc qui assure leur si ferme conjonction ?

SALVIATI Il y a quelques instants, je vous ai dit que votre démon vous assistait ; et moi, je suis toujours en proie aux mêmes perplexités douloureuses. Touchant du doigt cette vérité que la répugnance au vide est sans nul doute ce qui nous empêche de séparer, sinon au prix d'un grand effort, deux plaques ou deux tambours de colonne en marbre ou en bronze, je ne vois pas pourquoi la même cause n'aurait pas pour effet la cohésion des parties mineures et, allons jusque-là, celle des parties minimes et ultimes de ces mêmes matériaux : étant admis que d'un effet il n'est qu'une cause véritable et déterminante, pourquoi ne tenterais-je pas, faute de trouver un autre agglutinant, de voir si le vide, déjà trouvé, ne peut suffire ?

SIMPLICIO Puisque vous avez démontré tout à l'heure que la résistance du grand vide à la séparation des deux grandes parties d'un solide est très petite en comparaison de celle qui unit entre elles les parties minimes, comment ne tiendrez-vous pas pour plus que certain que celle-ci est d'une tout autre nature que celle-là ?

SALVIATI A cela, le signor Sagredo a répondu que chaque soldat pris à part était payé avec l'argent d'impôts collectés sou à sou, alors qu'un million d'or ne suffisait pas à payer l'armée. Qui sait si de très petits vides n'agissent pas sur les éléments infimes, en sorte que tout ce qui assure la cohésion de toutes les parties d'un solide se trouve être de même monnaie ? Je vais vous dire une chose qui parfois m'a traversé l'imagination. Je ne vous la donne pas pour une vérité certaine, mais pour une fantaisie encore mal digérée et à soumettre au contrôle de plus hautes contemplations. Tirez-en ce qui vous paraît juste, et quant au reste, faites-en ce qu'il vous plaît. Considérant comme le feu, se glissant entre les particules les plus petites de tel ou tel métal, si fortement conjointes, finit par les séparer et les désunir, et comme elles retrouvent, le feu s'étant retiré, leur tenace puissance de cohésion, sans qu'ait diminué en rien la quantité de l'or, et très peu celle des autres métaux, même s'ils sont restés longtemps détruits et liquéfiés, j'ai pensé que cela résultait peut-être du fait que les très subtiles parties du feu, s'infiltrant dans les pores étroits du métal (impénétrables, en raison de leur étroitesse, à l'air et à beaucoup d'autres fluides), comblaient ces vides minimes et libéraient ainsi les plus petites particules de la contrainte exercée par ces mêmes vides qui les attiraient l'une contre l'autre et empêchaient leur séparation. Dès lors, ayant liberté de se mouvoir, leur masse devenait fluide et le demeurait aussi longtemps que subsistaient entre elles des corpuscules de feu; au départ de ceux-ci, les vides primitifs se reformaient, exerçaient de nouveau leur attraction et en conséquence rétablissaient la cohésion des parties. Et maintenant, à la question du signor Simplicio, il me semble qu'on peut donner la réponse suivante : bien que ces vides soient très petits et que, de ce fait, chacun d'eux puisse être facilement surmonté, toutefois, leur multitude innombrable multiplie innombrablement (si j'ose dire) les résistances. Que de la conjonction d'un nombre immense d'éléments très faibles résulte une force considérable, nous en avons la preuve manifeste quand nous voyons, accroché à de très gros câbles, un poids d'un million de livres finalement vaincu et soulevé par l'effort d'innombrables atomes d'eau, lesquels, poussés par le vent du nord ou répandus en un brouillard mouvant formé de minuscules gouttelettes, viennent se loger entre les fibres des cordages les plus tendus, sans que l'énorme force du poids qui les tend puisse leur interdire le passage; si bien que, pénétrant par d'étroites ouvertures, ils grossissent les cordes et du même coup les raccourcissent, soulevant enfin la lourde masse qu'ils retiennent.

SAGREDO Il est hors de doute que si une résistance n'est pas infinie, elle peut être réduite par la multitude des forces minimes; ainsi, des fourmis en nombre suffisant traîneraient un navire de blé. Nous constatons tous les jours qu'une fourmi peut porter allégrement un grain de blé; et il est clair que le nombre des grains contenus dans le navire n'est pas infini mais déterminé, en sorte que peut être donné un nombre quatre fois ou six fois plus grand, auquel nous supposerons égal le nombre des fourmis; et les fourmis alors, si on les met à l'œuvre, pourront traîner à terre le blé et même le navire. Il faudra, bien entendu, que leur nombre soit élevé, comme l'est, à mon sens, celui des vides qui tiennent attachées entre elles les parties minimes du métal.

SALVIATI Mais s'il fallait qu'ils fussent en nombre infini, tenez-vous cela pour impossible?

SAGREDO Non, si la masse de métal était infinie. Autrement...

SALVIATI Autrement quoi? Allons! Puisque nous sommes entrés dans la voie des paradoxes, voyons s'il n'y aurait pas un moyen de démontrer comment, dans un continu matériel fini, il ne serait pas impossible que se trouvât une infinité de vides; et nous aurons du même coup, à défaut d'autre chose, proposé une solution du plus admirable problème auquel Aristote ait donné place parmi ceux que lui-même qualifie d'admirables, je veux dire parmi les *Questions mécaniques;* et peut-être notre solution ne sera-t-elle pas moins explicative et concluante que celle que donne Aristote, tout en différant de celle qu'envisage avec tant de subtilité le très savant Mgr de Guevara [3]. Mais Fig. 13, p. 249
il convient d'abord d'énoncer une proposition à laquelle personne n'a songé et qui seule permet de donner à la question une réponse satisfaisante, et qui au surplus nous ouvrira un chemin vers d'autres notions nouvelles et remarquables. Pour l'intelligence de tout ceci, nous décrirons soigneusement la figure. Soit un polygone équilatéral et équiangle d'autant de côtés qu'on voudra et de centre G. Admettons pour le moment que c'est un hexagone ABCDEF. Traçons un autre hexagone plus petit et de même centre, que nous désignerons par les lettres HIKLMN. Prolongeons le côté AB du grand hexagone par une droite indéfinie, vers le point S; dans la même direction, prolongeons le côté correspondant HI du petit hexagone, suivant la droite HT, parallèle à AS; et, du centre G, menons GV, équidistante des deux autres. Il est clair que le point B, extrémité du côté AB, demeurant fixe alors que commence le mouvement de rotation, le sommet A se soulèvera et le point C s'abaissera, décrivant l'arc CQ, en sorte que le côté BC s'appli-

quera au segment BQ de même longueur. Mais au cours de cette conversion, le sommet I du petit polygone s'élèvera au-dessus de la ligne IT, puisque IB est oblique sur AS, et le point I ne reviendra sur la parallèle IT qu'au moment où le point C sera parvenu en Q. Alors I se trouvera en O après avoir décrit l'arc IO, hors de la ligne HT, et le côté IK coïncidera avec OP; quant au centre G, il aura cheminé, dans le même temps, hors de la ligne GV, sur laquelle il ne reviendra qu'après avoir décrit l'arc GC. Ce premier pas accompli, le grand polygone se sera transporté en un lieu tel que le côté BC occupera le segment BQ; le côté IK du petit polygone coïncidera avec le segment OP, ayant sauté par-dessus tout le segment IO sans le toucher; le centre G, parvenu en C, aura suivi son cours hors de la parallèle GV; et finalement toute la figure sera rétablie en une position semblable à sa position première, si bien que, la révolution se poursuivant et un second pas étant fait, le côté DC du grand polygone s'adaptera au segment QX, le côté KL du petit (ayant sauté par-dessus l'arc PY) tombera en YZ, et le centre, cheminant toujours en dehors de la droite GV, y retombera seulement en R, après le grand saut CR. Pour finir, au bout d'une entière conversion, le grand polygone aura couvert, sur la droite AS, six lignes égales [au total] à son périmètre, sans aucune interposition; le polygone mineur aura de même couvert six lignes égales à son périmètre, mais discontinues du fait de l'interposition des cinq arcs sous-tendus par autant de cordes, segments de la parallèle HT non touchés par le polygone; enfin, le centre G n'aura jamais coïncidé avec la parallèle GV, sauf en six points. De là, vous pouvez comprendre comment l'espace parcouru par le petit polygone est presque égal à celui qu'a parcouru le grand : il ne s'en faut que de la longueur d'une corde, à condition toutefois de considérer la ligne HT dans son ensemble, sans omettre les cordes des cinq arcs. Maintenant, ce que je vous ai exposé et expliqué sur l'exemple de ces hexagones, je voudrais que vous l'entendiez de tous les autres polygones, quel que soit le nombre de leurs côtés pourvu qu'ils soient semblables, concentriques et conjoints, et que la conversion du plus grand entraîne celle du plus petit, lequel sera d'ailleurs d'une dimension aussi réduite qu'il vous plaira; je voudrais, dis-je, que vous entendiez que les lignes parcourues par ces petits polygones sont approximativement égales, à condition que, dans l'espace qu'ils ont à parcourir, il soit tenu compte des intervalles compris sous les petits arcs, intervalles Fig. 14, p. 249 que n'aura touché aucune partie du polygone mineur. Donnons donc au grand polygone mille côtés et faisons-lui parcourir une ligne droite égale à son périmètre; dans le même temps, le petit polygone parcourra une ligne approximativement égale, mais discontinue, composée de mille petits segments égaux à ses mille côtés et de mille intervalles interposés, qu'il nous sera permis d'appeler « vides » pour les distinguer des mille petits segments touchés par le polygone. Jusqu'ici n'apparaît aucune difficulté ni aucun point douteux. Mais, dites-moi, si autour d'un centre que nous représenterons par le point A, nous décrivons deux cercles concentriques et unis ensemble; si nous menons, des points C et B de leur demi-diamètre, les tangentes CE et BF, puis, du centre A, la droite AD, parallèle à ces deux tangentes; si enfin le grand cercle tourne sur la ligne BF (supposée d'une longueur égale à sa circonférence, comme le sont aussi les deux autres droites CE et AD), une fois cette révolution accomplie, qu'aura fait le petit cercle, et qu'aura fait le centre? Celui-ci, certainement, aura parcouru et touché toute la ligne AD; et la circonférence de celui-là aura, par ses points de contact, mesuré toute la ligne CE, comme les polygones dont il vient d'être question, avec cette différence pourtant que la ligne HT ne fut pas touchée en toutes ses parties par le périmètre du polygone mineur, puisque autant de segments en furent laissés intacts par l'interposition des vides sautés qu'il y en eut de touchés par les côtés du polygone tandis que, dans le cas des cercles, la circonférence du plus petit ne se sépare jamais de la ligne CE, elle n'en laisse aucune partie intacte, et aucune de ses parties n'est exempte du contact de la ligne droite. Or, comment le petit cercle peut-il, sans rien sauter, parcourir une ligne tellement plus grande que sa circonférence?

SAGREDO Je pensais justement à une réponse possible : de même que le centre du cercle, qui n'est qu'un point, un seul point, entraîné sur la droite AD, la touche tout entière, de même les points de la petite circonférence, entraînés par le mouvement de la grande, ne pourraient-ils glisser sur quelques minuscules segments de la droite CE?

SALVIATI Cela ne peut être, pour deux raisons. Premièrement, parce qu'il n'y aurait pas plus de raison pour que certains points de contact semblables au point C allassent glissant sur quelques parties de la ligne CE, et les autres non; et s'ils glissaient tous, ces points de contact étant infinis en nombre (puisqu'ils sont des points), les glissements sur CE seraient infinis et, en conséquence, formeraient une ligne infinie; or, CE est finie. L'autre raison est que, le grand cercle changeant continuellement son contact au cours de sa révolution, le petit cercle ne peut pas ne pas changer pareillement le sien; en effet, comme il est impossible de mener d'un point autre que le point B une droite aboutissant au centre A et passant par le point C, chaque fois que la grande circonférence change son point de contact, la petite doit changer le sien, et aucun point de la petite ne peut toucher en plus d'un point la droite CE. Notons d'ailleurs que, dans la conversion des polygones, aucun point du périmètre du petit polygone ne s'appliquait à plus d'un point de la droite que ledit périmètre mesurait, comme on le comprendra sans peine si l'on considère que le côté IK est parallèle au côté BC, en sorte qu'aussi longtemps que BC ne coïncide pas avec BQ, IK reste soulevé au-dessus de IP et ne s'y applique qu'à l'instant même où BC se confond avec BQ; c'est alors seulement que le segment IK s'applique à OP, pour s'élever au-dessus immédiatement après.

SAGREDO L'affaire est vraiment fort embrouillée et je n'aperçois aucune solution. Dites-nous donc ce que vous en pensez vous-même.

SALVIATI Je reviendrais quant à moi aux polygones ci-dessus considérés, puisque le mécanisme de leur rotation est intelligible et déjà bien compris. Voici mon raisonnement : de même que dans les polygones de cent mille côtés, la ligne franchie et mesurée par le périmètre du plus grand, c'est-à-dire par ses cent mille côtés juxtaposés d'une manière continue, est égale à celle que mesurent les cent mille côtés du plus petit,

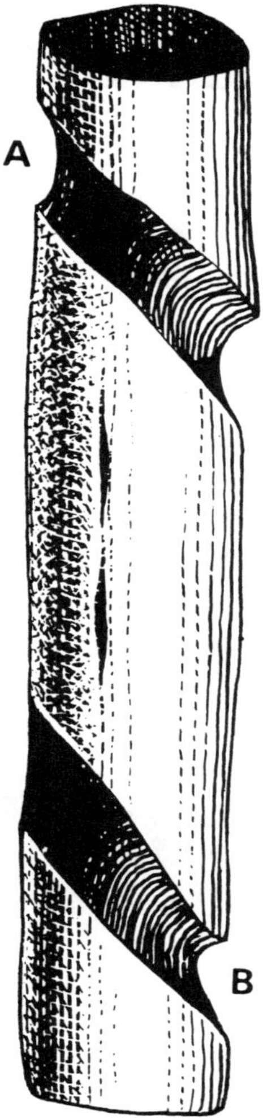

FIGURE 11. *Comprimée dans la rainure en spirale AB d'un cylindre, lui-même renfermé dans un tuyau, une corde permet à un homme exerçant une pression plus ou moins forte sur le tuyau de se maintenir en l'air ou de se laisser glisser*

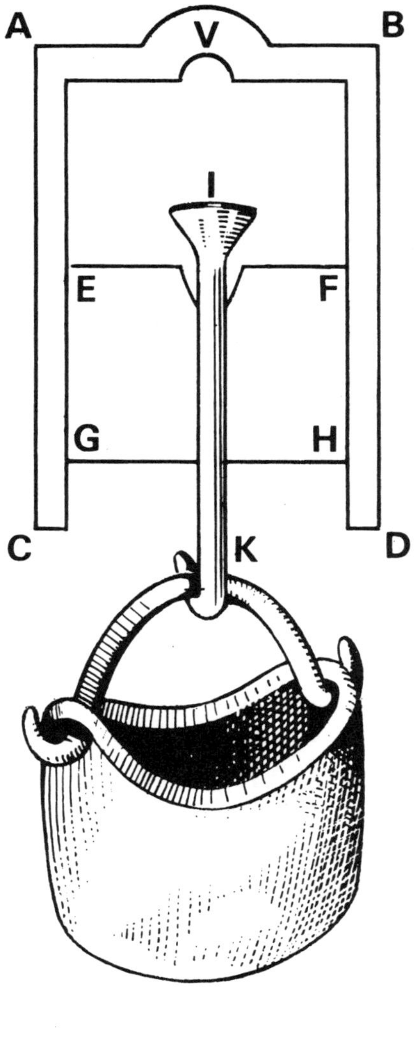

FIGURE 12. *Dans un cylindre CABD se meut un cylindre GEFH parfaitement ajusté au premier. Si l'on remplit d'eau la partie supérieure du cylindre après avoir retourné le récipient pour en chasser l'air, la résistance du vide sera égale à la charge placée dans le récipient*

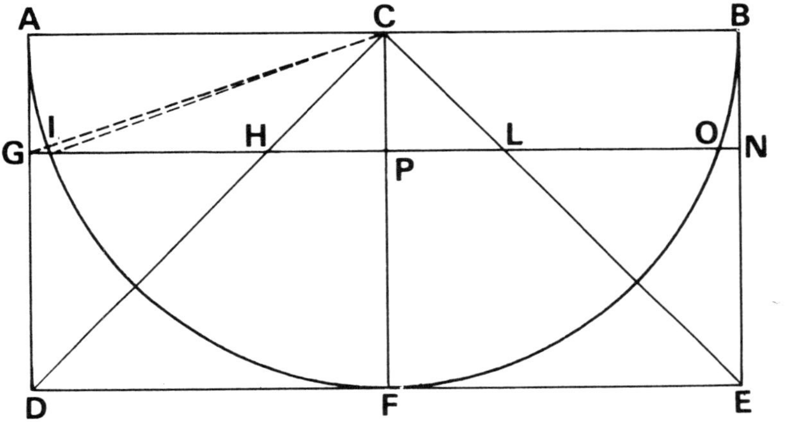

FIGURE 13. *L'espace parcouru par le petit polygone est presque égal à celui qu'a parcouru le grand ; il ne s'en faut que de la longueur d'une corde, à condition toutefois de considérer la ligne HI dans son ensemble, sans omettre les cordes des cinq arcs*

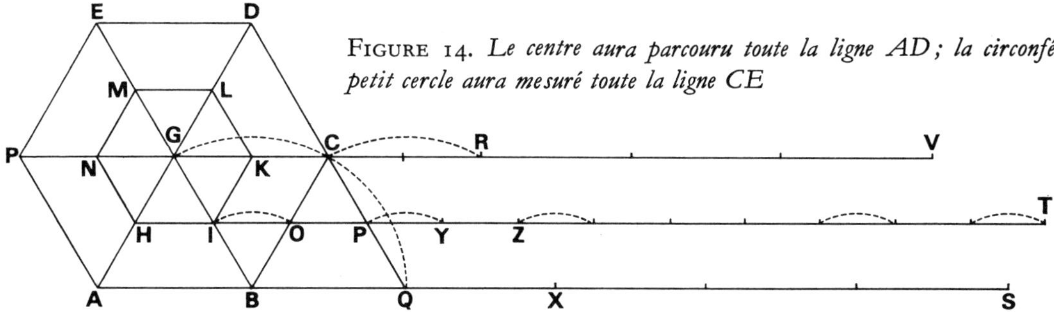

Figure 14. *Le centre aura parcouru toute la ligne AD; la circonférence du petit cercle aura mesuré toute la ligne CE*

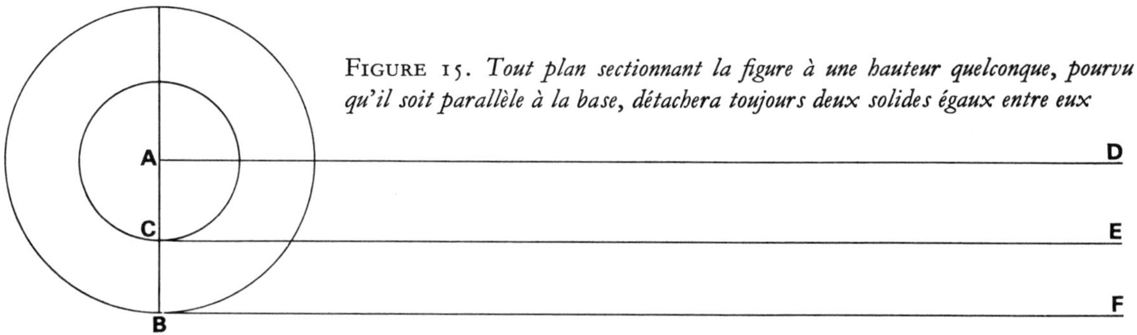

Figure 15. *Tout plan sectionnant la figure à une hauteur quelconque, pourvu qu'il soit parallèle à la base, détachera toujours deux solides égaux entre eux*

mais avec interposition de cent mille espaces vides, de même dans les cercles (qui sont des polygones d'un nombre infini de côtés) la ligne parcourue par les côtés en nombre infini du grand cercle, mis bout à bout sans interruption, est égale en longueur à la ligne parcourue par les côtés en nombre infini du petit cercle, mais avec interposition entre eux d'autant d'espaces vides; et comme les côtés ne sont pas nombrables, mais bien infinis, de même les vides interposés ne sont pas nombrables mais infinis; dans un cas [celui du grand cercle], nous aurons une infinité de points, tous pleins; dans l'autre [celui du petit cercle], une infinité de points en partie pleins et en partie vides. Et vous voudrez bien noter ici que si vous réduisez et divisez une ligne en parties quantités, et donc en un nombre déterminé de parties, il est impossible de disposer lesdites parties sur une longueur plus grande que celle qu'elles occupaient quand elles étaient continues et conjointes, à moins d'interposer entre elles autant d'espaces vides; mais si nous imaginons une ligne réduite en parties non-quantités, c'est-à-dire en l'infinité de ses indivisibles, nous pouvons la concevoir immensément distendue, avec interposition non plus d'espaces vides ayant une grandeur, mais bien de vides indivisibles en nombre infini. Et ce que nous disons des simples lignes doit s'entendre des surfaces et des corps solides, étant admis qu'ils sont composés d'une infinité d'atomes innombrables; si en effet nous nous proposons de diviser ces corps en parties quantités, il n'est pas douteux que nous ne pourrons les disposer en des espaces plus vastes que ceux occupés primitivement par ces solides, sinon par interposition d'espaces vides (je veux dire vides de la matière du solide) ayant une grandeur; mais si nous nous proposons la plus haute, l'ultime résolution de ces corps en leurs premiers composants, innombrables et infinis, nous pourrons concevoir une expansion desdits composants en un espace immense, sans interposition d'espaces vides ayant une grandeur, mais seulement par interposition d'une infinité de vides sans dimensions : c'est ainsi qu'un petit globe d'or, par exemple, ne répugnera pas à se distendre en un très grand espace sans laisser entre ses éléments des vides ayant une dimension, pourvu toutefois que nous admettions que l'or est composé d'indivisibles en nombre infini.

SIMPLICIO Il me semble que vous entrez dans la voie de ces vides disséminés dont parlait un certain philosophe ancien.

SALVIATI Mais vous n'ajoutez pas : « lequel niait la providence divine », comme le fit en un pareil débat, et fort mal à propos, tel adversaire de notre académicien.

SIMPLICIO J'ai bien remarqué, et non sans dégoût, le fiel de ce malveillant contradicteur ; quant à moi, je me garderais de toucher cette corde, non seulement par politesse, mais parce que je sais trop à quel point s'en trouverait heurté l'esprit si tempéré et si bien ordonné de Votre Seigneurie, qui n'est pas seulement religieuse et pieuse, mais catholique et sainte. Mais pour en revenir à notre propos, les discours qui viennent d'être tenus soulèvent pour moi nombre de difficultés que je ne vois vraiment pas le moyen de réduire. Et celle-ci d'abord : si les circonférences des deux cercles sont égales aux deux droites CE et BF, celle-ci prise continûment et celle-là avec interposition d'une infinité de points vides, la droite AD, parcourue par le centre, qui n'est qu'un point, comment pourra-t-on dire qu'elle est égale à ce point unique, elle qui en contient un nombre infini ? En outre, cette façon de composer la ligne de points, le divisible d'indivisibles, la quantité de non-quantités, me semble être un écueil des plus difficiles à franchir ; et le fait même de devoir admettre le vide, qu'Aristote rejette par des arguments si concluants, n'est pas un moindre obstacle.

SALVIATI Ces difficultés existent en effet, et il y en a d'autres ; mais n'oublions pas que nous sommes entre les infinis et les indivisibles, pareillement insaisissables pour notre intelligence finie, les uns à cause de leur grandeur, les autres à cause de leur petitesse. Et malgré tout, nous voyons que la raison humaine ne renonce pas à tourner autour ; si bien que, prenant encore quelque liberté, je vous ferai part d'une de mes rêveries, sinon concluante et irréfutable, du moins assez nouvelle pour susciter quelque étonnement. Mais nous écarter si longuement du chemin où nous nous sommes engagés vous semblera peut-être inopportun et donc peu agréable.

SAGREDO De grâce, jouissons du bénéfice et privilège que nous dispense un entretien avec des vivants, entre amis, sur des sujets de notre choix et non pas imposés; c'est là bien autre chose que de converser avec des livres morts qui éveillent en nous mille doutes et ne nous délivrent d'aucun. Faites-nous donc part de toutes les idées qui vous viennent au cours de cette conversation; puisque nous avons le bonheur de n'être astreints à aucun service obligatoire, le temps ne nous manquera pas de poursuivre la solution des autres problèmes que nous avons abordés, sans négliger notamment, en aucune façon, les difficultés soulevées par le signor Simplicio.

SALVIATI Qu'il en soit ainsi, puisque tel est votre désir. Et pour répondre à la première question posée, qui est de savoir comment il est concevable qu'un seul point soit égal à une ligne, je m'appliquerai, faute de pouvoir mieux faire pour l'instant, à dissiper ou au moins à atténuer une improbabilité par le moyen d'une autre semblable ou majeure : ainsi, parfois un étonnement s'évanouit devant le fait d'un miracle. Aussi vais-je vous montrer que deux surfaces égales et, avec elles, deux solides égaux ayant pour bases ces mêmes surfaces, peuvent continuellement et également diminuer, ceux-ci comme celles-là, tout en laissant des restes toujours égaux entre eux, et en arriver pour finir, au terme de leurs perpétuelles égalités, à ce que l'un des solides et l'une des surfaces se réduisent à une très longue ligne, l'autre solide et l'autre surface à un seul point, autrement dit ceux-là à une infinité de points et ceux-ci à un seul.

SAGREDO Voilà, me semble-t-il, un énoncé vraiment admirable; mais écoutons l'explication et la démonstration.

SALVIATI Une figure sera nécessaire, car la preuve est Fig. 15, p. 249
ici purement géométrique. Soit un demi-cercle AFB, de centre C; inscrivons-le dans un parallélogramme rectangle ADEB et menons, du centre, les deux droites CD et CE; traçons ensuite le demi-diamètre CF, perpendiculaire à l'un des côtés du rectangle. Sur ce demi-diamètre CF, immobile, faisons tourner toute la figure : il saute aux yeux que le rectangle ADEB décrira un cylindre, le demi-cercle AFB une demi-sphère et le

triangle CDE un cône. Ceci posé, imaginons, je vous prie, que la demi-sphère soit retirée; laissons au contraire le cône et ce qui restera du cylindre; cette dernière figure ressemblera à une écuelle; nous lui donnerons ce nom et nous démontrerons, pour commencer, que son volume est égal à celui du cône; après quoi, étant mené un plan parallèle à la base de l'écuelle, c'est-à-dire au cercle de diamètre DE et de centre F, nous démontrerons qu'un tel plan — passant, par exemple, suivant la droite GN qui coupe l'écuelle aux points G, I, O, N, et le cône aux points H, L — détachera du cône une partie CHL toujours égale à la partie de l'écuelle dont le profil nous est donné par les triangles GAI et BON; on prouvera en outre que la base du cône CHL, à savoir le cercle de diamètre HL, est égale à la surface circulaire qui sert de base à la partie détachée de l'écuelle et que nous nous représenterons, si vous voulez, comme un ruban d'une largeur égale à la ligne GI. (Notez en passant ce que sont les définitions des mathématiciens : elles sont une imposition de noms ou, si vous aimez mieux, elles sont des abréviations ordonnées, introduites dans le langage pour éliminer cette gêne fastidieuse que nous éprouvons présentement vous et moi faute d'être convenus ensemble d'appeler, je suppose, cette surface *ruban circulaire* et le solide très aigu détaché de notre écuelle, *rasoir arrondi*). Mais peu importent les noms que vous leur donnerez : qu'il vous suffise de comprendre que tout plan sectionnant la figure à une hauteur quelconque, pourvu qu'il soit parallèle à la base, c'est-à-dire au cercle de diamètre DE, détachera toujours deux solides (à savoir le cône CHL et la partie supérieure de l'écuelle) égaux entre eux; et que de même les surfaces de base de ces deux solides, c'est-à-dire notre ruban et le cercle de diamètre HL, seront égales entre elles. Et de là résulte le miracle annoncé. En effet, si nous supposons que le plan sécant s'élève constamment vers la ligne AB, les parties détachées des solides restent égales entre elles, comme le restent aussi les surfaces qui leur servent de bases; et pour finir, en réduisant toujours les deux solides (toujours égaux) et leurs surfaces de bases (toujours égales), l'un des deux couples [l'écuelle et sa base] arrivera à n'être plus qu'une circonférence de cercle, et l'autre [le cône et sa base] à n'être plus qu'un seul point, car tels sont l'extrême bord de l'écuelle et le sommet du cône.

Or, si les deux solides, à mesure qu'ils diminuent, maintiennent toujours entre eux, et jusqu'à la fin, la même égalité, il me paraît juste de dire qu'ayant atteint les plus hauts et derniers termes de cette réduction, ils resteront encore égaux, et non pas que l'un sera infiniment plus grand que l'autre : il semble donc que la circonférence d'un cercle immense peut être dite égale à un seul point. Et ce qui est le cas des solides est pareillement le cas de leurs surfaces de base qui, elles aussi, conservant au cours de leur commun décroissement la même égalité, vont aboutir enfin, au terme de leur ultime diminution, à se confondre, l'une avec une circonférence de cercle et l'autre avec un seul point; et pourquoi refuserions-nous de les tenir pour égales, puisqu'elles sont les derniers restes de grandeurs égales, les derniers vestiges qu'elles ont laissés? Au surplus, notez ceci : quand bien même de tels vases seraient capables de contenir les immenses hémisphères du ciel, leurs bords extrêmes et les sommets des cônes inclus, conservant toujours entre eux le même rapport d'égalité, s'achèveraient, les uns en des circonférences égales à celles des plus grands cercles des orbes célestes, et les autres en de simples points. Conformément à ce dont nous persuadent de telles spéculations, on pourra donc dire que toutes les circonférences de cercles, aussi inégales soient-elles, sont égales entre elles et que chacune d'elles est égale à un point.

SAGREDO Ces vues me paraissent si attrayantes et si originales que, le pourrais-je, je ne voudrais pas m'y opposer, car ce serait presque un sacrilège, à mon sens, que de démolir une si belle construction et de l'écraser sous quelque outrage pédantesque. Mais pour que notre satisfaction soit entière, donnez-nous donc, du maintien constant de l'égalité entre ces solides et entre leurs bases, cette preuve que vous dites toute géométrique et qui, je pense, ne peut être que très ingénieuse, étant donné l'extrême subtilité de la méditation philosophique que suggèrent vos conclusions.

SALVIATI La démonstration en est courte et facile. Revenons à notre figure : l'angle IPC étant droit, le carré du rayon IC est égal à la somme des carrés des côtés IP et PC; or, le rayon IC est égal à la droite AC, et celle-ci à GP; et d'autre part, CP est égal à PH; donc, le carré de GP est égal à la somme des carrés construits sur IP et PH, et son quadruple à leurs quadruples; en sorte que le carré du diamètre GN est égal à la somme des deux carrés des côtés IO et HL; et puisque les cercles sont entre eux comme les carrés de leurs diamètres, le cercle ayant pour diamètre GN sera égal à la somme des deux cercles de diamètres IO et HL; et si des deux termes de cette égalité nous retranchons le cercle de diamètre IO qui leur est commun, le reste du cercle GN sera égal au cercle de diamètre HL. Ceci quant à la première partie de la proposition[4] ; quant à l'autre, nous en laisserons la démonstration de côté pour le moment, d'abord parce que, si nous tenons à la connaître, nous la trouverons à la douzième proposition du livre II *De centro gravitatis solidorum*, où le signor Luca Valerio[5], ce nouvel Archimède de notre siècle, s'en est servi à d'autres fins; ensuite parce que, dans notre cas, il suffit d'avoir vu comment les surfaces ci-dessus définies sont toujours égales entre elles et que, diminuant toujours également, elles vont à la fin se réduire l'une à un seul point, l'autre à la circonférence d'un cercle dont la grandeur pourra surpasser celle du plus grand cercle que l'on voudra : c'est en effet cette seule conséquence qui suscite notre émerveillement.

SAGREDO La démonstration est aussi ingénieuse qu'est admirable la réflexion par elle suggérée. Passons maintenant à l'autre difficulté soulevée par le signor Simplicio, si toutefois vous avez, sur ce sujet, quelque chose de particulier à nous dire, ce dont je doute un peu car il s'agit là d'une controverse bien rebattue.

SALVIATI J'aurai néanmoins quelques idées à exprimer. Je reviendrai d'abord sur ce que j'ai dit il y a peu d'instants, à savoir que l'infini excède, à lui seul, notre faculté de comprendre, et de même les indivisibles. Que sera-ce donc, songez-y, s'ils se trouvent réunis ensemble? Or, si nous voulons composer une ligne de points indivisibles, il faut les supposer en nombre infini, et donc saisir en même temps l'infini et l'indivisible. Il m'est passé bien des choses par l'esprit à ce sujet, et il est possible que, pris à l'improviste, j'en oublie quelques-unes, et des plus importantes peut-être; mais au cours de notre entretien il se pourra qu'éveillant chez vous deux, et en particulier chez le signor Simplicio, des doutes et des objections, vos remarques, à leur tour, suscitent en moi des souvenirs qui, sans elles, fussent restés endormis dans mon imagination. Qu'il nous soit donc permis de présenter avec notre liberté habituelle nos humains caprices, car tel est bien le nom qu'ils méritent par comparaison avec les doctrines surnaturelles qui seules fixent à nos controverses des termes véritables et assurés, et, sans jamais nous égarer, nous guident dans nos obscurs et douteux sentiers, disons mieux : dans nos labyrinthes[6] .

Un des premiers arguments que l'on a coutume d'avancer contre ceux qui composent le continu d'indivisibles est qu'un indivisible ajouté à un autre indivisible ne produit pas une chose divisible car, s'il en était ainsi, il s'ensuivrait que l'indivisible lui-même serait divisible; en effet, si la conjonction de deux indivisibles, de deux points, par exemple, formait une grandeur, dans l'espèce une ligne divisible, telles seraient à plus forte raison les lignes composées de trois, cinq, sept ou de tout autre nombre impair d'éléments; lesquelles lignes étant susceptibles d'être coupées en deux parties égales, il en résulterait que l'indivisible placé au centre pourrait être coupé en deux. On lèvera cette objection, et toute autre du même genre, en disant que non seulement deux indivisibles, mais dix, cent ou mille ne composeront jamais une grandeur divisible. Il en faudrait une infinité.

SIMPLICIO Voici déjà que surgit un doute qui me paraît insoluble : étant donné notre certitude qu'il peut exister deux lignes dont l'une est plus grande que l'autre et dont chacune contient un nombre infini de points, nous sommes forcés d'admettre qu'il se trouve, en des grandeurs de même espèce, une grandeur supérieure à l'infini, puisque l'infinité des points de la ligne majeure excédera l'infinité des points de la mineure. Or, que puisse être donné un infini plus grand que l'infini me paraît une chose absolument inconcevable.

SALVIATI Les difficultés de cet ordre proviennent de ce que nous raisonnons avec notre intelligence finie sur les infinis, leur donnant les mêmes attributs qu'aux choses finies et limitées, procédé injustifiable à mon sens, car j'estime que ces attributs de supériorité, d'infériorité et d'égalité ne conviennent pas aux infinis, dont on ne peut dire que l'un est plus petit, plus grand ou égal par rapport à l'autre. J'en donnerai pour preuve un argument qui me revient en mémoire et que, pour être plus clair, je développerai sous forme de questions à l'adresse du signor Simplicio qui a soulevé cette difficulté.

Je suppose que vous savez très bien distinguer les nombres carrés des non carrés.

SIMPLICIO Je sais parfaitement qu'un nombre carré est celui qui naît de la multiplication d'un autre nombre par lui-même : ainsi quatre, neuf, etc., sont des nombres carrés, étant engendrés l'un par le nombre deux, l'autre par le nombre trois, multipliés par eux-mêmes.

SALVIATI Très bien. Et vous savez encore que si les produits s'appellent carrés, les facteurs des produits, c'est-à-dire les nombres qui se multiplient, sont appelés côtés ou racines; quant aux nombres qui ne résultent pas de la multiplication d'un nombre par lui-même, ils ne sont aucunement des carrés. Donc, si je dis que tous les nombres, carrés et non carrés, sont plus que les carrés seuls, j'énonce une proposition très véritable. Sommes-nous d'accord?

SIMPLICIO Il est impossible de ne pas l'être.

SALVIATI Si maintenant je demande combien il y a de nombres carrés, on pourra répondre en toute vérité qu'ils sont aussi nombreux que leurs propres racines, attendu que tout carré a sa racine, toute racine son carré, qu'aucun carré n'a plus d'une seule racine, ni aucune racine plus d'un seul carré.

SIMPLICIO C'est ainsi.

SALVIATI Mais si j'en arrive à demander combien il y a de racines, on sera forcé de répondre qu'il y en a autant que de nombres, car il n'est pas un nombre qui ne soit racine de quelque carré; cela étant, nous pourrons affirmer que les nombres carrés sont autant que tous les nombres puisqu'ils sont autant que leurs racines et que tous les nombres sont racines. Cependant, nous disions, pour commencer, qu'il y a plus de nombres en tout qu'il n'y a, en tout, de carrés, la majeure partie des nombres étant non carrés. Et même les carrés vont se raréfiant dans une proportion de plus en plus grande à mesure que l'on accède à de plus grands nombres; ainsi, jusqu'à cent, il y a dix carrés, autrement dit: la dixième partie des nombres sont des carrés; il n'en sont plus que la centième partie si nous allons jusqu'à dix mille; et jusqu'à un million, la millième. Et pourtant, dans le nombre infini, si nous étions à même de le concevoir, nous devrions reconnaître que les carrés sont autant que tous les nombres.

SAGREDO A quel parti faut-il donc s'arrêter en cette occurrence?

SALVIATI Pour moi, je ne vois pas d'autre parti à prendre que d'admettre qu'infinis sont les nombres, infinis les carrés, infinies leurs racines, que la multitude des carrés n'est pas inférieure à celle de tous les nombres, ni celle-ci supérieure à celle-là, et, en dernière conclusion, que l'égal, le plus et le moins sont des attributs qui ne conviennent pas aux infinis, mais seulement aux quantités limitées. Aussi, quand le signor Simplicio me présente plusieurs lignes inégales et me demande comment il se peut faire que les plus grandes ne contiennent pas plus de points que les plus petites, je lui réponds qu'elles n'en contiennent ni plus, ni moins, ni autant, mais qu'en chacune d'elles ils sont infinis; ou si je m'avisais de lui répondre que les points, dans l'une, sont autant que les nombres carrés, dans l'autre autant que tous les nombres et dans cette autre, toute petite, autant que les nombres cubes, ne lui donnerais-je pas satisfaction, mettant ainsi dans l'une plus de points que dans l'autre, et dans chacune une infinité? Voilà pour la première difficulté.

SAGREDO Avant d'aller plus loin, permettez-moi, de grâce, d'ajouter à ce qui vient d'être dit une pensée qui me traverse à l'instant : si les choses sont telles que vous nous l'exposez, il me semble impossible de dire, non seulement qu'un infini est plus grand qu'un autre infini, mais même qu'il est plus grand qu'un fini, car si le nombre infini était plus grand qu'un million, par exemple, il s'ensuivrait que, passant de un million à d'autres nombres et à d'autres encore, toujours plus grands, on cheminerait vers l'infini; ce qui n'est pas car, tout au contraire, plus nous nous élevons à des nombres supérieurs, plus nous nous écartons du nombre infini. En effet, plus grands sont les nombres, plus rares sont les nombres carrés qu'ils contiennent en eux; or, dans le nombre infini, les carrés ne peuvent être moins nombreux que tous les nombres, comme il vient d'être démontré. S'avancer vers des nombres toujours plus grands, c'est donc s'éloigner du nombre infini.

SALVIATI Ainsi, de votre ingénieux discours, il résulte que le plus grand, le plus petit et l'égal sont des attributs inapplicables non seulement aux infinis, mais même aux infinis et aux finis comparés entre eux.

Je passe maintenant à une autre considération que voici : étant admis que la ligne, comme toute grandeur continue, est divisible en parties toujours divisibles, je ne vois pas comment on pourrait éviter de reconnaître qu'elle est composée d'un nombre infini d'indivisibles, car si division et subdivision peuvent être perpétuellement poursuivies, force est de supposer une infinité de parties, car autrement la subdivision aurait un terme; et du fait que les parties sont en nombre infini, on tire la conséquence qu'elles ne sont pas des quantités, car un nombre infini de quantités formerait une grandeur infinie : nous en arrivons ainsi à cette conclusion que le continu est composé d'une infinité d'indivisibles.

SIMPLICIO Mais si nous pouvons poursuivre indéfiniment la division en parties qui soient des quantités, je ne vois pas la nécessité d'introduire pour cela les non-quantités.

SALVIATI Le fait même de pouvoir perpétuellement poursuivre la division en parties quantités implique la nécessité d'une composition de non-quantités en nombre infini. C'est pourquoi, serrant la chose de plus près, je vous demande de me dire nettement si, dans un continu [fini], les parties quantités sont, selon vous, en nombre fini ou infini.

SIMPLICIO Et moi, je vous réponds que leur nombre est à la fois fini et infini : infini en puissance, et fini en acte; infini en puissance, c'est-à-dire avant la division, mais fini en acte, c'est-à-dire une fois la division faite; car nous entendons bien que les parties n'existent actuellement dans leur tout qu'après avoir été séparées ou au moins marquées; autrement, on dit qu'elles y sont en puissance.

SALVIATI En sorte qu'une ligne d'une longueur, par exemple, de vingt palmes ne sera dite contenir vingt lignes d'une palme chacune « actuellement », sinon après avoir été divisée en vingt parties égales; jusque là, elle les contient seulement en puissance. Comme il vous plaira. Mais, dites-moi, la division actuelle des parties une fois faite, le tout a-t-il augmenté, a-t-il diminué ou est-il resté de la même grandeur?

SIMPLICIO Il n'a ni crû ni diminué.

SALVIATI C'est ce que je crois aussi. Donc, les parties quantités, dans le continu, ne rendent pas ce continu plus grand ou plus petit selon qu'elles y sont en acte ou en puissance. Or, il est clair que les parties quantités contenues actuellement dans leur tout, si elles sont en nombre infini, composent un tout de grandeur infinie; donc des parties quantités en nombre infini, n'existeraient-elles qu'en puissance, ne peuvent être contenues que dans une grandeur infinie; et, dans une grandeur finie, des parties quantités en nombre infini, pas plus en acte qu'en puissance, ne peuvent être contenues.

SAGREDO Alors, comment pourra-t-il être vrai que le continu puisse indéfiniment se diviser en parties toujours susceptibles d'une division nouvelle?

SALVIATI Il semble que cette distinction entre puissance et acte vous facilite d'un côté ce qui d'un autre serait impossible. Mais je vais tâcher de concilier ces vues contraires en faisant un autre calcul : à la question de savoir si, dans un continu fini, les parties quantités sont en nombre fini ou infini, je répondrai, tout à l'opposé du signor Simplicio, qu'elles ne sont ni en nombre fini ni en nombre infini.

SIMPLICIO Voilà ce que je n'aurais su répondre quant à moi, ne pensant pas qu'il se trouvât aucun terme moyen entre le fini et l'infini et que, par conséquent, l'alternative que l'on propose quand on dit qu'une chose est ou finie ou infinie est insuffisante ou défectueuse.

SALVIATI Pour ma part, je crois qu'elle l'est. Et pour nous en tenir aux quantités discrètes, il me semble qu'il y a entre les finies et les infinies un troisième et moyen terme, à savoir celles qui correspondent à n'importe quel nombre désigné; en sorte que, dans le cas présent, étant demandé si les parties quantités sont, dans le continu, en nombre fini ou infini, la réponse la plus satisfaisante sera de dire qu'elles ne sont pas plus finies qu'infinies, mais telles qu'elles correspondent à n'importe quel nombre désigné; à cet effet, il est nécessaire qu'elles ne soient pas comprises sous un nombre limité, car elles ne correspondraient plus à un nombre supérieur; mais il ne faut pas non plus qu'elles soient infinies, car aucun nombre donné n'est infini. Ainsi, une ligne étant proposée, nous pourrons, au gré du demandeur, la supposer divisée en cent parties quantités, en mille, en cent mille, en tel nombre qu'il lui plaira, mais en un nombre infini, non pas. Je concède donc à messieurs les philosophes que le continu contient autant de parties quantités qu'ils voudront; j'admets qu'il les contient en acte ou en puissance à leur goût et bon plaisir; mais j'ajoute que de même qu'en une ligne de dix aunes sont comprises dix lignes d'une aune chacune, quarante d'une brasse, quatre-vingts d'une demi-brasse, etc., de même y sont compris un nombre infini de points; dites qu'ils y sont en puissance ou en acte, comme vous voudrez, car en cette affaire, signor Simplicio, je m'en rapporte à votre libre choix et à votre jugement.

SIMPLICIO Votre discours force l'éloge; mais j'ai grand peur que cette comparaison établie entre les parties quantités et les points, quant à la façon dont ils sont contenus dans la ligne, ne s'applique pas à son objet en toute rigueur, et que diviser la ligne proposée en une infinité de points ne vous soit pas aussi facile qu'à nos philosophes de la diviser en dix aunes ou en quarante brasses; je tiens même pour tout à fait impossible de mener à bien pareille division, car c'est là une de ces puissances qui jamais ne se réduisent en acte.

SALVIATI Qu'une chose ne soit faisable qu'avec peine, avec diligence et avec grande longueur de temps ne la rend pas impossible; et je pense que vous-même ne vous tireriez pas si aisément de la division d'une ligne en mille parties, et moins encore en 937 ou en quelque autre grand nombre premier. Mais si cette division que d'aventure vous estimez impossible, je vous la rendais aussi promptement praticable que s'il s'agissait d'une division en quarante parties, hésiteriez-vous à me permettre d'en faire état dans nos entretiens?

SIMPLICIO Je goûte fort la façon plaisante dont vous aimez parfois traiter ces matières, et à votre question je réponds que la facilité que vous offrez me semblerait plus que suffisante si la division en points ne s'avérait pas plus laborieuse qu'une division en mille parties.

SALVIATI Je vais vous dire une chose, qui peut-être vous remplira d'étonnement, quant à la prétention ou à la possibilité de résoudre la ligne en ses parties infinitésimales par la méthode couramment en usage pour la diviser en quarante, soixante ou cent parties, c'est-à-dire en la partageant successivement en deux, puis en quatre, etc. Qui s'imaginerait atteindre ainsi l'infinité des points commettrait une erreur grossière car, par un procédé semblable, il ne parviendrait même pas, durant l'éternité, à la division de toutes les parties ayant une grandeur; quant aux indivisibles, telle est l'impossibilité de les atteindre par ce chemin que le suivre nous écarte plutôt du but, et celui qui croirait, par une division toujours continuée et par la multiplication des parties, s'approcher de l'infinité, j'estime qu'au contraire il s'en éloignerait toujours davantage. Et ma raison, la voici. Les propos tenus par nous il y a peu d'instants nous ont conduits à conclure que, dans le nombre infini, il fallait qu'il y eût autant de carrés et de cubes qu'il y a de nombres en tout, étant donné que carrés et cubes sont, les uns et les autres, en nombre égal à leurs racines et que tous les nombres sont des racines. Nous avons vu ensuite que plus élevés étaient les nombres que nous prenions, plus rares étaient les carrés qu'ils contenaient, et plus rares encore les cubes. Il est donc de toute évidence que plus nous progressons dans la suite des nombres, plus nous nous éloignons du nombre infini; d'où il résulte que (notre marche en avant nous écartant du but) si quelque nombre peut être dit infini, c'est l'unité. Et en vérité, nous trouvons dans l'un toutes les conditions exigées du nombre infini, à savoir de contenir en soi autant de carrés et de cubes que de nombres au total.

SIMPLICIO Je ne vois pas très bien comment il faut entendre cette affaire.

SALVIATI Cette affaire n'a rien d'obscur, car l'un est carré, il est cube, il est carré de carré, il enferme en lui toutes les puissances, et il n'est aucune propriété essentielle des carrés, des cubes, etc., qui ne lui convienne. Une des propriétés des carrés, par exemple, est que deux carrés ont entre eux un moyen proportionnel. Prenez n'importe quel nombre carré pour l'un des termes et l'unité comme autre terme, vous trouverez tou-
Fig. 16, p. 264 jours entre eux un moyen proportionnel. Soient deux nombres carrés 9 et 4 : entre 9 et 1, le moyen proportionnel est 3; entre 4 et 1, le moyen est 2; et entre les deux carrés 9 et 4, le moyen est 6. Une propriété des cubes est qu'entre deux nombres cubes il y a nécessairement deux moyens proportionnels; prenez 8 et 27; entre eux, 12 et 18 sont moyens proportionnels comme 2 et 4 le sont entre 1 et 8, 3 et 9 entre 1 et 27. Nous en arrivons donc à cette conclusion qu'il n'y a d'autre nombre infini que l'unité. Ce sont là des merveilles qui excèdent la capacité de notre imagination et qui devraient nous avertir de la grave erreur qui consiste à parler des infinis en leur donnant les mêmes attributs qu'aux finis, alors qu'il n'est rien de commun entre la nature des uns et celle des autres.

A ce propos, je ne veux pas vous taire une conjoncture curieuse qui me revient en mémoire et qui rend compte de l'extrême difficulté, plus encore de la répugnance, de l'aversion naturelle qu'éprouverait une grandeur limitée à passer à l'infini. Traçons une ligne droite AB, de longueur quelconque, et sur cette droite prenons un point C qui la divise en segments inégaux. Je dis que, si nous menons des extrémités A et B des couples de lignes ayant entre elles les mêmes proportions qu'entre les segments AC et BC, ces droites se couperont deux à deux en un point, et leurs points de concours tomberont tous sur la circonférence d'un même cercle. Soient par exemple les droites AL et BL, menées des points A et B et concourant au point L; et, en gardant toujours la même proportion, deux autres droites AK et BK; et d'autres encore : AI et BI, AH et BH, AG et BG, AF et BF, AE et BE; je dis que les points de concours L, K, I, H, G, F, E, tombent tous sur la circonférence d'un même cercle; de sorte que si nous imaginons que le point C se déplace continuellement, suivant une loi telle que les droites menées de ce point aux extrémités fixes A et B maintiennent toujours entre elles la même proportion qu'entre les segments AC et BC, le point C décrira une circonférence de cercle, comme je vous le démontrerai ci-après; et le cercle ainsi décrit sera toujours plus grand et indéfiniment plus grand à mesure que le point C sera choisi plus près du centre (soit O) de la droite AB, et il sera d'autant plus petit qu'il sera décrit à partir d'un point plus voisin de l'extrémité B. Si bien qu'à partir des points en nombre infini que l'on peut prendre sur la ligne AB, on décrira, suivant la loi ci-dessus énoncée, des cercles de toutes les grandeurs possibles, plus petits que la prunelle de l'œil, plus petits qu'une puce, ou plus grands que l'équateur du premier mobile. Or, si, en se déplaçant, les points compris entre O et B décrivent tous des cercles, et les points voisins de O des cercles immenses, qu'en sera-t-il si le point O lui-même s'élève au-dessus de la droite AB et s'il continue à se mouvoir dans les conditions prescrites, à savoir que les droites menées de ce point aux extrémités A et B gardent entre elles la même proportion qu'entre les segments AO et OB? Quelle ligne le point O décrira-t-il? Il décrira la circonférence d'un cercle, mais d'un cercle plus grand que tous les autres, si grands soient-ils, autrement dit d'un cercle infini; mais il décrit aussi une ligne droite perpendiculaire élevée du point O sur AB, et qui se prolonge à l'infini, sans jamais revenir sur elle-même pour rejoindre, à son terme ultime, son point de départ. Ainsi faisaient pourtant toutes les autres lignes; car celle qu'engendrait le mouvement limité du point C, après avoir formé le demi-cercle supérieur CHE, se prolongeait en formant le demi-cercle inférieur EMC, pour réunir ensemble, au point C, ses deux termes extrêmes; mais le point O, s'étant mis en mouvement pour décrire un cercle, comme tous les autres points de la ligne AB (car les points pris sur le segment OA décriront, eux aussi, des cercles, et d'autant plus grands que les points choisis seront plus voisins de O), ne pourra plus, ayant à décrire un cercle plus grand que tous les autres, et par conséquent infini, revenir à son principe, et en somme décrira, en guise de circonférence de son cercle infini, une droite infinie. Jugez maintenant de la différence qu'il y a entre un cercle fini et un cercle infini : chez ce dernier, l'être s'altère tellement qu'il perd l'être et le pouvoir d'être, car nous comprenons bien clairement qu'un cercle infini ne peut être donné; d'où nous tirons cette conséquence qu'il ne peut exister une sphère infinie, non plus qu'aucun autre corps infini, ou qu'aucune surface figurée et infinie. Que dirons-nous dès lors de ces métamorphoses, produites par le passage du fini à l'infini? Et pourquoi éprouverions-nous plus de répugnance, quand nous cherchons l'infini dans les nombres, à la trouver dans l'unité? Et quand, réduisant un solide en parcelles toujours plus nombreuses, puis en une poudre des plus fines, nous en arrivons à le dissocier en l'infinité de ses atomes indivisibles, pourquoi ne dirions-nous pas qu'il est retourné à l'état d'un corps continu comme fluide, peut-être comme l'eau, ou le mercure, ou quelque autre métal liquéfié? Ne voyons-nous pas les pierres se fondre en verre, et le verre lui-même, sous l'action d'un feu intense, se faire plus fluide que l'eau?

SAGREDO Faut-il donc croire que les fluides sont tels parce qu'ils sont réduits en l'infinité des indivisibles, leurs premiers composants?

SALVIATI Je n'aperçois pas de meilleur expédient pour rendre compte de certains faits qui tombent sous le sens. En voici un entre autres : si je prends un corps dur, pierre ou métal, et

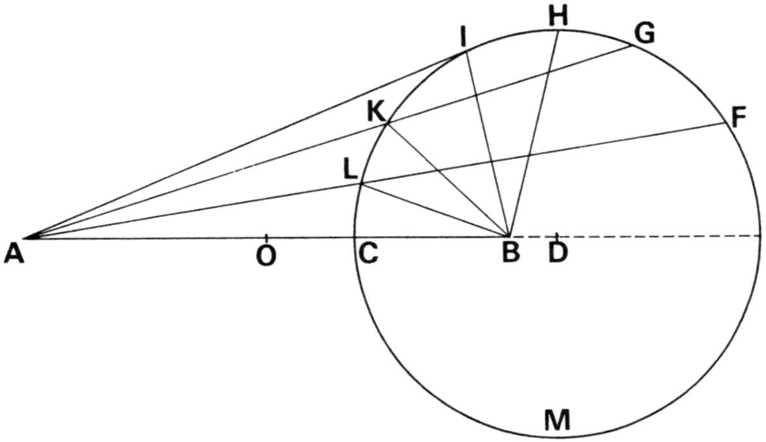

FIGURE 16. *Si l'on mène des extrémités A et B des couples de lignes ayant entre elles les mêmes proportions qu'entre les segments AC et BC, ces droites se couperont deux à deux en un point et leurs points de concours tomberont tous sur la circonférence d'un même cercle*

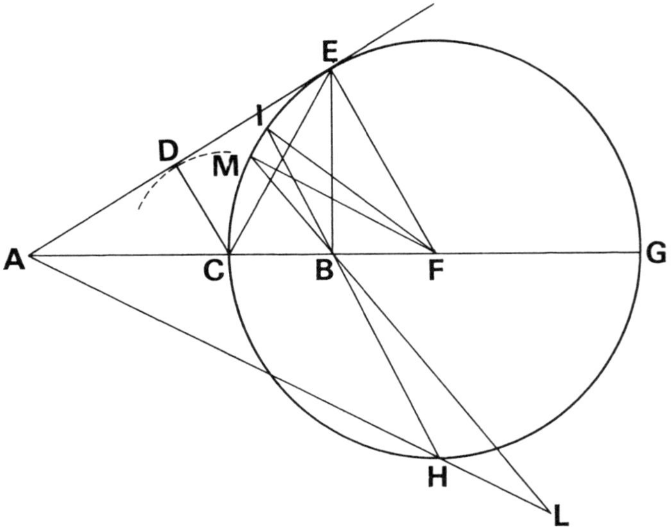

FIGURE 17. *Le cercle CEG est le cercle cherché; il est tel en effet que deux droites menées des points A et B à un point quelconque de sa circonférence auront entre elles le même rapport qu'ont entre eux les deux segments AC et BC, qui déjà y concouraient au point C*

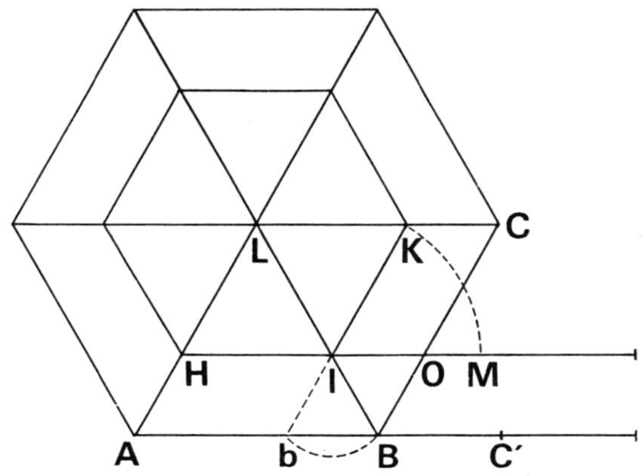

FIGURE 18. *Le grand polygone (entraîné par le petit) ne décrit pas, avec ses côtés, une ligne plus longue que le petit avec les siens parce qu'une partie de chacun de ses côtés prend la place du côté adjacent qui l'a précédé*

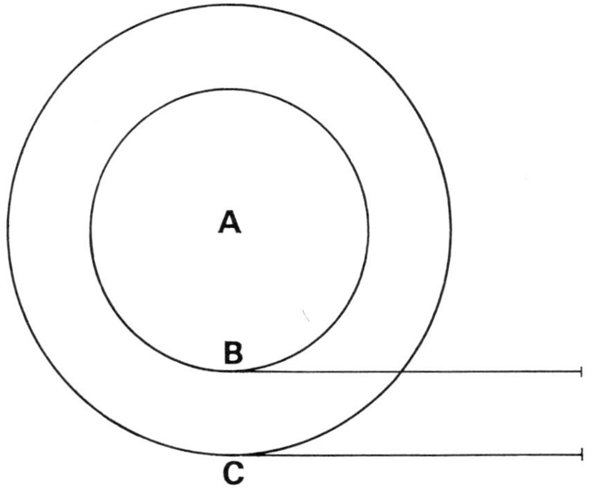

FIGURE 19. *Au terme d'une révolution complète, les deux droites sont égales*

qu'à l'aide d'un marteau ou d'une lime très fine je le réduise, autant que faire se peut, en une poudre impalpable, il est clair que les infimes particules obtenues, même si leur petitesse les rend, prises une à une, imperceptibles à notre vue et à notre toucher, ont cependant encore une masse, une forme, un nombre; si on les accumule, elles se soutiennent en un tas; si on les creuse, la cavité subsiste, jusqu'à un certain point, sans que les parties voisines s'écoulent pour la remplir; si on les agite, leur mouvement s'arrête aussitôt que cesse l'action du moteur externe; et il en est ainsi de tous les amas de corpuscules, quelles que soient leurs dimensions et leurs formes, fussent-ils même sphériques, comme nous le voyons quand il s'agit d'un tas de mil, de blé, de grenaille de plomb ou de toute autre matière. Mais rien de tel ne se produit dans l'eau, et c'est en vain que nous chercherions à y observer les mêmes phénomènes. Soulevée, elle s'aplanit aussitôt, à moins d'être retenue dans un vase ou par quelque obstacle étranger; un trou s'y creuse-t-il, très vite elle s'y écoule et le comble; si on l'agite, elle ondoie très longtemps et ses ondes s'étendent sur de grands espaces. D'où il me semble pouvoir raisonnablement conclure que les plus petites parties en lesquelles l'eau paraît être résolue (car elle a moins de consistance qu'une poussière si fine soit-elle, et même elle n'a aucune consistance) diffèrent profondément des plus petites particules mesurables et divisibles; et je ne vois pas qu'on puisse expliquer cette différence, sinon en disant que les éléments derniers de l'eau sont indivisibles. Je pense, au surplus, que la parfaite transparence de l'eau est un argument très fort à l'appui de cette hypothèse; car si nous prenons le cristal le plus transparent qui soit et si nous commençons à le broyer, à le piler, une fois réduit en poudre, il perd sa transparence, et cela d'autant plus qu'il sera plus finement pulvérisé, tandis que l'eau, qui cependant est pulvérisée au suprême degré, est éminemment diaphane. L'or et l'argent, plus finement pulvérisés sous l'action des eaux fortes que par n'importe quelle lime, restent en poudre mais ne deviennent pas fluides; ils ne se liquéfient que dissous par les indivisibles du feu ou des rayons solaires, étant alors réduits, je crois, en leurs ultimes composants, infinis en nombre et indivisibles [7].

SAGREDO Au sujet de la lumière, Votre Seigneurie vient de toucher mot d'un fait que j'ai plus d'une fois observé avec étonnement, à savoir que le plomb se liquéfie en un instant par l'effet d'un miroir concave de trois palmes de diamètre; ce qui m'a donné à penser que si le miroir était très grand, bien poli et de forme parabolique, il liquéfierait aussi bien tout autre métal en un temps très court, étant donné la force avec laquelle celui dont je parle, pas très grand, pas très brillant et de cavité sphérique, liquéfiait le plomb et brûlait toute matière combustible, effets qui me font juger croyables les merveilles des miroirs d'Archimède.

SALVIATI Quant aux miroirs d'Archimède, les récits merveilleux qu'en rapportent plus d'un auteur m'ont été rendus croyables par les livres d'Archimède lui-même que j'ai lus et étudiés jadis, et non sans une profonde stupeur; et s'il m'était resté le moindre doute, le traité du *Miroir ardent (Lo specchio ustorio)* récemment publié par le P. Bonaventura Cavalieri, et que j'ai lu avec admiration, aurait suffi à lever pour moi toute difficulté.

SAGREDO Moi aussi, j'ai vu ce traité, j'ai pris plaisir à le lire; il m'a émerveillé et il m'a confirmé dans l'opinion que son auteur, que je connaissais déjà personnellement, compterait un jour parmi les premiers mathématiciens de ce siècle. Mais pour en revenir au surprenant pouvoir qu'ont les rayons solaires de liquéfier les métaux, devons-nous croire qu'une action si violente ait lieu sans mouvement, ou au contraire qu'elle comporte un mouvement, mais très rapide?

SALVIATI Les autres combustions et dissolutions, nous constatons qu'elles ont lieu avec mouvement, et avec un mouvement très rapide; voyez plutôt les effets de la foudre, ou ceux de la poudre dans les mines et les mortiers; voyez aussi à quel point, en activant avec des soufflets la flamme du charbon, mêlée de vapeurs grossières et impures, on augmente son pouvoir de fondre les métaux. Aussi ne puis-je concevoir que l'action de la lumière, encore que très pure, puisse se produire sans mouvement, et sans un mouvement d'une extrême rapidité.

SAGREDO Mais de quelle nature et de quelle grandeur devons-nous estimer que soit cette vitesse de la lumière? Serait-elle instantanée, momentanée ou, comme toute autre vitesse, inséparable du temps? Et pourrons-nous, par expérience, nous assurer de ce qu'elle est?

SIMPLICIO L'expérience de tous les jours nous enseigne que la propagation de la lumière est instantanée : quand nous voyons de loin le tir d'une pièce d'artillerie, l'éclat de la flamme, sans interposition de temps, se porte à nos yeux tandis que le son ne parvient à nos oreilles qu'après un intervalle de temps appréciable.

SAGREDO Hé! là, signor Simplicio, de cette expérience bien connue nous ne pouvons rien conclure sinon que le son arrive à notre oreille en un temps moins court que la lumière à nos yeux; mais nous ne sommes pas assurés pour cela que la venue de la lumière soit instantanée plutôt que très rapide et toutefois dans le temps. Pareille observation ne prouve rien de plus que celle de qui dirait : « Aussitôt le soleil parvenu à l'horizon, son éclat vient frapper nos yeux ». Qui m'assure en effet que ses rayons n'avaient pas atteint ce terme avant de toucher notre vue?

SALVIATI Le fait qu'on ne peut rien conclure de ces observations et de toutes autres semblables m'a un jour donné l'idée de chercher le moyen de vérifier, sans risque d'erreur, si l'illumination, c'est-à-dire l'expansion de la lumière, est vraiment instantanée; car le mouvement déjà très rapide du son nous assure que celui de la lumière doit être d'une rapidité extrême. J'imaginai alors l'expérience que voici : deux hommes prennent chacun une lumière qu'ils enferment dans une lanterne ou sous quelque autre abri, de façon à pouvoir, en mettant la main devant, la cacher ou la découvrir à la vue de leur compagnon; puis, s'étant placés vis-à-vis, à quelques brasses de distance, ils s'exercent à découvrir et à cacher leur lumière en observant la règle suivante : chaque fois que l'un des deux voit la lumière de l'autre, immédiatement il découvre la sienne. Après un certain nombre d'essais, la manœuvre sera si bien mise au point qu'il n'y aura plus d'intervalle sensible entre les deux mouvements, l'un répondant immédiatement à l'autre, et que l'un des deux hommes n'aura pas plus tôt découvert sa lumière que la lumière de l'autre apparaîtra à sa vue. Quand ils auront acquis une pratique suffisante en opérant dans ce champ très réduit, nos deux compagnons iront se placer, avec leurs lumières, à deux ou trois milles l'un de l'autre et recommenceront l'expérience de nuit, en notant avec le plus grand soin si les réponses à leurs dévoilements et occultations gardent, à cette distance, la même cadence que de près. S'il en est ainsi, on pourra conclure avec certitude que l'expansion de la lumière est instantanée; car si elle exigeait du temps, un parcours de trois milles, c'est-à-dire de six, compte tenu de l'aller d'une lumière et de la venue de l'autre, déterminerait un retard très observable. Et si nous voulions répéter l'expérience sur des distances plus grandes, de huit ou dix milles par exemple, nous pourrions nous servir du télescope, en choisissant judicieusement les points où devraient se placer, de nuit, les deux observateurs. Sans doute les lumières seraient-elles alors trop éloignées pour être visibles à l'œil nu, mais, grâce au télescope, leurs apparitions et occultations seraient faciles à constater.

SAGREDO L'expérience me semble être d'une invention aussi sûre qu'ingénieuse; mais dites-nous ce que vous avez conclu de ses résultats.

SALVIATI A vrai dire, je ne l'ai réalisée que sur une distance assez faible, inférieure à un mille, de sorte que je n'ai pas pu vérifier avec certitude si l'apparition de la lumière d'en face était instantanée; du moins ai-je constaté qu'elle était extrêmement rapide, disons « momentanée ». Je l'assimilerais, en attendant mieux, au mouvement que nous voyons se produire quand un éclair s'allume parmi des nuages éloignés de nous de huit à dix milles; de cet éclair, nous distinguons le commencement ou, si vous voulez, la tête et la source, en un point déterminé, et aussitôt après nous en voyons la lueur se répandre dans une zone très vaste, ce qui prouverait, je crois, que cette expansion exige un peu de temps; car si l'illumination se faisait tout entière d'un seul coup, et non par degrés, on ne pourrait en distinguer l'origine, le centre, dirais-je, des bords extrêmes du champ qu'elle envahit. Mais dans quels océans allons-nous peu à peu et sans y prendre garde nous engouffrer? Entre les vides, les infinis, les indivisibles, les mouvements instantanés, pourrons-nous jamais, après mille détours, gagner le rivage?

SAGREDO Il est vrai que ces choses passent de beaucoup la mesure de notre intelligence : l'infini, cherché dans le nombre, voici qu'il semble nous ramener à l'unité; des indivisibles naît le toujours divisible; le vide n'est, semble-t-il, nulle part sinon indissolublement mêlé au plein; en tout cela, la nature des choses, telle que nous l'entendons communément, se modifie à tel point qu'il n'est pas jusqu'à la circonférence d'un cercle qui ne devienne une droite infinie; car telle est, si j'ai bonne mémoire, la proposition que vous deviez, signor Salviati, nous rendre évidente par démonstration géométrique. Aussi serait-il bon que vous nous présentiez cette démonstration, si vous voulez bien, sans nous égarer davantage.

SALVIATI A vos ordres. Je vais donc résoudre, pour que tout soit très clair, le problème suivant :

Étant donnée une ligne droite divisée en deux parties inégales ayant entre elles un rapport quelconque, décrire un cercle tel que deux droites menées des extrémités de la droite proposée à n'importe quel point de sa circonférence, soient entre elles dans le même rapport que les deux parties de la droite proposée, les lignes issues des mêmes extrémités étant homologues.

Soit AB la droite donnée, divisée au point C en deux parties inégales quelconques. Il faut décrire un cercle tel que deux droites menées des extrémités A et B à un point quelconque de sa circonférence aient entre elles le même rapport qu'ont entre eux les deux segments AC et BC, les homologues étant les segments issus de la même extrémité. En prenant le point C comme centre et le rayon étant égal au petit segment CB, supposons décrit un cercle à la circonférence duquel nous menons, du point A, une tangente AD indéfiniment prolongée vers E, et soit D le point de contact. Menons ensuite CD, qui sera perpendiculaire sur EA, et BE, perpendiculaire sur BA; l'angle en A étant aigu, la droite BE rencontrera la droite AE Fig. 17, p. 264

en un point. Soit E ce point de concours. De ce point, perpendiculairement à AE, menons une droite qui rencontrera en F la droite AB indéfiniment prolongée. Je dis, premièrement, que les deux droites FE et FC sont égales car, en menant la droite EC, nous aurons, dans les deux triangles DEC et BEC, les côtés DE et EC de l'un égaux aux côtés BE et EC de l'autre, puisque DE et EB sont tangentes au cercle DB; de même sont égales les bases DC et CB, en sorte que les deux angles DEC et BEC seront égaux. Et comme il manque à l'angle BCE, pour être égal à un angle droit, l'équivalent de l'angle CEB; et de même, à l'angle CEF, pour être égal à un angle droit, l'équivalent de l'angle CED, l'égalité de ces deux manques entraîne celle des deux angles FCE et FEC, et en conséquence celle des côtés FE et FC; donc si, en prenant le point F pour centre et FE pour rayon, on décrit un cercle, il passera par le point C. Décrivons-le, et soit CEG ce cercle. Je dis que c'est là le cercle cherché; il est tel en effet que deux droites menées des points A et B à un point quelconque de sa circonférence auront entre elles le même rapport qu'ont entre eux les deux segments AC et BC, qui déjà y concouraient au point C. Ceci est évident quant aux deux droites AE et BE qui se rencontrent en E, l'angle en E du triangle AEB étant divisé en deux parties égales par la droite CE, en sorte que tel est le rapport entre AC et BC, tel il se retrouve entre AE et BE. Nous prouverons la même chose quant aux deux droites AG et BG, qui aboutissent au point G. En effet, par suite de la similitude des triangles AFE et EFB, AF est à FE comme EF à FB, ou encore AF est à FC comme CF à FB; donc, par division, AC est à CF (ou FG) comme CB à BF, et la droite entière AB à la droite entière BG, comme CB à BF; et, par composition, AG à GB comme CF à FB; autrement dit, EF à FB, ou AE à EB comme AC à CB, ce qu'il fallait démontrer. Prenons maintenant un autre point quelconque de la circonférence, soit H, qui sera le point de concours des deux droites AH et BH; je dis que pareillement AH est à HB comme AC à CB. Prolongeons HB jusqu'à la circonférence, au point I, et joignons IF. Or, nous avons déjà vu que AB est à BG comme CB à BF; si bien que le rectangle ABF [*i.e.* AB × BF] est égal au rectangle CBG [*i.e.* BG × CG] et par conséquent au rectangle IBH [*i.e.* IB × BH]; d'où il résulte que AB est à BH comme IB à BF; et comme les angles en B sont égaux, AH est à HB comme IF (ou EF) à FB et comme AE à EB.

Je dis en outre qu'il est impossible que les droites ayant entre elles semblable proportion, issues des extrémités A et B, concourent en un point situé en dedans ou au dehors de la circonférence CEG. Supposons en effet qu'il soit possible que deux droites remplissant cette condition concourent en un point L, situé hors du cercle (soient AL et BL); prolongeons LB jusqu'au point M de la circonférence et joignons MF. Si donc AL est à BL comme AC à BC, c'est-à-dire comme MF à FB, nous obtiendrons ainsi deux triangles ALB et MBF dans lesquels les côtés adjacents aux deux angles égaux ALB et MFB seront proportionnels, les angles au sommet B égaux et les deux angles restants FMB et LAB inférieurs à un angle droit (puisque l'angle droit en M a pour base le diamètre entier CG et non pas le seul segment BF; et que l'autre angle, en A, est aigu, étant donné que la droite AL, homologue de AC, est plus grande que la droite BL, homologue de BC); donc, les triangles ABL et MBF sont semblables; et comme AB est à BL comme MB à BF, le rectangle ABF [*i.e.* AB $\times$ BF] sera égal au rectangle MBL [*i.e.* MB $\times$ BL]; mais il a été démontré que le rectangle ABF est égal au rectangle CBG; donc, le rectangle MBL sera égal au rectangle CBG, ce qui est impossible; donc, le point de concours ne peut tomber hors du cercle. On démontrera de la même manière qu'il ne peut tomber au dedans. Donc, tous les points de concours doivent tomber sur la circonférence même.

Mais il est temps de donner satisfaction au désir du signor Simplicio en lui montrant que résoudre la ligne en l'infinité de ses points n'est pas seulement impossible, mais que cela n'est même pas plus difficile que de la diviser en ses parties quantités. A cette fin, je ferai une supposition que vous ne pourrez, je pense, signor Simplicio, refuser de m'accorder, c'est à savoir que vous ne me demanderez pas de séparer les points les uns des autres et de vous les faire voir un par un bien distincts sur ce papier; de mon côté, je vous tiendrai quitte si, sans détacher les unes des autres les trois ou les six parties d'une ligne, vous m'en indiquez les divisions par un signe quelconque, ou tout au plus en pliant la ligne suivant des angles tels qu'elle devienne un carré ou un hexagone, car je suis sûr qu'ainsi vous en tiendrez les divisions pour suffisamment distinctes.

SIMPLICIO Oui, certainement.

SALVIATI Si donc briser une ligne droite en angles pour en former un carré, un octogone, un polygone de quarante, cent ou mille côtés, est une mutation suffisante pour rendre actuelles les quatre, huit, quarante, cent ou mille parties qui, dans cette droite, étaient, comme vous dites, en puissance, ne pourrais-je, moi, usant de la même permission, considérer que si, de la même ligne, je fais un polygone d'un nombre infini de côtés, autrement dit si je l'infléchis en circonférence de cercle, j'aurai réduit en acte ces parties en nombre infini qui, d'après vous, s'y trouvaient contenues en puissance quand elle était droite? Et on ne peut nier que la résolution de notre droite en l'infinité de ses points ne soit aussi effective que sa réduction en quatre parties quand on en forme un carré, ou en mille parties quand on en forme un polygone de mille côtés, car elle satisfait ainsi à toutes les conditions réalisées dans le polygone de mille ou de cent mille côtés. Ce polygone, en effet, appliqué sur une ligne droite, la touche par un de ses côtés, soit par sa cent millième partie; et le cercle, qui est un polygone dont les côtés sont en nombre infini, la touche lui aussi par un de ses côtés, c'est-à-dire par un seul point, différent de tout autre point voisin, donc aussi séparé et distinct que le côté du polygone l'est des côtés adjacents; et de même que le polygone, dans sa rotation sur un plan, y trace, par les touches successives de ses côtés, une ligne droite égale à son périmètre, de même le cercle, roulant sur le même plan, y décrit, par l'infinité de ses contacts successifs, une ligne droite égale à sa circonférence. Et maintenant, signor Simplicio, je ne sais si messieurs les péripatéticiens (avec lesquels je m'accorde pour admettre comme une vérité hors de doute que le continu est divisible en parties toujours divisibles, en sorte que, poursuivant divisions et subdivisions, on n'arriverait jamais au bout) voudront bien m'accorder, à moi, qu'aucune de ces divisions n'est la dernière, comme véritablement elle ne l'est pas car il en reste toujours une autre à opérer, mais que la dernière et suprême est celle qui résoud le continu en l'infinité de ses indivisibles; à celle-ci, je concède qu'on ne parviendrait jamais en décomposant le continu en un nombre toujours plus grand de parties; mais en usant de la méthode que je propose, qui est de distinguer et de résoudre d'un seul trait toute l'infinité (artifice qu'ils n'auraient aucune raison de m'interdire), j'estime qu'ils devraient s'apaiser et admettre cette composition du continu en atomes absolument indivisibles; d'autant plus que c'est là peut-être un chemin plus facile qu'aucun autre pour nous faire sortir de labyrinthes fort enchevêtrés, tel celui où nous nous sommes engagés en touchant mot de la cohérence entre les parties des solides; et il en est d'autres, comme de comprendre en quoi consistent la raréfaction et la condensation, sans tomber dans l'inconvénient de devoir admettre, pour expliquer celle-là, des espaces vides, et, pour expliquer celle-ci, la pénétrabilité des corps, écueils qui l'un et l'autre seront évités assez adroitement, me semble-t-il, si l'on admet cette composition d'indivisibles.

SIMPLICIO J'ignore ce que les péripatéticiens pourraient dire, attendu que la majeure part de vos considérations seraient pour eux des nouveautés et, comme telles, mériteraient examen; peut-être trouveraient-ils, pour dénouer ces nœuds, des réponses et des solutions valables que je ne saurais quant à moi, à court de temps et avec mon trop faible génie, vous présenter. Mais, laissant de côté ceci pour le moment, je désirerais beaucoup vous entendre dire en quoi l'introduction de ces indivisibles facilite l'intelligence de la condensation et de la raréfaction en esquivant à la fois le vide et la pénétration des corps.

SAGREDO C'est une chose que moi aussi j'aurais le plus grand désir d'entendre, car elle est très obscure à mon intelligence; toutefois, je ne voudrais pas pour cela être privé d'ouïr, conformément au vœu qu'exprimait le signor Simplicio, les arguments d'Aristote contre le vide et les solutions que vous-même donnez de ce problème, comme il convient de le faire puisque vous admettez ce qu'il nie.

SALVIATI Je vous donnerai satisfaction sur ces deux points. Quant au premier, il est nécessaire que, d'une part, en ce qui concerne la raréfaction, nous nous servions de la ligne décrite par le petit cercle — ligne plus grande que sa circonférence — quand il est entraîné par la révolution du plus grand; et d'autre part, en ce qui concerne la condensation, que nous montrions comment le grand cercle, entraîné par la révolution du petit, décrit une ligne droite plus petite que sa circonférence. Pour plus de clarté, nous considérerons d'abord ce qui se produit dans le cas de polygones.

La figure est semblable à celle que nous avons précédemment donnée. Soient deux hexagones ABC et HIK, ayant pour centre commun le point L, et deux droites parallèles HOM et ABC, sur lesquelles ils auront à effectuer leurs révolutions. Le sommet I étant fixe, on fera tourner le petit polygone jusqu'à ce que le côté IK tombe sur la droite HM; le point K décrira l'arc KM et le côté KI coïncidera avec le segment IM de ladite droite; il faut voir ce que fera pendant ce temps le côté CB du grand polygone. La révolution s'accomplissant autour du Fig. 18, p. 265 point I, le segment IB tournera en arrière et son extrémité B décrira l'arc B*b* sous la parallèle *c*A, en sorte que, quand le côté KI se confondra avec MI, le côté BC tombera sur le segment *bc*, s'étant porté en avant d'une longueur égale à B*c* seulement, et s'étant retiré en arrière d'une longueur égale à la corde sous-tendant l'arc B*b*, laquelle se superpose à la ligne BA. Si le mouvement de rotation se poursuit de même façon, le petit polygone parcourra et décrira sur sa parallèle une ligne égale à son périmètre, mais le plus grand parcourra une ligne inférieure en longueur à son périmètre d'autant de fois le segment *b*B qu'il a de côtés moins un; et cette ligne sera presque égale à celle qui est décrite par le polygone mineur : elle ne l'excédera que de la longueur *b*B. Ici donc, on découvre sans difficulté la raison pour laquelle le grand polygone (entraîné par le petit) ne décrit pas, avec ses côtés, une ligne plus longue que le petit avec les siens : c'est qu'une partie de chacun de ses côtés prend la place du côté adjacent qui l'a précédé.

Fig. 19, p. 265 Mais si nous considérons les deux cercles de centre A posés sur leurs parallèles respectives et tangents à ces parallèles, le petit cercle au point B, le plus grand au point C, nous ne constaterons pas, ici, qu'au moment où le petit commence sa révolution le point B reste immobile le temps nécessaire pour que la ligne BC, tournant en arrière, transporte le point C, comme cela se produisait dans le cas des polygones. Là, en effet, le point I restant fixe jusqu'à ce que le côté KI vienne coïncider avec le segment IM, la ligne IB reportait en arrière, jusqu'en *b*, le point B, extrémité du côté CB; en sorte que BC tombait en *bc*, superposant à la ligne BA la partie B*b* et avançant seulement d'une longueur B*c* égale à IM, c'est-à-dire au côté du polygone mineur. Par l'effet de ces superpositions, égales aux excès des grands côtés sur les petits, les avances qui restent, égales aux côtés du petit polygone, en arrivent à composer, au terme d'une révolution complète, une droite égale à celle que le petit polygone a parcourue et mesurée. Mais ici j'ajoute que, voulant appliquer le même raisonnement au cas des cercles, il conviendra de noter que si les côtés d'un polygone quel qu'il soit sont en nombre déterminé, les côtés du cercle sont en nombre infini; les uns sont quantités et divisibles, les autres non-quantités et indivisibles. Les sommets du polygone, durant sa révolution, restent un certain temps immobiles, à savoir un temps égal à celui d'une révolution complète divisé par le nombre des côtés du polygone. Mais dans les cercles, les stations des extrémités de leurs côtés, lesquels sont en nombre infini, correspondent à la fraction infinitésimale d'une durée donnée, comme chaque point d'une ligne qui comprend un nombre infini de points correspond à la fraction infinitésimale de cette ligne. Dans les polygones, les retours en arrière des côtés du plus grand ne sont pas égaux au côté entier, mais seulement à son excès sur le côté du plus petit, le côté du grand polygone se portant en avant d'une longueur égale au côté du petit; dans les cercles, le point ou côté C, durant le repos instantané du point B, recule d'une longueur égale à son excès sur le côté B et se porte en avant d'une longueur égale à ce même côté. Et en somme, les côtés infiniment nombreux et indivisibles du plus grand cercle, avec leurs infinis et indivisibles reculs effectués pendant les infiniment nombreux instants de repos des extrémités infiniment nombreuses des côtés infiniment nombreux du plus petit cercle, et avec leurs progrès infiniment nombreux, égaux aux infiniment nombreux côtés du même petit cercle, composent et décrivent une ligne qui est égale à celle décrite par le petit cercle. Cette ligne contient en elle une infinité de superpositions sans grandeur qui produisent un tassement et une condensation des parties quantités, chose qu'il serait impossible d'admettre dans une ligne divisée en parties quantités comme le périmètre d'un polygone quelconque, puisque ce périmètre, développé en ligne droite, ne saurait être écourté sinon par superposition et compénétration de ses côtés successifs. Ce tassement de parties non-quantités mais infinies en nombre sans pénétration de parties quantités, et la distension ci-avant exposée des indivisibles en nombre infini par interposition de vides eux-mêmes indivisibles, c'est là, je crois, le plus que l'on puisse dire pour rendre compte de la condensation et de la raréfaction des corps, sans nécessité d'introduire la pénétrabilité et l'existence d'espaces vides ayant une grandeur. Si cette manière de voir est de votre goût, faites-en compte; sinon, estimez-la sans valeur, ainsi que tout ce que j'ai dit, et demandez à quelqu'un d'autre une explication plus apaisante pour votre intellect. Retenez seulement ces deux mots : nous sommes entourés d'infinis et d'indivisibles.

SAGREDO Que ce penser soit ingénieux, qu'il rende à mon oreille un son nouveau et non sans étrangeté, je ne vous le cache pas, et que tel soit, en fait, l'ordre de la nature, je ne saurais en décider; toujours est-il que jusqu'ici je n'ai jamais rien entendu qui m'ait satisfait davantage, et pour ne pas rester tout à fait muet, je m'en tiendrai à ce que vous dites. Mais peut-être le signor Simplicio a-t-il le secret (que je n'ai pas encore trouvé quant à moi) de nous expliquer l'explication que les philosophes nous proposent en une matière si abstruse; car en vérité, ce que j'ai lu jusqu'à présent sur la condensation est pour moi si dense, et ce que j'ai lu sur la raréfaction si subtil que ma faible vue est aussi incapable de comprendre ceci que de pénétrer cela.

SIMPLICIO Je me trouve dans un cruel embarras, et je rencontre de sérieux obstacles dans l'un comme dans l'autre sentier, en particulier d'ailleurs dans celui où vous nous avez engagés; car, selon votre principe, une once d'or pourrait se raréfier et se distendre en une masse plus volumineuse que toute la Terre, et toute la Terre se condenser et se réduire en un volume inférieur à celui d'une noix, chose que je me refuse à croire et que je ne crois pas que vous croyiez vous-même. Au surplus, les considérations et démonstrations que vous nous avez présentées sont choses mathématiques, abstraites et séparées de la matière sensible, et je pense qu'appliquées à des corps physiques et naturels, elles ne se conformeraient plus à vos règles.

SALVIATI Vous faire voir l'invisible, c'est une chose que je ne saurais faire, et je ne pense pas que vous l'exigiez de moi. Mais pour ce qui est à la portée de nos sens, puisque vous avez nommé l'or, ne voyons-nous pas que l'or est susceptible d'une immense extension de ses parties ? Je ne sais s'il vous est jamais arrivé de voir par quels procédés les artisans étirent l'or pour en former des fils, lesquels, à vrai dire, ne sont en or qu'à la surface : l'intérieur est en argent. Et voici comment ils procèdent : ils prennent un cylindre ou, si vous voulez, une verge d'argent longue d'environ une demi-brasse et grosse comme trois ou quatre fois le pouce, ils y appliquent des feuilles d'or battu — de ces feuilles qui, vous le savez, sont si minces qu'elles voltigeraient presque dans l'air — et ils en superposent huit ou dix, pas plus. Le cylindre une fois doré, ils se mettent en devoir de l'étirer avec une force immense, en le faisant passer par les trous de la filière, opération qu'ils recommencent à mainte et mainte reprise en faisant passer le métal par des trous de plus en plus petits, si bien qu'après un certain nombre de ces passages, le cylindre est devenu aussi fin qu'un cheveu de femme, plus fin peut-être; et toutefois la surface en reste dorée. Jusqu'à quel point la substance de l'or a été distendue et à quelle infime épaisseur elle a été réduite, je vous le laisse à penser.

SIMPLICIO Je ne vois pas que la matière de l'or subisse, par cette opération, un amenuisement tel qu'il puisse en résulter les merveilles dont vous parliez : premièrement, parce que la dorure initiale était de dix feuilles d'or, ce qui représente une épaisseur déjà notable; deuxièmement, parce que l'argent étiré croît en longueur mais diminue d'autant en grosseur, si bien qu'une dimension compense l'autre et que la surface n'augmente pas au point que, pour la revêtir d'or, il soit nécessaire de réduire cet or à une minceur supérieure à celle des feuilles d'abord utilisées.

SALVIATI C'est là une grave erreur, signor Simplicio, car l'accroissement de la surface est sous-double [8] de l'allongement, comme je pourrais vous en donner la démonstration géométrique.

SAGREDO Quant à moi, je vous prierais, pour moi-même et pour le signor Simplicio, de nous faire cette démonstration, si toutefois vous croyez que nous puissions la comprendre.

SALVIATI Je vais voir si, pris de court, elle me revient en mémoire. Pour commencer, il est manifeste que le gros cylindre d'argent et le très long fil étiré sont deux cylindres égaux, étant faits de la même quantité de métal; en sorte que si je vous montre quelle proportion ont entre elles les surfaces de deux cylindres égaux, j'aurai atteint mon but. J'énoncerai donc le théorème suivant :

Les surfaces de deux cylindres égaux, abstraction faite de leurs bases, sont entre elles en proportion sous-double de leurs longueurs.

Fig. 20, p. 280 Soient deux cylindres égaux de hauteurs AB et CD, et soit la ligne E moyenne proportionnelle entre elles. Je dis que la surface du cylindre AB, abstraction faite de ses bases, est à la surface du cylindre CD, abstraction faite pareillement de ses bases, dans le même rapport que la ligne AB à la ligne E, c'est-à-dire en rapport sous-double de celui de AB à CD [9]. Coupons le cylindre AB en F, et soit la hauteur AF égale à la hauteur CD; comme les bases des cylindres égaux sont en raison inverse de leurs hauteurs, le cercle de base du cylindre CD sera au cercle de base du cylindre AB comme la hauteur BA est à la hauteur DC; et puisque les cercles sont entre eux comme les carrés de leurs diamètres, lesdits carrés seront entre eux dans le même rapport que BA et CD; mais BA est à CD comme le carré de BA est au carré de la droite E : ces quatre carrés forment donc une proportion, et en conséquence, leurs côtés aussi sont proportionnels; en sorte que la droite AB est à la droite E comme le diamètre du cercle C au diamètre du cercle A. Mais les diamètres sont entre eux dans le même rapport que les circonférences, et les circonférences sont entre elles comme les surfaces des cylindres de hauteur égale; donc, la surface du cylindre CD est à la surface du cylindre AF comme la droite AB est à la droite E. Et puisque la hauteur AF est à la hauteur AB comme la surface du cylindre AF à celle du cylindre AB, et que d'autre part la surface CD est à la surface AF comme la hauteur AB à la ligne E, la surface CD sera à la surface AB comme la hauteur AF à la ligne E; et *convertendo* [*i.e.* en intervertissant l'ordre des facteurs], la surface du cylindre AB sera à la surface du cylindre CD comme la ligne E à la ligne AF, autrement dit à la ligne CD, ou encore comme la ligne AB à la ligne E; ce dernier rapport est donc sous-double de celui de AB à CD, ce qu'il fallait démontrer.

Et maintenant, appliquons à notre propos ce qui vient d'être démontré : ce cylindre d'argent qu'on avait doré alors qu'il n'avait pas plus d'une demi-brasse de long et qu'il était gros comme trois ou quatre fois le pouce, puis aminci jusqu'à le rendre aussi fin qu'un cheveu, supposons-le étiré jusqu'à la longueur de vingt mille brasses (en réalité, ce serait bien davantage encore), nous trouverons que sa surface est devenue deux cents fois plus grande qu'elle était; et par conséquent, que ces feuilles d'or, superposées au nombre de dix, couvrent une superficie deux cents fois plus grande. En sorte que l'or qui recouvre la surface de tant de brasses de fil a une épaisseur qui n'excède pas le vingtième de celle d'une feuille d'or battu ordinaire. Considérez maintenant quelle est sa ténuité et s'il est possible de la concevoir sans admettre une immense extension de ses parties; et demandez-vous si ce n'est pas là une expérience donnant à supposer que les corps physiques se composent d'une infinité d'indivisibles. Dites-vous bien d'ailleurs que nous ne serions pas en peine d'invoquer d'autres faits plus forts et plus concluants.

SAGREDO Cette démonstration me paraît si belle que, n'eût-elle pas le pouvoir de répondre à l'intention dans laquelle elle a été produite (pouvoir qu'elle a, me semble-t-il, au plus haut point), je n'en estimerais pas moins que nous avons fort bien employé le peu de temps que nous avons passé à l'entendre.

SALVIATI Puisque vous goûtez, à ce que je vois, ces démonstrations géométriques dont on retire de si sûrs profits, je vous en présenterai une autre qui va de pair avec la précédente et qui satisfait à une question très curieuse. La première nous a montré ce qui se passe dans le cas des cylindres de volume égal mais de longueurs — ou hauteurs — différentes; il sera bon de voir ce qui a lieu dans le cas des cylindres égaux en surface, mais inégaux en hauteur. Nous ne retiendrons toujours que les surfaces qui entourent le fût cylindrique, sans faire état des deux bases supérieure et inférieure. Voici donc ma proposition : les cylindres droits dont les surfaces, abstraction faite des bases, sont égales, sont entre eux dans le même rapport que leurs hauteurs prises inversement $\left[\frac{v}{v'} = \frac{h'}{h}\right]$.

Soient deux cylindres AE et CF de surfaces égales mais de hauteurs différentes, la hauteur CD de celui-ci étant supérieure à la hauteur BH de celui-là. Je dis que le cylindre AE est au cylindre CF dans le même rapport que CD à AB. Puisque la surface CF est égale [par hypothèse] à la surface AE, le cylindre CF sera moindre que le cylindre AE car, s'il lui était égal, sa surface, en vertu de la proposition précédente, serait plus grande que la surface AE, et plus encore si ce même cylindre CF était Fig. 21, p. 281 plus grand que AE. Supposons maintenant un cylindre ID égal [en volume] à AE; en vertu de la proposition précédente, la surface du cylindre ID sera à la surface du cylindre AE comme la hauteur IF à la moyenne proportionnelle entre IF et AB. Mais étant donné, par hypothèse, que les surfaces AE et CF sont égales, et la surface ID étant à la surface CF dans le même rapport que la hauteur IF à la hauteur CD, la hauteur CD est moyenne entre IF et AB; en outre, le cylindre ID étant égal au cylindre AE, tous deux seront dans le même rapport avec le cylindre CF. Or, les cylindres ID et CF sont entre eux dans le même rapport que leurs hauteurs IF et CD. Donc, les cylindres AE et CF sont entre eux dans le même rapport que les lignes IF et CD, c'est-à-dire que les lignes CD et AB, ce qu'il fallait démontrer.

Ceci nous donne la raison d'un fait d'expérience qui étonne beaucoup le populaire, à savoir que si d'un morceau de toile plus long dans un sens que dans l'autre, on fait un sac à fond de bois, comme c'est l'usage pour y mettre le blé, le sac aura une contenance plus grande si on lui donne pour hauteur le petit côté de la toile, le grand côté servant à entourer le fond

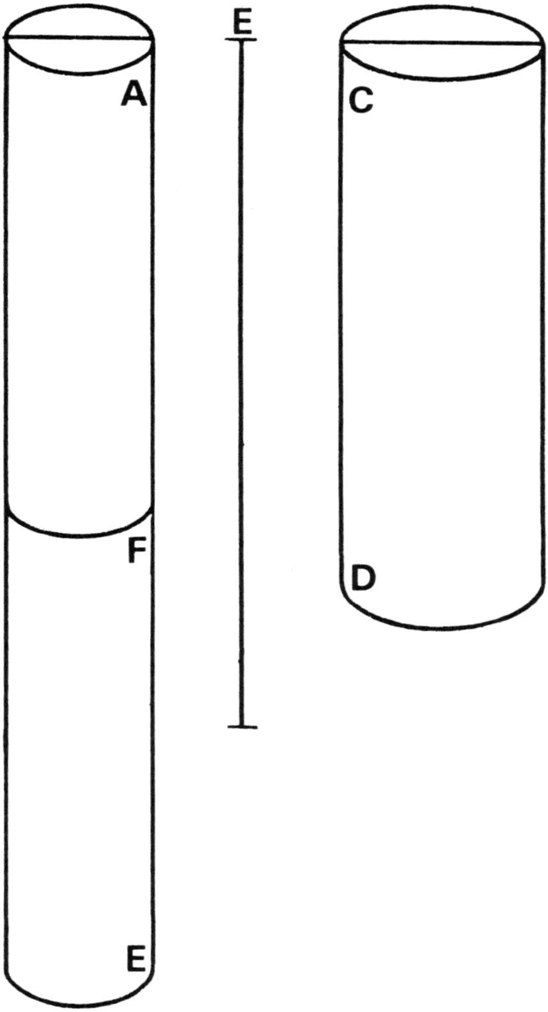

FIGURE 20. *Les surfaces de deux cylindres égaux, abstraction faite de leur base, sont entre elles en proportion sous-double de leurs longueurs*

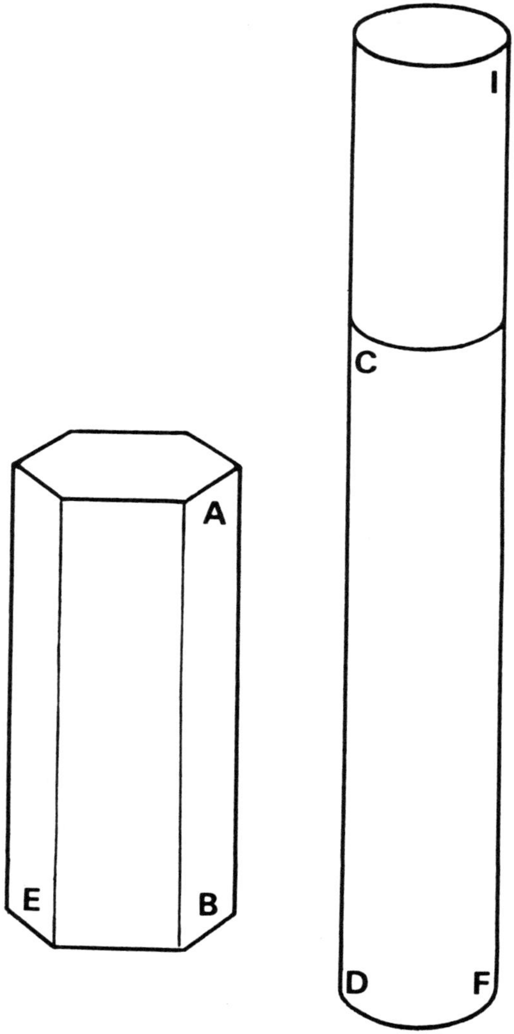

FIGURE 21. *Le cylindre AE est au cylindre CF dans le même rapport que CD à AB*

de bois, que si l'on procède inversement. Supposons, par exemple, qu'un côté de la toile ait six brasses et l'autre douze : la contenance du sac sera plus grande si on entoure le fond avec le côté de douze brasses, la hauteur étant alors de six brasses, que si on donne six brasses de tour au fond et douze brasses à la hauteur. Or, de ce qui a été démontré, nous tirons, outre la connaissance générale que, par le premier procédé, on donne au sac une contenance plus grande que par le second, la connaissance particulière et spéciale du rapport qu'ont entre elles ces contenances respectives; je veux dire que la contenance sera d'autant plus grande que le sac sera plus bas, d'autant moindre qu'il sera plus haut. Ainsi, la toile, suivant les dimensions que nous avons supposées, étant deux fois plus longue que large, elle contiendra, cousue autour du fond dans sa longueur, moitié moins que si elle était cousue dans l'autre sens. De même, si pour faire une corbeille, nous disposons d'une natte longue de vingt-cinq brasses et large, mettons, de sept, cette natte, courbée dans le sens de la longueur, ne contiendra que sept fois telle mesure qu'elle contiendrait, courbée dans l'autre sens, vingt-cinq fois.

SAGREDO Ainsi, pour notre plus grand plaisir, nous allons toujours acquérant de nouvelles connaissances bien curieuses et non dénuées d'utilité. Et quant au problème que vous venez de nous exposer, je ne crois pas que, sur cent personnes n'ayant aucune connaissance en géométrie, il s'en trouverait plus de quatre qui, de prime abord, ne fussent dans cette illusion que des corps limités par des surfaces égales sont égaux en tout. Parlant des surfaces, ils tombent du reste dans la même erreur car, pour évaluer, comme on le fait souvent, les grandeurs relatives de diverses villes, ils croient en savoir assez s'ils ont mesuré le pourtour des enceintes, ignorant que deux enceintes d'égale longueur peuvent enfermer deux places dont l'une est beaucoup plus vaste que l'autre. Et ceci n'est pas vrai seulement des surfaces irrégulières, mais des régulières elles-mêmes, celles qui ont plus de côtés étant plus étendues que celles qui en ont moins, si bien que, pour finir, le cercle, en sa qualité de polygone d'un nombre infini de côtés, est plus étendu en surface que tout autre polygone d'un périmètre égal; de quoi je me rappelle avoir vu la démonstration avec un rare plaisir en étudiant la *Sphère* de Sacrobosco, accompagnée d'un très savant commentaire [10].

SALVIATI C'est parfaitement juste. Ce passage, je l'ai rencontré moi aussi et il a été pour moi l'occasion de chercher comment, d'une seule et courte démonstration, on peut conclure que le cercle est le plus grand de tous les polygones réguliers isopérimètres, et, quant aux autres, que ceux qui ont plus de côtés sont plus grands que ceux qui en ont moins.

SAGREDO Et moi qui me plais tant aux propositions certaines et aux démonstrations choisies et peu communes, je vous prie, au risque de vous importuner, de me faire part de vos découvertes.

SALVIATI Je vais vous satisfaire en peu de mots par la démonstration du théorème suivant :

Le cercle est un moyen proportionnel entre deux polygones réguliers quelconques semblables entre eux, dont l'un lui est circonscrit et dont l'autre lui est isopérimètre. De plus, étant moindre que tous les circonscrits, il est au contraire plus grand que tous les isopérimètres, En outre, de tous les circonscrits, ceux qui ont le plus d'angles sont les plus petits et inversement, de tous les isopérimètres, ceux qui ont le plus d'angles sont les plus grands.

Des deux polygones semblables A et B, soit A le polygone circonscrit au cercle A, et B l'isopérimètre. Je dis que le cercle est moyen proportionnel entre eux. Menons en effet le rayon AC : le cercle est égal au triangle rectangle dont un des côtés adjacents à l'angle droit est égal au rayon AC et dont l'autre est égal à la circonférence du cercle; de même, le polygone A est égal au triangle rectangle dont un des côtés adjacents à l'angle droit est égal à AC et l'autre au périmètre du polygone. En conséquence, il est évident que le polygone circonscrit sera, avec le cercle, dans le même rapport que son périmètre avec la circonférence du cercle, c'est-à-dire avec le périmètre du polygone B qui, par hypothèse, est égal à cette circonférence. Mais les polygones A et B étant semblables, sont en raison double du périmètre de A au périmètre de B. Donc, le cercle A est moyen proportionnel entre les deux polygones A et B [11]; et le polygone A étant plus grand que le cercle A, il est manifeste que le cercle A est plus grand que le polygone B son isopérimètre, et par conséquent plus grand que n'importe lequel des polygones réguliers ses isopérimètres.

Quant à l'autre partie de notre théorème — à savoir que, des polygones circonscrits à un cercle donné, celui qui a moins de côtés est plus grand que celui qui en a plus, mais qu'inversement, des polygones isopérimètres, celui qui a plus de côtés est plus grand que celui qui en a moins — nous la démontrerons ainsi : soit un cercle de centre O et de rayon OA, et soit AD une tangente à ce cercle. Sur cette tangente, nous prenons une longueur AD qui sera, nous supposons, la moitié du côté du pentagone circonscrit, et une longueur AC qui sera la moitié du côté de l'heptagone; nous menons ensuite les droites OGC et OFD, et, prenant O pour centre et OC pour rayon, nous décrivons l'arc ECI. Le triangle DOC étant plus grand que le secteur EOC, et le secteur COI plus grand que le triangle COA, le triangle DOC sera au triangle COA dans un rapport plus grand que le secteur EOC au secteur COI, et aussi, évidemment, que le secteur FOG au secteur GOA. Donc, *componendo* et *permutando*, le triangle DOA est plus grand, par rapport au secteur FOA, que le triangle COA par rapport au secteur GOA; et dix triangles DOA seront plus grands, par rapport à dix secteurs FOA, que quatorze triangles COA par rapport à quatorze secteurs GOA; autrement dit, le pentagone circonscrit est plus grand que l'heptagone par rapport au cercle; et par conséquent, le pentagone est plus grand que l'heptagone. Envisageons maintenant un heptagone et un pentagone isopérimètres du même cercle : je dis que l'heptagone est plus grand que le pentagone. En effet, comme le cercle est moyen proportionnel entre le pentagone circonscrit et le pentagone isopérimètre, et pareillement entre l'heptagone circonscrit et l'heptagone isopérimètre; et comme d'autre part il a été prouvé que le pentagone circonscrit est plus grand que l'heptagone circonscrit, le pentagone sera au cercle dans un rapport plus grand que l'heptagone, en sorte que le cercle sera à son isopérimètre pentagone dans un rapport plus grand qu'à son isopérimètre heptagone. Donc, des deux

Fig. 22, p. 296

isopérimètres, le pentagone est plus petit que l'heptagone, ce qu'il fallait démontrer [12].

SAGREDO Démonstration d'un très beau style, d'une grande finesse [et qui, à première vue, implique une sorte de contradiction car, si, de deux polygones isopérimètres, le plus grand est celui qui a le plus de côtés, la raison en est que, de deux polygones circonscrits, celui qui a le plus de côtés est le plus petit] [13]. Mais comment sommes-nous allés nous perdre aux abîmes de la géométrie alors que nous en étions aux difficultés soulevées par le signor Simplicio : toutes sont bien dignes d'être considérées et celle qui se rapporte à la condensation me semble particulièrement grave.

SALVIATI Si la condensation et la raréfaction sont des mouvements opposés, on devra admettre que là où l'on constate une très grande raréfaction, une non moins grande condensation doit se produire. Mais des raréfactions immenses, et d'autant plus merveilleuses qu'elles sont presque instantanées, nous en voyons à toute heure du jour. Quand une faible quantité de poudre à canon se résoud en un énorme volume de feu, n'est-ce pas là une raréfaction sans mesure? Et l'expansion de sa lueur, j'oserais presque la dire infinie. Et si ce feu et cette lumière se réunissaient ensemble, ce qui n'est pas inconcevable puisque auparavant elles étaient enfermées dans un petit espace, imaginez ce que serait une pareille condensation. Eh! bien, vous rencontrerez à chaque pas mille raréfactions de même sorte, se prêtant d'ailleurs beaucoup mieux à être observées que les condensations, car les corps sont plus accessibles, plus à portée de nos organes. Nous manions le bois, nous le voyons se résoudre en flamme et en lumière, mais nous ne voyons pas le feu et la lumière se condenser pour composer le bois. Nous voyons les fruits, les fleurs et mille autres objets solides répandre en odeurs une grande part de leur substance et nous ne voyons pas les atomes d'odeur se rassembler pour constituer les corps odorants. Mais là où l'expérience sensible fait défaut, la raison doit suppléer : elle suffira à nous faire comprendre, aussi bien que le processus de la raréfaction et de la résolution des solides, celui de la condensation des substances les plus ténues et les plus raréfiées. Il convient aussi d'étudier comment se font les condensations et raréfactions des corps qui se peuvent raréfier et condenser, en examinant de quelle manière ces phénomènes peuvent se produire sans recours au vide et à la pénétrabilité de la matière; ce qui n'exclut pas que, dans la nature, peuvent exister des corps qui n'admettent pas de tels accidents et, en conséquence, ne donnent pas lieu à ce que vous appelez des inconvénients et des impossibilités. Enfin, je me suis ingénié, moi, pour vous complaire, messieurs les philosophes, à considérer comment on pourrait concevoir la condensation et la raréfaction sans admettre la pénétrabilité et l'existence d'espaces vides, effets que vous niez et abhorrez, encore que, pour ma part, si vous les acceptiez, je ne vous opposerais pas une si tenace contradiction. C'est pourquoi je vous demande, ou d'accepter ces inconvénients, ou de vous contenter de mes raisons, ou d'en trouver de plus convaincantes.

SAGREDO Pour ce qui est de nier la pénétrabilité, je suis entièrement d'accord avec les péripatéticiens. Quant au vide, je voudrais bien entendre la démonstration d'Aristote et celle de l'opinion contraire, ainsi que vos propres objections, signor Salviati. Le signor Simplicio me fera la grâce de nous exposer exactement la preuve du philosophe, et vous, signor Salviati, vous lui donnerez la réplique.

SIMPLICIO Aristote, autant qu'il m'en souvienne, s'élève contre certains philosophes anciens qui considéraient le vide comme nécessaire au mouvement, soutenant que, sans le vide, le mouvement serait impossible. Aristote les contredit et démontre que tout au contraire, le mouvement s'accomplissant comme nous le voyons, l'hypothèse du vide doit être écartée [14]. Son raisonnement est le suivant : il fait deux suppositions; l'une est celle de mobiles de poids différents en mouvement dans le même milieu; l'autre, celle d'un même mobile en mouvement dans des milieux différents. Dans le premier cas, il suppose que des mobiles de poids différents se meuvent dans le même milieu à des vitesses inégales qui demeurent entre elles dans le même rapport que les gravités ; c'est ainsi qu'un mobile dix fois plus lourd qu'un autre aura un mouvement dix fois plus rapide. Dans l'autre cas, il pose en principe que les vitesses d'un même mobile en des milieux différents sont inversement proportionnelles à l'épaisseur ou à la densité de ces milieux; de sorte qu'étant supposé, par exemple, que la densité de l'eau est dix fois supérieure à celle de l'air, il veut que la vitesse dans l'air soit dix fois plus grande que la vitesse dans l'eau. Et de cette seconde supposition, il tire la démonstration que voici : puisque la ténuité du vide l'emporte d'infiniment loin sur la corporéité, fût-elle très subtile, d'un milieu plein quel qu'il soit, tout mobile qui, dans le milieu plein, parcourt en un certain temps un certain espace, devrait, dans le vide, se mouvoir en un instant; mais le mouvement dans l'instant est impossible; donc, admettre le vide, eu égard au mouvement, est impossible.

SALVIATI L'argument, comme on voit, est *ad hominem*, c'est-à-dire à l'adresse de ceux qui faisaient du vide la condition nécessaire du mouvement; et même si je concède que cet argument est décisif, accordant du même coup l'impossibilité du mouvement dans le vide, l'hypothèse du vide, prise dans l'absolu et non par rapport au mouvement, n'est pas, de ce fait, éliminée. Mais pour dire ce que peut-être ces anciens philosophes auraient répondu (afin que l'on voie mieux dans quelle mesure est concluante la démonstration d'Aristote), il me semble qu'on pourrait attaquer d'abord ses suppositions préalables et les nier toutes les deux. Quant à la première, je doute fort qu'Aristote ait jamais vérifié par expérience que deux pierres, l'une étant dix fois plus lourde que l'autre, lâchées au même instant d'une hauteur de cent brasses, tomberaient à des vitesses si inégales qu'au moment où l'une toucherait le sol, l'autre n'aurait encore parcouru que dix brasses.

SIMPLICIO Ses propres paroles nous montrent pourtant qu'il l'a expérimenté, puisqu'il dit : *Nous voyons que le plus pesant...* Ce *nous voyons* [15] fait allusion à une expérience.

SAGREDO Mais moi, signor Simplicio, je vous assure que j'ai l'épreuve qu'un boulet de canon de cent, de deux cents livres, ou plus encore, n'aura pas pris l'avance d'une palme, à son arrivée au terrain, sur une balle de mousquet d'une demi-livre, la hauteur de chute fût-elle de deux cents brasses.

SALVIATI Mais, sans autre expérience, on prouvera clairement, par une démonstration courte et concluante, qu'il n'est pas vrai qu'un mobile plus lourd se meuve plus vite qu'un mobile moins lourd, pourvu que tous deux soient de même matière, comme ceux, en somme, dont parle Aristote. Aussi vous demanderai-je, signor Simplicio, si vous admettez qu'à tout corps grave, en chute libre, corresponde une vitesse déterminée, telle qu'on ne puisse l'augmenter ou la réduire sinon par l'effet de quelque violence ou en lui opposant quelque résistance.

SIMPLICIO Il n'est pas douteux qu'un même mobile dans un même milieu ait, par nature, une vitesse réglée et déterminée qui ne pourra être accrue sinon par un *impetus* nouveau, ni diminuée sinon par un retard dû à quelque obstacle.

SALVIATI Si donc nous avions deux mobiles dont les vitesses naturelles seraient inégales et si nous les joignions ensemble, il est manifeste que, dans une certaine mesure, le plus rapide serait retardé par le plus lent et le plus lent accéléré par le plus rapide. N'êtes-vous pas de mon avis?

SIMPLICIO Je pense que les choses se passeraient ainsi, très certainement.

SALVIATI Mais s'il en est ainsi, et s'il est vrai, d'autre part, qu'une grosse pierre se meut à une vitesse, disons de huit degrés, et une pierre petite à une vitesse de quatre degrés, leur composé devra se mouvoir à une vitesse inférieure à huit degrés, mais les deux pierres conjointes en font une plus grosse que la première qui se mouvait à huit degrés de vitesse; donc, ce composé (qui pourtant est plus grand que la première pierre toute seule) se mouvra plus lentement que cette première pierre, pourtant moindre, ce qui est contraire à votre hypothèse. Vous voyez donc comment, si je suppose que le mobile le plus lourd se meut plus vite que le moins lourd, j'en arrive à conclure que c'est le plus lourd qui se meut le moins vite.

SIMPLICIO Me voici bien empêtré : il me semble que la petite pierre jointe à la grande lui ajoute du poids, et je m'explique mal comment, lui ajoutant du poids, elle ne devrait pas lui ajouter de la vitesse. Au moins ne devrait-elle pas lui en ôter.

SALVIATI Ici, vous commettez une autre erreur, signor Simplicio, car il n'est pas vrai que la petite pierre augmente le poids de la grande.

SIMPLICIO Oh ! voilà qui passe tout à fait ma conception.

SALVIATI Et voilà qui ne la passera plus quand je vous aurai ouvert les yeux sur l'équivoque où vous vous égarez. Notez d'abord qu'il y a lieu de distinguer les corps graves en mouvement de ceux qui sont à l'état de repos. Une grosse pierre posée sur une balance, non seulement pèsera davantage si on lui superpose une autre pierre, mais la seule adjonction d'une quenouillée d'étoupe augmentera son poids des quelque huit ou dix onces que pèsera cette quenouillée ; au contraire, si vous laissez tomber librement, d'une certaine hauteur, votre pierre, après y avoir attaché l'étoupe, croyez-vous que le poids de l'étoupe ajouté à celui de la pierre accélérera son mouvement, ou bien qu'elle le retardera en la soutenant en partie ? Nous sentons sur nos épaules le poids d'un objet quand nous voulons nous opposer au mouvement qu'il ferait s'il tombait, mais si nous descendons nous-mêmes à la vitesse qui serait normalement celle du corps grave dans sa chute, comment voulez-vous qu'il nous charge et qu'il pèse sur nous ? Ne voyez-vous point que ce serait là comme de vouloir frapper d'un coup de lance un homme qui fuirait devant vous à la même vitesse que vous, ou à une vitesse plus grande ? Concluez donc qu'en chute libre et naturelle, la petite pierre ne pèse pas sur la grosse et par conséquent n'ajoute rien à son poids, comme elle ferait à l'état de repos.

SIMPLICIO Mais si on posait la grosse pierre sur la petite ?

SALVIATI Elle en augmenterait le poids si son mouvement était plus rapide; mais nous avons déjà vu que si la petite pierre était plus lente, elle réduirait quelque peu la vitesse de la grande, en sorte que leur composé tomberait moins vite tout en étant plus grand, ce qui est contraire à votre hypothèse. Concluons donc que, grands ou petits, les mobiles, s'ils ont la même pesanteur spécifique, se meuvent à des vitesses égales.

SIMPLICIO Votre raisonnement est en vérité fort bien conduit; toutefois, j'ai peine à croire qu'une larme de plomb puisse se mouvoir aussi vite qu'un boulet d'artillerie.

SALVIATI Vous auriez dû dire : un grain de sable aussi vite qu'une meule de moulin. Je ne voudrais pas, signor Simplicio, qu'à l'exemple de tant d'autres, détournant notre propos de son objet principal, vous vous attachiez à telle chose que j'ai dite et qui s'écartait de la vérité de l'épaisseur d'un cheveu, pour essayer de dissimuler, sous ce cheveu, l'erreur, aussi grosse qu'une amarre, qu'un autre a commise. Aristote dit : « Une boule de fer de cent livres, tombant d'une hauteur de cent brasses, arrive au sol avant qu'une boule d'une livre soit descendue d'une seule brasse [16] ». Je dis, moi, qu'elles arrivent en même temps; vous faites l'expérience et vous constatez que la plus grosse boule devance de deux doigts la plus petite, c'est-à-dire qu'au moment où la plus grosse boule touche la terre l'autre en est encore éloignée de deux doigts; et vous voudriez maintenant, derrière ces deux doigts, cacher les quatre-vingt-dix-neuf brasses d'Aristote, et, relevant mon erreur minime, passer sous silence une erreur énorme. Aristote déclare que des mobiles de poids différents, dans le même milieu, se meuvent (pour autant que leur mouvement dépend de la pesanteur) avec des vitesses proportionnelles à leur poids, et il en donne comme exemple des mobiles dans lesquels il considère purement et simplement l'effet du poids, laissant de côté toute autre considération, aussi bien celle des formes que celle des éléments derniers, choses sur lesquelles le milieu influe grandement, en ce sens qu'il altère le simple effet de la gravité. Ainsi voit-on l'or, plus lourd que toute autre matière, voltiger dans l'air quand il est réduit en feuilles minces; ainsi les pierres quand, broyées, elles ne sont plus qu'une très fine poussière. Mais si vous prétendez donner à votre proposition une valeur universelle, il vous faut montrer que la proportion des vitesses se vérifie pour tous les graves et qu'une pierre de vingt livres se meut dix fois plus vite qu'une de deux livres; or, je vous dis, moi, que c'est faux et que, tombant d'une hauteur de cinquante ou de cent brasses, elles touchent le sol en même temps.

SIMPLICIO S'il s'agissait de hauteurs de milliers de brasses, peut-être verrait-on se produire ce qui n'a pas lieu pour d'aussi faibles hauteurs?

SALVIATI Si Aristote l'avait entendu ainsi, vous lui mettriez sur le dos une autre erreur, voire un mensonge. En effet, comme on ne trouve pas, sur terre, de telles hauteurs verticales, il est clair qu'Aristote n'aurait pu en avoir fait l'expérience; or, il veut nous persuader qu'il l'a faite s'il nous dit que l'on constate pareil effet.

SIMPLICIO Aristote, en réalité, ne se sert pas de ce principe, mais de l'autre qui, je crois, ne soulève pas les mêmes difficultés.

SALVIATI Celui-ci est faux, l'autre ne l'est pas moins, et je m'étonne que, de vous-même, vous n'en pénétriez pas la fausseté. Ne voyez-vous donc pas que, s'il était vrai que dans sa chute à travers des milieux plus ou moins subtils et raréfiés, en somme opposant au mouvement des résistances différentes, comme par exemple l'air et l'eau, le même mobile se déplaçât dans l'air avec une vitesse plus grande que dans l'eau, selon la proportion de la ténuité de l'air à celle de l'eau, si cela, dis-je, était vrai, il en résulterait que tout mobile qui descend dans l'air descendrait aussi dans l'eau, ce qui est faux, puisque bien des corps qui descendent dans l'air ne descendent pas dans l'eau et même y remontent pour en émerger.

SIMPLICIO J'aperçois mal la nécessité de votre conséquence; j'ajouterai qu'Aristote parle des corps graves qui descendent dans l'un et l'autre milieu, et non de ceux qui descendent dans l'air et remontent dans l'eau.

SALVIATI Vous apportez au philosophe le renfort d'arguments qu'il se garderait bien de produire, pour ne pas aggraver son erreur première. Mais l'épaisseur de l'eau, sa corporéité ou cette chose, quelle qu'elle soit, qui retarde le mouvement, a-t-elle, dites-moi, un rapport donné avec celle de l'air et, si elle l'a, assignez à ce rapport telle valeur qu'il vous plaira.

SIMPLICIO Elle l'a; et admettons qu'il soit de un à dix; en ce cas, un corps grave traversant dans sa chute les deux éléments, ira dix fois moins vite dans l'eau que dans l'air.

SALVIATI Je prends maintenant un de ces graves qui tombent dans l'air mais non dans l'eau, une boule de bois, par exemple, et je vous demande de lui assigner à votre choix une vitesse de chute dans l'air.

SIMPLICIO Donnons donc à cette vitesse une valeur de vingt degrés.

SALVIATI Parfait. Et cette vitesse peut être, à quelque autre moins grande, dans le même rapport que la corporéité de l'eau à celle de l'air; c'est bien évident, et il ne l'est pas moins que la vitesse moindre sera, en ce cas, de deux degrés; si bien qu'en bonne logique on devrait déduire des principes d'Aristote que la boule de bois qui, dans l'air, milieu dont la résistance est dix fois moindre que celle de l'eau, tombe à une vitesse de vingt degrés, devrait descendre dans l'eau à une vitesse de deux degrés et non pas remonter du fond à la surface, comme elle fait. A moins que vous ne veuilliez dire que, pour le bois, remonter à la surface est la même chose que descendre à une vitesse de deux degrés, ce que je ne crois pas. Mais si la boule de bois ne coule pas au fond, vous m'accorderez, je pense, qu'on pourrait trouver une boule, d'une matière autre que le bois, qui descendrait dans l'eau à la vitesse de deux degrés.

SIMPLICIO On le pourrait, bien sûr, mais de matière notablement plus lourde que le bois.

SALVIATI C'est là ce qu'il me faut. Mais cette seconde boule qui, dans l'eau, descend à une vitesse de deux degrés, à quelle vitesse descendra-t-elle dans l'air? Si vous voulez vous en tenir à la règle d'Aristote, vous devez répondre que sa vitesse de chute sera de vingt degrés; or, vingt degrés, c'est la vitesse que vous avez assignée à la boule de bois : cette dernière, donc, et l'autre, beaucoup plus pesante, tomberont dans l'air à des vitesses égales. Mais comment le philosophe accordera-t-il cette conclusion avec celle, précédemment énoncée par lui, que les mobiles de pesanteurs différentes se meuvent dans le même milieu à des vitesses différentes et proportionnelles à leurs pesanteurs? D'ailleurs, sans recourir à de très hautes contemplations, comment avez-vous fait pour ne pas observer certains accidents des plus communs et des plus tangibles? N'avez-vous jamais vu deux corps dont l'un se meut, dans l'eau, cent fois plus vite que l'autre et, dans l'air, à une vitesse qui ne dépasse pas celle de l'autre d'un centième? Ainsi, un œuf de marbre qui, dans l'eau, descendra cent fois plus vite qu'un œuf de poule, ne le distancera pas de quatre doigts si tous deux tombent dans l'air d'une hauteur de vingt brasses. Tel grave, en somme, qui mettra trois heures à couler au fond dans dix brasses d'eau, traversera dix brasses d'air en un ou deux battements du pouls, expérience dont il résulterait que la densité de l'eau est mille fois le double de celle de l'air; et inversement, un autre corps (une balle de plomb, par exemple) traversera les mêmes dix brasses d'eau en un temps à peine plus du double du temps qu'il lui faudrait pour tomber, dans l'air, de la même hauteur; en sorte que, de cette seconde expérience, on devrait conclure que la densité de l'eau n'est qu'un peu plus de deux fois celle de l'air. Et cette fois, signor Simplicio, vous comprendrez, j'en suis sûr, qu'aucune distinction ou explication n'est possible. Concluons donc que l'argument d'Aristote ne conclut rien contre le vide. La seule conclusion qu'on pourrait en tirer serait l'impossibilité d'espaces vides d'une notable grandeur, espaces dont je n'ai jamais supposé, non plus, je pense, que les anciens philosophes, qu'ils pussent exister naturellement, encore que, par violence, on peut les produire, ainsi qu'il résulte de diverses expériences qu'il serait trop long de rapporter ici.

SAGREDO Puisque le signor Simplicio, à ce que je vois, ne dit plus rien, j'en profiterai pour placer un mot. Vous avez démontré de façon très claire qu'il n'est pas autrement vrai que des mobiles de poids inégaux se meuvent dans le même milieu à des vitesses proportionnelles à leur poids; ils se meuvent au contraire à des vitesses égales, pourvu qu'ils soient de même matière ou de même pesanteur spécifique, et non pas (je crois) de pesanteurs spécifiques différentes (car vous n'avez pas, je suppose, l'intention de nous prouver qu'une balle de liège tomberait à la même vitesse qu'une balle de plomb). Vous avez, de plus, fort bien démontré qu'il n'est pas vrai que le même mobile, s'il traverse des milieux inégalement résistants, soit accéléré ou ralenti à proportion des résistances. Quant à moi, je serais très heureux d'apprendre quelles sont, dans l'un et l'autre cas, les proportions observées.

SALVIATI Ce sont là de beaux problèmes : j'y ai songé bien souvent; je vous dirai quel raisonnement j'ai fait là-dessus et ce que j'en ai retiré en définitive. Après m'être assuré qu'il n'est pas vrai qu'un même mobile, dans des milieux inégalement résistants, se meut à des vitesses proportionnelles à la non résistance des milieux; et pas davantage que, dans le même milieu, des mobiles de pesanteur inégale (et je parle ici de pesanteurs spécifiques inégales) ont entre leurs vitesses le même rapport qu'entre ces pesanteurs, j'eus l'idée de composer ensemble ces deux sortes d'accidents et d'observer ce qu'il adviendrait à des mobiles de pesanteurs inégales placés dans des milieux inégalement résistants. Je m'aperçus alors que l'inégalité des vitesses était toujours, dans les milieux les plus résistants, plus grande que dans ceux qui l'étaient moins, et ceci à tel point que, de deux mobiles dont les vitesses de chute, dans l'air, différeront de très peu, l'un descendra, dans l'eau, dix fois plus vite que l'autre. Bien mieux : tel mobile qui, dans l'air, descendra rapidement, dans l'eau non seulement ne descendra pas, mais restera tout à fait immobile, ou même se déplacera de bas en haut; on pourra aussi trouver telle sorte de bois, quelque nœud, quelque racine qui, dans l'eau, demeurerait en repos alors qu'une chute rapide l'entraînerait dans l'air.

SAGREDO Plusieurs fois, je me suis appliqué, avec la plus grande patience, à donner à une boule de cire, par l'adjonction d'une certaine quantité de grains de sable, un degré de pesanteur égal à celui de l'eau, en sorte que cette boule, qui d'elle-même flotterait, restât immobile dans l'eau; mais quelque soin que j'aie pris, je n'ai jamais pu y parvenir. Si bien que je me demande s'il existe un corps solide d'une densité assez naturellement égale à celle de l'eau pour s'y maintenir en suspension.

SALVIATI En ceci comme en mille autres opérations, beaucoup d'animaux sont plus habiles que nous ne le sommes nous-mêmes. Et, dans votre cas, les poissons auraient pu vous donner quelque enseignement, étant si avisés en cet exercice qu'ils peuvent à leur gré trouver un point d'équilibre, non seulement dans une certaine eau, mais dans des eaux notablement différentes, soit par leur nature propre, soit parce qu'elles sont plus ou moins troublées ou plus ou moins salées, ce qui altère sensiblement leur densité. Ils s'équilibrent, dis-je, si exactement que, sans faire le moindre mouvement, ils restent en repos n'importe où; et ils obtiennent, je crois, ce résultat en se servant d'un organe que la nature leur a donné à cette fin, à savoir de cette vésicule qu'ils ont dans le corps et qui communique avec leur bouche par un conduit très étroit grâce auquel, suivant leurs besoins, ils expulsent une partie de l'air contenu dans ladite vésicule ou, au contraire, étant remontés en nageant à la surface, aspirent une certaine quantité d'air, et ainsi se rendent plus ou moins lourds que l'eau et s'équilibrent comme il leur plaît.

SAGREDO Pour moi, par un autre artifice, j'ai abusé quelques amis auprès desquels je m'étais flatté de mettre ma boule de cire en juste équilibre avec l'eau : après avoir versé au fond du vase de l'eau salée et, par-dessus, de l'eau douce, je leur montrai que la boule restait immobile à mi-hauteur, tandis que, poussée au fond ou posée en surface, elle se mettait en mouvement pour retourner au milieu.

SALVIATI Cette expérience n'est pas dénuée d'utilité puisque les médecins, quand ils traitent spécialement des diverses qualités des eaux, et en particulier quand ils cherchent à distinguer leur plus ou moins grande légèreté, se servent ainsi d'une balle lestée de telle manière qu'elle reste, pour ainsi dire, incertaine entre l'ascension et la descente. Si minime que puisse être la différence des densités, la balle, dans une eau, descendra et, dans une autre plus lourde, montera; l'expérience est si exacte que l'adjonction de deux grains de sel dans six livres d'eau suffit pour faire remonter à la surface la balle qui précédemment avait coulé au fond. Bien plus : pour vous confirmer l'exactitude de cette expérience et pour vous donner du même coup la preuve évidente que l'eau n'oppose aucune résistance à la division de ses parties, j'ajouterai qu'un pareil effet peut être obtenu, non seulement en mélangeant à l'eau quelque substance plus lourde, mais aussi en la réchauffant ou en la refroidissant tant soit peu — opération d'une si fine justesse qu'en versant dans six livres d'eau quatre gouttes d'une autre eau un peu plus chaude ou un peu plus froide, on fera descendre ou remonter la balle : si l'eau que vous versez est chaude, la balle descendra; elle remontera si l'eau est froide. Jugez maintenant à quel point se trompent ces philosophes qui veulent trouver dans l'eau de la viscosité ou je ne sais quelle conjonction des parties qui la rendrait rebelle à la division ou à la pénétration.

SAGREDO J'ai lu sur ce sujet des discours très concluants dans un traité de notre académicien; il me reste néanmoins un scrupule qui m'embarrasse fort et dont je ne puis me délivrer : s'il n'existe aucune conjonction ou adhérence entre les parties de l'eau, comment de grosses et très hautes gouttes d'eau, telles qu'on en voit en particulier sur les feuilles des choux, peuvent-elles se soutenir sans s'aplatir et se répandre?

SALVIATI Encore que, sans nul doute, celui qui détient une solution vraie doit pouvoir répondre à tout argument contraire qu'on lui oppose, je ne présume pas assez de moi pour m'en croire capable; mais mon impuissance ne doit pas ternir l'éclat de la vérité. J'avoue, d'abord, que je ne sais trop comment ces globules arrivent à se soutenir en dépit de leur grandeur et de leur hauteur; je n'en sais pas moins de science certaine que ce phénomène ne résulte pas d'une cohésion interne des parties : c'est donc une cause extérieure qu'il nous faut chercher. Que la cause ne soit pas interne, je puis, sans revenir sur nos précédentes expériences, vous le confirmer par une expérience nouvelle des plus efficaces. Si les parties de cette goutte d'eau qui se soutient relevée, alors qu'elle est entourée d'air, obéissaient, ce faisant, à quelque cause interne, à bien plus forte raison se soutiendraient-elles placées en un milieu dans lequel elles auraient moins de propension à descendre que dans l'air ambiant. Or, tel serait tout fluide plus lourd que l'air comme, par exemple, le vin; on pourrait donc verser du vin autour de cette goutte d'eau et l'immerger en élevant peu à peu le niveau du vin, sans que les parties d'eau, agglutinées par leur viscosité interne, vinssent à se dissocier. Mais ce n'est pas là ce qui se produit. Au contraire, à peine le vin répandu touchera-t-il la goutte d'eau que, sans attendre qu'il s'élève beaucoup autour d'elle, elle s'écroulera, s'aplatira et restera au-dessous du liquide versé, si c'est du vin rouge. La cause cherchée est donc externe, peut-être dans l'air ambiant. Et en vérité, entre l'air et l'eau, on observe un grand désaccord que j'ai constaté grâce à une autre expérience que voici : si je remplis d'eau un globe de cristal percé d'un petit trou de la grosseur d'une paille, et si, une fois plein, je le retourne, l'ouverture en bas, l'eau, bien que très lourde et toujours prête à descendre dans l'air, et l'air, que son extrême légèreté dispose à s'élever dans l'eau, ne s'accordent pas, cependant, l'une pour tomber en sortant de l'orifice, l'autre pour s'élever en y entrant, mais restent tous deux hostiles et méfiants; si au contraire je présente à cet orifice un vase rempli de vin rouge, ce vin, plus léger que l'eau mais dans une mesure presque insensible, nous le verrons aussitôt, sous forme de traits rougeâtres, s'élever lentement dans l'eau tandis qu'avec une égale lenteur l'eau descendra dans le vin sans s'y mélanger jusqu'au moment où le globe sera rempli de vin et où toute l'eau sera tombée au fond du vase placé dessous. Et maintenant que dire, que conclure de là, sinon qu'il existe entre l'eau et l'air une discordance qui pour moi est mystérieuse, mais peut-être...

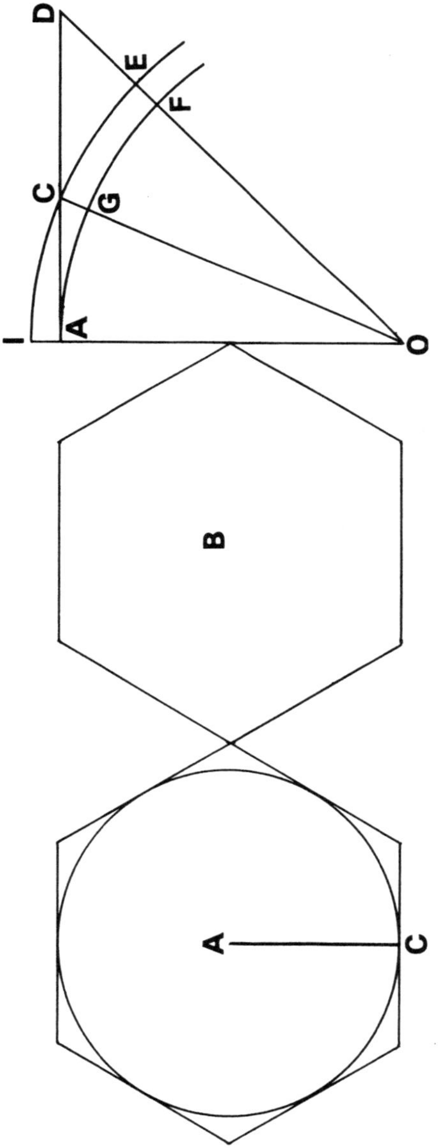

FIGURE 22. *Le cercle est moyen proportionnel entre les polygones semblables A et B*

XVIII

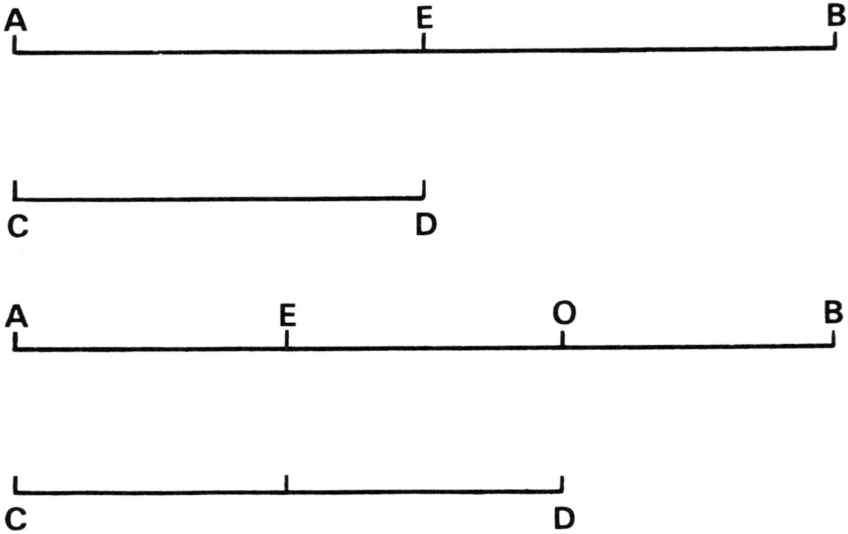

FIGURE 23. *Les deux cordes commençant à se mouvoir aux extrémités A et C, quand la vibration aiguë sera parvenue en D, l'autre ne sera encore qu'au point E. Il n'y aura donc pas de battement alors qu'il s'en produira un en D*

SIMPLICIO La grande antipathie du signor Salviati pour l'antipathie me donnerait presque envie de rire : il ne veut même pas la nommer. Elle viendrait pourtant bien à propos pour nous tirer d'embarras.

SALVIATI Eh! bien, puisqu'il plaît ainsi au signor Simplicio qu'elle soit la solution de notre doute, et, sans plus nous attarder en cette digression, revenons à notre propos. Nous avons vu que les différences de vitesse des mobiles de pesanteurs diverses deviennent beaucoup plus grandes à mesure que les milieux traversés offrent plus de résistance. Disons mieux : dans le vif argent, non seulement l'or coule au fond plus vite que le plomb, mais il est seul à couler alors que les autres métaux et toutes les pierres restent à la surface et y flottent. En revanche, entre des balles d'or, de plomb, de cuivre, de porphyre et d'autres matières pesantes, l'inégalité de leurs vitesses dans l'air sera presque insensible, car une balle d'or, au bout d'une chute de cent brasses, n'aura certainement pas devancé de quatre doigts une balle de cuivre. Ayant vu, dis-je, tout cela, j'en arriverai à cette opinion que si l'on éliminait complètement la résistance du milieu, tous les corps tomberaient à d'égales vitesses.

SIMPLICIO C'est beaucoup dire, signor Salviati. Pour ma part, je ne croirai jamais que, fût-ce dans le vide, si toutefois le mouvement y était possible, un flocon de laine se déplacerait aussi vite qu'un morceau de plomb.

SALVIATI Doucement, signor Simplicio. La difficulté que vous soulevez n'est pas si cachée, ni moi si peu perspicace qu'on doive croire que je ne m'en étais pas avisé et qu'en conséquence je n'aie pas trouvé le moyen d'en sortir. Je m'explique, et vous allez me comprendre si vous voulez bien m'écouter. Nous nous proposons de rechercher ce qui arriverait à des mobiles de poids très différents dans un milieu dont la résistance serait nulle, en sorte que les différences de vitesse que l'on constaterait entre ces mobiles ne pourraient être rapportées qu'à l'inégalité de leurs poids. Seul un espace entièrement vide d'air et de tout autre corps, même très subtil et facilement pénétrable, nous permettrait de bien voir ce que nous cherchons;

mais puisque nous ne disposons pas d'un semblable espace, nous observerons ce qui se produit dans les milieux plus subtils et de moindre résistance par comparaison avec ce qu'on voit se produire dans les milieux moins subtils et plus résistants. Si, de fait, nous en venons à constater que les mobiles de pesanteurs différentes se meuvent à des vitesses de moins en moins différentes à mesure que les milieux traversés sont de moins en moins résistants, et que finalement, dans un milieu plus ténu qu'aucun autre (encore que non vide), l'inégalité des vitesses entre des mobiles de poids extrêmement inégaux devient très faible et presque inobservable, il me semble que nous pourrons admettre comme une conjecture très probable que, dans le vide, les vitesses seraient rigoureusement égales. Nous examinerons donc ce qui se passe dans l'air; et pour prendre un corps dont la surface soit bien définie et la matière des plus légères, nous ferons choix d'une vessie gonflée, dans laquelle l'air introduit ne pèsera rien dans l'air ambiant, ou très peu, car il ne sera qu'à peine comprimé, si bien que le poids de cette vessie se réduira au seul poids d'une très fine membrane et n'égalera pas la millième partie du poids d'une masse de plomb de même grosseur que la vessie gonflée. Ces deux objets, signor Simplicio, étant lâchés d'une hauteur de quatre ou six brasses, de combien estimez-vous que le plomb dépassera la vessie au cours de leur chute? Soyez certain que son avance ne sera pas du triple, ni même du double, encore que, selon vous, le rapport des vitesses dût être de un à mille.

SIMPLICIO Il peut se faire qu'au début de leur chute, c'est-à-dire dans les quatre ou six premières brasses, il en soit comme vous dites; mais par la suite, si le mouvement se prolongeait assez longtemps, je crois que le plomb laisserait la vessie derrière lui non seulement des six douzièmes de l'espace parcouru, mais des huit ou dix douzièmes.

SALVIATI Et moi aussi, je le crois; et je ne doute pas que, sur de très grandes distances, le plomb aurait parcouru cent milles avant que la vessie en ait parcouru un seul. Mais cet effet que vous me présentez, mon cher, comme un démenti à ma proposition est au contraire le plus propre à la confirmer.

Mon intention, je le répète, est de bien montrer que l'inégalité des vitesses, dans des mobiles de pesanteurs différentes, ne dépend pas de la différence des pesanteurs, mais d'accidents externes, et en particulier de la résistance du milieu, si bien que, cette résistance éliminée, tous les mobiles se mouvraient au même degré de vitesse. Et cela, je le déduis principalement de ce que vous venez vous-même d'admettre, et qui est très vrai, à savoir que, pour des mobiles de poids très différents, la différence des vitesses augmente de plus en plus à mesure que deviennent de plus en plus grands les espaces qu'ils traversent; effet qui ne se produirait pas s'il ne dépendait que de l'inégalité des pesanteurs, car ces pesanteurs étant toujours les mêmes, le rapport entre les espaces parcourus devrait être toujours le même alors que, si le mouvement se prolonge, nous le voyons aller croissant; à telles enseignes que, dans une chute d'une brasse, le mobile le plus pesant ne dépassera pas le plus léger de la dixième partie de ce parcours; si la chute est de douze brasses, il le devancera du tiers; si elle est de cent brasses, des quatre-vingt-dix centièmes, etc.

SIMPLICIO Parfait. Mais, suivant votre raisonnement, si la différence des poids, dans des mobiles de pesanteurs différentes, ne peut déterminer les variations du rapport des vitesses, attendu que les pesanteurs ne varient pas, le milieu, que nous supposons toujours identique, ne pourra, lui non plus, causer aucune altération de ce même rapport.

SALVIATI Avec beaucoup de pénétration, vous soulevez contre ce que j'ai dit une difficulté qu'il est indispensable de résoudre. Aussi dirai-je qu'un corps grave a, par nature, un principe moteur intrinsèque qui le porte vers le centre commun des graves, c'est-à-dire vers le centre de notre globe terrestre, d'un mouvement continûment accéléré, et toujours également accéléré, en sorte qu'en des temps égaux se produisent des adjonctions égales de nouvelles impulsions et de nouveaux degrés de vitesse. Mais ceci, comprenons-le bien, ne se vérifie qu'à condition que soient éliminés tous les obstacles accidentels et extérieurs; or, il en est un que nous ne pouvons pas éliminer et qui est la résistance du milieu plein que le mobile, dans sa chute, doit ouvrir devant lui et écarter latéralement. A ce mouvement traversant, le milieu, encore que fluide, facilement pénétrable et en repos, oppose une résistance plus ou moins grande selon qu'il doit s'ouvrir plus ou moins vite pour donner passage au mobile. Le mobile, comme je l'ai dit, se mouvant, par nature, avec une continuelle accélération, rencontrera, de la part du milieu, une résistance toujours plus grande; il sera donc ralenti; les nouveaux degrés de vitesse qu'il acquiert à chaque instant de sa chute seront diminués, si bien que, pour finir, sa vitesse atteindra un degré tel et la résistance du milieu une grandeur telle qu'elles s'équilibreront entre elles, élimineront l'accélération et réduiront le mobile à un mouvement égal et uniforme dans lequel, par la suite, il se maintiendra toujours. L'accroissement de la résistance du milieu n'a donc pas pour cause un changement de son essence, mais bien l'accélération de la vitesse avec laquelle il doit s'ouvrir et s'écarter latéralement pour céder le passage au corps grave dont la chute progressivement s'accélère. Quand je vois d'autre part combien grande est la résistance de l'air au faible effort de la vessie et combien elle est petite au poids considérable du plomb, j'acquiers la certitude que si l'on supprimait complètement cette résistance — ce qui serait donner à la vessie une facilité très grande et au plomb un bien médiocre avantage — les deux corps tomberaient à la même vitesse. Or, une fois posé ce principe que dans un milieu où, parce qu'il serait vide ou pour toute autre raison, aucune résistance ne s'opposerait à la vitesse du mouvement, les vitesses de tous les mobiles seraient égales, nous pourrons judicieusement déterminer les rapports entre les vitesses des mobiles semblables et dissemblables, dans le même milieu ou dans divers milieux pleins, et par conséquent résistants; et nous y parviendrons en examinant combien la pesanteur du milieu retranche de la pesanteur du mobile, cette dernière étant l'instrument grâce auquel le mobile s'ouvre un chemin, refoulant sur ses côtés les parties du milieu, opération qui, dans le vide, n'a pas à se produire, en sorte que, dans le vide, aucune différence ne résulte de la diversité des pesanteurs; et comme il est manifeste que le milieu allège les corps qui s'y trouvent contenus du poids d'un volume égal de sa matière, nous obtiendrons le résultat cherché en diminuant, dans la même proportion, les vitesses des mobiles, lesquelles, dans le milieu non résistant que nous avons supposé, seraient égales. Prenons un exemple : étant supposé que le plomb est dix mille fois plus lourd que l'air et l'ébène seulement mille fois, aux vitesses de ces deux corps, lesquelles, prises absolument, c'est-à-dire abstraction faite de toute résistance, seraient égales, l'air retranche un degré sur dix mille pour le plomb et, pour l'ébène, un sur mille, ou dix sur dix mille; donc, quand le plomb et l'ébène tomberont dans l'air d'une hauteur quelconque, hauteur qu'ils parcourraient en des temps égaux si le retard causé par l'air n'existait pas, l'air diminuera de un dix-millième la vitesse du plomb et de dix dix-millièmes celle de l'ébène. Ce qui revient à dire que, la hauteur de la chute étant divisée en dix mille parties, quand le plomb arrivera au sol, l'ébène se trouvera en arrière de dix, ou plutôt de neuf de ces dix mille parties. Et que signifie cela, sinon qu'une balle de plomb tombant du haut d'une tour de deux cents brasses devancera de moins de quatre doigts une balle d'ébène tombant de la même hauteur? L'ébène pèse mille fois plus que l'air, mais la vessie gonflée quatre fois seulement; l'air, donc, de l'intrinsèque et naturelle vitesse de l'ébène, retranche un degré sur mille, mais de celle de la vessie qui, prise absolument, serait la même, il retranche un degré sur quatre; si bien qu'au moment où la balle d'ébène, tombant du haut de la tour, touchera la terre, la vessie n'aura parcouru que les trois quarts de la même hauteur. Le plomb est douze fois plus lourd que l'eau, mais l'ivoire seulement deux fois; donc, de leurs vitesses absolues, qui seraient égales, l'eau retranche au plomb la douzième partie et à l'ivoire la moitié; de sorte que, dans l'eau, quand le plomb sera descendu de onze brasses, l'ivoire ne sera descendu que de six brasses. Si nous suivons cette règle, je crois que l'expérience répondra à notre calcul beaucoup plus exactement qu'à celui d'Aristote. De même, pour calculer la vitesse d'un mobile en divers milieux fluides, nous ne comparerons pas les diverses résistances de ces milieux, mais nous considérerons l'excès de la pesanteur du mobile sur celles des milieux qu'il traverse. Admettons que l'étain soit mille fois plus lourd que l'air et dix fois plus que l'eau; dès lors, la vitesse absolue de l'étain étant divisée en mille degrés, cette vitesse, diminuée d'un millième, sera, dans l'air, de neuf-cent-quatre-vingt-dix-neuf degrés; dans l'eau, réduite d'un dixième, elle ne sera plus que de neuf cents degrés. Prenons maintenant un solide plus lourd que l'eau, mais de peu, par exemple le bois de chêne. Si une balle de ce bois pèse mille drachmes, un égal volume d'eau en pèsera, dirons-nous, neuf-cent-cinquante et un égal volume d'air deux seulement. Si la vitesse absolue du bois de chêne est de mille degrés, elle ne sera plus, dans l'air, que de neuf-cent-quatre-vingt-dix-huit degrés, et, dans l'eau, elle sera réduite à cinquante, attendu que l'eau lui aura retranché neuf-cent-cinquante de ses mille degrés de pesanteur pour ne lui en laisser que cinquante; un tel solide se mouvrait donc dans l'air presque vingt fois plus vite que dans l'eau, en raison du fait que l'excès de sa pesanteur sur celle de l'eau est la vingtième partie de la sienne propre. Voici maintenant un point sur lequel j'attire votre attention : comme, dans l'eau, ne peuvent descendre que des corps d'une pesanteur supérieure *in specie* à celle de l'eau, et par conséquent des centaines et des centaines de fois plus lourds que l'air, nous pouvons, quand nous recherchons le rapport de leurs vitesses dans l'air et dans l'eau, admettre, sans erreur sensible, que l'air ne diminue pas de façon appréciable la gravité absolue et, par conséquent, la vitesse absolue de ces corps. Donc, après avoir déterminé l'excès de leur pesanteur sur celle de l'eau, ce qui est facile, nous dirons que leur vitesse dans l'air est à leur vitesse dans l'eau dans le même rapport que leur gravité totale à l'excès de celle-ci sur la gravité de l'eau. Par exemple : une balle d'ivoire pèse vingt onces, un égal volume d'eau, dix-sept; donc, la vitesse de l'ivoire dans l'air est à sa vitesse dans l'eau à peu près comme vingt à trois.

SAGREDO J'ai fait grande acquisition de savoir en une matière par elle-même curieuse et sur laquelle, bien souvent mais sans résultat, je me suis fatigué l'esprit. Pour mettre ces spéculations en pratique, il ne resterait plus qu'à trouver moyen de connaître le rapport de la pesanteur de l'air à celle de l'eau, et, en conséquence, à celle des autres corps graves.

SIMPLICIO Mais si l'on trouvait que l'air, au lieu de pesanteur, n'a que légèreté, que faudrait-il dire des discours, au surplus fort ingénieux, que nous venons d'entendre?

SALVIATI Il faudrait dire qu'ils ont été véritablement aériens, légers et vides. Mais oserez-vous douter que l'air soit pesant alors que vous avez un texte d'Aristote qui l'affirme de façon très nette, énonçant qu'à l'exception du feu tous les éléments, et l'air lui-même, ont un poids? La preuve en est, ajoute-t-il, qu'une outre gonflée pèse plus que dégonflée [17].

SIMPLICIO Que l'outre ou le ballon gonflés pèsent davantage, je croirais que cela résulte non pas d'une pesanteur de l'air, mais de la quantité de vapeurs épaisses qui, dans nos basses régions, se mêlent à l'atmosphère. Ce sont elles, dirais-je, qui aggravent le poids de l'outre.

SALVIATI De grâce, ne le dites pas, et surtout ne le faites pas dire à Aristote. Car si, traitant des éléments, il cherchait à me persuader que l'air est un élément ayant pesanteur, et si, désireux de me le prouver par expérience, il me disait : « Prends une outre, remplis-la de vapeurs épaisses et tu constateras qu'elle pèse davantage », je lui répondrais, moi, qu'elle pèserait bien plus encore si on la remplissait de son. J'ajouterais ensuite que ces expériences prouvent que le son et les vapeurs épaisses sont des corps pesants, mais quant à l'élément *air*, je resterais dans le même doute qu'auparavant. L'expérience d'Aristote est donc bonne et sa proposition vraie. Je n'en dirais pas autant de l'affirmation, fondée elle aussi sur des faits observés, d'un certain philosophe dont le nom m'échappe mais que je me rappelle avoir lue, et qui tendrait à prouver que l'air est plus lourd que léger parce qu'il porte plus facilement les corps graves de haut en bas que les corps légers de bas en haut.

SAGREDO Beau raisonnement, par ma foi, et dont il résulte que l'air doit être beaucoup plus lourd que l'eau puisque les corps pesants sont beaucoup plus facilement portés de haut en bas dans l'air que dans l'eau, et les corps légers plus facilement [de bas en haut] dans l'eau que dans l'air. Bien plus : d'innombrables corps graves qui, dans l'eau, s'élèvent, descendent dans l'air; et une infinité de corps matériels qui, dans l'air, tombent, remontent à la surface de l'eau. Au surplus, que la pesanteur de l'outre, signor Simplicio, doive être attribuée aux vapeurs épaisses ou à l'air pur, cela ne change rien à notre propos puisque nous cherchions à connaître ce qui arrive à des corps en mouvement dans notre région vaporeuse. Aussi, revenant à ce qui me préoccupe davantage, je voudrais, pour m'instruire parfaitement et entièrement du sujet que nous traitons, non seulement être assuré que l'air est pesant (ce dont je ne doute pas), mais, s'il est possible, savoir quelle est sa gravité. C'est pourquoi, signor Salviati, si vous pouvez encore me satisfaire sur ce point, je vous prie de me faire cette faveur.

SALVIATI Que l'air ait une pesanteur positive et non pas, comme certains l'ont cru, une légèreté — qui peut-être n'existe en aucune matière —, l'expérience du ballon gonflé proposée par Aristote nous en donne la preuve concluante; car si la légèreté absolue et positive était une qualité de l'air, la compression de l'air, en le multipliant, augmenterait sa légèreté et, en conséquence, sa propension à aller de bas en haut; or, l'expérience montre le contraire. Quant à l'autre question, touchant le moyen de déterminer le poids de l'air, j'y répondrai en vous disant comment j'ai procédé moi-même. J'ai pris un flacon de verre d'une grande capacité, à col étranglé, et j'ai enfilé ce col dans un doigt de gant en cuir que j'ai bien attaché et bien serré contre le verre, après l'avoir muni, à son extrémité, d'une valve de ballon fixée solidement; par ladite valve, à l'aide d'une seringue, j'ai introduit dans le flacon une grande quantité d'air; comme l'air se prête à être extrêmement condensé, il est possible d'en faire entrer dans un seul flacon, en plus de ce qu'il contient naturellement, le contenu de deux ou trois autres. Ceci fait, j'ai soigneusement pesé, sur une balance très exacte, le flacon rempli d'air comprimé, en l'équilibrant avec du sable fin. Ensuite, ayant ouvert la valve et donné issue à l'air enfermé par force, j'ai remis le flacon sur la balance et, l'ayant trouvé notablement allégé, j'ai prélevé sur le contrepoids une certaine quantité de sable, laissant juste ce qu'il fallait pour équilibrer le flacon. Que le poids du sable prélevé soit celui de l'air qui avait été introduit de force dans le flacon et, en dernier lieu, libéré, cela ne fait aucun doute. Mais jusqu'à présent, par cette expérience, je ne me suis assuré que d'une chose, c'est que l'air comprimé dans le récipient pèse autant que le sable retiré. Mais ce que l'air pèse exactement par rapport à l'eau ou à quelque autre corps grave, je ne le sais pas encore et ne puis le savoir qu'en mesurant la quantité d'air comprimé, opération qui exige d'être faite suivant une règle précise. J'ai trouvé que l'on pouvait procéder de deux manières. L'une est de prendre un deuxième flacon semblable au premier, à col étroit, de fixer à ce col un deuxième doigt de cuir bien serré et dont le bout sera raccordé et très solidement attaché à la valve du premier doigt; le second récipient sera percé d'un trou au fond; par ce trou, passera un style de fer grâce auquel nous pourrons, à volonté, ouvrir la valve pour donner passage au surplus d'air contenu dans le premier récipient et préalablement pesé; le deuxième récipient doit être rempli d'eau. L'appareil disposé comme il vient d'être dit, la valve sera ouverte à l'aide du style; l'air, sortant avec impétuosité, passera dans le vase rempli d'eau et chassera l'eau par le trou pratiqué au fond; il apparaît dès lors que la quantité d'eau ainsi expulsée sera égale à la quantité d'air issue de l'autre vase. Cette eau mise de côté, on pèsera le vase allégé de l'air comprimé (je suppose qu'il a été pesé auparavant avec ce même air comprimé) et, le sable ayant été prélevé comme il a été dit, il est manifeste que ce sable représentera exactement la quantité d'eau sortie du vase; nous pèserons cette eau, nous verrons combien de fois son poids contient celui du sable et nous pourrons, sans erreur, établir combien de fois l'eau est plus pesante que l'air; et ce ne sera pas seulement dix fois, comme l'estimerait Aristote, mais bien quatre cents fois environ, comme le montrera notre expérience.

L'autre méthode est plus expéditive et ne nécessite qu'un seul vase, le premier, disposé comme je l'ai dit. Au lieu d'y introduire de l'air — outre celui qu'il contient naturellement— nous y introduirons de l'eau, sans laisser sortir la moindre quantité d'air; aussi l'air devra-t-il, par force, se comprimer pour faire place à l'eau survenue. Après avoir introduit le plus d'eau possible dans le flacon — et, sans grande violence, on y en mettra assez pour le remplir aux trois quarts — nous le poserons sur la balance et nous le pèserons avec le plus grand soin. Après quoi, le récipient étant tenu l'ouverture en haut, on ouvrira la valve pour donner passage à l'air, dont une quantité précisément égale à celle de l'eau introduite s'échappera au dehors. L'air sorti, nous remettrons sur la balance le vase allégé d'autant, et nous prélèverons du contrepoids le poids en excès, lequel nous donnera celui d'un volume d'air égal au volume de l'eau introduite dans le récipient.

SIMPLICIO On ne peut nier que les artifices imaginés par vous soient très subtils et très ingénieux; mais s'ils me semblent, en apparence, donner toute satisfaction à l'esprit, ils me jettent d'autre part dans la confusion. En effet, attendu qu'il est indubitablement vrai que les éléments, en leurs lieux propres, ne sont ni légers ni lourds, je ne puis comprendre comment et où cette portion d'air qui paraissait peser, si vous voulez, quatre drachmes de sable, doive réellement garder, dans l'air, ce même poids, que pourtant garde bien son contrepoids de sable. C'est pourquoi il me semble que l'expérience devrait être pratiquée, non pas dans l'élément de l'air, mais dans un milieu où l'air lui-même pourrait exercer sa faculté de peser, si réellement il la possède.

SALVIATI Certes l'objection du signor Simplicio est très subtile; aussi n'avons-nous d'autre choix que de la reconnaître insoluble ou de lui trouver une non moins subtile solution. Que cet air qui, comprimé, pesait, comme on l'a vu, autant que ce sable, n'ait plus de pesanteur une fois remis en liberté dans son élément, tandis que le sable garde son poids, rien n'est plus évident. Aussi, pour faire cette expérience, convenait-il de choisir un lieu et un milieu où l'air, autant que le sable, pût graviter; or, comme je l'ai dit plusieurs fois, le milieu retranche du poids de tout corps qui s'y trouve immergé le poids d'une portion dudit milieu égale en volume à celui du corps immergé; en sorte que l'air enlève toute pesanteur à l'air. Pour que l'expérience fût faite en toute rigueur, il eût donc fallu opérer dans le vide, où tout corps grave eût exercé, sans aucune diminution, la force de sa gravité [18]. Si donc, signor Simplicio, nous pesions dans le vide une portion d'air, seriez-vous convaincu et assuré du fait?

SIMPLICIO Oui, sans doute, mais c'est là désirer ou exiger l'impossible.

SALVIATI Il faudra donc que soit bien grande l'obligation que vous m'aurez si pour cette fois, en votre faveur, je réalise l'impossible. Mais je ne veux pas vous vendre ce que je vous ai déjà donné, car dans l'expérience que je vous ai décrite, nous pesons l'air dans le vide et non pas dans l'air ou dans quelque autre milieu plein. Si, au corps immergé dans un milieu fluide, quelque chose de son poids est retiré, cela provient, signor Simplicio, de ce que le milieu résiste à se laisser ouvrir, écarter et finalement soulever, comme en témoigne sa promptitude à remplir l'espace qu'occupait, en lui, le corps immergé aussitôt qu'il l'abandonne; car si, de cette immersion, le milieu ne ressentait aucun effet, il ne ferait rien contre elle. Maintenant, dites-moi : vous avez là, dans l'air, ce récipient déjà rempli de l'air qui s'y trouve naturellement contenu; mais quelle division, quel écartement, quel changement en somme peut bien subir l'air ambiant du fait de l'air supplémentaire que l'on introduit de force dans le récipient? Votre fiasque va gonfler, peut-être, en sorte que l'air ambiant devra se retirer pour lui faire place? Certes non. Et nous pouvons affirmer que l'air introduit dans le récipient n'est pas immergé dans l'air ambiant, attendu qu'il n'y occupe aucun espace : c'est donc comme si nous le mettions dans le vide; bien mieux : nous l'y mettons réellement, car il vient se loger dans les vides que l'air non encore condensé ne suffisait pas à remplir. Je ne vois vraiment aucune différence entre deux constitutions de milieu ambiant et de corps immergé quand, dans l'une, le milieu n'exerce aucune pression sur le corps et quand, dans l'autre, le corps ne fait rien pour refouler le milieu, conditions que réalisent, d'une part, une matière quelconque placée dans le vide et, d'autre part, l'air comprimé dans le récipient. Donc, le poids que nous trouvons à cet air condensé est celui qui serait le sien s'il était librement répandu dans le vide. Il est vrai que le sable utilisé comme contrepoids a été pesé à l'air libre et que, dans le vide, il aurait un peu dépassé la juste mesure; aussi faut-il dire que l'air pesé est en réalité moins lourd que son contrepoids de sable de ce que pèserait, dans le vide, une égale quantité d'air.

SAGREDO Spéculation ingénieuse en vérité. Elle contient en elle la solution d'un problème qui semble comporter du merveilleux puisqu'il nous montre — pour le dire en substance et en peu de mots — comment procéder pour déterminer le poids d'un corps dans le vide, tout en ne le pesant que dans un milieu plein d'air. Et voici comment la chose s'explique. L'air retranche du poids absolu de tout corps grave qui s'y trouve comme en son milieu le poids d'un volume d'air égal au volume du corps. Donc, qui pourrait conjoindre audit corps une quantité d'air égale à son volume sans que ce volume en fût augmenté, obtiendrait en le pesant sa gravité absolue, c'est-à-dire le poids qu'il aurait dans le vide, attendu que, sans en augmenter le volume, il lui aurait ajouté le poids que l'air ambiant lui retranchait. Aussi, quand on introduit dans la fiasque, déjà remplie par l'air qui s'y trouve naturellement contenu, une certaine quantité d'eau, sans rien laisser sortir de l'air qui y était déjà, il est évident que cet air se comprime, se condense en un volume plus petit pour laisser place à l'eau versée, et non moins évident que le volume de l'air resserré est égal à celui de l'eau survenue. Et quand on pèse dans l'air le vase ainsi accommodé, il est manifeste qu'au poids de l'eau s'ajoute celui de l'air; si bien que le poids total, comprenant celui de l'eau et celui d'une masse d'air d'un volume égal au volume de l'eau, est le poids même que l'eau toute seule pèserait dans le vide. Une fois le vase pesé et après en avoir noté le poids, on donnera donc issue à l'air comprimé et on pèsera de nouveau tout l'appareil, lequel, en raison de la sortie de l'air, sera devenu plus léger. La différence des deux pesées indiquera le poids de l'air comprimé dont le volume était égal à celui de l'eau. On prendra ensuite le poids de l'eau seule et, en y ajoutant celui de l'air comprimé, qui vient d'être noté à part, on obtiendra le poids qui serait celui de cette même eau dans le vide. Pour trouver le poids de l'eau, il faudra simplement vider le récipient de l'eau qu'il contient, le peser une fois vide et retrancher le poids ainsi obtenu de celui du vase plein : la différence représentera le poids de l'eau seule, dans l'air.

SIMPLICIO Il me semblait que les expériences décrites laissaient quelque chose à désirer, mais me voici entièrement apaisé.

SALVIATI Ce que j'ai exposé jusqu'à présent — et en particulier ceci que les différences de pesanteur, fussent-elles très grandes, ne sont pour rien dans les différences de vitesse des mobiles, si bien que, dans la mesure où leur vitesse dépend de leur poids, tous devraient se mouvoir avec une égale rapidité — tout ceci, dis-je, est si nouveau et à première vue si loin de la vraisemblance que s'il ne se trouvait pas quelque moyen de l'élucider et de le rendre clair comme le jour, mieux vaudrait n'en rien dire; mais dès lors que j'en ai ouvert la bouche, je ne dois négliger aucune expérience ni aucun argument propre à corroborer ce que j'ai ainsi avancé.

SAGREDO Nombre de vos propositions (et non pas seulement cette dernière) sont si éloignées des opinions et des doctrines communément reçues que, répandues dans le public, elles y susciteraient une foule de contradicteurs; car les hommes sont naturellement enclins à ne pas voir d'un bon œil que, sur leur propre terrain, d'autres découvrent des vérités ou des erreurs qu'ils n'avaient point eux-mêmes aperçues et, se donnant le titre de novateurs, si peu agréable aux oreilles de tant de gens, s'ingénient à trancher les nœuds qu'ils ne peuvent dénouer et à faire sauter, par des mines souterraines, les édifices qu'avaient construits, avec leurs outils habituels, de patients ouvriers. Mais comme nous sommes bien loin d'être dans de pareilles dispositions, les expériences et les raisons jusqu'ici alléguées suffisent à notre apaisement; si toutefois vous avez en réserve d'autres expériences plus palpables et d'autres raisons plus concluantes, nous sommes tout prêts à vous entendre.

SALVIATI L'expérience qui consiste à prendre deux corps graves aussi différents de poids qu'il est possible et à les faire tomber d'une certaine hauteur pour observer si leurs vitesses sont égales, souffre quelque difficulté. Si, en effet, la hauteur est considérable, le milieu qui, sous le choc du corps tombant, doit s'ouvrir et être rejeté latéralement opposera un frein beaucoup plus efficace au faible mouvement du corps très léger qu'à la violence du corps très lourd, en sorte que le corps léger restera très loin en arrière; et si, au contraire, la hauteur est petite, on pourra aussi bien penser qu'il n'y a aucune différence de vitesse ou qu'il y en a une, mais inobservable. C'est pourquoi l'idée m'est venue d'opérer sur de faibles hauteurs, mais en réitérant les chutes plusieurs fois, et d'accumuler un nombre suffisant de ces petits intervalles de temps qui s'écoulaient entre l'arrivée au sol du corps le plus lourd et celle du plus léger pour que, réunis ensemble, ils fissent un temps non seulement appréciable, mais grandement appréciable. En outre, pour me donner l'avantage d'observer des mouvements aussi lents que possible, en lesquels la résistance du milieu altère beaucoup moins l'effet de la simple pesanteur, j'ai imaginé de faire descendre les mobiles sur un plan incliné peu élevé au-dessus de l'horizontale, et sur lequel, tout aussi bien que dans la chute verticale, les corps graves de poids différents font voir comment ils se comportent. Allant plus loin, j'ai voulu éliminer les inconvénients qui pouvaient naître du contact des mobiles avec le plan incliné; et finalement, j'ai pris deux balles, l'une de plomb, l'autre de liège, celle-là étant bien cent fois plus pesante que celle-ci; je les ai attachées l'une et l'autre à deux cordons semblables, très fins, longs de quatre à cinq brasses et fixés en haut; ayant ensuite écarté les deux balles de la perpendiculaire, je les ai lâchées au même moment; alors, suivant les circonférences des cercles décrits par les cordons, leurs rayons, elles ont passé au-delà de la verticale, puis sont revenues en arrière; et, répétant au moins cent fois ces allées et venues, elles ont montré de façon bien sensible que la balle la plus lourde s'accordait de telle sorte au temps de la plus légère qu'en cent vibrations, ou même en mille, elle ne prenait pas la moindre avance, mais que toutes deux marchaient d'un pas très égal. Cette expérience permet aussi de constater l'action du milieu qui, en faisant obstacle au mouvement, diminue les oscillations du liège beaucoup plus que celles du plomb, sans toutefois les rendre ni plus ni moins fréquentes, à telles enseignes qu'au moment où les arcs décrits par le liège ne sont plus que de cinq ou six degrés et ceux décrits par le plomb de cinquante ou soixante, les oscillations se produisent toujours dans les mêmes temps.

SIMPLICIO S'il en est ainsi, il faut donc que la vitesse du plomb soit plus grande que celle du liège, puisque l'un fait un parcours de soixante degrés pendant le temps que l'autre en franchit à peine six.

SALVIATI Mais que diriez-vous, signor Simplicio, si tous deux accomplissaient leur voyage dans le même temps alors que le liège, écarté de la verticale de trente degrés, aurait un arc de soixante degrés à franchir, et que le plomb, éloigné de deux degrés seulement du centre de ses oscillations, n'aurait à parcourir qu'un arc de quatre degrés ? N'est-ce pas le liège alors qui serait plus rapide d'autant ? Or, c'est là ce que l'expérience nous montre. Mais notez bien ceci : le pendule de plomb écarté de la verticale, disons de cinquante degrés, et, de là, abandonné à lui-même, revient à la verticale et la dépasse de cinquante autres degrés, ou presque, parcourant ainsi un arc de près de cent degrés; puis, revenant en arrière, il décrit un arc à peine un peu moindre, recommence ce va-et-vient et, après un grand nombre d'oscillations, se réduit finalement à l'état de repos. Ces oscillations se produisent toutes en des temps égaux, aussi bien celle de quatre-vingt-dix degrés que celles de cinquante, de vingt, de dix ou de quatre degrés [19], en sorte que la vitesse du mobile va toujours s'affaiblissant puisqu'il parcourt en des temps égaux des arcs d'une amplitude de moins en moins grande. On constate un effet semblable — ou plutôt le même effet — en suspendant la balle de liège à un fil de longueur égale, à ceci près que le liège est réduit au repos après un moins grand nombre d'oscillations, étant moins apte, du fait de sa légèreté, à surmonter l'obstacle de l'air; mais en somme ses oscillations, grandes ou petites, se font en des temps égaux entre eux et égaux aux temps des oscillations du plomb. Il est donc vrai de dire, quand le plomb parcourt un arc de cinquante degrés et le liège un arc de dix degrés seulement, que le liège est plus lent que le plomb; mais il pourra arriver qu'au contraire le liège parcoure cinquante degrés pendant que le plomb n'en parcourra que dix, ou six, en sorte qu'en des temps divers, le mobile le plus rapide sera tantôt le plomb, tantôt le liège. Mais dès lors que les différents mobiles parcourent en des temps égaux des arcs égaux, on peut dire en toute certitude que leurs vitesses sont égales.

SIMPLICIO Il me semble que ce discours est concluant et il ne me semble pas qu'il le soit. Je sens naître en mon esprit une confusion à la pensée de ces deux mobiles qui l'un et l'autre sont tantôt plus rapides, tantôt plus lents, tantôt plus lents encore; et je n'arrive pas à tirer au clair que, dans ces conditions, on puisse affirmer que leurs vitesses soient toujours égales.

SAGREDO Permettez-moi, signor Salviati, de placer deux mots et vous, Signor Simplicio, répondez-moi : admettez-vous qu'on puisse dire en toute vérité que les vitesses du liège et du plomb sont égales si les deux corps, mis en mouvement au même instant et suivant la même inclinaison, parcourent toujours des espaces égaux en des temps égaux?

SIMPLICIO Ceci est hors de doute et indéniable.

SAGREDO Eh! bien, dans le cas des pendules, que se passe-t-il? Chacun d'eux parcourt soixante degrés, puis cinquante, puis trente, dix, huit, quatre, deux, etc.; et quand ils parcourent l'arc de soixante degrés, ils le parcourent dans le même temps; c'est aussi dans le même temps que l'un et l'autre parcourent l'arc de cinquante degrés, et il n'en est pas autrement pour l'arc de trente degrés, pour celui de dix degrés, et pour les autres. On peut donc conclure que la vitesse du plomb, dans l'arc de soixante degrés, est égale à la vitesse du liège dans le même arc de soixante degrés, que leurs vitesses demeurent égales dans l'arc de cinquante degrés, et dans les autres. Mais on ne dit pas que la vitesse des pendules dans l'arc de soixante degrés soit la même que dans l'arc de cinquante, ni que celle-ci soit la même que dans l'arc de trente, etc. Les vitesses, au contraire, sont toujours plus petites dans les arcs plus petits, comme l'expérience nous l'enseigne, puisque nous voyons le même mobile mettre le même temps pour parcourir le grand arc de soixante degrés, celui de cinquante et le petit arc de dix degrés, et qu'en somme il les parcourt tous en des temps égaux. Il est donc vrai que le plomb et le liège ralentissent leur mouvement dans la mesure où diminue l'amplitude de leurs oscillations, mais, sans altérer leur accord, ils maintiennent toujours l'égalité de leurs vitesses dans le parcours des mêmes arcs.

J'ai tenu à dire ceci pour m'assurer d'avoir bien compris la pensée du signor Salviati, et non parce que je croyais que le signor Simplicio avait besoin d'une explication plus claire. Celle que nous a donnée le signor Salviati lui-même est lumineuse, comme le sont tous ses propos. Sa manière la plus habituelle est, en effet, de résoudre des questions qui, à première vue, ne sont pas seulement obscures mais semblent répugner à la nature et à la vérité, par des raisons, ou des observations, ou des expériences très banales et très familières à chacun; et c'est ainsi (comme je l'ai entendu dire de divers côtés) qu'il a donné occasion à tel de nos professeurs les plus estimés de faire peu de cas de ses découvertes et de les tenir pour méprisables, comme étant établies sur des fondements trop bas et trop vulgaires, comme si la condition la plus estimable et la plus admirable des sciences démonstratives n'était pas un jaillissement, un foisonnement à partir de principes très connus, universellement entendus et acceptés. Quant à nous, ne laissons pas de nous rassasier de ces nourritures légères. Voici le signor Simplicio tranquillisé, je suppose : il a compris et admis que la pesanteur interne des divers mobiles n'a aucune part à la différenciation de leurs vitesses, en sorte que leurs vitesses, dans la mesure où elles ne dépendraient que de leurs poids, seraient égales entre elles; et maintenant, signor Salviati, dites-nous d'où proviennent, selon vous, les inégalités apparentes et sensibles du mouvement; répondez à l'objection soulevée à ce sujet par le signor Simplicio et que, pour ma part, je confirme : la vitesse d'un boulet est plus grande que celle du menu plomb, et la différence de leurs vitesses est encore bien faible, comparée à d'autres que je vous opposerai. Il existe des mobiles de même matière dont certains, de plus grande taille, mettront moins d'un battement de pouls à parcourir, dans leur chute en un milieu donné, un espace que d'autres, plus petits, ne franchiront pas en une heure, ni en quatre heures, ni en vingt; tels sont les pierres et le sable fin, et surtout ce sable très fin qui trouble l'eau et qui, dans l'eau, ne descend pas de deux brasses en plusieurs heures, tandis que des graviers qui ne sont guère plus gros coulent à pic en un clin d'œil.

SALVIATI L'action du milieu sur la chute des corps, chute d'autant plus retardée que la pesanteur spécifique du mobile est plus faible, nous l'avons expliquée déjà en montrant qu'elle résulte d'une soustraction de poids. Mais qu'un même milieu puisse réduire, en des mesures si différentes, les vitesses de mobiles qui ne diffèrent entre eux que par leur grandeur, étant de même matière et de même forme, il faut, pour en rendre compte, un raisonnement plus subtil que pour comprendre comment la forme plus déployée du mobile, ou quelque mouvement contraire du milieu où il se déplace, peuvent retarder son propre mouvement. La solution du problème qui nous occupe, je la cherche quant à moi dans les rugosités et les porosités que présentent communément et, dans la plupart des cas, nécessairement, les surfaces des corps solides, et qui, dès que ces corps se meuvent, vont heurter l'air ou le milieu ambiant quel qu'il soit. Un signe manifeste de ces frictions nous est donné par le bourdonnement que produisent les corps, même les plus arrondis, quand ils se déplacent dans l'air avec une très grande rapidité; et plus qu'un bourdonnement, c'est un bruissement, un sifflement qu'ils font entendre pour peu que leur surface offre des cavités ou des proéminences notables. Nous constatons aussi que tout solide rond fait un peu de vent quand il tourne. Sans chercher plus loin, écoutons une toupie ronfler : quand elle tourne par terre, très vite, elle rend un son très aigu, mais qui se fait plus grave tandis que, peu à peu, diminue la vitesse de ce tournoiement; phénomène qui ne me semble explicable que par les frottements dans l'air des aspérités, fussent-elles minimes, de sa surface. Il n'est pas douteux que, dans la chute des corps, ces aspérités provoqueront un retard, et d'autant plus grand que la surface de ces corps sera plus étendue, ce qui est le cas des solides plus petits, si on les compare aux plus grands.

SIMPLICIO Arrêtez, de grâce! Ici, je commence à ne plus voir clair. Car si je comprends et admets que le frottement du milieu contre la surface du mobile retarde le mouvement, et ceci d'autant plus que, toutes choses égales d'ailleurs, la surface est plus grande, je ne vois pas sur quoi vous vous fondez pour appeler plus grande la surface des corps plus petits; bien plus, si, comme vous l'affirmez, c'est la surface la plus grande qui doit déterminer le plus grand retard, les plus grands solides devraient être les plus lents, ce qui n'est pas. Sans doute lèvera-t-on sans peine cette objection en disant que si le corps le plus grand a la plus grande surface il a aussi la plus grande pesanteur, et que l'empêchement opposé par cette plus grande surface à cette plus grande pesanteur ne peut l'emporter sur celui qu'oppose une surface moindre à une pesanteur moindre, au point que la vitesse du solide le plus grand devienne la plus petite. Aussi ne vois-je pas la raison pour laquelle devrait s'altérer l'égalité des vitesses alors que dans la mesure même où diminue le poids du mobile, diminue la faculté retardante de sa surface.

SALVIATI Je résoudrai conjointement toutes ces objections. Quant à vous, signor Simplicio, vous admettez sans discussion que, étant donné deux solides égaux, de même matière et de même forme (lesquels, sans aucun doute, se déplaceraient à des vitesses égales), si l'on réduisait dans une même mesure le poids et la surface de l'un (en sauvegardant la similitude des formes), la vitesse de celui qu'on aurait rendu plus petit ne serait pas diminuée.

SIMPLICIO C'est bien là ce qui devrait se passer, il me semble, du moins à s'en tenir à votre doctrine qui veut que l'accroissement ou la diminution du poids ne contribue en rien à accélérer ou à retarder le mouvement.

SALVIATI Ceci, je le maintiens. Et de plus, j'admets ce que vous avez dit et j'en tire la conséquence qui me semble en résulter, à savoir que si la pesanteur d'un mobile diminuait plus que sa surface, un certain retard se produirait dans son mouvement, retard qui irait augmentant dans la proportion même où la diminution du poids l'emporterait sur la diminution de la surface.

SIMPLICIO Je ne vois rien à vous objecter.

SALVIATI Or donc, signor Simplicio, sachez qu'on ne peut, dans les solides, diminuer la surface dans la même mesure que le poids tout en conservant la similitude des figures. Il est évident, en effet, que si un corps grave diminue, son poids se réduit autant que son volume, et que si le volume diminue plus que la surface (la forme demeurant semblable à elle-même), le poids doit lui aussi diminuer plus que la surface. Mais la géométrie nous enseigne que le rapport entre les volumes de deux solides semblables est beaucoup plus grand que le rapport entre leurs surfaces. Pour vous le faire mieux comprendre, je vais vous l'expliquer sur un cas particulier. Représentez-vous, par exemple, un dé, et supposons que son arête soit longue de deux doigts; de la sorte, chacune de ses faces aura quatre doigts carrés, et l'ensemble de ses six faces — autrement dit son entière superficie — vingt-quatre doigts carrés. Imaginez ensuite notre dé divisé suivant trois sections en huit petits dés. Pour chacun d'eux, l'arête aura un doigt, la face un doigt carré et la superficie entière six doigts carrés, alors que la surface totale du dé non partagé était de vingt-quatre doigts carrés. Vous voyez donc que la surface du petit dé est la quatrième partie de la surface du grand (six étant le quart de vingt-quatre), alors que le petit dé, en tant que solide, n'est que le huitième du grand : le volume, et par conséquent le poids, a donc diminué beaucoup plus que la surface. Si maintenant vous subdivisez le petit dé en huit autres, la surface totale de chacun de ces derniers sera de un doigt et demi carré, soit un seizième de la surface du premier dé; mais son volume ne sera que la soixante-quatrième partie du volume total. Comme vous voyez, deux divisions ont suffi pour que les volumes diminuent quatre fois plus que les surfaces; et si nous poursuivions la subdivision jusqu'à réduire notre premier solide en fine poussière, nous constaterions que le poids de ces minimes atomes [20] (comparés au premier solide) a diminué des centaines et des centaines de fois plus que leurs surfaces. Et ce que je vous ai montré sur l'exemple des cubes est vrai pour tous les solides semblables entre eux, les volumes étant en proportion sesquialtère des surfaces. Vous voyez par là en quelle plus grande proportion croît l'empêchement dû au contact de la surface du mobile avec le milieu dans les petits solides par comparaison aux grands. Et si nous ajoutons que les aspérités des très petites surfaces de ces fines poussières ne sont sans doute pas moindres que celles des surfaces des solides plus grands, polis avec soin, voyez combien le milieu devra être fluide et privé de toute résistance à se laisser pénétrer pour céder à l'effort d'une poussée si faible. Notez au surplus, signor Simplicio, que je ne me trompais pas quand tout à l'heure je disais que la surface des petits corps est proportionnellement plus étendue que celle des grands.

SIMPLICIO Me voici entièrement apaisé; et, veuillez m'en croire, si j'avais à refaire mes études, je suivrais le conseil de Platon et je commencerais par les mathématiques qui, je le vois, procèdent avec beaucoup de scrupule et n'admettent comme certain que ce qui a été rigoureusement démontré.

SAGREDO J'ai pris le plus grand plaisir à ce discours; mais avant de pousser plus loin, j'aimerais connaître le sens d'un terme nouveau pour moi. Vous avez dit que les solides semblables sont entre eux en proportion sesquialtère de leurs surfaces. J'ai bien vu et entendu votre proposition; j'ai bien suivi les raisonnements par lesquels vous avez prouvé, d'une part, que la surface des solides semblables est en raison double de leurs côtés et, d'autre part, que ces mêmes solides sont en raison triple de ces mêmes côtés; mais quant à la proportion qui existe entre les solides et leurs surfaces, je ne me souviens même pas de l'avoir jamais entendu nommer.

SALVIATI Votre Seigneurie se répond à elle-même et éclaircit son propre doute. En effet, le triple d'une chose dont une autre est le double n'est-il pas le sesquialtère de ce double? Assurément. Si donc les surfaces sont en raison double et les solides en raison triple des longueurs, ne pouvons-nous pas dire que les solides sont en raison sesquialtère des surfaces? [21]

SAGREDO J'ai très bien compris. Sans doute me resterait-il à vous poser d'autres questions sur quelques points particuliers de la matière qui vient d'être traitée, mais à aller ainsi de digressions en digressions, nous tarderions trop à arriver au principal objet de notre entretien, c'est-à-dire aux diverses propriétés qui conditionnent la résistance des solides à la rupture. Reprenons donc, si vous le voulez bien, le fil de nos premiers propos.

SALVIATI On ne saurait mieux dire, mais les sujets si nombreux et si variés que nous avons abordés nous ont pris tant de temps qu'il nous en restera bien peu, aujourd'hui, à consacrer à notre thème principal qui comporte de nombreuses démonstrations géométriques exigeant d'être considérées avec attention. J'estime donc qu'il vaudrait mieux, peut-être, en différer la discussion jusqu'à demain pour la raison que j'ai dite, et aussi parce que je pourrai apporter quelques feuillets où j'ai noté avec ordre les théorèmes et problèmes en lesquels s'énoncent et se démontrent les diverses propositions relatives à notre sujet. De mémoire, je crains de ne pas vous les présenter avec la méthode voulue.

SAGREDO Je m'accommode fort bien de ce conseil, et d'autant plus volontiers que je pourrai, dans le temps qui nous reste aujourd'hui, vous demander d'éclairer quelques points, encore douteux pour moi, de la matière qui vient d'être traitée. Un de mes doutes est de savoir si l'obstacle du milieu ambiant peut suffire à mettre fin à l'accélération d'un corps grave de matière très pesante, de volume très grand et de forme sphérique; je dis *sphérique* pour choisir la figure où le plus grand volume est contenu sous la surface la plus petite, et donc la moins soumise à l'action retardante du milieu. Un autre doute concerne les vibrations des pendules, et je distingue ici plusieurs questions : l'une est de savoir si toutes ces vibrations — grandes, moyennes et petites — se produisent vraiment et exactement en des temps égaux; une autre, de savoir quelle proportion il y a entre les durées des oscillations des mobiles suspendus à des fils d'inégales longueurs.

SALVIATI Ce sont là de beaux problèmes, et je me demande si un seul d'entre eux ne nous conduira pas à trop de conséquences vraies et curieuses pour que la fin de cette journée suffise à les discuter toutes.

SAGREDO Si elles ont même saveur que les précédentes, je serai heureux d'y consacrer autant de jours qu'il nous reste d'heures jusqu'à la nuit; et je crois que le signor Simplicio n'en sera pas contrarié non plus.

SIMPLICIO Non, certainement, et surtout s'il s'agit de questions naturelles sur lesquelles les ouvrages des autres philosophes restent muets.

SALVIATI J'en viens donc à la première question et j'affirme, sans le moindre doute, qu'il n'est pas de sphère si grande ni de matière si pesante que la résistance du milieu, fût-ce le plus pénétrable, ne refrène dans son accélération et, à la longue, ne réduise à un mouvement uniforme. L'expérience nous en donne une preuve très claire. En effet, si un corps grave dont la chute se prolongerait pouvait atteindre n'importe quel degré de vitesse, aucune vitesse qui lui serait imprimée par un moteur extérieur ne pourrait être assez grande pour qu'il la refusât ou en fût dépossédé par la résistance du milieu; ainsi, un boulet de canon qui aurait atteint, dans l'air, au cours d'une chute de quatre brasses, une vitesse que nous supposerons être de dix degrés et qui, à cette vitesse même, entrerait dans l'eau, ne laisserait pas, si l'obstacle de l'eau se trouvait impuissant à briser son élan, d'accroître encore sa vitesse ou au moins de la conserver jusqu'au fond. Or, ce n'est pas ce qui se produit : nous voyons au contraire qu'une eau profonde à peine de quelques brasses freine le boulet dans sa chute et l'affaiblit à tel point qu'il vient percuter très légèrement contre le lit du fleuve ou le fond du lac. Il est donc manifeste que cette vitesse dont l'eau, dans un si bref parcours, a pu le dépouiller, elle ne la lui laisserait pas acquérir, même par une profondeur de mille brasses. Pourquoi d'ailleurs lui permettrait-elle de l'acquérir en mille brasses pour la lui ôter ensuite en moins de quatre? Bien plus : ne voit-on pas l'énorme impétuosité du boulet, lancé par le canon lui-même, s'affaiblir en traversant quelques brasses d'eau à tel point que, sans aucun dommage pour le navire, le projectile arrive à peine à le heurter? L'air aussi, encore que très pénétrable, réprime la vitesse de chute d'un corps même très pesant, comme nous le font comprendre de semblables expériences. Si, par exemple, du sommet d'une très haute tour, nous tirons en bas un coup d'arquebuse, nous toucherons le sol avec moins de force que si nous avions déchargé l'arquebuse d'une hauteur de cinq ou six brasses seulement. Signe évident que la balle sortie du canon, quand l'arme est déchargée du sommet de la tour, perd quelque chose de son élan au cours de sa descente à travers l'air. Donc une chute d'une hauteur si grande soit-elle ne suffira pas à lui faire acquérir une vitesse dont la résistance de l'air la prive alors que, d'une manière ou d'une autre, elle lui avait déjà été donnée. De même, un boulet de couleuvrine tiré d'une distance de vingt brasses contre une muraille y causera, je crois, plus de dégât qu'il n'en pourrait faire en tombant verticalement de n'importe quelle hauteur immense. C'est pourquoi j'estime qu'il est une limite à l'accélération de tout mobile qui passe de l'état de repos à celui de mouvement naturel, et que l'obstacle du milieu finit par le réduire à un mouvement uniforme, dans lequel ensuite il se maintient toujours.

SAGREDO Ces expériences me semblent alléguées fort à propos et je ne vois pas ce que votre adversaire pourrait y opposer, à moins de nier qu'elles dussent se vérifier dans le cas de masses très grandes et très pesantes, ou d'affirmer qu'un boulet tombant de l'orbe lunaire ou de la région supérieure de l'air produirait un choc plus violent que s'il était tiré par le canon.

SALVIATI Il n'est pas douteux que l'on puisse nous faire beaucoup d'objections et qu'il soit impossible de les réfuter toutes par des expériences. Quant à celle que vous venez de présenter, il semble qu'on doit tenir compte de ceci : selon toute vraisemblance, un corps grave tombant d'une certaine hauteur a acquis, lorsqu'il arrive au sol, autant de force qu'il en a fallu pour l'élever à la hauteur d'où il est tombé, comme cela se voit clairement dans le cas d'un pendule très pesant qui, lâché de cinquante ou soixante degrés au-dessus de la verticale, acquiert une vitesse et une force exactement suffisante pour le faire remonter d'autant, sous réserve de ce qui en a été retranché par la résistance de l'air. Pour placer le boulet de canon à une hauteur telle qu'elle suffirait pour lui faire acquérir une vitesse égale à celle que lui donne le feu au débouché de la pièce, il devrait donc suffire de tirer de bas en haut, suivant la verticale, avec la même pièce de canon; on verrait ensuite si l'effet de la chute est le même que celui d'un coup tiré à courte distance.

Quant à moi, je crois vraiment que le choc ne serait pas, et à beaucoup près, aussi fort. J'estime donc que la vitesse du boulet au sortir du canon est de celles que la résistance de l'air ne lui permettrait jamais d'atteindre au cours d'une chute qui, d'une hauteur si grande soit-elle, et à partir d'un état de repos, lui aurait imprimé un mouvement naturel.

J'en viens maintenant aux autres questions, concernant les pendules, sujet qui semblerait bien aride à beaucoup, en particulier à ces philosophes dont l'attention ne se détache jamais des plus profonds secrets de la nature; je me garderai toutefois de mépriser les pendules, encouragé par l'exemple d'Aristote lui-même, en qui j'admire sur toute chose qu'il n'ait jamais, peut-on dire, laissé de côté sans y toucher aucune matière digne à quelque degré de considération. Et maintenant, stimulé par vos questions, je pense pouvoir vous exposer quelques-unes de mes idées sur certains points touchant la musique, matière noble entre toutes [22], sur laquelle ont écrit tant de grands hommes, et Aristote lui-même, qui propose sur ce sujet plusieurs problèmes curieux [23]. Si donc moi-même, d'expériences faciles et tombant sous le sens, je déduis les raisons de merveilleux effets en matière de son, j'ose espérer que mes raisonnements vous seront agréables.

SAGREDO Non seulement agréables, mais, en ce qui me concerne, ardemment désirés, car si j'ai fait mes délices de tous les instruments de musique et si j'ai beaucoup médité sur les consonances, je suis toujours resté incapable de m'expliquer pourquoi telle de ces consonances me donne plus de satisfaction et de plaisir que telle autre, et pourquoi il en est qui non seulement ne me donnent aucun plaisir mais me blessent au suprême degré. Quant au problème ressassé des deux cordes tendues à l'unisson, en sorte que, si l'une est touchée, l'autre vibre et résonne, il demeure pour moi sans solution; je n'ai pas non plus d'idées bien claires sur la forme [24] des consonances et autres particularités.

SALVIATI Nous allons voir si nos pendules peuvent nous tirer de toutes ces difficultés. Quant à votre première question, qui est de savoir si vraiment et en toute rigueur un même pendule accomplit toutes ses oscillations, qu'elles soient très grandes, moyennes ou très petites, en des temps exactement égaux, je m'en rapporte à ce que j'ai naguère entendu de la bouche de notre académicien. Il démontre en effet que le mobile qui descendrait suivant des cordes sous-tendant n'importe quel arc les parcourrait toutes nécessairement en des temps égaux, aussi bien la corde sous-tendant cent-quatre-vingts degrés (c'est-à-dire le diamètre entier) que celles qui sous-tendraient soixante, dix ou deux degrés, ou un demi-degré, ou quatre minutes, à condition que toutes aient pour terme le point le plus bas touchant le plan horizontal. Quant aux mobiles qui descendraient suivant les arcs de ces mêmes cordes, élevés au-dessus de l'horizontale — mais non pas au-dessus d'un quart de cercle, soit quatre-vingt-dix degrés — l'expérience montre pareillement que tous accompliraient leur parcours en des temps égaux, mais plus brefs toutefois que les temps nécessaires pour parcourir les cordes, effet qui, à première vue, a quelque chose d'étonnant car il semble que c'est le contraire qui devrait se produire. Attendu que les deux termes, initial et final, du mouvement sont les mêmes et que la ligne droite est le plus court chemin qui les relie, il semble raisonnable de penser que le mouvement accompli suivant la ligne droite devrait l'être dans le temps le plus bref; or, tout à l'inverse, le temps le plus bref et, par conséquent, le mouvement le plus rapide sont ceux qui correspondent au parcours suivant l'arc dont la ligne droite est la corde. Quant au rapport entre les temps des vibrations de mobiles suspendus à des fils de longueurs inégales, [l'expérience montre que] ces temps sont en raison sous-double des longueurs des fils, autrement dit que les longueurs sont en raison double des temps. Si nous voulons, par exemple, que le temps d'une vibration d'un pendule soit double du temps d'une vibration d'un autre, il faut que le fil du premier soit quatre fois plus long que le fil du second. De même pour que, dans le temps d'une vibration d'un pendule, un autre en fasse trois, il faut que le fil du premier soit neuf fois plus long que celui de l'autre; d'où il résulte que les longueurs des fils ont entre elles la même proportion [25] que les carrés des nombres de vibrations qui s'accomplissent dans le même temps.

SAGREDO Donc, si j'ai bien compris, je pourrais mesurer par un procédé très rapide la longueur d'une corde pendant d'une hauteur aussi grande qu'on voudra, même si son attache supérieure se trouve hors de ma vue et si je ne puis en voir que l'extrémité d'en bas. Car si j'attache, au bas de ladite corde, un poids très lourd, que je le fasse osciller deçà et delà, qu'un ami se charge de compter quelques-unes de ces oscillations et que moi, dans le même temps, je compte les oscillations d'un autre mobile suspendu à un fil long exactement d'une brasse, les nombres des vibrations de ces deux pendules, dans le même temps, me permettront de trouver la longueur de la corde. Supposons, par exemple, que mon ami ait compté vingt vibrations de la longue corde et que, pendant ce temps, j'en aie compté deux-cent-quarante de mon fil long d'une brasse : il me suffit de prendre les carrés des nombres vingt et deux-cent-quarante, qui sont 400 et 57 600, pour savoir que la longue corde doit contenir 57 600 fois la longueur contenue 400 fois dans mon fil; comme mon fil n'est que d'une seule brasse, je divise 57 600 par 400, j'obtiens 144 et je dis que la corde a 144 brasses de long.

SALVIATI Et vous ne vous trompez pas d'un pouce, et d'autant moins que vous aurez compté un plus grand nombre de vibrations.

SAGREDO Votre Seigneurie me donne souvent l'occasion d'admirer la richesse et tout ensemble la souveraine libéralité de la nature quand, de choses si communes, je dirais même en un certain sens si basses, vous tirez des connaissances curieuses, nouvelles et, dans bien des cas, éloignées de tout ce qu'on eût imaginé. Plus de mille fois, mon attention s'est portée sur les oscillations des pendules, en particulier sur celles des lampes qui, dans certaines églises, pendent au bout de très longues cordes et que, par inadvertance, quelqu'un a mises en mouvement; mais cette observation ne m'a pas conduit plus loin qu'à juger improbable l'opinion de ceux qui prétendent que les mouvements de cette sorte sont entretenus et prolongés par l'action du milieu, c'est-à-dire de l'air [26], car il me semblait que l'air dût avoir beaucoup de jugement et bien peu de chose à faire pour consommer des heures et des heures de temps à pousser deçà et delà, avec une telle régularité, un poids suspendu. Quant à déduire que ce même mobile, suspendu à une corde de cent brasses de long, écarté du point le plus bas une fois de quatre-vingt-dix degrés, et une autre fois d'un seul ou même d'un demi-degré, dût mettre le même temps à parcourir ces deux arcs, l'un très grand, l'autre très petit, je crois que la pensée ne m'en serait jamais venue, car il me semble maintenant encore que cela tient de l'impossible. Mais de nouveau je vous écoute, dans l'espoir que vos expériences, aussi simples que minutieuses, apporteront aux problèmes musicaux que nous évoquions des solutions qui, au moins en quelque mesure, apaiseront mon esprit.

SALVIATI Avant toute chose, il faut noter que chaque pendule a un temps d'oscillation limité et fixé de telle sorte qu'il est impossible de le faire se mouvoir sous une période différente de celle qui seule et par nature est la sienne. Prenne en main qui voudra la corde où le poids est attaché, et qu'il essaie autant qu'il lui plaira d'augmenter ou de diminuer la fréquence des oscillations, ce sera peine perdue. En revanche, il nous suffira de souffler sur un pendule, fût-il d'un grand poids et à l'état de repos, pour lui imprimer un mouvement; et ce mouvement deviendra très grand si nous réitérons nos souffles, pourvu que ce soit à des intervalles correspondant à la durée de ses vibrations. Car si, d'un premier souffle, nous l'avons écarté d'un demi-doigt de la verticale, en soufflant une deuxième fois au moment où, revenu vers nous, il commence sa deuxième oscillation, nous lui imprimerons un nouveau mouvement; et ainsi de suite, par d'autres souffles, mais donnés au moment voulu et non pas quand le pendule vient vers nous (puisque ainsi, au lieu de seconder le mouvement, nous y ferions obstacle). Réitérées un grand nombre de fois, ces impulsions donneront au pendule un élan tel qu'il faudrait une force bien supérieure à celle d'un souffle pour l'arrêter.

SAGREDO J'ai observé dans mon enfance que, par des impulsions ainsi données à temps, un homme seul faisait sonner une très grosse cloche; mais ensuite, pour l'arrêter, cinq ou six autres s'accrochaient à la corde et étaient soulevés en l'air sans pouvoir, à eux tous, briser cet élan qu'un seul, par des tractions bien réglées, lui avait imprimé.

SALVIATI Voici un exemple qui éclaire ma pensée et qui, non moins que mes prémisses, vient à souhait pour rendre raison de ce merveilleux problème de la corde de la guitare ou de l'épinette qui émeut et fait réellement sonner une autre corde, non seulement à l'unisson mais à l'octave ou à la quinte. La corde touchée vibre et continue à vibrer pendant tout le temps que nous percevons sa résonance; ces vibrations impriment à l'air ambiant des ondulations et des tremblements qui s'étendent sur un grand espace et vont heurter toutes les cordes du même instrument et même des instruments voisins; étant disposée à vibrer sous la même période, la corde tendue à l'unisson de celle qui a été touchée commence, au premier choc, à s'ébranler un peu; un second choc survient, puis un troisième, un vingtième et d'autres encore; tous l'atteignent à de justes intervalles, en sorte qu'elle se trouve finalement soumise à la même vibration que la corde touchée; et l'on peut constater que ses vibrations ont la même amplitude que celles de la corde qui lui a communiqué son mouvement. Cette ondulation qui se propage à travers l'air émeut et fait vibrer non seulement les cordes mais n'importe quel autre corps disposé à trembler et à vibrer sous la même période que la corde touchée; en sorte que si nous fixons au bord de l'instrument quelques brins de soie ou de toute autre matière flexible, nous verrons trembler, en jouant du clavecin, tel ou tel autre de ces petits corps dès que nous toucherons la corde dont les vibrations ont le même temps que la sienne : les autres, au son de cette corde, ne frémiront pas et lui-même, au son d'une autre corde, ne se mettra pas en mouvement. Si d'un coup d'archet on touche avec vigueur une grosse corde de viole à proximité d'un verre fin et propre, quand le ton de la corde correspondra à celui du verre, celui-ci tremblera et rendra une note perceptible. Que le mouvement ondulatoire s'étend de proche en proche dans le milieu ambiant, autour du corps qui résonne, c'est un fait que l'on constate clairement si on fait résonner un verre où l'on a versé de l'eau en en frottant le bord du bout du doigt, car on voit alors des ondes se former sur l'eau avec une parfaite régularité. Le même effet se verra mieux encore si on fixe le pied du verre au fond d'un très large récipient rempli d'eau presque jusqu'au bord du verre, car en faisant résonner celui-ci comme précédemment par le frottement du doigt, on verra des ondes très régulières se former tout autour et se propager à grande vitesse et à grande distance; et plusieurs fois il m'est arrivé, en faisant sonner ainsi un verre très grand et presque plein d'eau, de constater d'abord la formation dans l'eau d'ondes très régulières, puis, s'il se produisait que le ton du verre vînt à sauter à l'octave supérieur, de voir au même instant chacune des ondes se diviser en deux : accident qui montre clairement que la forme [27] de l'octave est la double.

SAGREDO La même chose m'est arrivée à moi aussi plus d'une fois, à mon grand plaisir et non sans profit, car je suis resté longtemps perplexe au sujet de ces *formes* des consonances, les raisons qu'en donnent la plupart des auteurs qui jusqu'à ce jour ont traité savamment de la musique ne me paraissant pas assez concluantes. Ils disent que le diapason, ou octave, a la forme du nombre double, que la diapente, que nous nommons quinte, répond au sesquialtère, etc., parce que si, une corde étant tendue sur le monocorde, on en fait vibrer d'abord le tout, puis la moitié en plaçant un chevalet au milieu, on perçoit l'octave, et que si on place le chevalet au tiers de la corde et si on en touche d'abord le tiers puis les deux tiers, on obtient la quinte; et ils concluent de là que l'octave est contenu entre le deux et l'un et la quinte entre le trois et le deux. Cette raison, dis-je, ne me semblait pas suffisante pour affirmer en toute rigueur que le double et le sesquialtère sont les formes naturelles du diapason et de la diapente; et voici pourquoi. Nous disposons de trois méthodes pour rendre le son d'une corde plus aigu : la première est de la raccourcir, la seconde de l'étirer ou de la tendre davantage, la troisième de l'amincir. En conservant la même tension et la même grosseur de la corde, il faudra, pour obtenir l'octave, la raccourcir de moitié, c'est-à-dire en toucher d'abord le tout puis la moitié seulement; mais si nous voulons, sans modifier la longueur ni la grosseur de la corde, la faire monter à l'octave, il ne suffira pas de doubler sa tension, il faudra la quadrupler; autrement dit, si elle était d'abord tendue par un poids d'une livre, il y faudra suspendre un poids de quatre livres; enfin, la longueur et la tension restant les mêmes, si nous voulons rendre l'octave à l'aide d'une corde plus mince, il sera nécessaire que la grosseur de cette corde soit le quart de celle de l'autre, plus grave. Et ce que je dis de l'octave (à savoir que sa *forme*, calculée d'après la tension ou d'après la grosseur de la corde, est en raison double [*i.e.* comme le carré] de celle qu'on tire de la longueur) doit s'entendre des autres intervalles musicaux. Ainsi, l'intervalle que la longueur donnera par le rapport sesquialtère [2/3], c'est-à-dire en faisant sonner la corde entière, puis ses deux tiers, il faudra pour l'obtenir par la tension ou par la grosseur, doubler ce rapport sesquialtère [*i.e.* le multiplier par lui-même] en prenant la double sesquiquarte [4/9]; si, par exemple, la corde grave est tendue par un poids de quatre livres, il faudra, pour tendre la corde aiguë, utiliser un poids non de six mais de neuf livres; et quant à la grosseur, il faudra l'augmenter dans la proportion de neuf à quatre pour obtenir la quinte. Ces vérités d'expérience étant acquises, il ne me semblait pas que nos sagaces philosophes eussent aucune raison d'établir que la forme de l'octave fût la double plutôt que la quadruple, et celle de la quinte la sesquialtère plutôt que la double sesquiquarte. Et comme il est tout à fait impossible, à cause de leur très grande fréquence, de dénombrer les vibrations d'une corde qui résonne, je me serais toujours demandé avec la même perplexité s'il était vrai que la corde à l'octave plus aigu fît, en un temps égal, un nombre de vibrations double de celles de la plus grave; mais me voici tiré de ce doute puisque les ondes provoquées par les vibrations du verre restent, aussi longtemps que nous voulons, égales à elles-mêmes, et que, dès le moment où le ton du verre monte d'un octave, nous les voyons de nos yeux faire place à d'autres ondes plus petites, lesquelles, avec une extrême précision, divisent en deux chacune des premières.

SALVIATI Cette belle observation permet en effet de distinguer une à une les ondes produites par les vibrations du corps qui résonne, ondes qui, ensuite, se propageant dans l'air, vont toucher le tympan de notre oreille et lui impriment un ébranlement qui pour notre âme devient son. Mais la possibilité de les voir et de les observer dans l'eau ne dure qu'autant que se prolonge le frottement du doigt, et encore ne sont-elles pas, même alors, permanentes puisque sans cesse elles se font et se défont; ne serait-ce donc pas une belle chose que de pouvoir en faire naître qui, avec une parfaite netteté, subsisteraient longtemps, je veux dire des mois et des années, en sorte qu'elles nous offriraient toute facilité de les mesurer et de les compter à notre aise?

SAGREDO En vérité, pareille invention serait à mes yeux du plus haut prix.

SALVIATI L'invention fut le fait du hasard; mon seul mérite est d'avoir observé un phénomène fortuit, d'y avoir trouvé mon bien, de l'avoir estimé comme s'il fût venu à l'appui d'une noble spéculation alors qu'il résultait d'une besogne en elle-même bien modeste. Comme je raclais avec un ciseau de fer aiguisé une plaque de laiton pour enlever quelques taches, j'entendis une ou deux fois, parmi les grincements du ciseau que je maniais d'une main rapide, un sifflement très fort et très distinct; je regardai ma plaque et je vis une longue rangée de petites virgules parallèles entre elles et séparées par des intervalles rigoureusement égaux. Reprenant mon travail, je m'aperçus que les entailles n'apparaissaient sur la plaque que lorsqu'elle sifflait sous le frottement du ciseau; quand au contraire le coup de ciseau ne s'accompagnait d'aucun sifflement, il ne restait même pas l'ombre de ces petites virgules. Je revins à ce jeu plusieurs fois : je raclais le métal tantôt plus tantôt moins vite, et le sifflement était, suivant les cas, plus aigu ou plus grave; j'observai que les traces laissées dans le métal étaient plus serrées quand elles répondaient à une note plus aiguë, plus espacées quand elles répondaient à une note plus grave; et si parfois le même coup de raclette était donné plus vite à la fin qu'au commencement, le son devenait plus aigu et les stries allaient se rapprochant, mais toujours dans un ordre parfait et en maintenant entre elles une absolue équidistance; en outre, chaque fois que mon coup de ciseau produisait un sifflement, je sentais le fer trembler sous mes doigts et ma main parcourue d'un frisson. Le fer, en somme, se comportait exactement comme nous quand nous parlons d'abord tout bas, puis à voix haute; lorsqu'en effet nous émettons un souffle sans former un son, nous n'avons pas la sensation que, dans notre gorge et dans notre bouche, aucun mouvement se produise, tandis qu'au contraire c'est un grand frémissement que nous éprouvons dans le larynx et dans tout le gosier quand nous donnons de la voix, et surtout si nous parlons fort et sur un ton grave. J'ai aussi remarqué un jour que deux cordes du clavecin vibraient à l'unisson de deux coups de sifflet produits par le frottement de la raclette, et des plus différents entre eux; l'intervalle était d'une quinte parfaite; mesurant ensuite les intervalles des petites entailles résultant de l'un et de l'autre frottement du ciseau, j'ai vu que quarante-cinq des uns occupaient le même espace que trente des autres; et tel est bien la forme que l'on attribue à la diapente. Mais ici, avant d'aller plus loin, je tiens à vous faire observer que, des trois manières de rendre le son plus aigu, celle que vous rapportez à la finesse de la corde doit avec plus de vérité être attribuée au poids. En effet, l'altération que vous dites dériver de la grosseur ne se vérifie que si les deux cordes sont de même matière; ainsi, pour rendre l'octave, une corde de boyau doit être quatre fois plus grosse qu'une autre corde de boyau, et une corde de laiton quatre fois plus grosse qu'une autre, également de laiton; mais si je veux produire l'intervalle d'une octave avec une corde de laiton et une corde de boyau, il faudra [les longueurs et les tensions restant égales] que l'une soit non pas quatre fois plus grosse, mais quatre fois plus pesante que l'autre; de sorte que celle de métal [si elle doit rendre le son le plus grave] ne sera pas quatre fois plus grosse mais quatre fois plus pesante, et de fait elle sera plus mince que celle de boyau qui donnera l'octave au-dessus. De là vient que si on encordait deux clavecins, l'un avec des cordes d'or, l'autre avec des cordes de laiton, les longueurs, grosseurs et tensions étant les mêmes, il s'ensuivrait, comme l'or est à peu près deux fois plus lourd, que le clavecin encordé d'or serait plus bas que l'autre d'une quinte. Notons qu'ici la pesanteur du mobile oppose plus de résistance au mouvement que sa grosseur, contrairement, du reste, à ce qu'on pourrait supposer à première vue, car il semble raisonnable de penser que la résistance du milieu à se laisser pénétrer doit retarder davantage la vitesse d'un mobile volumineux et léger que celle d'un mobile pesant et mince; toutefois, dans ce cas, c'est l'inverse qui se produit. Mais pour en revenir à notre sujet, je dis que les formes des intervalles musicaux n'ont pas pour cause prochaine et immédiate la longueur, la tension ou la grosseur des cordes, mais bien le rapport numérique des vibrations des ondes de l'air qui vont frapper le tympan de notre oreille, lequel, sous ce choc, vibre lui aussi aux mêmes intervalles de temps. Ce point acquis, peut-être pourrons-nous trouver une raison valable au fait que, de ces sons de tons différents, certains couples sont reçus par notre *sensorium* avec un grand plaisir, d'autres avec un plaisir moindre, d'autres enfin comme autant de douloureuses blessures, ce qui reviendrait à rendre raison des consonances plus ou moins parfaites, et des dissonances. L'impression douloureuse produite par ces dernières naît, je crois, des pulsations discordantes de deux tons différents qui, sans juste proportion entre eux, frappent notre tympan; elles seront particulièrement cruelles si les temps des vibrations sont incommensurables [28]. Une dissonance de cette sorte se produirait si, de deux cordes à l'unisson, on faisait sonner l'une avec une partie de l'autre qui serait à la corde entière comme le côté du carré à sa diagonale : intervalle approchant du triton ou semi-diapente. Consonants au contraire et plaisants à l'oreille seront ces couples de sons qui viendront frapper le tympan suivant un certain ordre, lequel exige, en premier lieu, que les percussions faites dans le même temps soient commensurables en nombre afin que le cartilage du tympan ne soit pas au perpétuel supplice d'avoir à s'infléchir de deux façons différentes pour s'adapter à des battements toujours en désaccord. La première, donc, et la plus agréable des consonances sera l'octave, puisque à chaque percussion de la note grave sur le tympan correspondront deux percussions de la note aiguë; autrement dit, à la vibration de la corde aiguë s'unira, une fois sur deux, la vibration de la corde grave et, de toutes les percussions, une sur deux résultera de deux battements simultanés, tandis que les vibrations de deux cordes à l'unisson arrivent toutes ensemble; c'est pourquoi elles sont comme émises par une seule corde et ne font pas consonance. La quinte plaît aussi, attendu qu'à deux battements de la corde grave répondent trois battements de l'aiguë, d'où il résulte que, si on compte les vibrations de la corde aiguë, une sur trois s'accorde à une vibration de la corde grave; autrement dit, deux solitaires s'interposent entre les deux couples de concordantes; dans le diatesseron [quarte], il s'en interpose trois. Dans la seconde, c'est-à-dire dans le ton sesquioctave, une seule vibration sur neuf de la corde aiguë vient concorder avec une vibration de la corde grave; toutes les autres discordent, blessent le tympan, et l'oreille les juge dissonantes.

SIMPLICIO Je voudrais de tout cela une explication plus claire.

SALVIATI Soit une ligne AB figurant le temps et l'espace que remplit une vibration de la corde grave, et une ligne CD figurant de même la vibration de la corde aiguë, l'intervalle étant d'une octave; et soit la ligne AB divisée en son milieu, au point E. Il est évident que les deux cordes commençant à se mouvoir aux extrémités A et C, quand la vibration aiguë sera parvenue en D, l'autre ne sera encore qu'au point E, c'est-à-dire au milieu de son parcours et non au terme de son mouvement, en sorte qu'il n'y aura pas de battement alors qu'il s'en produira un en D [29]. La vibration aiguë revient ensuite de D en C et, dans le même temps, l'autre passe de E en B, en sorte que les deux battements en B et en C impressionnent ensemble le tympan. Les vibrations se répétant, il arrivera que la vibration CD se terminera une fois sur deux en même temps que la vibration AB de la corde grave. Quant aux battements des extrémités A et B, ils coïncideront toujours avec le Fig. 23, p. 297
battement d'une des extrémités C et D, et ce sera toujours le même; ce qui est manifeste puisque, si nous supposons que les battements en A et en C ont lieu ensemble, pendant que A passe en B, C passe en D et revient en C, si bien que les chocs en B et en C se produisent simultanément; et pendant que B revient en A, C passe en D et retourne en C, de sorte que les battements en A et C se font ensemble.

Représentons maintenant par les lignes AB et CD les vibrations qui produisent la diapente et dont les temps sont en raison sesquialtère; divisons AB (vibration de la corde grave) en trois parties égales, en E et O, et supposons que les vibrations commencent au même moment aux extrémités A et C. Il saute aux yeux qu'au moment du choc en D la vibration AB ne sera parvenue qu'en O; le tympan perçoit donc le battement en D seul. Pendant le retour de D en C, l'autre vibration passe de O en B, puis revient en O, après un battement en B qui s'est produit, lui aussi, tout seul et, notons-le bien, à contre-temps. En effet, comme nous avons posé que les premières pulsations se sont produites au même instant aux extrémités A et C, la suivante a dû se produire seule en D, après le temps nécessaire pour le parcours AD, c'est-à-dire AO; mais celle qui vient ensuite, et qui a lieu en B, est séparée de la précédente par l'intervalle OB qui n'est que d'un demi-temps; puis, le mouvement se poursuivant de O en A pendant que C revient en D, deux battements se produisent simultanément en A et en D. Viennent ensuite d'autres périodes semblables à celle qui s'achève, c'est-à-dire avec interposition de deux battements solitaires de la corde aiguë et d'un battement de la corde grave, également solitaire et s'intercalant entre les deux solitaires de la corde aiguë. En sorte que si nous nous représentons le temps divisé en moments, c'est-à-dire en très courts intervalles égaux, — attendu qu'au cours des deux premiers on passe de A et de C où, par hypothèse, deux battements concordent, en O et en D, où un battement se produit; que durant les troisième et quatrième moments il se fait un retour de D en C, avec battement en C, et, d'autre part, un passage de O en B et de B en O, avec battement en B; que pour finir, durant les cinquième et sixième moments, on passe de O et de C en A et en D, avec battements à ces deux derniers points —, notre tympan recevra des pulsations distribuées dans l'ordre suivant : d'abord celles des deux cordes, au même instant; deux moments après, une seule; au troisième moment, une autre, également seule; au quatrième, une autre, solitaire elle aussi; et deux moments plus tard, c'est-à-dire au sixième, deux pulsations conjointes. Là se termine la période et, si l'on peut dire, l'anomalie; et cette période, ensuite, va toujours se répétant.

SAGREDO Je ne peux plus me taire : il me faut crier le plaisir que j'éprouve à me rendre raison d'une manière si parfaite d'effets devant lesquels je me trouvais, depuis si longtemps, dans l'aveuglement et les ténèbres. Je comprends maintenant pourquoi deux notes à l'unisson ne diffèrent pas d'une seule; je comprends pourquoi l'octave est déjà une première consonance, mais si semblable à l'unisson qu'elle se prend pour tel, et comme tel accompagne les autres. En effet, alors que les vibrations des cordes à l'unisson frappent toujours ensemble, les vibrations de la corde grave, à l'octave, sont toujours accompagnées de celles de la corde aiguë, avec interposition d'une autre de ces dernières qui, solitaire et à égale distance de ses voisines, n'ajoute pour ainsi dire rien au jeu, en sorte que cette consonance reste sans goût et sans verve. Mais la quinte — avec ses contretemps, avec cette interposition, entre les couples de pulsations simultanées, de deux solitaires de la corde aiguë et d'une solitaire de la corde grave, ces trois pulsations se produisant à des intervalles égaux à la moitié du temps qui s'écoule entre les vibrations couplées et les vibrations solitaires de la corde aiguë — produit, sur le cartilage du tympan, une titillation et un chatouillement qui, tempérant la douceur du son de quelques gouttes plus piquantes, donne à la fois l'impression d'une caresse et d'une morsure.

SALVIATI Puisque je vois Votre Seigneurie prendre tant de goût à ces prémisses de nos entretiens, il faut que je vous montre comment l'œil, lui aussi, et non pas seulement l'oreille, peut se complaire aux mêmes jeux. Suspendez des balles de plomb ou de tout autre corps grave à trois fils de longueurs inégales, mais tels que, dans le temps que le plus long aura fait deux vibrations, le plus court en aura fait quatre et le moyen trois, ce qui se produira si le plus long est de seize palmes (ou de seize mesures quelconques), le moyen de neuf et le plus petit de quatre. Écartez-les tous ensemble de la verticale et abandonnez-les à eux-mêmes : vous verrez alors ces fils s'entrecroiser et se rencontrer en un agréable désordre, mais de telle sorte qu'à chaque quatrième vibration du plus long, tous trois arriveront ensemble au terme de leur parcours, puis en repartiront pour recommencer le même mouvement, dans la même période. Ce mélange de vibrations correspond à ce que seraient pour l'oreille celles de trois cordes dont la plus haute serait à l'octave et celle du milieu à la quinte. Et si, en les disposant de même manière, on règle les longueurs d'autres fils en sorte que leurs vibrations répondent à celles d'autres intervalles musicaux, mais consonants, on verra d'autres séries d'entre-croisements, et toujours tels qu'en des temps déterminés et après un nombre déterminé de vibrations, tous les fils (qu'ils soient trois ou qu'ils soient quatre) s'accorderont à atteindre au même moment le terme de leur vibration et, de là, à repartir pour recommencer une autre période semblable. Mais si les vibrations de deux ou plusieurs fils sont incommensurables et qu'ainsi ils ne reviennent jamais ensemble à leur point de départ après un nombre déterminé d'oscillations, ou même, sans qu'il y ait incommensurabilité, s'ils ne reviennent à ce terme qu'au bout de très longtemps et après un grand nombre de vibrations, la vue alors se confond dans l'ordre désordonné d'un enchevêtrement déréglé, de même que l'ouïe reçoit avec déplaisir les chocs intempestifs des frémissements de l'air qui, sans ordre ni règle, viennent frapper le tympan.

Mais où donc, Messeigneurs, nous sommes-nous laissés entraîner, au long de tant d'heures, par tant de problèmes divers et de discours imprévus ? Voici le soir et, du sujet que nous nous étions promis de traiter, nous n'avons rien dit, ou presque rien. Nous nous en sommes même tellement écartés que c'est à peine s'il me souvient de notre entrée en matière et de ce peu de chose que nous avons posé comme hypothèse et principe de futures démonstrations.

SAGREDO Il vaudra donc mieux que, pour aujourd'hui, nous mettions fin à nos entretiens et laissions nos esprits retrouver le calme dans le repos de la nuit. Demain (s'il plaît à Votre Seigneurie de nous faire cette grâce) nous reviendrons aux discours que nous désirons encore et à nos premières intentions.

SALVIATI Je ne manquerai pas d'être ici à la même heure qu'aujourd'hui, heureux de vous servir et de me retrouver avec vous.

Fin de la première journée.

1. *Discorsi e dimostrazioni matematiche intorno a due nuove scienze attenenti alla mecanica & i movimenti locali, del signor Galileo Galilei Linceo...* Leyde, 1638. Ce titre n'est pas de Galilée qui, dans sa correspondance, quand il parle de cet ouvrage, dit toujours : *il mio trattato del Movimento.*

2. Le contact du cylindre et de la bonde produit aussi une certaine résistance dont Galilée ne tient pas compte. On reconnaît là sa manière habituelle : il fait abstraction des « accidents » et simplifie mentalement l'expérience afin d'en rendre la description plus claire et le résultat plus facile à interpréter.

3. Cf. *Joannis de Guevara In Aristotelis Mechanicas commentarii,* Rome, 1627. Dans la Deuxième journée du *Dialogue des sciences nouvelles,* Galilée fait de nouveau mention de ces « très savants commentaires ».

4. Celle qui se rapporte aux surfaces.

5. Né à Naples vers 1552, d'une famille ferraraise, mort en 1618, Luca Valerio avait publié à Rome en 1604 ses trois livres *De centro gravitatis solidorum,* bientôt suivis de la *Quadratura parabolae* (1606). Ces deux ouvrages d'inspiration « archimédienne » et d'un grand intérêt pour l'histoire des sciences mathématiques furent réimprimés à Bologne en 1661.

6. On a parfois prêté à cette phrase un sens ironique. Nous croyons cependant (avec Vincenzo Viviani) que Galilée parle ici en toute sincérité.

7. Ceci est dit, bien entendu, de l'or et de l'argent *extraits* du liquide dissolvant.

8. C'est-à-dire proportionnel à la racine carrée.

9. Autrement dit ,dans l'hypothèse $E = \sqrt{AB \times CD}$ on démontre que $AB : E :: \sqrt{AB} : \sqrt{CD}$.

10. *Christophori Clavii... In Sphaeram Ioannis de Sacrobosco commentarius. (Comment. in I. cap. Sphaerae. — De figuris isoperimetris).* Lyon, P. Rigaud, 1618, pp. 98 sq.

11. $\text{Cercle} = \text{polygone A} \dfrac{\text{périmètre B}}{\text{périmètre A}} = \text{polygone A} \sqrt{\dfrac{\text{polygone B}}{\text{polygone A}}} = \sqrt{\text{polygone A} \times \text{polygone B}}$

12. 1° $DOC > EOC$, $COI > COA$;

donc : $\dfrac{DOC}{COA} > \dfrac{EOC}{COI}$ et $\dfrac{DOC}{COA} > \dfrac{FOG}{GOA}$.

En conséquence $\dfrac{DOC + COA}{COA} > \dfrac{FOG + GOA}{GOA}$, ou $\dfrac{DOA}{FOA} > \dfrac{COA}{GOA}$.

d'où : $\dfrac{10\ DOA}{10\ FOA} > \dfrac{14\ COA}{14\ GOA}$

et $\dfrac{\text{pentagone circonscrit}}{\text{cercle.}} > \dfrac{\text{heptagone circonscrit}}{\text{cercle}}$.

2° $\dfrac{\text{pentagone circonscrit}}{\text{cercle}} = \dfrac{\text{cercle}}{\text{pentagone isopérimètre}}$.

et $\dfrac{\text{heptagone circonscrit}}{\text{cercle}} = \dfrac{\text{cercle}}{\text{heptagone isopérimètre}}$

d'où : $\dfrac{\text{pentagone circonscrit}}{\text{heptagone circonscrit}} = \dfrac{\text{heptagone isopérimètre}}{\text{pentagone isopérimètre}}.$

or : pentagone circonscrit > heptagone circonscrit.

donc : pentagone isopérimètre < heptagone isopérimètre.

13. Adjonction marginale dictée par Galilée au P. Famiano Michelini. Ces lignes ne figurent pas dans l'édition originale.

14. *Phys.*, IV, 8.

15. ὁρῶμεν (*Phys.*, IV, 8, 216*a*, 13).

16. Salviati illustre la théorie énoncée par Aristote d'un exemple qui, on s'en doute, ne se trouve pas dans les *Physiques*.

17. Suivant Aristote, la terre seule n'a que pesanteur et seul le feu n'a que légèreté. Pesanteur et légèreté ne sont nullement, dans sa pensée, fonction du milieu; elles ne dépendent que de la nature propre des corps. Voici le passage auquel Salviati fait allusion : « S'il arrive... que les mêmes corps ne sont pas regardés comme étant partout lourds et partout légers, c'est en raison des propriétés différentes de leurs corps premiers. Je veux dire que dans l'air, par exemple, un talent de bois sera plus lourd qu'une mine de plomb, alors que, dans l'eau, le bois est plus léger. La cause en est que tous les éléments, à l'exception du feu, ont poids, et que tous, à l'exception de la terre, ont légèreté. La terre, donc, et tous les corps où la terre est élément prédominant, est nécessairement partout pesante, tandis que l'eau est pesante partout, sauf dans la terre, et l'air est pesant quand il n'est pas dans l'eau ou dans la terre, car dans l'emplacement qui leur est propre, tous les corps sont pesants, à l'exception du feu, même l'air. Une preuve, c'est qu'une vessie une fois gonflée pèse davantage que vide ». *De coelo*, IV, 4, 311*b*, 1-10 (trad. J. Tricot).

18. *Il suo momento*. Sur le sens de ce mot, voir ci-dessus *l'Introduction*, p. 26.

19. L'isochronisme des oscillations du pendule n'est qu'une loi approchée; en fait, la période augmente avec l'amplitude. Dans le cas des oscillations de faible amplitude, on s'en tient à la formule

$$T = 2\pi\sqrt{\frac{l}{g}}\left(1 + \frac{\alpha^2}{16}\right)$$

(l désignant la longueur et α l'amplitude du pendule).

20. Quand Galilée emploie le mot *atomi* pour désigner les minimes fragments d'un corps réduit en poudre, ce n'est évidemment là qu'une manière de parler; elle corrobore toutefois l'opinion de Gaston Bachelard que la première idée de l'atome aurait été suggérée par la poussière (*Les intuitions atomistiques*, Paris, 1933, pp. 24-25).

21. Le rapport sesquialtère est un cas particulier du rapport épimère, dit Litré. Deux quantités sont dites en proportion sesquialtère quand la plus grande est égale à une fois et demie la plus petite. Exemple : 3 et 2.

22. Rappelons que le père de Galilée, Vincenzo Galilei, était musicien, théoricien de la musique et auteur de plusieurs ouvrages dans lesquels il combattit les doctrines de Zarlino.

23. Il s'agit des *Problèmes* du pseudo-Aristote.

24. Par « formes », il faut entendre les rapports numériques qui expriment les intervalles.

25. Mais en raison inverse.

26. Allusion aux aristoléliciens; cf. Aristote, *Phys.*, IV, 8, 215*a*.

27. Voir ci-dessus, note 24.

28. Pour les pythagoriciens, la commensurabilité était une condition nécessaire de l'harmonie. Aristote accepte cette doctrine et lui donne, dans le *De sensu*, des développements nouveaux.

29. Galilée suppose que les « battements » (*colpi* ou *percosse*) se produisent seulement aux points extrêmes de la vibration.

INTRODUCTION AUX LETTRES

« ... Il y a icy un *Linceo*, qui voit bien plus clair que touts ces gens cy avec ses lunettes d'approche, qui ne lui ont pas néantmoins fait découvrir dans la lune les trahisons qu'on lui a tramées à Rome, où il a été appelé par ceux de l'Inquisition... Je fus le voir l'autre jour avec M. Doni, et lui leus les louanges que certains maistres de votre Académie m'ont escrites sur son *Dialogue*. C'est le vieillard le plus sage, le plus éloquent et le plus vénérable que j'aye jamais veu, et qui a en sa façon et en ses termes je ne sçay quoy de ces philosophes anciens; aussi chés lui se fait le cercle *di tutti i virtuosi di Roma...* »

Cette lettre de J.-J. Bouchard à un correspondant parisien est datée du 18 juin 1633. Galilée se trouvait alors en résidence surveillée à l'ambassade florentine, où il avait été renvoyé par « grâce spéciale » dès que fut close la phase d'instruction du procès. Trois jours plus tard, il devait être rappelé à l'Inquisition pour s'entendre lire la sentence qui le condamnait à la prison perpétuelle, et ensuite, à genoux, dans la chemise blanche des pénitents, abjurer sa pensée. Le bref rais de lumière sur ces jours sombres révèle une scène inattendue. Il lui avait été enjoint de ne voir personne du dehors et si prendre l'air lui était nécessaire, de sortir en voiture « mi-fermée ». Et, détenu, sous le ban d'effroi que provoquait le seul nom du Saint-Office, le voilà qui tient cour...

C'est cette puissance de vie et de rayonnement de la personne de Galilée qui se dégage par moments de sa correspondance. Elle est un élément essentiel de sa grandeur. Le doux et triste Copernic n'avait jamais voulu sortir de son ermitage et avait évité le choc, aussi pouvait-on laisser sa doctrine à son sort; deux générations après sa mort, elle était en train de s'étioler. Il avait fallu que Kepler et Galilée, les deux combattants, armés de la lunette, armés aussi d'une nouvelle conception de la physique des cieux, la reprissent à leur compte pour qu'elle en vînt à mériter l'intervention des autorités.

C'est donc Galilée, l'homme, le philosophe et le plaideur que nous avons voulu mettre en évidence, tel qu'il transparaît dans ses lettres. Il avait sans doute pour lui la construction exceptionnelle de son esprit, qui lui avait permis de se dégager des sentiers battus et de créer un monde d'idées à peine compréhensible, à vrai dire, aux intellectuels de son temps; mais son influence directe semble avoir été due surtout à une sorte de force générale concernant tout l'être. Malgré sa nature de joyeux vivant et son humour narquois, malgré le préjugé docte qui voulait que les mathématiciens n'aient pas de voix en matière philosophique, il avait acquis le poids et l'autorité du sage antique. Il ne s'est jamais mêlé de théologie, quoi qu'on en dise, mais il s'est toujours considéré, même sous le poids de la réprobation, comme le consultant attitré de l'Église en matière de philosophie naturelle.

La force de sa pensée s'exprimait à vrai dire, non seulement en cette chose très nouvelle qu'était la « méthode résolutive », mais dans le cadre métaphysique où il s'était placé d'emblée et se maintenait hardiment. Les docteurs médiévaux, y compris les mertoniens, avaient construit des techniques mathématiques qu'ils imaginaient applicables à l'intérieur du cadre traditionnel. C'est ce qu'à montré encore récemment M. Zoubov. Ils n'avaient jamais tenté la mathématisation du réel à partir d'une substructure conçue elle-même comme homogène aux idées mathématiques. Le courage intellectuel leur avait manqué : l'entreprise des nominalistes se solde par un échec du naturalisme. On ne sort pas, quoi qu'on fasse, du scepticisme ockamien. Dieu n'étant défini que par sa toute puissance, il devient synonyme d'incertitude (et c'est bien là ce qu'Urbain VIII imposera à Galilée comme la conclusion préfabriquée de son dialogue); il n'est pas la mesure de toutes choses. D'un côté, il y a le fait, qui ne se discute pas; de l'autre, dans le domaine extra-sensible, il y a le doute. La structure thomiste, au moins, encadrait le fait dans son abstraction à elle, ne consentait à l'incertitude qu'un jeu limité par les règles de la « disputation ». Mais la position de Grosseteste, qu'Urbain VIII reprenait à son compte, aurait pu être dite moins intellectuelle que mystique : « Il ne faut pas contraindre la toute puissance divine dans les limites de nos fantaisies particulières... ». Ceci est valable, si on le prend comme ouverture métaphysique à l'horizon de la pensée. Mais ce mot « fantaisies » révèle l'intention. Si quelqu'un avait demandé à Urbain VIII si le système aristotélicien était une de ces « fantaisies », il l'aurait nié avec vigueur. Pour lui, ce système, quelles qu'en fussent les imperfections, faisait tout un avec le réel, comme nous en viendrions à dire nous-mêmes de la biologie taxonomique. Il se limitait à en encadrer la multiplicité dans un discours cohérent et aisément compatible avec la tradition chrétienne. Toute doctrine qui eût voulu subordonner les faits aux hypothèses mathématiques était, par contre, une « ingénieuse fantaisie », et si elle mettait en doute la cosmologie traditionnelle, une fantaisie dangereuse. Comme le disait le cardinal Barberini à l'ambassadeur florentin à la veille du procès : « Il ne faudrait pas que par ces temps-ci quelque nouvelle croyance fantastique *(dogma fantastico)* vînt prendre pied chez ces esprits florentins qui ne sont que trop subtils et curieux, d'autant plus que M. Galilée, lequel écrit à merveille, est capable de persuader les gens de n'importe quoi... »

Autorité, sens commun, et un empirisme sceptique non défini sont donc les bases de la position ecclésiastique dans ce conflit. Aristote est une doctrine de convenance, qui fournit la philosophie officielle aux cadres enseignants et aussi les armes de la controverse aptes à rendre inoffensive toute « nouveauté » un peu troublante.

Il est juste de rétablir ces faits contre la version par trop apologétique de Duhem, lequel non seulement fait de Galilée un élève peu original des nominalistes, mais a voulu voir dans l'attitude du cardinal Bellarmin un souci de positivisme rigoureux qu'on ne peut y découvrir qu'au prix d'un contresens historique. Ce qu'il peut y avoir de philosophique dans l'histoire, c'est ce que répéta le pape, en se fâchant tout rouge, à l'ambassadeur de Florence : « Je vous dis qu'il ne faut pas imposer de nécessité au Bon Dieu ». A quoi Galilée aurait bien pu répondre, comme il le fait dans sa note à Morin : « Assurément, Dieu peut tout. Il aurait pu mettre les oiseaux en état de voler avec des os de plomb, du vif-argent dans les veines et des ailes toutes petites. Il ne l'a pas fait, et cela devrait nous renseigner quelque peu sur ses préférences ». Mais le pontife aimait à avoir le dernier mot. Nous avons vu par ailleurs quel était son réel souci. La vérité triste, elle se trouve peut-être dans ce propos du pieux et humble P. Castelli à la veille du procès : « Il faudrait surtout qu'il n'apparaisse pas plus tard qu'on a jugé ce livre sans se donner la moindre peine d'entendre ce qu'il dit ». Sa crainte ne s'avéra que trop justifiée.

Comme on voulait maintenir le procès sur le terrain strictement juridique de la désobéissance, et que Galilée était protégé par un double *imprimatur*, on ne pouvait le condamner que sur un faux prétexte, et c'est ce qu'on n'hésita pas à faire, comme je l'ai montré ailleurs dans mon étude sur le procès. On « découvrit » une injonction formelle qui aurait été signifiée à l'inculpé en 1616, lui défendant d'enseigner ou de discuter le sujet « de quelque manière que ce fût », *quovis modo*. Ceci ne rehaussait guère le prestige d'une autorité papale qui lui avait octroyé permission explicite en 1624, et accepté ensuite le texte qui fut soumis en 1631, mais il n'y avait guère d'autre moyen de s'en tirer.

Si la position de l'Église dans l'affaire était politique, il faut admettre que celle de Galilée l'était aussi, bien que d'une autre manière. C'est là le motif du conflit, qu'il lui eût été si facile d'éviter, même en montrant moins de prudence que le prudent Descartes. Il était seul à voir avec Kepler, Castelli et quelques autres, que les trois disciplines qu'on s'efforçait de maintenir en compartiments étanches, mathématique, physique et astronomie, étaient en marche vers une conjonction qui ferait d'elles une force neuve et irrésistible. Il fallait à tout prix tirer l'Église à temps du mauvais pas où elle s'était mise, et obtenir d'elle une position officielle tout au moins suspensive. De là ses efforts répétés qui s'expriment dans la *Lettre à Castelli*, dans la *Lettre à la grande-duchesse*, enfin dans le *Dialogue des grands systèmes*. Efforts qui le firent taxer d'impertinence; cependant, il était bien en droit de prétendre « qu'un saint n'aurait pas agi avec plus de zèle ni de pureté d'intention dans l'intérêt de l'Église ». Il faut ajouter que le P. Castelli, malgré son vœu monastique d'obéissance, était tout aussi convaincu que lui qu'il fallait s'engager à fond. Ce n'est donc pas, comme on l'a dit, question de vanité. On aurait pu pardonner l'impertinence, comme le suggère de Maistre, si le *Dialogue* avait été écrit en latin, s'il n'avait pas eu de force de conviction. Mais le *Dialogue* fit éclat. On décida qu'il fallait en finir avec ces « novateurs » et la décision était si fermement ancrée qu'elle conduisit plus tard à la condamnation de Descartes et de toutes autres « nouveautés ».

Il faut bien dire qu'Urbain VIII, homme éclairé à la manière de la Renaissance, ami des lettres, excellent poète latin, fait moins figure de « persécuteur de la science » que d'administrateur désorienté par des événements dont la portée lui échappait. Très peu de gens étaient à même de comprendre ce que pouvait représenter cette nouvelle science mathématique. On pensait à Archimède, à Regiomontanus, on trouvait naturel de demander à des techniciens de cet ordre de ne pas aller se mêler de philosophie, et surtout sur ce terrain plein d'embûches (un *ginepreto*, disait le pape). Galilée, de son côté, n'était rien moins qu'un Bruno; il était sûr que la philosophie naturelle ne pourrait jamais contrarier la religion de son enfance, pourvu qu'on n'en fît pas une politique, qu'on ne s'embarrassât pas de critères d'interprétation stupides, et il pouvait citer à son appui saint Augustin. On se heurta dans le malentendu total.

Qu'il y eût un véritable fond métaphysique au conflit, difficile à évaluer par les parties en cause, nous avons déjà tenu à l'indiquer, et nous devons à présent y insister. Ce n'est pas Galilée l'observateur des cieux qui fut frappé (loin de là, on l'honora grandement). Ce n'est pas l'expérimentateur (à preuve qu'on l'autorisa après sa condamnation à poursuivre ses études de mécanique), c'est le champion du rationalisme scientifique, doctrine qui apparaissait neuve et troublante. Sans doute un moderne aperçoit-il difficilement ce qu'il pouvait y avoir de bouleversant dans cette conception, alors à peine entendue, d'une physique mathématique. Mais les membres de la Commission préliminaire d'enquête sur le *Dialogue* avaient mis le doigt sur la plaie alors qu'ils accusèrent Galilée d'avoir « malement voulu établir certaine égalité entre la pensée humaine et la divine, en ce qui concerne les propositions mathématiques ». Ceci se rapporte au texte sur lequel se termine la *Première journée* du *Dialogue*, traduite dans ce volume.

Descartes tombera naturellement sous le même reproche, mais il a, quant à lui, pensé à parer au danger en réduisant les vérités éternelles elles-mêmes à un choix arbitraire de la divinité. Leibniz ne le suivra pas sur ce terrain; d'ailleurs, Aristote lui-même n'y aurait pas consenti. Le rationalisme est à ce prix. Mais, pour Galilée, invoquer ces vérités éternelles, c'était enfreindre les instructions explicites du pape, telles qu'elles lui avaient été dictées pour la conclusion du *Dialogue*. C'était risquer de faire figure, non seulement d'hérétique, mais d'hérésiarque. Il s'en tira, après tout, à bon compte.

Admettre la « force des démonstrations nécessaires » en matière de physique est en vérité un pas fort aventureux, et d'ordre proprement métaphysique. Galilée l'a franchi. *Inde irae.* Il faut rendre cette justice au moins à quelques-uns des adversaires de Galilée, qu'ils se rendaient compte de l'enjeu. On est contraint de suivre la vérité là où elle nous mène, avec une « méthode » qui n'a plus rien à voir avec la définition traditionnelle du mot, laquelle présupposait un *terminus ad quem*, une hiérarchie de concepts, une « architectonique », comme on disait. Cette force nouvelle nous mène sans recours vers l'inconnu, à travers le bouleversement continu de la cosmologie. Galilée est un peu effrayé lui-même, sans bien le savoir; il trouve son réconfort en des croyances traditionnelles qui le tiennent toujours en deçà des conséquences de sa pensée, comme elles l'avaient fait pour Copernic. Lorsqu'il se dit platonicien, ce n'est pas un écran diplomatique pour sa pensée. Il l'est à sa manière : il invoque Platon contre Aristote, comme l'avaient fait les maîtres du moyen âge et les pieux mystiques de l'Académie florentine. Il dénonce comme une « nouveauté », et celle-là véritable et dangereuse, qu'aristotélisme et ptolémaïsme, déjà si mal compatibles entre eux, soient devenus par prescription part intégrante de la philosophie chrétienne et du dépôt de la foi. Il est sûr qu'un cosmos mathématique, conçu sous l'égide de Platon, nous révélera des harmonies bien plus majestueuses que celles du géocentrisme conventionnel. Si les choses sont comme elles sont par nécessité, les représentations différentes que nous voudrions leur surimposer se révéleront tôt ou tard « incongrues et puériles », et indignes de la grandeur de Dieu.

Il est d'autant plus dramatique de voir cet homme, qui avait su si bien se moquer de ceux qui s'enferrent sur leurs erreurs, s'enferrer lui-même à un certain point, faute d'oser aller jusqu'au bout de sa pensée. A lui qui a découvert l'inertie, le mouvement inertial en ligne droite apparaît inacceptable, parce qu'il « désorganiserait l'univers ». Il tente de tout sauver par l'inertie circulaire, et se trouve ainsi condamné à ne pas faire déboucher sa dynamique sur la gravitation, comme l'avait déjà suggéré Kepler. Le poids reste pour lui une propriété absolue des corps, ne se rapportant à rien sinon peut-être à ce « centre géométrique » de l'univers dont lui-même a montré l'inanité. C'est toujours la hantise de la circularité qui le fait passer à côté des lois de Kepler et s'en tenir aux épicycles, bien qu'ils ne puissent avoir aucun sens physique dans son système. C'est cette même hantise qui lui fait avancer, « pas tout à fait au sérieux », une loi fausse de la chute des corps, alors qu'il avait déjà publié la vraie. Il craint l'infini. Il ne sait pas se détacher du cosmos grec. C'est Descartes qui abolira ce cosmos, en imaginant le réel comme un « état stable » de distribution de mouvement.

Dans ses croyances, ses fantaisies, ses repentirs, sa retenue, son audace même, Galilée est le vrai représentant de la grande tradition — dont il se réclame d'ailleurs constamment — qui se relie, par delà les philosophes d'Athènes, aux pythagoriciens et aux atomistes. Ses adversaires accrochés au passé ne sont pas la tradition, ils n'en sont que les *ossa vehementer sicca* dont parle l'Écriture. Si, telle fois, dans sa correspondance, Galilée veut faire dire aux astronomes anciens que mathématique et physique ne font qu'un, c'est bien légère entorse à l'histoire ; il ne fait en réalité qu'invoquer la vraie pensée pythagoricienne et démocritéenne contre le formalisme restreint qui a prévalu à l'époque classique. La mathématisation du cosmos prend d'ailleurs chez Galilée une autre tournure que chez Platon. Comme il le dit dans ses *Lettres solaires*, le *quid*, l'essence des choses, nous est à jamais inconnaissable (« sinon dans l'état de béatitude... ») alors que ce que nous pouvons en connaître, ce sont les attributs particuliers qui se laissent mesurer, les rapports abstraits de grandeur mais ceux-là, et les propositions qui s'y rapportent, absolument. C'est un véritable idéalisme objectif qui s'esquisse ici, dont les conséquences mènent fort loin.

Nous pensons devoir insister sur ce point parce que la figure historique de Galilée comme fondateur de la méthode expérimentale tend à éclipser sa position vraie, qui est celle du rationalisme scientifique. Il y a loin de sa pensée à celle de Bacon, et c'est ce dont les encyclopédistes lui tinrent rigueur, sans se soucier, il est vrai, de bien entendre ni l'un ni l'autre. S'il y a une « philosophie expérimentale » bien établie dans la Renaissance, elle se trouve plutôt du côté des alchimistes et autres opérateurs de tradition stoïcienne. C'est eux qui œuvrent sans relâche pour distiller, extraire, calciner, combiner, séparer, à l'aide du feu, des acides, des coagulants et dissolvants, matérialisant les principes eux-mêmes en élixirs, s'efforçant de transporter des attributs d'un corps à un autre, alors que Galilée suit le chemin de l'abstraction qui le mène à déduire « ce qui est », comme l'a dit M. Koyré, de ce qui proprement « n'est pas ». Alors que ses prédécesseurs demandaient au réel de leur parler à travers ses natures et signatures, il établit ses déductions en géomètre, et l'expérience n'en est que l' « épreuve » *(cimento)*. L'esprit force la nature à répondre par oui ou par non à une question précise qui se pose au bout du raisonnement. Il n'est d'ailleurs que de voir ce qu'on lui reproche. Ce n'est pas à ses découvertes qu'on en a, c'est à sa manière de raisonner qui confond les choses de la Terre et celles des cieux en une réalité unique, où domine la seule hiérarchie des concepts mathématiques. « Choses par trop neuves — lui écrit le fidèle Mgr Ciampoli — paradoxes au commun des philosophes ».

Elles le sont en effet. C'est pourquoi Galilée décide — autre coup de tête — de ne pas s'adresser à ce commun — ou pire, à cette bureaucratie — des savants en titre, mais à tous ceux dont le bon sens naturel n'a pas été perverti par l'apparat de la doctrine et des intérêts constitués : ceux-là, dit-il dans sa lettre à Paolo Gualdo, auxquels Dieu a donné un intellect capable de comprendre ses œuvres, de même qu'il leur a donné des yeux pour les voir.

Le public répondit à ses vœux. Comme écrivain, Galilée a connu de son vivant un succès dangereux. C'est aussi qu'on reconnaissait en lui le maître de la prose italienne de son temps. « Vous avez », lui écrivait Ciampoli, « le don d'enchanter les gens ». A tous les degrés de l'échelle sociale, et jusqu'au pape lui-même, on ne lui ménageait pas les témoignages d'admiration. Mais si la vanité bien humaine de Galilée y trouvait son compte, sa clairvoyance ne s'y trompait pas. A part une poignée de fidèles, il se savait incompris. Et ceci, en particulier, à Rome où se prenaient les décisions qui comptaient pour sa cause. Florence avait beau croire en lui, Rome refusait de l'écouter. On l'applaudissait comme magicien de la lunette, comme « gloire de l'éloquence florentine », mais on riait de ses ripostes, on ne pouvait tout de même pas prendre au sérieux « les girandoles de M. Galilée ». Dans cette ville qui était et reste telle que Du Bellay l'a décrite, bureaucratique et parasitaire, ancrée dans la matière, où tout se jugeait en fonction d'un froid réalisme politique, où le sort de chacun dépendait de faveurs et de prébendes, où ne pouvait que régner un conformisme lourd et soupçonneux, il était vraiment mal venu (comme le remarquait aigrement l'ambassadeur Guicciardini) de vouloir disputer de la Lune ou de tenter d'apporter des idées nouvelles. On acceptait le bon causeur pour se désennuyer, mais il n'y avait pas lieu de suivre ses raisonnements. Il était juste plutôt de s'en garder, et de faire étalage par contre de saines opinions. S'il y a des montagnes dans la Lune, il risque bien d'y avoir des gens, et le penser serait impie. Si la Terre n'est pas au centre du monde, où donc se trouverait l'Enfer? Une décision rassurante des autorités sera la bienvenue. « Les raisonnements de M. Galilée — écrit un observateur diplomatique après le décret anti-copernicien de 1616 — se sont dissipés en fumée alchimique... »

Contre un tel esprit chez ceux qui s'étaient chargés de la police intellectuelle de la chrétienté, même l'Académie des *Lincei*, cependant bien en cour, ne pouvait rien. Le point le plus trouble, et proprement incompréhensible, de toute l'histoire, c'est l'attitude des astronomes jésuites. Ces savants, collègues de Galilée, et au début ses amis, savaient bien à quoi s'en tenir quant aux « nouveautés ». La physique aristotélicienne des cieux s'était déjà effritée, la ptolémaïque n'existait même pas, la refonte s'imposait, et par plusieurs aveux à peine voilés, notamment celui du P. Kircher à Peiresc, nous savons qu'ils « n'improuvoient nullement l'advis de Copernicus, ains ne s'en esloignoient guières, encore qu'on les eusse pressez et obligez d'escrire pour les communes suppositions d'Aristote, et qu'ils ne suivoient que par force et par obédience ». Le compromis tychonien auquel ils s'accrochaient n'était qu'une échappatoire, ainsi que Galilée ne se faisait pas faute de le leur rappeler. Il est d'autant plus étrange qu'ils n'aient pas agi en sous-main pour modérer les initiatives mal informées de Bellarmin et d'Urbain VIII. Loin de là, ils envenimèrent la situation. La raison politique, telle que nous la donne Galilée lui-même, était qu'ils craignaient que ne s'écroule tout leur système d'enseignement. Elle ne vaut pas cher. « Le mot *annihilare* revient un peu trop souvent dans leurs discours en ce qui vous concerne », écrit Mgr Ciampoli à Galilée, et ceci en 1622, avant même la publication du *Saggiatore* qui donna prétexte au conflit. Au noyau d'hostilité qui se trouvait auparavant chez les Frères Prêcheurs, adhéraient à présent des hommes de science. C'est le type d'auto-réaction positive qui mène à la catastrophe.

L'historien qui a exploré le dédale de ces années ténébreuses en revient avec l'impression fort nette d'une série de manœuvres patientes de provocation à partir de 1611, manœuvres où se trouvaient ligués des éléments subalternes de divers ordres en alliance avec les universitaires butés (il est presque inutile d'ajouter que ni Bellarmin ni Urbain VIII n'eurent soupçon de l'intrigue). Fausses dépositions, fausses déductions, fausses pièces, qui vont même contre la conduite arrêtée par les autorités, sont glissées dans les actes au cours de vingt années pour en venir à l'inculpation. Certains devaient penser qu'on avait affaire à un nouveau Bruno, trop prudent cette fois pour se démasquer, mais qu'il fallait mettre hors d'état de nuire. La fausse injonction, véritable guet-apens, lacet où Galilée était destiné à trébucher, ne fut pas inventée en 1632, comme on l'a cru d'abord, pour les besoins de la cause : elle avait été mise en place dans le dossier, à toutes fins utiles, dès 1616.

C'est par contraste avec cette ignorance acharnée que prend toute sa valeur l'effort patient et inlassable de Galilée pour faire entendre raison à des esprits qu'il avait dès l'abord reconnus comme étant « immuables et impersuasibles ». Le ton calme et lucide, souvent enjoué, de sa correspondance témoigne d'une confiance que rien ne saurait abattre en l'étincelle de bon sens qui doit se cacher au cœur du fanatique; l'ironie dédaigneuse qu'il manifeste à l'égard des préjugés courants nous le montre sans peur vis-à-vis d'adversaires formidablement armés. Il a toujours cru en la générosité naturelle des hommes, et c'est même ce qui l'a fourvoyé dans ses rapports avec son ami Maffeo Barberini, une fois qu'il fut devenu le pape Urbain VIII. Descartes lui aurait conseillé de se taire. Mais il sent qu'il doit parler, qu'il est impossible qu'on ferme les yeux à l'évidence de la raison; et rien n'est plus émouvant que sa confiance aux portes mêmes du Tribunal de l'Inquisition : on allait pouvoir une bonne fois s'expliquer sur toute l'affaire.

Même déçu, prisonnier, perclus et presqu'aveugle, il ne se laissera pas abattre. C'est de ces années-là, après 1633, que date son chef-d'œuvre scientifique, les *Deux sciences nouvelles*, où il établit en mécanique ce qu'on lui avait interdit de penser en cosmologie. « En matière de nouveautés » — annotera-t-il en marge de son exemplaire du *Dialogue* —. « Et qui peut douter que cela mène aux pires désordres, lorsqu'on prétend que des intellects créés libres par Dieu doivent se soumettre servilement au vouloir d'autrui? Lorsqu'on nous ordonne de nous refuser à l'évidence de nos sens, et de les assujettir au caprice de tiers? Quand des gens dénués de toute compétence sont constitués en jugement sur les experts, et autorisés à les traiter à leur gré? Voilà bien les nouveautés qui ont le pouvoir de ruiner les États et de bouleverser la chose publique ».

GIORGIO DI SANTILLANA

LETTRES CHOISIES

A JOHANN KEPLER, A GRATZ

Padoue, 4 août 1597.

Très savant homme,

Ton livre, que Paul Amberger m'a fait parvenir, je l'ai reçu il y a non pas quelques jours, mais quelques heures; et comme le même Paul me parlait de son retour en Allemagne, j'ai pensé que ce serait faire preuve de beaucoup d'ingratitude que de ne pas t'écrire pour te remercier de ce présent. Je te rends donc grâces, et d'autant plus que tu as bien voulu, par ce signe, m'appeler à ton amitié.

De ton livre, je n'ai encore lu que la préface; elle m'a permis cependant d'entrevoir quelque chose de ton intention, et rien, certes, ne m'est plus agréable que de trouver, dans la recherche du vrai, un allié tel que toi, et à tel point ami de la vérité. Il est pitoyable en effet que soient si rares ceux qui s'attachent à la vérité et ne s'engagent pas dans les voies d'une philosophie perverse. Mais comme ce n'est pas ici le lieu de déplorer les misères de notre siècle, mais bien plutôt de me féliciter avec toi des remarquables découvertes qui ont été faites en confirmation de la vérité, tout ce que j'ai à dire, c'est que je me promets de lire entièrement ton ouvrage d'un cœur apaisé, certain que je suis d'y trouver de très belles choses. Je le ferai avec d'autant plus de joie que, depuis plusieurs années déjà, je me suis converti à la doctrine de Copernic, grâce à laquelle j'ai découvert les causes d'un grand nombre d'effets naturels dont il est hors de doute que l'hypothèse commune ne peut rendre compte. J'ai écrit sur cette matière bien des considérations, des raisonnements et des réfutations que jusqu'à présent je n'ai pas osé publier, épouvanté par le sort de Copernic lui-même, notre maître, qui, s'il s'est assuré une gloire immortelle auprès de quelques-uns, s'est exposé d'autre part (si grand est le nombre des sots) à la dérision et au mépris de beaucoup d'autres. Sans doute m'enhardirais-je à produire au grand jour mes réflexions s'il y avait beaucoup d'hommes comme toi, mais comme il en est peu, j'aime mieux remettre à plus tard pareille entreprise.

Pressé par le temps et par le désir de lire ton livre, je termine cette lettre en me déclarant ton très affectionné et en toutes choses très dévoué serviteur. Garde-toi en santé, et qu'il ne te déplaise pas de m'envoyer de tes nouvelles : elles seront les bienvenues.

De Padoue, la veille des nones d'août 1597.

Très attaché à ton honneur et à ton nom,

GALILEUS GALILEUS

mathématicien de l'Académie de Padoue.

A LEONARDO DONATO, DOGE DE VENISE

24 août 1609.

Sérénissime Prince,

Galileo Galilei, très humble serviteur de V. S., tenant assidûment son esprit en éveil, non seulement pour pouvoir exercer sa charge de lecteur de mathématique à l'Université de Padoue, mais aussi pour apporter à V. S. le bénéfice extraordinaire de quelque invention utile et signalée, se présente aujourd'hui devant Elle avec un nouvel artifice de lunette tiré des plus mystérieuses spéculations de la perspective. Cet instrument rapproche à tel point de l'œil les objets visibles et les fait paraître si grands et si distincts qu'un objet se trouvant, par exemple, à une distance de neuf milles, nous semble n'être pas éloigné de plus d'un mille, ce qui, en toute affaire ou entreprise maritime ou terrestre, peut être d'un intérêt inestimable. Ainsi, en mer, nous pourrons de beaucoup plus loin qu'à l'habitude apercevoir les bâtiments et les voiles de l'ennemi, si bien que nous le découvrirons deux heures de temps et plus avant qu'il ne nous découvre, et qu'ayant reconnu le nombre et la qualité de ses vaisseaux, nous pourrons juger de ses forces et nous disposer à la chasse, au combat ou à la fuite. De même, en terre ferme, on pourra, de quelque point élevé, même lointain, découvrir à l'intérieur d'une place les quartiers de l'ennemi et ses défenses; ou encore, en rase campagne, voir et distinguer dans leurs détails, pour notre plus grand avantage, tous ses mouvements et préparations; ceci entre autres nombreux usages que toute personne judicieuse devinera sans peine. C'est pourquoi, jugeant cette invention digne d'être acceptée et estimée très utile par V. S., il s'est déterminé à la Lui présenter et à la soumettre à Sa décision, afin qu'Elle ordonne et dispose, selon qu'il paraîtra opportun à Sa prudence, que de tels instruments soient ou ne soient pas fabriqués.

Cette découverte, ledit Galilée la présente en toute affection à V. S. comme un des fruits de la science qu'il professe depuis dix-sept années accomplies à l'Université de Padoue, avec l'espoir de trouver l'occasion de lui en présenter de plus grands, s'il plaît à Dieu et à V. S. qu'il passe le reste de sa vie au service de V. S. qu'il salue humblement en priant la Majesté divine de La combler de toute félicité.

A BENEDETTO LANDUCCI, A FLORENCE

Venise, 29 août 1609.

Très cher et honoré beau-frère,

Depuis que j'ai reçu le vin que vous m'avez envoyé, je ne vous ai plus écrit faute de matière. Je vous écris aujourd'hui parce que j'ai à vous faire part d'une nouvelle dont je me demande si elle vous sera agréable ou non, car l'espoir de rentrer dans ma patrie va m'être enlevé, mais par une circonstance utile et honorable.

Sachez donc qu'il y a environ deux mois le bruit s'est répandu ici qu'avait été présentée, en Flandre, au comte Maurice, une lunette fabriquée avec un art tel qu'elle faisait paraître très rapprochés les objets les plus lointains, si bien qu'elle permettait de voir distinctement un homme à la distance de deux milles. Cet effet me sembla si merveilleux que j'en fis le sujet de mes réflexions; et jugeant que la fabrication de l'appareil devait se fonder sur la science de la perspective, je me mis à y penser. Enfin, je la retrouvai, et si parfaitement que j'en ai fabriqué un qui l'emporte de beaucoup en renommée sur celui de Flandre. La nouvelle que j'en avais fabriqué un étant parvenue à Venise, j'ai été appelé, il y a six jours, par Sa Seigneurie Sérénissime à laquelle je l'ai montré, ainsi qu'au Sénat tout entier, à la profonde stupeur de tous; et il y eut de nombreux gentilshommes et sénateurs qui, malgré leur grand âge, ont fait plusieurs fois l'ascension des plus hauts campaniles de Venise pour découvrir en mer des voiles et des vaisseaux si éloignés que, se dirigeant à toute voiles vers le port, ils mettaient plus de deux heures avant de se rendre visibles sans ma lunette; car, en somme, l'effet de cet instrument est de faire paraître un objet qui se trouve, par exemple, à une distance de cinquante milles aussi grand et aussi proche que s'il était à cinq milles.

Or donc, ayant compris de quelle utilité pourrait être cet instrument en mer et sur terre, et voyant le désir qu'en avait le Sérénissime Prince, je me décidai, le 25 de ce mois, à me présenter au Collège et à en faire don librement à Sa Seigneurie. Au Collège, il me fut ordonné d'attendre dans la salle du *Pregadi*, et, quelques instants plus tard, l'illustrissime et excellentissime procurateur Prioli, qui est un des réformateurs de... [*lacune du texte*] sortit du collège et, m'ayant pris par la main, me dit que l'excellentissime collège, sachant de quelle manière j'avais exercé mes fonctions à Padoue dix-sept années durant, et de plus ayant apprécié ma courtoisie à lui faire un don si agréable, avait immédiatement ordonné aux illustrissimes réformateurs de renouveler mon contrat et, si j'y consentais, de me nommer à vie et aux appointements annuels de mille florins; et comme il me manquait encore une année pour avoir rempli mon précédent engagement, ils désiraient que mon nouveau salaire commençât à courir dès le susdit présent jour, me donnant ainsi le bénéfice d'une année d'augmentation, c'est-à-dire de 480 florins de 6,4 livres. Quant à moi, sachant combien les ailes de l'espérance sont paresseuses, et rapides celles de la fortune, j'ai dit que j'acquiesçais au désir de Sa Seigneurie. Alors l'illustrissime Prioli me dit en m'embrassant : « Puisque je suis de semaine et que c'est mon tour d'ordonner ce qu'il me plaît, je veux qu'aujourd'hui après dîner soit réuni le *Pregadi*, c'est-à-dire le Sénat, et que votre nouveau contrat soit lu et mis aux voix ». Il en fut ainsi, et tous les votes me furent favorables, en sorte que je me trouve attaché ici pour la vie et qu'il faudra me contenter de jouir de ma patrie de loin en loin, pendant les mois de vacances.

Voilà tout ce que j'ai à vous dire pour le moment. Ne manquez pas de m'envoyer des nouvelles de vous et de vos affaires; saluez en mon nom tous les amis et rappelez-moi au souvenir de Virginia et de toute la maison. Que le Seigneur vous donne prospérité.

De Venise, le 29 août 1609.

Votre affectionné beau-frère,

GALILEO GALILEI

[non autographe]

A BELISARIO VINTA, A FLORENCE

Padoue, 7 mai 1610.

Illustrissime Seigneur et très honoré patron,

Comme j'en avisai V. S. par ma dernière lettre, j'ai donné trois leçons publiques sur les quatre planètes Médicées et sur mes autres observations. J'ai eu l'audience de toute l'Université, et chacun de mes auditeurs est resté si bien éclairé et satisfait que ces mêmes hauts personnages qui avaient montré tant d'âpreté dans l'attaque et dans la réfutation de mes écrits, voyant enfin que la partie était irrémédiablement perdue pour eux et que, soit par vertu soit par nécessité, il fallait se rendre, ont déclaré *coram populo* qu'ils étaient non seulement persuadés mais prêts à défendre et à soutenir ma doctrine contre tout philosophe qui oserait la combattre; si bien que les libelles dont on me menaçait se sont évanouis, comme s'est évanouie l'opinion que lesdits hauts personnages s'étaient donné le soin, jusqu'à ce jour, de susciter contre moi, dans l'espoir peut-être de la soutenir et croyant qu'effrayé par leur autorité et épouvanté par le flux de paroles de leurs crédules disciples, j'allais me retirer dans mon coin et rester muet. Mais l'affaire a tourné tout autrement; et il fallait bien que la vérité l'emportât.

V. S. Ill^{me} saura en outre, et Leurs Altesses Sérénissimes apprendront par Elle, que j'ai reçu du mathématicien de l'Empereur une lettre, ou pour mieux dire, un mémoire de huit feuilles, approuvant dans tous ses détails le contenu de mon livre, sans en contredire ou en mettre en doute la moindre chose. Et V. S. Ill^me^ peut croire que les hommes de science d'Italie en auraient dit autant dès le début si j'avais été, moi, en Allemagne ou plus loin; ainsi tout justement pouvons-nous croire que les princes voisins de l'Italie considèrent l'éminence et la puissance de notre Sérénissime Seigneur d'un œil un peu plus trouble que les immenses trésors et les immenses forces du Moscovite et du Chinois, qui se trouvent si loin d'eux. Mais maintenant, les choses en sont au point que l'envie ne peut plus s'en prendre à notre découverte, ni la convaincre de fausseté, ni même la mettre en doute. Il nous reste, à nous, et surtout à nos Sérénissimes Patrons, à en soutenir le renom et la grandeur en témoignant qu'ils la tiennent en l'estime due à une nouveauté signalée, et d'ailleurs appréciée comme telle par tous ceux qui en parlent en toute sincérité d'esprit.

L'illme seigneur ambassadeur Julien de Médicis m'écrit de Prague qu'il n'existe pas, en cette cour, de lunettes sinon de très médiocre efficacité, et c'est pourquoi il m'en demande une en m'informant que S. M. la désire; et il m'écrit que je dois la consigner au secrétaire du résident afin qu'il en assure le transport. Mais j'entends bien que ledit secrétaire ne recevra et n'enverra rien sans un ordre de V. S. Ill^me^; c'est pourquoi, si S. A. y consent, je prie V. S. Ill^me^ de bien vouloir donner des ordres, à Venise, en vue de cette livraison et de cet envoi. En attendant, comme je n'ai pas ici de lunettes parfaitement au point, je verrai à en fabriquer une ou deux paires, encore que ce soit pour moi une grande fatigue et que je ne voudrais pas être obligé d'enseigner à d'autres la vraie façon de les travailler, sinon à des personnes au service du grand-duc, comme je le lui ai déjà écrit. Pour cela, et pour d'autres raisons, et avant tout pour assurer ma tranquillité d'esprit, j'ai le plus vif désir de voir se conclure cette autre affaire dont il m'a été parlé plusieurs fois, et en particulier par V. S. Ill^me^ récemment à Pise; de toute manière, en effet, je suis résolu, voyant que chaque jour est un jour passé, d'assurer mon avenir pour le temps qui me reste et de consacrer toutes mes forces à mener à bonne fin mes travaux et à recueillir de toutes mes études passées des fruits dont je puisse espérer quelque gloire. Et comme il me faut vivre les années que j'ai encore devant moi, ou ici ou à Florence, selon qu'il plaira à notre sérénissime seigneur, je dirai à V. S. Illme ce que j'ai ici et ce que je désirerais avoir là-bas, m'en remettant toujours aux ordres de S. A. S.

Ici, j'ai, pour la vie, un traitement fixe annuel de mille florins qui m'est tout à fait assuré, me venant d'un prince immortel et immuable. Je puis gagner autant par des leçons particulières, s'il me plaît d'en donner aux gentilshommes ultramontains; et si j'étais attaché au profit, je pourrais chaque année mettre tout cela de côté et plus encore, en hébergeant chez moi des écoliers de bonne famille dont l'argent suffirait largement aux dépenses de ma maison. En outre, mon service ne m'oblige pas à plus de soixante demi-heures par an, et ce temps n'est pas si strictement compté que je ne puisse, au cas de quelque empêchement, me donner, sans aucun préjudice, de nombreux jours de vacances. Le reste du temps, je suis tout à fait libre et absolument *mei iuris*. Mais comme les leçons particulières et les écoliers en pension me seraient une gêne et retarderaient mes études, je tiens à me passer complètement de ceux-ci et en grande partie de celles-là; c'est pourquoi, si je devais revenir dans ma patrie, je souhaiterais que la première intention de S. A. S. fût de me donner le loisir et la facilité de terminer mes travaux sans m'occuper d'enseignement.

Je ne voudrais pas que S. A. crut que mon activité fût de ce fait moins utile aux personnes de compétence; elle le serait au contraire bien davantage car, dans les leçons publiques, on ne peut enseigner que les premiers éléments, qui suffisent à la plupart des auditeurs. Un tel enseignement n'est qu'un obstacle pour moi; il ne m'est d'aucun secours pour achever mes ouvrages, lesquels, parmi ceux de ma profession, ne tiendront pas, je crois, le dernier rang. Si donc j'estime qu'instruire les princes me serait un très grand honneur, je ne voudrais pas être dans la nécessité de donner mon enseignement aux autres. En somme, je voudrais que mes livres, toujours dédiés à notre sérénissime seigneur, me permissent de gagner mon pain, sans me dispenser d'ailleurs de faire hommage à S. A. d'inventions telles et si nombreuses qu'aucun autre prince peut-être n'en a de comparables, inventions dont beaucoup déjà ont été par moi mises en pratique et dont je me fais fort de trouver beaucoup d'autres à l'avenir, quand les occasions s'en présenteront. J'ajoute que, dans ces inventions qui relèvent de ma profession, S. A. pourrait être sûre de ne pas dépenser son argent en pure perte, comme il a été fait d'autres fois, et en très grosses sommes; Elle n'aura pas non plus à craindre de laisser échapper une découverte quelle qu'elle fût, qui lui serait présentée par d'autres et qui serait vraiment belle et utile.

Des secrets utiles, curieux ou merveilleux, j'en possède un si grand nombre que leur surabondance seule me dessert et m'a toujours desservi; car si je n'en avais eu qu'un seul, j'y aurais attaché beaucoup de prix et j'aurais pu, en le présentant à quelque grand prince, rencontrer l'heureuse fortune que jusqu'à présent je n'ai ni rencontrée ni cherchée. *Magna longeque admirabilia apud me habeo :* mais ils ne peuvent servir, ou pour mieux dire, ils ne peuvent être mis en œuvre que par des princes, car les princes, eux, font et soutiennent des guerres, construisent et défendent des forteresses et, pour leurs plaisirs royaux, se livrent à des dépenses fastueuses, toutes choses qui me sont interdites, comme à tout homme privé. Les ouvrages que j'ai à mener à bonne fin sont principalement : deux livres *De sistemate seu constitutione universi*, conception immense, pleine de philosophie, d'astronomie et de géométrie; trois livres *De motu locali*, science entièrement nouvelle, aucun autre auteur ancien ou moderne n'ayant découvert aucun des nombreux symptômes dont j'ai montré l'existence dans les mouvements naturels et violents, en sorte que je puis en toute raison parler d'une science nouvelle et créée par moi depuis ses premiers principes; trois livres de mécanique, dont deux se rapportent aux démonstrations des principes et fondements et un aux problèmes; et bien que d'autres aient traité cette même matière, ce qui en a été écrit jusqu'à présent ne représente pas, en quantité ou autrement, le quart de ce que j'en écris moi-même. J'ai aussi divers opuscules concernant les sciences physiques, tels que *De sono et voce*, *De visu et coloribus*, *De maris estu*, *De compositione continui*, *De animalium motibus* et d'autres encore. Je songe également à écrire quelques livres relatifs à l'art militaire où je traiterai non seulement de la formation idéale du soldat, mais où j'enseignerai par des règles très précises les connaissances relevant des mathématiques qu'il lui convient d'acquérir : castramétations, ordres de bataille, fortifications, sièges, levées de plans, évaluation des distances, notions d'artillerie, usage de divers instruments, etc. Il me faut aussi réimprimer l'*Usage du compas géométrique et militaire*, dédié à S. A., et dont il ne se trouve plus d'exemplaires; cet instrument a été adopté partout, à tel point que plusieurs milliers, je le sais, en ont été fabriqués à ce jour et qu'on n'en fait plus d'autres du même genre. Je ne parle pas à V. S. Ill^me^ de la peine qu'il me faudra prendre pour continuer l'observation des quatre nouvelles planètes et pour calculer exactement leurs périodes; plus j'y pense, plus cette recherche me semble laborieuse, étant donné que lesdites planètes ne se séparent jamais l'une de l'autre, sinon pour de très brefs intervalles de temps, et qu'elles sont de couleur et de grandeur très semblables.

Aussi dois-je songer à abandonner toutes occupations pouvant retarder mes études, et particulièrement celles que d'autres peuvent assumer à ma place; c'est pourquoi je prie V. S. de soumettre à Leurs Altesses ce que je viens d'exposer, de le considérer Elle-même et de m'aviser de ce qui aura été résolu.

Quant au traitement, je tiens à dire que je me contenterai de celui dont Vous m'avez touché mot à Pise, servir un si grand prince étant un honneur pour moi; je n'ajouterai rien de plus à ce sujet, car je suis sûr que, si je dois quitter Padoue, la bienveillance de S. A. ne me privera d'aucune des facilités accordées à d'autres qui en ont moins que moi besoin. Enfin, pour ce qui est du nom de ma charge et du prétexte de mon service, je désirerais qu'au titre de mathématicien, S. A. ajoutât celui de philosophe, car je fais profession d'avoir consacré plus d'années à l'étude de la philosophie que de mois à celle des mathématiques pures. Je pourrai d'ailleurs faire voir à Leurs Altesses quel profit j'ai retiré de mes études et quels seraient mes droits à recevoir le titre de philosophe, s'il leur plaît de me donner occasion de discuter de ces matières en leur présence avec les maîtres les plus estimés de cette discipline.

J'ai écrit longuement pour n'avoir plus à revenir sur ces questions et à vous importuner de nouveau. Que V. S. Ill^me^ m'excuse car si, pour Elle, habituée au maniement d'affaires de haute importance, celle-ci est légère et frivole, pour moi elle est la plus grave que je puisse avoir à traiter, puisqu'elle met en jeu le changement ou le maintien de ma situation et de ma vie. Dans l'attente d'une réponse, je supplie V. S. de saluer humblement en mon nom Leurs Altesses Ser^{mes} et je baise avec respect les mains de V. S., en priant le Seigneur de lui donner toute félicité.

De Padoue, le 7 mai 1610.
De V. S. Ill^{me},

le très obligé serviteur,

GALILEO GALILEI

A JULIEN DE MÉDICIS, A PRAGUE

Florence, 1er janvier 1611.

Ill^{me}, Réver^{me}, et très honoré Seigneur,

Il est temps que je déchiffre à V. S. Ill^{me} et Rév^{me} et, par Elle, au s^{r} Kepler, les lettres transposées que je Lui ai envoyées il y a quelques semaines; il en est temps, dis-je, car la vérité du fait m'est si parfaitement claire qu'il ne me reste plus le moindre scrupule ni le moindre doute.

Vous saurez donc que, voici environ trois mois, Vénus apparaissant le soir, je me mis à l'observer soigneusement à la lunette afin de voir de mes yeux ce dont ma raison ne doutait plus. Je la vis donc d'abord de figure ronde, nette et entière, mais très petite; elle se maintint en cette forme jusqu'au jour où elle commença à s'approcher de sa plus grande digression; toutefois, elle croissait en grandeur. Elle commença ensuite à perdre son contour circulaire dans sa partie orientale, la plus éloignée du Soleil, et en peu de jours elle se réduisit à un demi-cercle parfait; et telle elle demeura, sans changer en rien, jusqu'au point où elle commença à se retirer vers le Soleil, s'éloignant de la tangente. C'est alors qu'elle perd sa forme demi-circulaire et se présente comme un croissant qui va s'amincissant de plus en plus, se réduisant à deux cornes très minces, jusqu'à l'occultation complète; quand reviendra ensuite le temps de son apparition matinale, nous la retrouverons sous l'aspect d'un très fin croissant, les cornes tournées dans la direction opposée au Soleil; elle croîtra peu à peu jusqu'à sa plus grande digression, elle sera alors demi-circulaire et le restera, sans altération, plusieurs jours; après quoi, elle passera assez vite du demi-cercle au cercle parfait et demeurera ainsi toute ronde pendant plusieurs mois. Mais son diamètre apparent est alors environ cinq fois plus grand qu'il n'était à l'époque de son apparition vespérale. Cette admirable expérience nous a donné la démonstration sensible et certaine de deux propositions jusqu'à présent douteuses pour les plus grands esprits du monde. L'une est que toutes les planètes sont naturellement ténébreuses (car ce qui arrive à Vénus arrive aussi à Mercure); l'autre est qu'il faut de toute nécessité que Vénus tourne autour du Soleil, comme Mercure et comme toutes les autres planètes, chose dont les pythagoriciens, Copernic, Kepler et moi étions convaincus, mais dont on n'avait pas la preuve tangible que nous avons maintenant en ce qui concerne Mercure et Vénus. Kepler et les autres coperniciens pourront donc se faire honneur d'avoir cru ce qu'il était bon de croire et d'avoir bien philosophé, encore que l'universalité des philosophes *in libris* nous ait tenus et continuera à nous tenir pour des ignorants et presque pour des fous. Ainsi les lettres de l'anagramme que je vous ai envoyé et qui disaient : *Haec immatura a me iam frustra leguntur O. Y.*, disent, une fois mises en ordre : *Cynthiae figuras aemulatur mater amorum*, ce qui signifie que Vénus imite les phases de la Lune.

Il y a trois nuits, j'ai observé l'éclipse où je n'ai rien vu de notable, sinon que la limite de l'ombre est indistincte, confuse et comme embrumée; la cause en est que cette ombre provient de la Terre, qui est très éloignée de cette lacune.

Je voulais vous écrire d'autres détails, mais j'ai été retenu longtemps par quelques gentilshommes, et l'heure étant maintenant très tardive, je suis obligé de terminer cette lettre. Veuillez saluer en mon nom les seigneurs Kepler, Hasdale et Seggett; à V. S. Ill^{me}, je baise les mains en toute révérence et je prie Dieu qu'Il Lui donne félicité.

De Florence, le 1er janvier 1611.
De V. S. Ill^{me} et Rév^{me},

le très obligé serviteur,

GALILEO GALILEI

A PAOLO SARPI, A VENISE

Florence, 12 février 1611.

Très Révérend Père et très honoré Seigneur,

Il est temps que je rompe un très long silence; aussi bien, où la langue s'est tue et la main reposée, le cœur n'a-t-il cessé de parler, se remémorant à toute heure la vertu et les mérites de V. S. et les obligations infinies que je Lui ai. Je ne demanderai point pardon de cette apparente négligence de mes devoirs, étant sûr que vous ne doutez pas qu'en toute occurrence où se fussent trouvés en jeu vos intérêts ou les miens, ma plume n'eût pas été moins prompte que mon esprit à remplir les obligations de l'ancienne amitié et du respect que je porte à votre personne. Mais estimant que, dans votre affection pour moi, vous accueillerez volontiers les nouvelles de ma situation présente, tant en ce qui concerne le corps que la fortune et l'esprit, c'est non moins volontiers que je viens vous mettre au fait de chacun de ces points particuliers.

Quant au premier, je ne puis vraiment rien vous dire qui soit de votre goût ni du mien : désaccoutumé depuis tant d'années de cet air hivernal si pénétrant, je retrouve en lui le plus cruel ennemi de ma tête et de tout le reste de mon corps, à tel point que les douleurs occasionnées par le froid, le flux du sang et une très grande lassitude de l'estomac, me tiennent depuis trois mois dans un état de faiblesse et de mélancolie, à la maison presque toujours et même au lit, mais sans repos ni sommeil. Ces temps derniers seulement où, pendant que la Cour était à Pise, j'ai passé trois semaines avec l'Ill^me Signor Filippo Salviati, gentilhomme de très grand esprit, en une sienne maison de campagne sur ces collines, je me suis très bien porté, et j'ai aussitôt reconnu combien cet air était bon et, du même coup, combien était malfaisant l'air de la ville; si bien qu'il me faudra songer à habiter les hauteurs, ou sinon le cimetière. Dans ces conditions, le grand-duc, revenu de voyage et ayant été informé de mon état, a eu la bonté de m'offrir un logement à mon choix dans quelqu'une de ses villas des environs, où l'air est parfaitement salubre. Ce n'est d'ailleurs pas seulement en cela mais en tout ce qui touche mes commodités que j'éprouve la bienveillance de ce prince, si disposé à m'accorder ses faveurs; je n'ai donc pas à me plaindre de ma fortune comme j'ai à le faire de ma santé.

Quant aux choses de l'esprit, je n'ai pas manqué d'ouvrage : j'ai eu à me défendre par la parole et par la plume contre une infinité de contradicteurs opposés à mes observations; sans doute n'y ai-je pas mis toute l'ardeur que beaucoup estiment opportune devant l'audace de mes adversaires, mais je ne doute pas qu'avec le temps tout soit tiré au clair, comme cela a déjà eu lieu en grande partie. En effet, les mathématiciens les plus en renom de divers pays et en particulier de Rome, après s'être longtemps moqués, de vive voix et par écrit, partout et en toute occasion, des choses que j'avais exposées, spécialement quant à la Lune et aux planètes Médicées, ont finalement cédé à la force de la vérité et m'ont spontanément écrit, reconnaissant et admettant tout. Si bien que je n'ai plus à présent contre moi que les péripatéticiens, plus attachés au parti d'Aristote que ne le serait Aristote lui-même, et au premier rang ceux de Padoue, sur lesquels je n'espère vraiment aucune victoire. Toutefois, ces occupations ne m'ont pas entièrement détourné de mes enquêtes célestes et ne m'ont pas empêché de trouver encore quelque chose de nouveau dont je dois faire part à V. S. Rév^me et, par Elle, à mes seigneurs et patrons qui, V. S. le sait bien, l'entendront avec plaisir.

Depuis le mois d'août de l'année dernière, si j'ai bonne mémoire, j'ai confronté mes observations de Saturne, lequel n'est pas, comme les autres planètes, une seule étoile, mais un groupe de trois étoiles réunies ensemble en une ligne droite parallèle à l'équinoxiale. Elles se présentent comme ceci : oOo, c'est-à-dire que la médiane est environ quatre fois plus grande que les latérales, qui sont égales entre elles. Depuis sept mois que je les observe, aucune mutation ne s'est produite; elles sont donc absolument immobiles chacune par rapport aux autres, car (étant voisines au point qu'elles semblent se toucher) le moindre mouvement qu'elles eussent fait eût été sensible. En effet, à mon avis, le diamètre des deux mineures n'atteint pas quatre secondes et, dans ces conditions, ou elles se seraient totalement confondues avec celle du milieu, ou elles s'en seraient nettement séparées, leur mouvement eût-il été dix fois plus lent que celui des étoiles fixes; et cependant, comme je l'ai dit, elles n'ont subi en sept mois aucun changement, sinon que toutes les trois paraissent plus petites, en raison de leur plus grand éloignement de la Terre, maintenant que les voici à la conjonction, que lorsqu'elles étaient à l'opposition du Soleil; cette différence est très sensible.

Estimant d'autre part très vrai que toutes les planètes tournent autour du Soleil qui est le centre de leurs orbes, et croyant aussi qu'elles sont toutes par elles-mêmes ténébreuses et opaques comme la Terre et la Lune, je me suis mis, voici quatre mois, à observer Vénus, laquelle, apparaissant le soir, se montra d'abord parfaitement ronde mais très petite; elle garda longtemps cette forme, mais en augmentant de grandeur de façon notable. Quand ensuite elle s'approcha de la digression, son disque commença à s'échancrer du côté de l'orient et se réduisit à un demi-cercle; cette figure se maintint environ un mois sans autre changement qu'un accroissement notable de grandeur. Enfin, se retirant vers le Soleil, elle commença à se creuser là où elle était droite et à prendre peu à peu la forme d'un croissant, jusqu'à affecter celle d'une très mince faucille, comparable à une Lune de quatre jours. Toutefois, la masse de sa sphère s'est faite si grande que, de sa première apparition, alors qu'elle était toute ronde, à son aspect demi-circulaire et à celui de maintenant, les différences sont telles que le montre la présente figure : ○ ◗ ☽. Elle s'amincira encore jusqu'à son occultation et, au milieu du mois prochain, nous la retrouverons orientale et très petite; à mesure qu'elle s'éloignera du Soleil, sa lumière augmentera et sa masse diminuera; en trois mois environ, elle se réduira à un demi-cercle et, sans mutation sensible, gardera cette forme un mois ou à peu près; puis, continuant toujours à diminuer de grandeur apparente, elle se fera, en peu de jours, parfaitement ronde et se montrera telle pendant plus de dix mois consécutifs, dont il faut retrancher les quelque trois mois durant lesquels elle sera invisible sous les rayons du Soleil.

Nous voici donc rendus certains que Vénus tourne autour du Soleil et non au-dessous (comme le crut Ptolémée) parce qu'alors elle ne dépasserait jamais la figure du demi-cercle, ni au-dessus (comme le voulait Aristote) car au-dessus du Soleil elle n'apparaîtrait jamais en forme de faucille, mais toujours beaucoup plus qu'en demi-cercle et presque toujours parfaitement pleine. Et Mercure, j'en suis sûr, nous montrera les mêmes phases. Quant aux raisons pour lesquelles ces variations de forme et de grandeur en Vénus restent imperceptibles à notre vue naturelle, je sais qu'elles n'ont rien de secret pour Votre Révérence. De ces raisons, le grand éloignement de Vénus, comparé à celui de la Lune, est la principale, comme l'expérience d'ailleurs nous le montre; car si nous tournons notre lunette de manière qu'elle nous fasse paraître les objets très petits et très lointains, la Lune elle-même, à son premier quartier, nous apparaîtra ronde et brillante, très semblable à Vénus vue à l'œil nu. Ces phases de Vénus nous assurent d'autre part que toutes les planètes reçoivent leur lumière du Soleil, étant par elles-mêmes obscures. De plus, je suis, quant à moi, tout à fait certain que les étoiles fixes sont par elles-mêmes très lumineuses et n'ont nullement besoin de l'irradiation du Soleil, dont Dieu sait si elle arrive à pareille distance.

Enfin, j'ai étudié le moyen de savoir les vraies grandeurs de toutes les planètes. Sauf ce qui concerne le Soleil et la Lune, ceux qui ont traité cette question se sont toujours très gravement trompés; pour certaines planètes, l'erreur dépasse six mille pour cent.

Quant aux planètes Médicées, je continue à les observer;

et, ayant amélioré mon instrument, je les découvre beaucoup plus apparentes que les étoiles de la deuxième grandeur : la meilleure preuve en est qu'à présent je les vois peu après le coucher du Soleil et un bon moment avant qu'apparaissent les Gémeaux et le baudrier d'Orion. Et j'espère avoir trouvé le moyen de déterminer les périodes de toutes les quatre, chose estimée impossible par Kepler et par d'autres mathématiciens.

J'espérais pouvoir aller à Venise pendant le carême pour réimprimer ces observations, mais elles se sont tellement multipliées que je serai obligé de retarder mon voyage jusqu'après Pâques. En attendant, je ne veux pas laisser de dire à V.S. Rév^{me} et à l'Ill^{me} seigneur Sébastien Venier qu'au cas où les ill^{mes} réformateurs n'auraient pas encore désigné un mathématicien pour la chaire de Padoue, ils veuillent bien différer leur choix, car j'espère pouvoir leur procurer une personne de grand renom [il s'agit de Kepler] et capable de défendre la dignité et l'excellence de ce noble enseignement contre ceux qui cherchent à le supprimer et qui, à Padoue, comme on le sait fort bien, ne manquent pas. Ceux dont je parle s'emploieront, je le sais, à favoriser la nomination de quelque sujet facile à dominer et à épouvanter, afin que si jamais se produisait quelque belle découverte, elle restât étouffée sous leur tyrannie. Mais connaissant la prudence de vos sénateurs, je me plais à espérer que l'élection qui sera faite ne pourra qu'être excellente.

Et maintenant, je vous ai assez importuné : pardonnez au plaisir que j'éprouve à parler avec vous; si vous me faites la grâce de m'écrire, vous pourrez joindre votre lettre, comme je joins celle-ci, au courrier de l'Ill^{me} seigneur Venier. Il me reste à vous prier de vouloir bien rappeler à tous nos Ill^{mes} seigneurs que je suis, comme je fus toujours, leur serviteur très dévoué. En toute affection, je vous baise les mains.

De Florence, le 12 février 1610 (style florentin)
De V. S. Rév^{me},

le très dévoué serviteur,

GALILEO GALILEI

A PIERO DINI, A ROME

Rome, 21 mai 1611.

J'ai eu connaissance des doutes émis par les principaux professeurs de Pérouse au sujet des quatre planètes Médicées et, bien que très occupé d'autres affaires, je répondrai, conformément à l'ordre de V. S. Rév^{me}, ce que j'ai à répondre à ce propos. J'estime que cette peine ne sera pas perdue puisqu'elle répondra au désir de V. S. et qu'elle me donnera l'espoir de me concilier un jour, mieux que l'assentiment d'un particulier, celui de tout le corps d'une Université si renommée et si célèbre. Et bien que la question soit *de fait* et que la décision ne dût dépendre que de l'expérience sensible, toutefois, étant donné que doutes et instances relèvent du raisonnement et de l'imagination, et que je ne puis, de si loin, présenter la preuve sensible qui seule apaiserait vraiment et pleinement les esprits, je tenterai, raisonnant moi aussi, d'écarter les causes de doute expressément dénoncées dans la lettre du signor Sassetti.

Et d'abord, que ces messieurs puissent croire qu'il y a dans la lunette quelque piège trompeur, me paraît vraiment une chose étonnante; car ils ne nieront pas, j'en suis sûr, que déceler les défauts et les erreurs d'un instrument ou d'un artifice quel qu'il soit, appartient et appartient seulement à qui se connaît à l'art dont cet instrument dépend et, de plus, a fait dudit instrument nombre d'expériences. Or, attendu que la fabrication et la théorie de cette lunette dépendent de la connaissance des réfractions, laquelle est une branche des sciences mathématiques, spécialement professée par moi; et étant avéré que, depuis deux ans et demi désormais, j'ai fait de mon instrument, ou plutôt de plusieurs dizaines de mes instruments, des centaines et des milliers d'expériences sur des centaines et des milliers d'objets proches et lointains, grands et petits, lumineux et obscurs, je ne vois pas comment quelqu'un pourrait me croire assez simple pour être resté dupe de mes observations, et penser qu'entre la perspicacité d'un autre et ma propre stupidité, il y eût un tel abîme que cet autre, sans avoir vu mon instrument, y ait découvert des vices dont je ne me serais pas aperçu, moi, après cent mille expériences, et non seulement moi, mais aucun de ceux, et ils sont nombreux, qui l'ont utilisé en même temps que moi. Ce serait là présumer tant de soi-même et si peu du compagnon que je ne crois pas qu'une pareille pensée vienne jamais à l'esprit d'une personne raisonnable.

D'aucuns diront peut-être que, m'étant fort bien avisé des tromperies de mon instrument, je ne me trompe pas moi-même, mais que je trouve bon de tromper autrui. A quoi je réponds d'abord en affirmant, protestant et confessant que ces tromperies-là, je les ignore, et que s'il arrivait qu'un sublime génie les fît ouvertement connaître, je ne chercherais pas à me soustraire du nombre des trompés et à couvrir mon ignorance du manteau de l'astuce; je suis prêt au contraire, en pareil cas, à me déclarer plus ignorant que les autres, vu qu'une pratique assidue aurait dû me faire apercevoir de mon erreur mieux et en moins de temps que quiconque. J'ajoute ensuite que ce n'est pas seulement ma lunette et celles que j'ai fabriquées qui font voir les quatre planètes jupitériennes, mais toutes les autres, faites en quelque lieu que ce soit et par quelque procédé que ce soit, pourvu qu'elles soient bien travaillées et qu'elles montrent les objets agrandis et distincts; et avec tous ces instruments, en usage partout, on voit ces planètes affectées de mêmes mouvements et de constitutions rigoureusement identiques; si bien que ceux qui s'obstineront à soutenir que ces phénomènes sont des illusions auront fort à faire à trouver les raisons pour lesquelles tous les instruments, grands et petits, longs et courts, s'accordent ainsi à produire les mêmes apparences fallacieuses et à les montrer toujours, alors que les objets visibles sont innombrables, dans le voisinage de Jupiter. Je dirai mieux : si quelqu'un croyait pour de bon qu'il fût possible de fabriquer une lunette ayant la propriété de faire apparaître par illusion, autour d'une étoile, d'une lumière ou de n'importe quel objet particulier, d'autres lumières ou une multiplicité d'autres figures qui en réalité n'existeraient pas et dont l'apparence trompeuse se montrerait autour d'un certain objet et non des autres, que cet homme-là se mette en devoir de fabriquer un pareil instrument, car je m'engage, moi, à le lui faire payer dix mille écus. Et si ma lunette avait le pouvoir de faire apparaître autre chose que ce qui existe réellement, je ne l'échangerais pas contre un trésor. Mais en voilà assez dit sur l'objection des fausses apparences : un seul regard dans l'instrument suffit à l'écarter.

Quant à l'autre objection, à savoir que ces planètes, si elles existent, demeurent inefficaces en raison de leur petitesse, je ne vois guère comment elle porte contre moi puisque je n'ai jamais soufflé mot de leur efficacité ou de leurs influences; si donc quelqu'un les répute superflues, inutiles au monde et oisives, qu'il s'en prenne à la nature et à Dieu mais pas à moi qui n'ai rien à voir à cela et qui n'ai eu d'autre prétention que de montrer qu'elles sont dans le ciel et tournent d'un mouvement propre autour de l'étoile de Jupiter. Mais si, comme avocat de la nature et pour le service de V. S. Ill^{me}, je dois dire quelque chose, je dirai que, pour ma part, j'hésiterais beaucoup à affirmer que ces planètes Médicées manquent d'influences alors que tous les astres en abondent; je me jugerais bien hardi et même bien téméraire si, dans les étroites limites de mon entendement, je prétendais circonscrire l'intention et l'opération de la nature. Devais-je donc, ces jours derniers, quand, chez l'Ill^{me} et Excell^{me} marquis Federico Cesi, mon seigneur, j'ai vu les peintures de cinq cents plantes indiennes, déclarer que ce n'était là que fiction, que ces plantes n'existaient pas au monde ou que, si elles existaient, elles étaient superflues et inutiles, alors que ni moi ni aucune des personnes présentes n'en connaissions les qualités, les effets et les vertus ? Et je ne crois certes pas que dans les temps les plus antiques et les plus barbares, la nature se soit abstenue de produire l'immense variété des plantes et des animaux, des pierres précieuses, des métaux et autres minéraux, de pourvoir tous ces animaux de membres, de muscles, d'articulations; je ne crois pas qu'elle ait manqué de faire se mouvoir les sphères célestes et, en somme, de produire et de mettre en œuvre tous ses effets, simplement parce qu'une humanité inculte ne connaissait pas les vertus des plantes, des pierres, des minerais, ne comprenait pas le rôle des parties des animaux et ne pénétrait pas le cours des étoiles; et vraiment, il me semble qu'il serait ridicule de croire que les choses de la nature commencent d'exister quand nous commençons à les découvrir et à les entendre. S'il fallait que l'entendement des hommes fût cause de l'existence des choses, il faudrait, ou que les mêmes choses fussent et tout ensemble ne fussent point (qu'elles fussent pour ceux qui les entendent et ne fussent point pour ceux qui ne les entendent pas), ou que l'entendement de quelques-uns, voire d'un seul, suffît à leur donner l'être. Et dans cette seconde et moins exorbitante hypothèse, il suffira qu'un seul entende les propriétés des planètes Médicées pour les faire exister dans le ciel; les autres, pour le moment, se contenteront de les voir.

Mais cette façon de proclamer qu'elles sont dénuées d'influence, étant si petites, pour déduire de là (je suppose) que, superflues et inefficaces, elles ne méritent pas d'être considérées et estimées, m'apparaît plutôt comme une excuse pour se dérober à la fatigue de les observer et de calculer leurs difficiles et presque inexplicables périodes, que comme une raison valable de réputer inutiles, oiseuses et méprisables des œuvres de Dieu, et des œuvres si sublimes. Et quelles règles, de grâce, ou quelles observations, quelles expériences nous enseignent que l'efficacité, la noblesse et l'excellence des opérations ne se doivent juger qu'à la grandeur des instruments dont il plaît à la nature et à Dieu de se servir? Quel homme de saine intelligence mesurera la vertu et perfection des choses à leur seule masse? Je me fais fort, quant à moi, de dénombrer dans la nature entière autant de choses très petites, et très efficaces dans leur action, qu'on pourra m'en désigner de très grandes; et de même que les arts, pour leurs diverses opérations, n'ont pas moins besoin de petites choses que de grandes, de même la nature, pour produire à sa convenance la variété de ses effets, a besoin d'instruments très divers; et telles opérations s'effectuent grâce à de minuscules machines qui ne s'effectueraient pas aussi bien, ou pas du tout, à l'aide de plus grandes. Qui prétendra que l'ancre, faite d'un si gros morceau de fer, est d'un très grand usage dans la navigation et qu'au contraire la boussole, objet de dimension infime, est inutile et sans valeur? Il est vrai que pour immobiliser le navire, la boussole ne sert à rien, mais l'ancre n'est pas moins inutile pour le diriger et le gouverner dans son voyage; on peut même se demander si celle-là n'est pas d'un usage plus excellent et plus admirable que celle-ci. La barre de fer dont on fait un levier pour remuer des blocs de pierre ne rejette pas dans l'ombre le noble service de l'aiguille qui, dans les doigts industrieux d'une jolie femme, devient l'instrument d'un ravissant travail de dentelle. Si la faible importance de la masse diminuait ou réduisait à rien l'efficacité et l'excellence de l'opération, combien seraient moins nobles le cœur, le poumon, la prunelle de l'œil que telles autres parties du corps plus vastes et plus charnues! Qui donc dira que la citrouille l'emporte en noblesse sur le poivre et la girofle ou les oies sur le rossignol? Bien mieux, si nous considérions d'un regard plus subtil les effets de la nature, nous verrions que les plus admirables découlent de petites causes et sont produits par de très petits moyens. Examinons d'abord les causes motrices de nos sens les plus parfaits : ce qui émeut notre sens de l'ouïe, ce qui par son organe introduit en nous les pensées, les idées, les affections des autres hommes, qu'est-ce donc sinon un peu d'air vibrant au mouvement de la langue et des lèvres de qui nous parle? Il n'est personne pourtant qui ne convienne que ce très léger souffle d'air ne l'emporte de beaucoup en excellence et noblesse sur cette grande agitation des vents qui secoue les forêts et pousse les navires par l'océan. Quelle petitesse encore, quelle ténuité est celle des espèces visuelles qui, dans le si étroit espace de notre pupille, enferme le quart de l'univers? Et quelle est la masse des phantasmes qui altèrent notre cerveau, qui tantôt excitent l'imagination à nous rendre présent ce que nous avons vu, entendu et compris au cours de notre existence, tantôt réveillent la mémoire qui nous rappelle tant de choses passées? Il me serait facile d'énumérer mille et mille grands effets ou grandes affections qui dépendent de petites causes; mais le peu que j'ai dit suffira, je pense, à montrer comment la souveraine efficace d'une vertu ne doit pas se mesurer à la seule grandeur d'un corps : innombrables sont au contraire les effets qui demandent et exigent, pour être parfaitement obtenus, la petitesse et la ténuité des causes efficientes; tels sont mêmes, semble-t-il, les plus spirituels et en conséquence ceux qui participent le plus, si l'on peut dire, de la Divinité.

Et s'il nous plaisait de considérer les causes inférieures, motrices des affections, puissances et vertus de notre âme, nous rencontrerions mille exemples frappants et convaincants du fait que certaines facultés sont excitées en nous par des causes d'une grande force et d'une grande véhémence, lesquelles causes non seulement ne contribuent en rien à l'éveil d'autres vertus, mais leur font obstacle et les détruisent; et ces vertus ne peuvent être actuées que sous l'action de causes contraires. L'ardeur du cœur, l'impétuosité des esprits, le mépris des dangers et de la mort elle-même, les voici d'abord éveillés par le vin, puis excités à merveille par le son aigu des trompettes, le roulement des tambours, le fracas des armes, le piétinement des chevaux, les mouvements tumultueux des escadrons en rase campagne sous le feu du soleil; et en revanche, voici que dans la nuit la plus profonde et la plus obscure, notre audace est anéantie par le silence d'une solitude déserte, la crainte nous gagne, la peur survient. Mais si nous cherchons à savoir ce qui éclaire et ce qui trouble la faculté discursive et spéculative de notre intellect, nous constatons que les ténèbres, la quiétude, le jeûne, le silence et la solitude la développent admirablement, alors que le tumulte, le vacarme et les fumées du vin l'obscurcissent et lui sont un insurmontable obstacle. Si donc, parmi les causes inférieures, celles qui stimulent l'audace du cœur et celles qui favorisent la spéculation de l'intellect sont diamétralement opposées, il est raisonnable de penser que très différentes aussi sont entre elles les causes supérieures dont dépendent (si toutefois elles opèrent en nous) le courage et la faculté spéculative; et si les astres agissent et influent principalement par leur lumière, peut-être sera-ce une conjecture probable que de rapporter l'ardeur et la bravoure aux étoiles les plus grandes et les plus véhémentes, et l'acuité et la perspicacité de l'esprit à des lumières plus subtiles et presque invisibles.

Qu'on laisse donc aux corps célestes les plus vastes le soin d'exercer, sur les choses inférieures, les actions les plus amples : alternance des saisons, mouvements des mers, variations des vents, perturbations de l'atmosphère et (si l'opération des astres s'étend sur nous) constitutions et dispositions du corps, tempéraments, complexions générales et autres choses du même ordre; car ceux qui ont le goût de ces curiosités trouveront ici-bas mille et mille autres effets particuliers à rapporter à de plus subtiles et plus spirituelles influences. Et si quelque impatient me pressait de désigner telle influence particulière que je croirais devoir attribuer aux planètes par moi récemment découvertes, je lui répondrais que toutes les influences qu'il a jusqu'à présent rapportées au seul Jupiter ne dérivaient pas plus de Jupiter que de ses satellites, et qu'avoir cru que Jupiter agissait tout seul et ignoré qu'il eût quatre compagnons ne confère à personne le pouvoir de faire qu'il cesse de les avoir auprès de lui et de coopérer avec eux. Quant à leurs effets propres, je ne saurais les distinguer que si d'abord quelqu'un veut bien éloigner de Jupiter ses satellites et le laisser agir tout seul. Qui saura jamais si la colère, l'amour, la haine et autres passions semblables ont leur siège dans le cœur ou dans le cerveau, s'il n'a d'abord fait l'expérience de vivre quelque temps ou sans cervelle ou sans cœur?

A ce propos, je ne veux pas taire à V. S. ce que j'ai répondu, ces jours derniers, à l'un de ces tireurs d'horoscopes qui s'imaginent que Dieu, en créant le ciel et les étoiles, n'a pensé à rien de plus qu'à ce à quoi ils pensent eux-mêmes. Il me demandait avec une importune insistance de lui dire les effets de ces planètes Médicées, protestant qu'autrement il les refuserait comme oisives et nierait toujours leur existence d'astres superflus. (Ces gens-là, conformément à la doctrine de Sizzi, estiment, je pense, que les astronomes ont reconnu qu'il y avait au monde sept planètes parce qu'ils ont vu, non pas leurs corps dans le ciel, mais leurs effets sur la terre; c'est précisément ainsi que, non par la vue mais par la présence d'effets extravagants, on découvre que certaines maisons sont hantées par des esprits malins). Je lui conseillai de considérer à nouveau les cent ou mille pronostics émis par lui jusqu'à ce jour et en particulier de bien examiner les événements qu'il avait annoncés comme devant se produire sous l'influence de Jupiter; s'il se trouvait que tous ont été exactement conformes à ses prévisions, qu'il continuât allégrement à pronostiquer selon ses vieilles règles habituelles; les nouvelles planètes, ajoutai-je, n'altéreraient en rien les choses révolues et il ne serait pas à l'avenir un moins heureux devin que par le passé; si au contraire il s'avisait que certains petits détails des événements dépendant de Jupiter n'ont pas répondu aux dogmes et aphorismes de l'art divinatoire, qu'il se mît en devoir de faire de nouveaux calculs pour déterminer quel fut, à tout moment passé, l'état des quatre satellites, car il se pourrait que la diversité de leurs manières d'être lui permît de distinguer, grâce à d'attentives observations et à de multiples rapprochements, les altérations et variétés d'influence dont ils sont cause. Je lui fis remarquer aussi que, dans les siècles passés, on n'a pas toujours appris les sciences dans les livres, sans trop de peine et aux dépens d'autrui, mais que les premiers inventeurs ont trouvé et acquis les connaissances les plus excellentes des choses naturelles et divines par l'étude et la contemplation de ce livre immense que la nature tient constamment ouvert devant ceux qui ont des yeux au front et dans la tête; et qu'arracher au prix de ses propres veilles, études et sueurs, quelque vérité admirable et nouvelle à l'infinité de celles qui demeurent encore cachées aux plus profonds abîmes de la philosophie était une entreprise plus honorable et plus digne d'éloge que de mener une vie oisive et inerte, sans autre fatigue que celle de noircir, pour excuser sa paresse et son inaptitude à la spéculation, les laborieuses inventions du voisin, et d'aller proclamant qu'à ce qui a déjà été trouvé, on ne peut rien ajouter de nouveau. Mais que ceci soit dit comme en digression et non comme en réponse directe aux objections soulevées; et que V. S. Rév^{me} me pardonne cet écart de plume.

Pour en revenir à l'inefficacité attribuée aux planètes Médicées en raison de leur petitesse, je rapporterai une autre conversation que j'eus ici, à Rome, ces jours passés, et également avec un astrologue. Comme il m'avait dit que leur art ne tenait aucun compte des étoiles de la troisième grandeur ou de grandeur moindre, j'en arrivai à lui demander, après de longs détours, comment il se faisait qu'ils donnassent tant d'importance aux étoiles nébuleuses; il me répondit que leur action était très puissante, en ce sens qu'elles faisaient obstacle à la vue et qu'en outre elles obscurcissaient l'intellect de ceux qui les avaient eues, à leur naissance, en conjoncture défavorable. Je lui répliquai alors : « Comment donc direz-vous encore que les étoiles de la troisième grandeur n'agissent point, quand j'ai récemment découvert qu'une nébuleuse n'est pas, comme on le croyait jusqu'ici, une seule étoile voilée par une région du ciel un peu plus dense, et apte de ce fait à réfracter et à disperser sa lumière, mais un amas de minuscules étoiles plus petites, non seulement que celles de la troisième grandeur, mais que celles de la sixième et même de la dixième grandeur? ». Il se tut et, contrairement à la coutume de ceux qui disputent non pour découvrir la vérité mais pour l'emporter sur leur adversaire, il s'apaisa et se montra satisfait.

J'ajoute encore que s'il est vrai, comme l'affirment les

astrologues et beaucoup de philosophes, que les étoiles opèrent *lumine et motu*, et s'il est vrai que les lumières les plus grandes sont celles dont l'influence est la plus efficace, la rapidité du mouvement et les promptes et fréquentes mutations devront l'emporter aussi sur la paresse et l'indolence des astres qui cheminent lentement; et s'il en est ainsi, les quatre nouvelles planètes devront exercer une action des plus vigoureuses, leurs périodes étant si courtes que la moins rapide d'entre elles accomplit sa révolution autour de Jupiter en un peu plus de seize jours et la plus rapide en moins de deux jours. Ce que leur refuserait la faiblesse de leur lumière peut donc fort bien être compensé par la rapidité de leur mouvement; et à supposer que toutes quatre ensemble ne soient que la moitié de Saturne, en revanche elles sont mille et mille fois plus rapides que lui. Quant à la mesure dans laquelle elles peuvent seconder ou altérer l'action de Jupiter lui-même (si nous tenons à le mettre au premier rang des cinq), de futures observations pourront nous en instruire sur chaque point particulier; pour le présent, qu'il suffise de conjecturer d'une manière générale combien il importe à Jupiter d'avoir auprès de lui quatre étoiles tantôt réunies, tantôt séparées, toutes à l'orient, toutes à l'occident, ou en partie à droite, en partie à gauche, toutes ou en partie se déplaçant dans l'ordre des signes, ou au contraire rétrogrades, tantôt très lumineuses, tantôt enténébrées et éclipsées : situations diverses et qui, de jour en jour, vont alternant.

Mais si quelqu'un prétendait nier simplement les influences là où n'atteint pas la lumière des corps célestes influents, et dire que sans la lumière le mouvement est inefficace, je commencerais par lui demander quelle est la lumière de ces régions du ciel où ne se trouve aucune lumière d'étoile, et même aucune étoile, comme sont l'Ascendant, le Milieu du Ciel, la Part de Fortune et tous ces autres lieux que vous définissez par des directions et qui, sans qu'il s'y trouve aucun astre, sont d'après vous causes opérantes de tous les effets ultérieurs. De plus, les étoiles qui sont au-dessous de notre horizon devraient être sans efficace puisque leur lumière ne parvient pas à notre hémisphère, à moins qu'elles soient assez puissantes pour pénétrer le globe terrestre, et en ce cas les si nombreuses et si grandes étoiles fixes du ciel austral, bien qu'invisibles pour nous, ne devraient pas être négligées. D'ailleurs, qui oserait dire que la lumière des planètes Médicées n'atteint pas la Terre? Prétendrons-nous encore faire de nos yeux la mesure de l'expansion de toutes les lumières, si bien que là où les images des objets lumineux ne nous sont pas perceptibles, nous devions affirmer que leur rayonnement n'arrive pas? Il se peut que les aigles et les loups-cerviers voient des étoiles qui, à notre faible vue, demeurent cachées. Mais accordons à nos adversaires plus qu'ils ne nous demandent; admettons que rien n'existe au monde en dehors de ce qu'il nous est donné de voir ou d'entendre : la lumière des susdites étoiles n'en parviendra pas moins à la Terre. En effet, les espèces visibles n'étant autre chose que de la lumière ayant pris forme, ou au moins ne pouvant être transmises sans lumière, là où arrivent ces espèces, la lumière arrive aussi; or, si les espèces des quatre planètes Médicées s'évanouissaient en se propageant et se perdaient avant d'atteindre la Terre, tous les verres de Murano ne suffiraient pas à les rendre visibles, car ce qui n'est rien ne peut se multiplier, et toute dilatation ou augmentation suppose l'existence de ce qui doit être dilaté ou augmenté : c'est pourquoi, le télescope faisant apparaître les quatre planètes Médicées très grandes et très lumineuses, on ne peut nier que leur lumière se répande, et très vivement, jusqu'à la Terre. Enfin, s'il était besoin, pour que les influences pussent s'exercer, d'une très apparente et très sensible illumination, les effets de Mercure seraient vraiment nuls ou très faibles puisque, la plupart du temps et presque toujours, sa lumière reste invisible; et Mars quand, au voisinage du Soleil, il n'est à nos yeux que le soixantième à peine de ce qu'il apparaît dans son opposition, si bien qu'en grandeur apparente il le cède aux étoiles du quatrième ordre, Mars, dis-je, devrait alors voir son influx réduit à très peu de chose ou à rien. Concluons donc que si les autres astres exercent une influence, les Médicées doivent en faire autant.

Ces messieurs ajoutent qu'à leur sentiment, les étoiles de cette sorte ne manquent pas dans le ciel. Sur ce dernier point, je ne puis rien nier ni rien affirmer; tout ce qu'il m'est permis de dire, c'est que, pour mon compte, je n'ai su découvrir que ces quatre-là, autour de Jupiter, et les deux qui sont jointes et fixées à Saturne; si d'autres ont été aperçues, je prie les auteurs de ces découvertes de bien vouloir m'en faire part : je leur en saurai un gré infini. Je ne pense pas que ces messieurs veuillent parler d'étoiles autres que les planètes mobiles et errantes dont font partie les Médicées, car faire intervenir les fixes innombrables serait ici hors de propos. J'ai déjà écrit moi-même qu'immense est la multitude des fixes invisibles à l'œil nu. Mais comme ces étoiles ne nous obligent pas à supposer de nouveaux orbes, à modifier le système du monde et à reconnaître que toutes les révolutions sidérales ne se font pas autour d'un centre unique, on peut se dispenser de les soumettre à un examen aussi attentif. Et si, comme je le pense, ces messieurs songent aux planètes quand ils disent qu'à leur avis les étoiles de cette sorte ne manquent pas, d'où vient qu'en même temps ils se montrent si peu disposés à m'en accorder quatre ?

Quant aux arguments allégués à l'appui des objections ci-dessus exposées et par moi examinées, arguments tirés en très grand nombre de faits multiples à commencer par la création d'Adam, comme ils ne sont pas spécifiés mais supposés connus de V. S. Révme, et donc en quelque sorte adressés à Elle, je lui laisse le soin de les examiner et d'apprécier leur pouvoir de faire croire à V. S. qu'Elle n'a pas vu ce qu'elle a vu plus d'une fois.

Voilà tout ce que j'ai écrit pour répondre au signe que m'a fait V. S. Révme. Si Elle juge que ce modeste discours suffit à satisfaire aux doutes et aux insistances qui m'ont été présentés, qu'Elle veuille bien l'agréer, et avec lui le témoignage de mon dévouement et de mon obéissance. Sinon, qu'Elle le jette au feu, sans laisser de m'en pardonner l'envoi et d'excuser mon impuissance auprès de ces messieurs de Pérouse. En toute révérence, je baise les mains de V. S. Illme et Révme, et me déclare son très obligé serviteur.

GALILEO GALILEI.

De chez moi, le 21 mai 1611.

A MAFFEO BARBERINI, A BOLOGNE

Florence, 2 juin 1612.

Ill^{me} et Rév^{me} Seigneur et très vénéré patron,

Entre tant de faveurs que j'ai reçues de V. S. Ill^{me} et Rév^{me}, reste fixée en ma mémoire celle que V. S. me fit, lors de son récent passage, à la table du Sér^{me} grand-duc, mon seigneur, quand Elle soutint mon parti contre l'Ill^{me} et Rév^{me} cardinal de Gonzague et d'autres d'opinion contraire à la mienne. Il m'a fallu depuis, pour obéir au commandement de Son Altesse, mettre mes raisons plus en ordre sur le papier et les faire imprimer ensuite; et maintenant que c'est chose faite, je crois de mon devoir d'en envoyer un exemplaire à V. S. Rév^{me} en la suppliant de bien vouloir, quand Elle en aura le loisir, lire ce que j'expose en ce traité, où Elle verra, je pense, que ce n'est pas seulement à l'un de ses serviteurs qu'Elle a accordé sa protection, mais à la vérité elle-même.

V. S. a certainement eu connaissance des bruits qui circulent à propos des taches obscures continuellement découvertes et observées au moyen de la lunette dans le corps du Soleil; et comme on m'écrit de Rome que des hommes tenus là-bas en grande estime les tournent en dérision comme un paradoxe et une très grave absurdité, il m'a semblé utile de toucher mot de cette affaire à V. S.

Il y a environ dix-huit mois, comme je regardais à la lunette le disque du Soleil un peu avant son coucher, j'y ai découvert quelques taches très sombres; reprenant cette observation plusieurs soirs de suite, je m'aperçus que ces taches changeaient de place, que ce n'étaient pas toujours les mêmes qui apparaissaient ou qu'elles n'étaient pas toujours disposées dans le même ordre; que parfois elles étaient nombreuses, parfois plus rares et que parfois on n'en voyait aucune. Je fis voir à quelques amis ce phénomène bizarre et le montrai aussi, l'an dernier, à plusieurs prélats et autres gens d'étude; la nouvelle s'en répandit en plusieurs pays d'Europe et, depuis quatre mois, j'ai reçu de divers côtés nombre d'observations et de dessins, en particulier trois lettres écrites sur ce sujet au seigneur Marcus Welser, d'Augsbourg, et imprimées sous le nom supposé d'*Apelles latens post tabulam.* Ces lettres me furent communiquées par Welser lui-même qui me demanda ce que j'en pensais, et surtout ce que j'estimais qu'on pût savoir quant à la nature de ces taches. Je lui écrivis une lettre de six pages sur ce sujet, réfutant l'opinion du prétendu Apelles et de ceux qui jusqu'alors avaient abordé la question; finalement, après avoir roulé dans ma tête une foule de pensées diverses, je me suis décidé à conclure et je tiens pour assuré que lesdites taches sont au contact du corps solaire, qu'elles s'y engendrent et s'y dissolvent sans cesse, certaines étant de plus longue, d'autres de plus courte durée; les unes sont plus denses et plus obscures, les autres moins; en général, elles changent de forme d'un jour à l'autre et leurs contours sont très irréguliers; il arrive souvent qu'une tache se divise en deux, en trois ou davantage, et que d'autres, d'abord divisées, se réunissent en une seule; enfin, en raison de leur universel et commun mouvement, j'ai acquis la certitude indubitable que le Soleil tourne sur lui-même d'occident en orient, c'est-à-dire suivant la même révolution que toutes les planètes, et que son entière conversion s'accomplit à peu près dans le temps d'un mois lunaire. Et d'après ce que j'ai observé, la grande majorité de ces taches naissent entre deux cercles du globe solaire qui correspondent aux tropiques; au-delà de ces cercles, je n'en ai presque jamais aperçu. Quant à leurs génération et dissolution, raréfaction, condensation, distraction, changements de forme et autres accidents, si je devais les rapprocher de quelque objet familier à nos yeux, je n'en trouverais pas qui leur fussent plus comparables que nos nuages.

Tout ce que je dis à V. S. Ill^{me} et Rév^{me} est tellement vrai et a été tant de fois confirmé par les observations concordantes que j'ai faites que je ne crains plus désormais de le donner pour certain. Que beaucoup s'en moquent, comme je l'entends dire, ne m'épouvante pas, car il s'agit de choses qui pourront toujours être constatées par une infinité de personnes dans toutes les parties du monde, et qui de proche en proche seront reconnues pour vraies par les meilleurs esprits. C'est pourquoi j'ai le courage et l'audace de publier des conclusions qui font figure de si étranges paradoxes. La seule chose qui me déplaise, c'est que les rieurs jouent, comme on dit, à coup sûr, certains qu'ils sont de ne pas perdre et courant la chance de gagner beaucoup; en effet, si ce que j'affirme et qu'ils nient se trouvait être faux, ils pourraient se flatter d'avoir, sans aucune peine, vu juste, et mieux que d'autres après de multiples et laborieuses observations; et si au contraire s'impose la certitude que tout ce que j'ai dit est vrai, ils seront excusés de n'avoir pas donné leur assentiment à des choses si inattendues. Si V. S. Ill^me^ a vu la lettre du pseudo-Apelles, je pourrai lui envoyer copie de celle que j'ai adressée à ce sujet au seigneur Welser; en attendant, je vous envoie quelques dessins des taches solaires faits avec la plus grande exactitude quant au nombre, à la grandeur, à la forme et à la situation de ces taches sur le disque du Soleil, de jour en jour. S'il arrive à V. S. Ill^me^ de s'entretenir de mes théories avec des hommes d'étude, je serai heureux de savoir ce qu'ils en pensent tous, et en particulier les péripatéticiens, car cette nouveauté semble être le jugement dernier de leur philosophie : *Iam fuerunt signa in luna, stellis et sole;* en supposant la mutabilité, la corruption et la génération de la plus excellente substance du ciel, cette doctrine introduit d'ailleurs, avec la corruption et le changement, l'espoir d'une régénération *in melius*.

J'ai suffisamment ennuyé V. S. Ill^me^ et Rév^me^. Que par l'effet de son infinie bienveillance, Elle m'excuse et me garde en ses bonnes grâces la place qu'Elle a daigné me donner. Avec mon humble salutation.

De Florence, le 2 juin 1612.
De V. S. Ill^me^ et Rév^me^,

le très dévoué et très obligé serviteur,

GALILEO GALILEI

A PAOLO GUALDO, A PADOUE

Florence, 16 juin 1612.

Très illustre, très révérend et honoré Seigneur,

Votre très chère lettre m'a appris ce qui s'est passé jusqu'à présent à propos de ma lettre relative aux taches solaires. J'ai trouvé là de quoi me réjouir, surtout aux dépens de ceux qui, pour n'être pas forcés de croire, se refusent à voir; le jeu me plaît parce que je suis toujours en gain et jamais en perte : à tout moment, en effet, quelque incrédule se convertit, et de ceux qui ont été persuadés, aucun jamais ne change de camp, attendu que chaque jour des faits nouveaux et concordants viennent à l'appui de la vérité; et la vérité, qui l'a de son côté est en bonne posture et peut rire en voyant des adversaires se débattre et se fatiguer en vain. J'ai encore une autre consolation, à savoir que ces taches solaires, comme mes autres découvertes, sont des choses qui ne passent pas avec le temps et tardent à revenir, comme les étoiles nouvelles de 1572 et de 1604, ou comme les comètes qui finissent par se perdre et, par leur absence, donnent facilité de se reposer à ceux qui, lorsqu'elles étaient là, éprouvaient quelque inquiétude. Ces taches, au contraire, les tiendront toujours au supplice car elles se verront toujours; et il est juste que la nature se venge quelquefois de l'ingratitude de ceux qui si longtemps l'ont maltraitée et qui, dans leur sotte obstination, ferment les yeux à la lumière qu'elle leur prodigue sans cesse pour leur enseignement. Voici qu'enfin, par des traits indélébiles, elle nous montre qui elle est et combien elle est ennemie de la paresse, mais toujours et en tous lieux prête à œuvrer, à engendrer, à produire et à dissoudre. Là est sa suprême excellence. Mais je ne veux pas à cette heure aborder un sujet qui ne saurait être développé en une simple lettre.

J'ai reçu avis du seigneur Welser que ma lettre lui est parvenue et lui a été agréable, mais qu'Apelles, pour l'instant, ne pourra la lire, faute d'en entendre la langue. Je l'ai écrite en langue vulgaire pour que chacun puisse en prendre connaissance, et c'est aussi pourquoi j'ai fait usage de ce même idiome pour rédiger mon dernier opuscule. Ce qui me détermine à agir de la sorte, c'est de voir que les jeunes gens étant envoyés sans discrimination aux Universités pour s'y préparer à être médecins, philosophes, etc., beaucoup exercent ces professions qui y sont parfaitement impropres, tandis que d'autres qui seraient aptes à les exercer assument le soin des affaires domestiques ou d'autres occupations étrangères aux études; et ces derniers, bien que pourvus, comme dit Ruzzante, d'un bon *stanurale*, n'en finissent pas moins, incapables qu'ils sont de lire ce qui est écrit en *baos*, par se persuader que dans ces *slibrazzon ghe suppie de gran noelle de luorica e de filuorica, e conse purassè che strapasse il elto purassè;* et moi, je veux qu'ils sachent que la nature, de même qu'elle leur a donné, aussi bien qu'à ces *filuorichi*, des yeux pour voir ses ouvrages, leur a aussi donné une cervelle pour les entendre et les comprendre. Ce qui n'empêche pas que je voudrais qu'Apelles et les autres ultramontains pussent, eux aussi, me lire; et comme je suis ici très occupé, j'aurais grand besoin du secours de V. S. et du sig. Sandeli, s'il voulait bien me faire la grâce de traduire ma lettre en latin aussitôt que possible et me l'envoyer sans délai, car il se trouve à Rome quelqu'un de disposé à la faire imprimer avec d'autres de mes écrits. De mon côté, je terminerai ma seconde lettre pour en faire le même usage et je l'enverrai également à V. S. Au cas où le sig. Sandeli accéderait à ma demande, je sais que certains termes et certaines expressions propres à notre art pourraient lui donner de l'embarras. Qu'il ne s'en inquiète pas : je rétablirai, là où il le faudra, les termes propres. Si je puis obtenir cette faveur, que V. S. m'en avise au plus tôt et prenne soin sans retard de l'expédition; en attendant, on commencera à imprimer le texte italien à Rome. Et que tout cela reste *inter nos*. Pour terminer, je vous baise les mains ainsi qu'à tous nos amis, en toute affection et en priant Dieu de combler vos désirs.

Comme le sig. Ciampoli sera ici prochainement, V. S.

voudra bien donner mon autre Discours au Sig. Francesco Duado, en même temps que la lettre ci-jointe.

De Florence, le 16 juin 1612.
De V. S. Ill^me et Rév^me,

le très obligé serviteur,

GALILEO GALILEI

A DON BENEDETTO CASTELLI, A PISE

Florence, 21 décembre 1613.

Très Révérend Père et mon très honoré Seigneur,

Hier est venu me voir le sig. Niccolò Arrighetti qui m'a apporté de vos nouvelles; j'ai pris un plaisir infini à entendre de sa bouche ce dont je ne doutais pas, je veux dire la grande satisfaction que vous donnez à toute l'Université, tant aux surintendants qu'aux lecteurs eux-mêmes et aux écoliers de toutes les nations; et aussi que ces applaudissements n'ont pas accru le nombre de vos rivaux, comme il arrive d'habitude entre ceux de même profession, mais qu'ils les ont au contraire réduits à très peu; et que ces derniers concurrents devront eux aussi s'apaiser s'ils veulent éviter que l'émulation, qui parfois mérite le titre de vertu, ne vienne, dans leur cas, à changer de nom et à dégénérer en un sentiment coupable et, en fin de compte, plus préjudiciable à qui le manifeste qu'à nul autre. Mais ce qui a porté mon plaisir à son comble, c'est le récit qu'il m'a fait des propos que, grâce à la bienveillance de Leurs Altesses Sérénissimes, vous avez eu l'occasion de tenir, d'abord à leur table, puis dans la chambre de Madame Sérénissime, en présence du grand-duc, de la Sérénissime archiduchesse, des Illustrissimes et Excellentissimes D. Antonio et D. Paolo Giordano et de quelques très excellents philosophes. Et quelle plus grande faveur pouvez-vous désirer que de voir Leurs Altesses elles-mêmes se plaire à vos entretiens, vous exposer leurs doutes, en écouter les solutions et finalement rester satisfaites des réponses de Votre Paternité ?

Certaines choses que vous avez dites et que m'a rapportées le signor Arrighetti ont été pour moi l'occasion de considérer à nouveau, d'un point de vue général, l'appel à l'Écriture Sainte dans les disputes de philosophie naturelle, et plus particulièrement le passage de Josué proposé en contradiction de la mobilité de la Terre et de la stabilité du Soleil par la grande-duchesse Mère, non sans quelques répliques de la Sérénissime archiduchesse.

Quant à la question préalable posée par Madame Sérénissime, elle me semble des plus judicieuses, et c'est aussi très sagement qu'il a été accordé et établi par V. P. que jamais l'Écriture Sainte ne peut mentir ou errer, mais que ses décrets sont d'une vérité absolue et inviolable. J'aurais seulement ajouté que si l'Écriture ne peut errer, certains de ses interprètes et commentateurs le peuvent, et de plusieurs façons, dont une des plus communes et des plus graves serait de s'en tenir toujours au sens littéral, d'où l'on risquerait de tirer non seulement des contradictions mais des hérésies, voire des blasphèmes; on serait en effet nécessairement conduit à donner à Dieu des pieds, des mains, des yeux, à lui attribuer des affections corporelles et humaines, des sentiments tels que la colère, le repentir, la haine et même parfois l'oubli des choses passées et l'ignorance des futures. En conséquence : de même que dans l'Écriture on trouve nombre de propositions qui, si l'on s'arrête au pur et simple sens des mots, semblent éloignées du vrai, mais sont présentées de la sorte pour s'adapter à la faible intelligence du vulgaire, de même, à l'intention des rares personnes qui méritent d'être séparées de la plèbe, il faut que de sages interprètes dégagent les significations véritables et fassent voir pour quelles raisons particulières elles ont été ainsi exprimées.

Étant donné donc que l'Écriture, en de nombreux passages, non seulement se prête à des interprétations éloignées du sens apparent des termes mais les exige, il me semble que dans tout débat sur des questions naturelles, on ne devrait l'alléguer qu'en dernière instance. En effet, l'Écriture Sainte et la nature procédant pareillement du Verbe divin, celle-là en tant que révélation du Saint Esprit et celle-ci en tant que très fidèle exécutrice des ordres de Dieu; étant d'autre part accordé que l'Écriture Sainte, pour s'adapter à l'intelligence universelle, dit souvent des choses qui, à première vue et quant au sens des mots, sont très éloignées de la vérité absolue, tandis qu'au contraire la nature — inexorable, immuable, indifférente à ce que le secret de ses raisons et de ses modes d'action soient ou ne soient pas à la portée de la compréhension des hommes — ne transgresse jamais les limites des lois qui lui sont imposées; il apparaît que, des effets naturels, ce que l'expérience sensible nous fait voir ou ce qu'une démonstration nécessaire nous oblige à conclure, ne doit absolument pas être révoqué en doute au nom de tel passage de l'Écriture qui, pris à la lettre, semblerait dire autre chose, puisque chaque mot de l'Écriture Sainte n'est pas déterminé par des contraintes aussi rigoureuses que chaque effet de la nature. Bien plus, si l'Écriture, dans le seul souci de s'accommoder à la capacité de peuples rudes et incultes, ne s'est pas fait faute de voiler ses dogmes les plus essentiels, attribuant à Dieu même des caractères tout à fait étrangers et contraires à son essence, qui oserait soutenir et affirmer que, laissant de côté ce même souci quand elle parle, fût-ce incidemment, de la Terre, du Soleil ou de quelque autre créature, elle ait choisi de s'en tenir en toute rigueur au sens étroit et littéral des mots? Et surtout pour dire, au sujet des créatures qui n'ont rien de commun avec l'intention première des livres saints, des choses telles que leur vérité nue et découverte eût tôt fait de contrarier cette première intention en rendant le vulgaire plus rétif aux conseils des articles concernant son salut?

Ceci posé et, de plus, étant évident que deux vérités ne peuvent se contredire, le devoir des interprètes sagaces est de se donner pour tâche de montrer que les véritables significations des textes sacrés s'accordent aux conclusions naturelles, aussitôt que nous ont rendus sûrs et certains le témoignage manifeste des sens ou d'irréfutables démonstrations. Je dirai plus : les Écritures, encore qu'inspirées par l'Esprit Saint, admettant en bien des passages, pour les raisons que j'ai alléguées, des interprétations éloignées de leur sens littéral, et nous-mêmes ne pouvant affirmer en toute certitude que leurs interprètes parlent tous sous l'inspiration divine, j'estimerais prudent de ne permettre à personne d'engager les sentences de l'Écriture et de les obliger en quelque sorte à garantir la vérité de telle conclusion naturelle dont il pourrait arriver que nos sens ou des démonstrations indubitables nous prouvent un jour le contraire. Et qui prétendra assigner une limite aux génies humains? Qui osera affirmer que tout ce qui est connaissable au monde est déjà connu? Aux articles relatifs au salut et au fondement de la foi, assez solides pour qu'il n'y ait aucun danger qu'on puisse dresser contre eux une doctrine valable et efficace, il serait donc, sans doute, de bon conseil de n'en point ajouter d'autres sans nécessité. Et s'il en est ainsi, dans quel désordre ne se jetterait-on pas en les ajoutant à la requête de personnes dont nous ignorons si une vertu céleste les inspire et dont en outre nous voyons clairement qu'elles sont tout à fait dénuées de l'intelligence qui serait indispensable, je ne dis pas pour réfuter, mais pour comprendre les démonstrations par lesquelles procèdent les sciences les plus subtiles pour confirmer leurs conclusions?

Je croirai volontiers que l'autorité des lettres sacrées n'eut pas d'autre intention que d'enseigner aux hommes les articles et les propositions qui, nécessaires à leur salut et dépassant toute raison humaine, ne pouvaient être enseignés et rendus croyables sinon par la bouche même de l'Esprit Saint. Mais que Dieu qui nous a doué de sens, de raison et d'intellect ait voulu que nous négligions d'en faire usage, qu'il ait voulu nous donner un autre moyen de connaître ce que nous pouvons atteindre par eux, je ne pense pas qu'il soit nécessaire de le croire, et surtout dans ces sciences dont l'Écriture ne nous offre que d'infimes parcelles dispersées çà et là, ce qui est justement le cas de l'astronomie, dont il est si peu question dans les livres saints que les planètes ne s'y trouvent même pas nommées. Si les premiers auteurs sacrés avaient eu la pensée d'enseigner au peuple l'ordre et le mouvement des corps célestes, ils n'en auraient pas traité si brièvement, car ce qu'ils en disent n'est rien en comparaison des innombrables, des très hautes, des très admirables vérités que cette science enferme.

Que Votre Paternité considère avec quel désordre, si je ne

m'abuse, procèdent, quand ils disputent de questions naturelles qui ne sont pas directement *de fide*, ceux qui mettent aussitôt en avant des passages de l'Écriture trop souvent mal compris par eux. Mais si vraiment ils croient détenir le vrai sens de tel passage particulier de l'Écriture, et par conséquent être assurés d'avoir en main, sur le point controversé, la vérité absolue, qu'ils me disent tout simplement s'ils estiment que, dans une dispute sur une question naturelle, celui qui se trouve soutenir le vrai a un grand avantage sur cet autre à qui revient la tâche de soutenir le faux. Je sais qu'à pareille question ils répondront oui; celui qui soutient le vrai, diront-ils, aura de son côté mille expériences, mille démonstrations nécessaires, tandis que l'autre n'aura du sien que sophismes, paralogismes et fallaces. Mais si, quant à eux, dans la limite des raisons naturelles et sans user d'autres armes que celles de la philosophie, ils ont conscience d'être à tel point supérieurs à leur adversaire, pourquoi, le moment venu de se mesurer avec lui, ne prennent-ils pas aussitôt en main l'arme invisible et redoutable dont la seule vue épouvantera le plus habile et le plus entraîné des lutteurs? En vérité, je crois qu'au contraire ils seront les premiers épouvantés et que, se sentant incapables de résister aux assauts de l'adversaire, ils essaieront de trouver le moyen de ne pas lui permettre d'engager le combat. Mais comme celui qui a la vérité de son côté a, disions-nous, un grand, un très grand avantage sur la partie adverse, et comme il est impossible que deux vérités se contrarient, nous n'avons pas à craindre les attaques, d'où qu'elles viennent, pourvu que nous soit donnée la permission de parler et d'être écouté par des personnes capables de nous entendre et qui ne soient pas trop aveuglées par leurs propres intérêts et passions.

En confirmation de quoi, j'en arrive maintenant à considérer le passage de Josué sur lequel vous avez donné à Leurs Altesses Sérénissimes trois éclaircissements. Je reprends le troisième que vous avez présenté comme venant de moi, ce qui est vrai, mais j'y ajoute quelques remarques supplémentaires que je ne crois pas avoir formulées jusqu'ici.

Étant donc supposé et provisoirement accordé à l'adversaire que les paroles du texte sacré doivent être prises au pied de la lettre, autrement dit que Dieu arrêta le Soleil et prolongea le jour à la prière de Josué afin qu'il pût obtenir la victoire, mais étant fait droit aussi à ma demande de me prévaloir des mêmes conditions, pour que l'adversaire ne présume pas qu'il va me lier et, quant à lui, rester libre de modifier ou d'altérer le sens littéral, je dis que ce passage nous montre manifestement la fausseté et l'impossibilité du système du monde aristotélicien et ptoléméen, et s'accorde au contraire fort bien au système de Copernic.

Et d'abord, je demande à l'adversaire s'il sait de quels mouvements se meut le Soleil. S'il le sait, il est forcé de me répondre que le Soleil se meut de deux mouvements qui sont le mouvement annuel d'occident en orient et le mouvement diurne d'orient en occident.

En second lieu, je lui demande si ces deux mouvements, si différents et comme opposés l'un à l'autre, appartiennent au Soleil et lui sont également propres. A quoi il est obligé de répondre que non, mais qu'un seul de ces mouvements est propre et particulier au Soleil, à savoir l'annuel, car l'autre n'est aucunement le sien mais celui du dernier ciel ou premier mobile qui entraîne en même temps le Soleil, les planètes et la sphère étoilée, les contraignant à tourner autour de la Terre en vingt-quatre heures d'un mouvement qui, comme je l'ai dit, est quasiment contraire à leur mouvement propre et naturel.

J'en viens à la troisième question et je demande lequel de ces deux mouvements produit le jour et la nuit : est-ce le mouvement propre du Soleil ou celui du premier mobile? Force est de répondre que le jour et la nuit résultent du mouvement du premier mobile, et que du mouvement propre du Soleil dépendent non pas le jour et la nuit mais les différentes saisons et l'année elle-même.

Or, si le jour dépend non du mouvement du Soleil mais de celui du premier mobile, qui ne voit que pour augmenter la durée du jour, il faut arrêter le premier mobile et non le Soleil? Bien plus, qui refusera, à supposer qu'il possède ces premiers éléments d'astronomie, de reconnaître que si Dieu avait arrêté le Soleil, il n'aurait pas allongé le jour, mais au contraire l'aurait écourté? En effet, le mouvement du Soleil étant opposé à la conversion diurne, plus le Soleil se déplacerait vers l'orient, d'autant plus il retarderait sa course vers l'occident; et si le mouvement du Soleil était retardé ou annulé, il atteindrait le couchant d'autant plus vite, accident très sensible dans le cas de la Lune dont la conversion diurne est plus lente que celle du Soleil dans la mesure même où son mouvement propre est plus rapide. Étant donc absolument impossible, dans le système de Ptolémée et d'Aristote, d'arrêter le mouvement du Soleil et d'augmenter la durée du jour, ainsi que cela s'est produit suivant l'affirmation de l'Écriture, il faut, ou bien admettre que les mouvements célestes ne sont pas ordonnés comme le veut Ptolémée, ou bien altérer le sens des mots et supposer que l'Écriture, quand elle dit que Dieu arrêta le Soleil, veut dire qu'il arrêta le premier mobile, mais que, pour se mettre à la portée de gens tout juste capables de comprendre le lever et le coucher du Soleil, elle a dit le contraire de ce qu'elle eût dit s'adressant à des hommes mieux entendus.

Il n'est d'ailleurs pas croyable que Dieu ait arrêté le Soleil seulement, sans interrompre le mouvement des autres sphères, car sans nécessité aucune, il eût ainsi changé l'ordre, les aspects et les positions des autres astres par rapport au Soleil et grandement perturbé tout le cours de la nature; mais il est croyable qu'il arrêta tout le système des sphères célestes, lesquelles, après ce temps de repos, sont revenues à leurs activités toutes ensemble, sans la moindre confusion ou altération.

Mais puisque nous sommes convenus d'accepter sans aucun changement le sens littéral du texte, nous n'avons plus qu'à recourir à un autre système du monde et à voir, comme nous le verrons en effet, si le sens nu des mots peut, sans détours ni obstacles, s'y accorder.

J'ai découvert et irréfutablement démontré que le globe du Soleil tourne sur lui-même, son entière conversion durant à peu près le temps d'un mois lunaire et s'effectuant dans le sens de presque toutes les autres conversions célestes; d'autre part, il est très probable et très vraisemblable que le Soleil, principal instrument et ministre de la nature et pour ainsi dire cœur du monde, donne non seulement la lumière, comme il apparaît clairement qu'il la donne, mais aussi le mouvement à toutes les planètes qui tournent autour de lui. Si donc, conformément à l'hypothèse de Copernic, nous attribuons à la Terre la rotation diurne sur elle-même, qui ne voit que pour arrêter tout le système et prolonger ainsi, sans perturber l'ensemble des relations réciproques entre les planètes, le temps de l'illumination diurne, il a suffi que le Soleil fût arrêté, comme le disent expressément les paroles du texte sacré? Voici donc comment, sans introduire aucune confusion dans les parties de l'univers et sans altérer en rien le sens littéral de l'Écriture, on peut, en arrêtant le Soleil, prolonger le jour terrestre.

J'ai écrit beaucoup plus que mon état de santé ne le comporte; je termine donc en me déclarant votre serviteur; je vous baise les mains et je prie N. S. de vous accorder de bonnes fêtes et toute félicité.

De Florence, le 21 décembre 1613.
De Votre Paternité Révérendissime,

le très affectionné serviteur,

GALILEO GALILEI

A CURZIO PICCHENA, A FLORENCE

Rome, 6 février 1616.

Illme Seigneur et très honoré patron,

Pour répondre au désir plusieurs fois exprimé par V. S. Illme et pour me conformer aussi à mon devoir et à mon propre désir, je continue à vous donner de mes nouvelles. J'ai à vous dire que mon affaire, dans la mesure où elle concerne ma personne, est terminée; ceci m'a été librement et clairement signifié par tous les éminents personnages qui s'occupent de ces choses-là : ils m'ont assuré qu'on avait eu des preuves tangibles aussi bien de mon innocence et de mon intégrité que de la malice diabolique et de l'injuste acharnement de mes persécuteurs. De ce côté, rien ne m'empêcherait donc plus de rentrer chez moi.

Mais dès lors qu'à ma cause est annexé un chef qui ne concerne pas tant ma personne que l'ensemble de tous ceux qui, depuis quatre-vingts ans, ont donné et donnent en des ouvrages imprimés ou en des lettres privées, en des débats ou discours publics ou en des conversations particulières, leur adhésion à une certaine doctrine ou opinion que V. S. Ill^me^ connaît bien et que présentement on examine en vue de délibérer ce qui, à cet égard, sera le plus juste et le meilleur, je ne puis, moi qui peut-être suis en mesure d'être de quelque secours en ce qui touche la connaissance des vérités relevant des sciences que je professe, je ne puis, dis-je, ni ne dois refuser une aide que ma conscience de chrétien zélé et catholique m'impose d'apporter. Cette affaire me tient très occupé, mais je ne regrette pas ma fatigue, et d'autant moins qu'elle n'est pas, à ce que je vois, sans profit dans une cause rendue très difficile du fait que, depuis longtemps, des personnes intéressées à ces questions par quelque dessein propre ont imprimé des ouvrages dont l'examen et la réfutation ne peuvent se faire du jour au lendemain, mais exigent une longue étude. Je ne puis, là-dessus, en dire davantage à V. S.

Hier est venue me trouver cette même personne [Tommaso Caccini] qui, d'abord à Florence, du haut de la chaire, puis ici et ailleurs avait parlé et intrigué si gravement contre moi; il resta avec moi plus de quatre heures et, dans la première demi-heure, comme nous étions seul à seul, il chercha, à force de soumission, à se faire pardonner ce qu'il avait fait là-bas, se déclarant prêt à me donner toute satisfaction; puis il tenta de me faire croire qu'il n'avait pas été le promoteur des bruits répandus ici. Sur quoi survinrent Mgr Bonsi, neveu de l'Ill^me^ et Rév^me^ cardinal, le chanoine Venturi et trois autres gentilshommes de lettres. L'entretien porta dès lors sur le fond de la controverse et sur les raisons pour lesquelles on s'était mis à vouloir condamner une proposition admise depuis si longtemps par la Sainte Église. Au cours de la discussion, il laissa voir qu'il était très loin d'entendre ces matières autant qu'il eût fallu et il ne donna qu'une médiocre satisfaction aux personnes présentes, lesquelles, au bout de trois heures, se retirèrent; demeuré seul, il revint à son premier propos, cherchant à me dissuader de ce que je sais de science certaine.

Aussi longtemps que j'ai été personnellement en cause, je n'ai pas voulu, comme je l'ai dit à Leurs Altesses Sérénissimes, user de la faveur de personne; il est d'ailleurs impossible de parler et de se confier à ceux qui traitent les affaires de ce genre. Maintenant, tout se passe plus ouvertement car il s'agit, en un certain sens, d'une cause publique, encore que ce tribunal, par comparaison aux autres, soit, même en ces sortes d'affaires, très secret. C'est pourquoi je n'ai pas voulu jusqu'à présent — et ce fut aussi l'avis des autres personnes qui me protègent — présenter la lettre de S. A. à l'Illme card. Borghese; mais je la présenterai mardi prochain avec une très bonne excuse pour le retard. Et maintenant que j'ai plus de liberté d'action, j'ai trouvé l'Illme card. Orsini si prêt à me défendre et à me soutenir chaleureusement (bonnes dispositions que je ne dois pas à mon mérite, mais à la lettre du Sérme grand-duc) qu'il m'a paru bon d'en rendre compte directement à S. A. Sérme, et en même temps, par l'intermédiaire de V. S., de supplier ladite Altesse Sérénissime de vouloir bien me faire tenir encore quatre lignes à l'adresse dudit cardinal, pour l'aviser qu'Elle a été informée par moi de la promptitude avec laquelle Sa Seigneurie a accédé à ses demandes, et pour lui dire combien il Lui a été agréable d'apprendre quelle protection s'étend sur ma personne. Une telle lettre me sera d'une très grande utilité; elle m'épargnera bien des fatigues et me permettra d'effectuer promptement ce que je ne pourrais faire sans une très longue patience et une considérable dépense de temps. C'est pourquoi je supplie V. S. Illme et, par vous, S. A. Sme de faire en sorte que me soit accordée bientôt cette grâce dans l'attente de laquelle je me tiendrai et dont je vous aurai une toute particulière obligation. Je termine cette lettre en vous faisant la plus simple révérence et en priant Dieu qu'il vous comble de félicité.

De Rome, le 6 février 1616.
De V. S. Illme,

le très dévoué et très obligé serviteur,

GALILEO GALILEI.

AU MÊME, A FLORENCE

Rome, le 20 février 1616.

Ill^{me} Seigneur et très honoré patron,

La lettre du Sér^{me} grand-duc, notre Seigneur, fut aussitôt remise par moi entre les mains de l'Ill^{me} et Rév^{me} card. Orsini qui l'a lue avec infiniment de plaisir, me demandant de la relire moi-même en sa présence, dit qu'il lui tardait beaucoup de rencontrer l'Ill^{me} et Rév^{me} cardinal Borghese pour la lui montrer et témoigna de la plus grande ardeur à défendre la cause publique en question; il se déclara même disposé à en traiter avec Sa Sainteté en personne, après que je l'eus bien mis au fait de l'importance de l'affaire et que je lui eus dit à quel point cette cause (si juste et si méritoire) a besoin de l'appui d'une autorité non commune contre l'implacable obstination de ceux qui, pour maintenir leur erreur première, n'hésitent pas (dans l'oubli de tout zèle de piété et de religion) à user de toutes machinations et intrigues possibles pour tromper les supérieurs auxquels la décision revient. Mais j'espère en Dieu béni qui me fait la grâce de démasquer leurs fraudes qu'il me donnera la force d'en triompher et de faire obstacle à toute décision dont pourrait résulter quelque scandale pour la Sainte Église. Et bien que je sois seul devant l'assaut de si nombreux adversaires qui voudraient par leurs calomnies salir jusqu'à ma réputation, je sais qu'ils se donnent du mal en pure perte, car n'ayant jamais rien avancé que je n'aie également donné par écrit, alors qu'eux au contraire ne cessent de comploter furtivement et en cachette, mes écrits mêmes manifesteront toujours aux yeux des hommes justes mon très saint zèle et ma parfaite bonne foi.

Il y a quelques jours, j'informai V. S. Ill^{me} de l'entretien qu'avait eu avec moi le P. Caccini : il vint me voir, simulant le repentir, me présentant des excuses pour le tort qu'il m'avait fait à Florence et s'efforçant de me persuader qu'il n'était pour rien dans ce qui se faisait ici; mais de même qu'alors ses propos trahissaient, autant qu'une profonde ignorance, un esprit venimeux et dénué de charité, de même ce qui se passe aujourd'hui me fait connaître à quel point il est dangereux d'avoir à faire aux gens de son espèce et combien il est plus sûr de s'en tenir à distance; soit dit sans préjudice des bons, dont je suis certain qu'ils sont nombreux dans son ordre et dans les autres.

A Rome où me voici, le vent ne cesse de tourner et les affaires sont toujours flottantes; mais je rends grâces à Dieu de me donner, dans le médiocre état de santé où je suis, la force de résister à de dures et continuelles fatigues. Je n'entre pas dans les détails, ayant trop peu de temps pour écrire longuement; mais je me réserve de vous en parler. En attendant, je rends grâces au Sér^{me} grand-duc de la faveur qu'il m'a faite avec tant de bienveillance et dont je sais combien je dois être obligé aussi à V. S. Ill^{me}. Et comme je confesse que cette obligation est infinie, de même je garde l'espoir de vous en payer en quelque mesure en exécutant promptement tous vos ordres. Je vous rends grâces également de la description des fêtes que vous m'avez envoyée et qui m'a procuré une heure de très grand plaisir et divertissement. Je vous baise les mains en toute révérence et prie Dieu de vous accorder toute félicité.

Je reçois à l'instant votre dernière lettre en même temps que le pli qui m'est adressé de Venise et je vous en remercie. J'ai aussi reçu des lettres du sig. Antonio Speziali; mais l'heure étant avancée, j'y répondrai par le prochain courrier ordinaire.

De Rome, le 20 février 1616.
De V.S. Ill^{me},

le très dévoué et très obligé serviteur,

GALILEO GALILEI

AU MÊME, A FLORENCE

6 mars 1616.

Ill^me^ Seigneur et très honoré patron,

Je n'ai pas écrit par la dernière poste à V. S. Ill^me^, n'ayant aucune nouvelle à vous donner; on est sur le point de prendre une décision quant à cette affaire dont je vous avais touché mot comme d'une affaire publique ne me concernant pas personnellement, sinon dans la mesure où mes ennemis ont voulu m'y mêler tout à fait hors de propos. Il s'agit de la décision de la Sainte Église quant au livre et à la doctrine de Copernic touchant le mouvement de la Terre et l'immobilité du Soleil, doctrine contre laquelle des objections ont été soulevées l'an passé à Sainte-Marie-Nouvelle, puis ici, à Rome, par le même frère qui la déclare contraire à la foi et hérétique. Lui et ses partisans, par leurs paroles et leurs écrits, se sont appliqués à faire partager cette opinion, mais ils n'ont pas réussi à persuader la Sainte Église, qui s'en est tenue à prononcer que la doctrine de Copernic ne concorde pas avec l'Écriture, en sorte que seuls sont interdits les ouvrages dans lesquels on a voulu nier *ex professo* ce désaccord; et de tels ouvrages, il n'en est d'autre qu'une lettre d'un Père carme imprimée l'année dernière, laquelle seule reste prohibée. Diego de Zuniga, ermite de Saint Augustin, ayant publié il y a trente ans un ouvrage sur Job où il soutenait que cette doctrine n'est pas contraire à l'Écriture, reste suspendu *donec corrigatur*, la correction consistant à supprimer une page de l'exposition sur les mots *qui commovet terram de loco suo*, etc. Du livre de Copernic lui-même, on retirera dix lignes de la préface à Paul III, où l'auteur dit qu'il ne lui semble pas que sa théorie répugne à l'Écriture; à ce que j'entends, on pourrait encore, de ci de là, retrancher un mot, par exemple là où, parlant de la Terre, Copernic la désigne deux ou trois fois par le mot *sidus*. La correction de ces deux ouvrages est confiée au S[r] card. Gaetano. On ne fait pas mention d'autres auteurs.

Quant à moi, cette affaire, comme sa nature même le montre assez, ne me concerne en rien, et je ne m'en serais même pas occupé si, comme je l'ai dit, mes ennemis ne m'y avaient pas mêlé. Mon attitude en ces circonstances peut toujours être connue d'après ce que j'ai écrit et que j'ai soin de conserver, afin de pouvoir à tout moment fermer la bouche à la malveillance en montrant que je me suis comporté de telle sorte qu'un saint ne l'aurait pas fait avec plus de respect et de zèle envers l'Église, ce qui ne fut peut-être pas le cas de mes adversaires qui n'ont pas hésité à recourir à l'intrigue, à la calomnie et à toute espèce de suggestions diaboliques dont la longue histoire sera rapportée, le temps venu, à Leurs Altesses Sérénissimes et à V. S. également. Et puisque l'expérience m'a fait toucher du doigt en de nombreuses rencontres que j'avais tout sujet de redouter le peu d'inclination qu'éprouve à mon égard certain personnage dont il me semble que je vous ai déjà dit un mot, je peux craindre que ces mêmes dispositions ne l'incitent à voir tout ce qui me touche, et peut-être à le présenter à autrui, sous un faux jour; c'est pourquoi je prie V. S. de me conserver jusqu'à mon retour, en toute occasion, l'estime que mérite ma sincérité; encore que je sois très assuré que la seule venue ici de l'Ill[me] et Rév[me] cardinal [Charles de Médicis] m'épargnera la peine de dire un seul mot : un tel nom répondra pour moi par toute la Cour. Mais avant tout V. S. saura avec quelle patience et quelle modération je me suis conduit et combien j'ai respecté la réputation de qui, à l'inverse, s'acharnait âprement et sans retenue à détruire la mienne; vous en serez stupéfait. Je dis cela à V. S. Ill[me] pour le cas où, de quelque côté, arriveraient jusqu'à Florence des rapports qui sembleraient m'accabler et qui ne pourraient être que faux en tous points, comme j'espère que des voix plus véridiques le feront entendre.

Quant à mon projet de voyage à Naples, jusqu'à présent le temps et les chemins ont été détestables; s'ils s'améliorent, je verrai ce que je peux faire, mais je tiens avant tout à me trouver ici pour l'arrivée du cardinal. En attendant, je rends grâces à la bénignité de Leurs Altesses Sérénissimes qui se sont toujours montrées si humainement disposées en ma faveur; et je reste infiniment obligé à V. S. comme à mon très singulier protecteur et patron. En toute révérence, je vous baise les mains.

De Rome, le 6 mars 1616.
De V. S. Ill^{me},

le très dévoué et très obligé serviteur,

GALILEO GALILEI

A LÉOPOLD D'AUTRICHE, A INNSBRUCK

Florence, 23 mai 1618.

Sérénissime Seigneur et très honoré patron,

Je me retrouve encore affligé des mêmes indispositions dans lesquelles m'a trouvé V. A. Sér^{me} quand son infinie bienveillance m'honora de faveurs si au-dessus de mon mérite; et à la douleur de ces maux corporels s'en est ajoutée une autre plus pénible et qui affecte mon esprit : c'est de n'avoir pu et de ne pouvoir encore satisfaire, fût-ce en partie, au désir de V. A. en réunissant, comme j'en avais eu la pensée, quelques discours relatifs à des problèmes dont je puis juger qu'ils ne seraient pas étrangers à Son goût. Aussi me vois-je dans la nécessité de La supplier très humblement de bien vouloir, en raison de cette impossibilité, pardonner le retard qu'il me faut mettre à obéir plus pleinement à Ses ordres et accepter, en attendant, les modestes objets que je Lui envoie en même temps que la présente lettre. Ce sont deux télescopes, l'un plus long, l'autre moins; le plus grand pourra servir à V. A. et à ses familiers pour l'observation des corps célestes : le cristal est exactement le même que celui que j'utilise depuis trois ans et, si je ne me trompe, il devra être excellent; l'autre sera d'un maniement plus commode et très bon pour les observations terrestres; à vrai dire, même sur la terre, le premier fera paraître les objets plus grands et plus distincts : il faudra seulement un peu plus de peine pour les placer dans le champ de vue.

J'envoie en outre à V. A. un troisième tube, plus petit, façonné dans une têtière de cuivre; il est sans aucun ornement car il ne peut que servir de modèle pour en fabriquer un autre, mieux adapté au tour et à la forme de tête de V. A. ou de quiconque devra l'utiliser. Cet engin ne peut être mis au point que si la personne qui aura à s'en servir est présente, car il doit être ajusté à sa tête et à ses yeux, et cet ajustement consiste en déplacements infimes en haut ou en bas, vers la droite ou vers la gauche. V. A. ne manquera pas de bons artisans qui, sur ce modèle, feront très exactement ce qu'il faut. Je supplie V. A. de tenir les choses secrètes autant que possible pour sauvegarder mes intérêts.

Un exemplaire imprimé de mes *Lettres solaires* parviendra en même temps que la présente à V. A. qui de plus trouvera ci-joint un bref discours sur la cause du flux et du reflux de la mer que j'ai eu à prononcer à Rome, il y a un peu plus de deux ans, à la demande de l'Ill^me^ et Rév^me^ card. Orsini, alors que messieurs les théologiens délibéraient d'interdire le livre de Nicolas Copernic ainsi que la théorie de la mobilité de la Terre soutenue par cet auteur et tenue pour vraie par moi jusqu'au jour où il plut à ces messieurs de prohiber le livre et de déclarer la théorie fausse et en désaccord avec l'Écriture Sainte. Maintenant, sachant qu'il me convient d'obéir et de croire aux prescriptions des supérieurs, attendu qu'ils sont en possession de hautes connaissances auxquelles mon humble génie ne saurait atteindre par ses seules forces, je regarde l'opuscule ci-joint — fondé sur la mobilité de la Terre, ou plutôt présenté par moi comme un des arguments physiques confirmant cette mobilité — je le regarde, dis-je, comme une fable ou comme un songe et je prie V. A. de le tenir pour tel. Toutefois, de même qu'il arrive aux poètes de donner du prix à leurs fantaisies, je fais moi aussi quelque estime de cette mienne vanité; l'ayant écrite et l'ayant fait voir au cardinal susnommé et à un petit nombre de personnes, j'en ai laissé aller quelques copies aux mains d'autres grands seigneurs et ceci afin de pouvoir, au cas où tel ou tel de ceux qui, séparés de notre Église, voudraient s'attribuer ce caprice sorti de ma plume, comme il est arrivé de plusieurs autres de mes inventions, invoquer le témoignage de quelques personnes de qualité et établir ainsi que j'ai été le premier à rêver cette chimère. Ce que j'envoie à V. A. n'en est à vrai dire qu'une première ébauche, rédigée à la hâte alors que j'espérais que Copernic, quatre-vingts ans après la publication de son ouvrage, ne serait pas taxé d'erreur. Mon intention, en ce temps-là, était de développer ce que j'avais écrit, de revenir plus à loisir sur le même sujet, de le traiter plus longuement, d'y ajouter d'autres observations, de le mettre en ordre et de lui donner une meilleure disposition et une meilleure forme; mais une voix céleste me réveilla et dispersa en nuée mes confus et vains fantômes. Que V. A. Sér^me^ les accepte avec bienveillance dans le désordre où ils sont; et si la divine miséricorde permet que je me retrouve un jour en état de supporter quelque fatigue, que V. A. attende de moi quelque chose de plus solide et de plus vrai; et qu'Elle soit de toute manière assurée que je me reconnais si obligé par son infinie bonne grâce que j'estime impossible de m'acquitter de tant d'obligation, mais que je serai toujours prêt à me montrer, au moindre signe, son reconnaissant serviteur.

Sur ce, m'inclinant très humblement, je baise en toute révérence le vêtement de V. A. et La supplie de rappeler, à l'occasion, à Madame Sérénissime, sa sœur, la dévotion avec laquelle je révère Vos Altesses. Et que le Seigneur Dieu vous comble de félicité.

De Florence, le 23 mai 1618.
De V. A. Sér^{me},

le très humble et très obligé serviteur,

GALILEO GALILEI

A FEDERICO CESI, A ACQUASPARTA

Rome, 8 juin 1624.

Ill^{me} et Excell^{me} Seigneur,

Je suis encore à Rome et contre mon désir, car je voudrais être parti depuis quinze jours et m'être trouvé à Florence assez tôt pour y prendre un peu de purgation dont je sens le besoin et dont il faudra me passer pour cette fois, car désormais il s'est écoulé trop de temps. Je partirai dimanche prochain en compagnie de Monseigneur l'évêque Nori et du s^{r} Michelangelo Buonarroti, à la demande desquels je me suis si longtemps attardé.

Quant aux nouvelles d'ici, la principale est que j'ai reçu de très grands honneurs et de très grandes faveurs de Sa Sainteté, avec laquelle j'ai eu, jusqu'à six fois, de longs entretiens; et hier, quand je pris congé, j'eus la ferme promesse d'une pension pour mon fils, mon intercesseur en cette affaire étant, d'ordre de S. S., Monseigneur Ciampoli. Trois jours auparavant m'avaient été donnés un beau tableau, deux médailles, une d'or et une d'argent, et un bon nombre d'*Agnus Dei*. Chez le cardinal [Francesco] Barberini, j'ai trouvé l'habituel et toujours bienveillant accueil, comme aussi chez les Excell^{mes} s^{r} son père [Carlo Barberini] et ses frères [Antonio et Taddeo].

Parmi les autres cardinaux, plusieurs m'ont reçu avec plaisir, en particulier le cardinal [du titre de] Sainte Suzanne [Scipione Cobelluzzi] et les cardinaux Buoncompagni et Zoller. Ce dernier, qui partit hier pour l'Allemagne, me dit s'être entretenu avec Sa Sainteté au sujet de Copernic; il Lui a dit que les hérétiques étant tous favorables à la théorie copernicienne qu'ils tiennent pour très certaine, il y a lieu d'être circonspect avant de prendre aucune décision; à quoi Sa Sainteté a répondu que la Sainte Église ne l'avait pas condamnée comme hérétique, mais seulement comme téméraire, mais que, d'autre part, il n'était pas à craindre que personne fût jamais à même de la démontrer comme nécessairement vraie.

Le P. Mostro [*i. e.* Niccolo Riccardi, O. P.] et le s^r^ Scioppo, bien qu'ils soient loin de pouvoir pénétrer autant qu'il le faudrait ces spéculations astronomiques, n'en ont pas moins la ferme conviction qu'elles ne sont pas matière de foi et qu'il ne convient en aucune façon d'y engager l'Écriture. Quant à ce qui est de fait vrai ou faux, le P. Mostro n'adhère pas plus à Ptolémée qu'à Copernic; il règle la question à sa manière qui est très expéditive : il s'en remet à des anges qui, sans s'embarrasser d'aucune difficulté, impriment aux corps célestes le mouvement propre à chacun d'eux. Et voilà qui doit nous suffire.

J'ai rencontré le signor Girolamo Mattei; c'est un parfait gentilhomme, très désireux de trouver quelqu'un qui puisse lui enseigner les parties des mathématiques intéressant principalement l'art militaire.

Sur toutes les affaires auxquelles j'ai fait allusion, j'aurais à donner à V. E. une infinité d'autres détails, mais leur multitude m'épouvante. Qu'il me suffise de dire qu'en somme mes amis et moi nous en arrivons à penser qu'en restant ici, j'aurais plus de chance, jour après jour, de gagner que de perdre, mais que, les négociations romaines étant très longues et le temps qui me reste peut-être très court, il vaut mieux que je rentre me reposer chez moi et que je mène à bonne fin certain projet auquel je songe [le *Dialogue des grands systèmes*] pour en faire, le moment venu, ce que m'inspireront les circonstances, les conseils de mes amis et, surtout, les ordres de V. E.

Le signor Cesare Marsile a pris connaissance des constitutions [de l'Académie des *Lincei*]; il persévère dans son désir d'être inscrit, reste en pourparlers avec le signor Faber [chancelier général de l'Académie] et salue très affectueusement V. E. Quant à moi, comme m'en font un devoir les obligations infinies que j'ai envers V. E., je vous baise les mains ainsi qu'à l'Excellentissime Princesse, en vous souhaitant une entière félicité.

De Rome, le 8 juin 1624.
De V. S. Ill^me^ et Excell^me^,

le très dévoué et très obligé serviteur,

GALILEO GALILEI

A ANDREA CIOLI, A FLORENCE

Bellosguardo, 3 mai 1631.

Illustrissime Seigneur et très honoré patron,

J'ai vu ce qu'écrit le Rév^{me} P. Maître du Sacré Palais au sujet de l'impression de mes *Dialogues*. A mon grand déplaisir, j'ai eu ainsi connaissance de la manière dont Sa Paternité, après m'avoir tenu presque un an sans rien conclure, se prépare à en user de même à l'égard du Sér^{me} grand-duc notre seigneur, c'est-à-dire à faire traîner les choses en longueur avec des paroles qui n'aboutissent à rien, chose qu'il ne me semble pas que je puisse souffrir d'un cœur léger.

L'Excell^{me} s^{r} ambassadeur [Francesco Niccolini] écrit, le 19 avril, qu'il est tombé d'accord avec la P. Maître que Sa Paternité aurait ordonné que le livre soit imprimé ici, mais avec une certaine déclaration qu'il enverrait par un billet, lequel n'est arrivé que huit jours après, retard causé peut-être par les offices de la semaine sainte. Il envoya, le 28 avril, le billet écrit de sa main : c'est celui que l'ambassadeur a fait parvenir à V. S. Ill^{me} et que V. S. m'a renvoyé. Ce billet, conformément aux accords pris avec l'Exc^{me} s^{r} ambassadeur, devait contenir l'ordre d'imprimer le livre ici, avec les déclarations que S. P. voulait y joindre. Mais la vérité est que, dans ce billet, il n'y a ni ordre d'imprimer, ni déclaration, ni rien, sinon de nouvelles prorogations fondées sur certaines requêtes et exigences auxquelles j'ai donné depuis de longs mois toutes les satisfactions possibles, d'une manière que je suis tout prêt à faire constater au grand-duc, à V. S. Ill^{me} et à quiconque voudrait s'en assurer. Maintenant, comme je vois que l'on navigue ici dans un océan sans rivages et sans ports, et comme il m'importe infiniment de publier mon livre et de m'assurer ainsi le bénéfice de tant de travaux, j'ai pensé à différents procédés possibles, mais pour tous j'ai besoin de l'autorité du Sér^{me} grand-duc. Pour aboutir enfin à une conclusion, il me semble qu'il serait très opportun que S. A. S. voulût bien un jour, et le plus tôt possible, en présence de V. S. Ill^{me}, de l'Ill^{me} s^{r} comte Orso et de tout autre consulteur au gré de S. A. S., convoquer le Rév^{me} Père inquisiteur et le très Rév. P. Stefani, lequel a revu et sévèrement examiné mon livre. J'interviendrai moi-même et présenterai mon ouvrage avec toutes les censures et corrections faites par le R. P. Maître du Sacré Palais, par le P. Visconti son collègue, et par le P. Stefani. Sur le vu de ces corrections, le susdit P. inquisiteur pourrait aussitôt se rendre compte que les parties désapprouvées se réduisent à bien peu de chose et qu'elles ont été amendées; de plus, en voyant avec quel respect et quelle soumission je m'accommode de qualifier de songes, de chimères, d'équivoques, de paralogismes et de vanités toutes les raisons et tous les arguments qui, aux supérieurs, sembleraient venir à l'appui de théories par eux réputées fausses, il comprendrait, et toutes les personnes présentes comprendraient aussi, à quel point je dis vrai quand je professe n'avoir jamais eu en ces matières d'autre opinion et d'autre intention que celles des plus saints et vénérables docteurs de la Sainte Église. Et une telle réunion me semble d'autant plus à propos que le susdit P. Maître dit qu'à l'occasion il écrira au P. inquisiteur, lui signifiant que mon livre doit être examiné et qu'après examen il pourra être livré à la presse.

Je prie donc V. S. Ill^{me} de me faire la grâce de demander à notre Sér^{me} Seigneur s'il veut bien accepter ce que je propose; je m'efforcerai ensuite de me rendre à la Cour au jour prescrit, avec l'espoir de faire constater à S. A. et à tous combien ont été mal informés de mes opinions ceux qui disent qu'elles leur déplaisent, car les opinions qui leur déplaisent ne sont pas les miennes; les miennes sont celles de saint Augustin, de saint Thomas et de tous les autres auteurs sacrés.

Le s^{r} Niccolo Aggiunti, qui vient justement de me rendre visite, remettra la présente à V. S.; pour vous éviter plus de dérangement, il ira lui-même s'informer de la décision de S. A. S. et m'en avisera. Quant à moi, en toute révérence, je vous baise les mains et vous souhaite entière félicité.

De Bellosguardo, le 3 mai 1631.
De V. S. Ill^{me},

le très dévoué et très obligé serviteur,

GALILEO GALILEI

AU MÊME, A SIENNE

Florence, 6 octobre 1632.

Illustrissime Seigneur et très honoré patron,

Je me trouve dans un grand désarroi à cause d'une intimation qui m'a été faite il y a trois jours par le Père inquisiteur, d'ordre de la Sacrée Congrégation du Saint Office de Rome, d'avoir à me présenter avant la fin du mois courant là-bas à ce tribunal, où me sera signifié ce qu'on attend de moi. Conscient que je suis de l'importance de cette affaire, de mon devoir d'en informer notre Sér^{me} Seigneur et du besoin où je me trouve d'être conseillé pour savoir comment je dois me comporter en pareille circonstance, j'ai résolu de me rendre à Sienne au plus tôt afin de soumettre à S. A. Sér^{me} les plans et les projets dont plus d'un me passent par la tête et dont l'intention serait de pouvoir en même temps me montrer, comme je le suis, plein de zèle et de soumission envers la Sainte Église, et désireux de me prémunir autant que possible contre les persécutions et dénonciations injustes qui risquent d'avoir, sans raison, enflammé contre moi les esprits, d'autre part très saints, des supérieurs. J'en rends compte à V. S. Ill^{me} et, par votre intermédiaire, au Sér^{me} grand-duc afin que mon arrivée ne soit pas tout à fait inattendue. Si je ne reçois pas d'avis contraire, je partirai dimanche prochain, laissant ainsi à V. S. le temps de me prévenir s'il y avait quelque obstacle à mon projet. En toute révérence, je vous baise la main et me recommande à votre bonne grâce et à votre protection.

De Florence, le 6 octobre 1632.
De V. S. Ill^{me},

le très dévoué et très obligé serviteur,

GALILEO GALILEI

A FRANCESCO BARBERINI, A ROME

Florence, 13 octobre 1632.

Éminentissime et Révérendissime Seigneur, et très honoré patron,

Que mon *Dialogue* récemment publié, Éminentissime et Révérendissime Seigneur, ait dû trouver des contradicteurs, nous l'avions prévu tous les amis et moi, parce que les vicissitudes des autres ouvrages que j'avais précédemment fait imprimer nous en donnaient l'assurance et parce que tel est à l'ordinaire le destin de doctrines qui s'écartent en tous points des opinions communes et invétérées. Mais que la haine de certains contre moi et contre mes écrits, haine dont la seule cause est que j'ai quelque peu obscurci l'éclat de leurs propres travaux, dût être assez puissante pour imprimer dans les esprits très saints des supérieurs la conviction que ce mien livre était indigne de paraître à la lumière, voilà à quoi je ne pouvais vraiment pas m'attendre. L'ordre donné il y a deux mois à l'imprimeur et à moi-même de ne pas livrer mon ouvrage au public me fut un avertissement très grave. D'un grand soulagement toutefois m'était la pureté de ma conscience, laquelle me persuadait qu'il ne me serait pas difficile de manifester mon innocence; je désirais et j'espérais bien qu'on me donnerait le moyen de prouver ma bonne foi; je ne mettais pas en doute non plus que mon humilité, ma déférence, ma soumission et celle de toutes mes pensées à une autorité absolue auraient le pouvoir de représenter aux très sages supérieurs que telle était la promptitude de mon obéissance qu'elle suffisait à les assurer qu'au moindre signe je me mettrais en route pour me rendre non seulement à Rome, mais au bout du monde. Aussi ne puis-je nier que l'intimation qui m'a été faite dernièrement, d'ordre de la Sacrée Congrégation du Saint Office, d'avoir à me présenter avant la fin du mois courant devant ce très haut tribunal, m'est un sujet de profonde affliction quand, faisant retour sur moi-même, je considère que les fruits de toutes mes études et des fatigues de tant d'années qui jadis avaient porté mon nom aux oreilles des hommes de savoir et m'avaient valu une renommée qui n'était pas tout à fait obscure, sont devenus pour moi autant de marques infamantes, et qu'ainsi toute latitude est donnée à mes rivaux de se dresser contre mes amis, de leur fermer la bouche, de leur interdire non seulement tout éloge de moi mais toute excuse en ma faveur en leur opposant que j'ai mérité, pour finir, d'être cité au Tribunal du Saint Office, action qu'on ne voit jamais intentée sinon pour de graves délits. A tel point ceci m'afflige que j'en viens à détester toutes les heures que j'ai consumées en ces études grâce auxquelles j'avais eu l'ambition et l'espoir de m'écarter quelque peu de la science vulgaire et de ses sentiers battus, et à éprouver, avec le repentir d'avoir exposé au monde une partie de mes compositions, l'envie de détruire et de livrer aux flammes celles qui me restent en mains, donnant ainsi pleine et entière satisfaction aux ardents souhaits de mes ennemis, pour qui mes pensées sont une cause de si grand tracas.

Tel est, Éminentissime Seigneur, le cruel souci qui me tourmente sans cesse et qui, ajoutant la douleur d'une veille continuelle au poids de mes soixante-dix ans et à mes autres indispositions corporelles, me rend certain que si j'entreprends un voyage qui, par sa longueur, ses difficultés et ses incommodités peu communes, me causera de grandes fatigues, je n'aurai pas assez de vie pour en accomplir seulement la moitié. C'est pourquoi, poussé par le désir naturel à tout homme de préserver sa propre santé, je me suis résolu à recourir à l'intercession de Votre Éminence et, encouragé par l'ineffable bonté que chacun reconnaît en Elle et dont plus que tout autre j'ai reçu des preuves, à La supplier de me faire la grâce de représenter à ces très prudents Pères mon pitoyable état présent, non pas afin de me soustraire au devoir de rendre compte de mes actes (car j'en ai le plus grand désir, étant assuré que je ne puis qu'y gagner beaucoup), mais seulement pour qu'ils veuillent bien me faciliter le moyen de leur obéir et de me disculper à leurs yeux. Les procédés ne feront pas défaut à la prudence de ces Pères très sages pour mettre à exécution leur dessein en toute bénignité; quant à moi, pour l'instant, j'en aperçois deux. D'une part, je suis prêt à coucher sur le papier et à exposer par le menu et en toute sincérité tout ce que j'ai dit, écrit et fait depuis le premier jour où le livre de Copernic et ses théories nouvelles suscitèrent quelque émotion; par un semblable exposé, je suis plus que certain de rendre tellement claire et manifeste la sincérité de ma pensée, ainsi que ma très pure, très zélée et très sainte affection envers la Sainte Église, son recteur et ses ministres, qu'il ne se trouvera pas une personne dénuée de passion et d'esprit non prévenu pour ne pas reconnaître que je me suis conduit si pieusement et si catholiquement que n'importe lequel des Pères honorés du titre de saints n'aurait pu faire preuve d'une piété plus grande. J'ai par devers moi toutes les pièces que j'ai écrites à cette occasion ici et à Rome, et chacun, je le répète, comprendra en les lisant que si je me suis engagé dans cette entreprise, ce fut uniquement par zèle de la Sainte Église et pour mettre à la disposition de ses ministres les notions que mes longues études m'avaient permis d'acquérir et dont quelques-unes, peut-être, pouvaient leur faire défaut, comme se rapportant à des matières obscures et étrangères aux doctrines les plus couramment enseignées. Je suis bien sûr qu'il me sera aussi aisé de rendre toute chose claire et évidente qu'il me le fut d'affronter cette entreprise, fortement encouragé que j'étais d'abord par les très saints arrêts et préceptes répandus à profusion dans les livres sacrés des docteurs de l'Église, et définitivement confirmé comme je le fus ensuite dans mon propos quand j'entendis prononcer une sentence très brève, mais très sainte et admirable, de la bouche d'une personne aussi éminente par la doctrine que vénérable pour la sainteté de sa vie; sentence telle qu'elle enfermait en moins de dix mots, assemblés avec autant de grâce que de finesse, tout ce que l'on trouve répandu en de longs discours dans les livres sacrés des docteurs. Pour le moment, je tairai cette admirable parole ainsi que le nom de son auteur, car il me paraît prudent et opportun de ne mêler personne à la présente affaire où seule ma personne est en jeu.

Si j'ai le bonheur d'obtenir cette grâce, oh! comme j'espère que mon innocence sera reconnue et embrassée par ces prudents et très justes Pères! Et quel sera leur étonnement quand ils découvriront le stratagème mis en œuvre par un homme aveuglé qui fut incité à jeter la première pierre non par zèle de piété mais par haine, et non pas contre telle ou telle doctrine mais bien contre ma personne. Je me résignerais difficilement à croire que cette demande, que j'estime si raisonnable, fût m'être refusée, d'autant plus que lui faire droit n'empêcherait pas de me contraindre suivant la procédure déjà entamée. Qui voudra m'interdire de me défendre par écrit et m'imposer une fatigue insurmontable pour ma faiblesse, comme je l'ai déjà exposé, alors que, très certainement, quiconque aura entendu mes raisons aura pitié de mon état et jugera que mon démérite (s'il en est une ombre) a été plus que suffisamment puni par le tourment que m'ont causé jusqu'à présent les rapports d'autrui, rapports, à ce que je crains, peu sincères? Et au cas où ma défense écrite ne satisferait pas pleinement à tous les chefs d'accusation qui me sont imputés, toute difficulté particulière subsistante pourra m'être proposée et je ne manquerai pas de répondre ce que Dieu m'inspirera. Mais je doute, Éminentissime et Révérendissime Seigneur, que pour venir mettre noir sur blanc ce qu'ils sont capables d'avoir murmuré contre moi tout bas et à l'oreille, mes adversaires partent, comme on dit, d'un aussi bon pied que moi qui m'offre à mettre par écrit toute ma défense.

Et pour finir, si l'on refusait d'accepter ma justification par écrit et si l'on exigeait qu'elle fût prononcée de vive voix, il y a ici un inquisiteur, un nonce, un archevêque et d'autres ministres de la Sainte Église devant qui je suis tout prêt à me présenter au moindre appel; au surplus, j'ai tout lieu de croire que des causes de plus grande affaire ont été évoquées à ces tribunaux; et il n'est guère vraisemblable qu'aux regards zélés et perspicaces de ceux qui ont examiné mon livre, avec plein pouvoir d'y apporter à leur gré des suppressions, des adjonctions et des changements, ait passé inaperçue une erreur tellement grave qu'elle ne puisse être reprise et corrigée par les supérieurs de cette ville.

Tels sont, Éminentissime S^r, les partis qui me viennent à l'esprit pour la sauvegarde de ma vie et la satisfaction de ce très haut et vénérable tribunal. Je prie votre bienveillance de daigner les présenter et en même temps d'excuser toute erreur que, par ignorance, j'aurais pu commettre. En dernière conclusion, si mon grand âge, mes nombreuses indispositions corporelles, l'affliction de mon esprit et la longueur d'un voyage rendu très pénible par les présentes menaces [de peste] ne sont pas considérés par ce très saint et très haut tribunal comme des excuses suffisantes pour demander une dispense ou un délai, je me mettrai en route, plaçant l'obéir avant le vivre. Sur quoi, Éminentissime et Révérendissime Seigneur, m'inclinant en toute humilité, je baise votre vêtement et prie Dieu qu'il vous donne toute félicité.

De Florence, le 13 octobre 1632.

De V. Éminence Révme,

le très humble et très obéissant serviteur,

GALILEO GALILEI

A ELIA DIODATI, A PARIS

Florence, 15 janvier 1633.

Très illustre Seigneur et très honoré patron,

J'ai le devoir de répondre à deux lettres, une de V. S. et l'autre du sr Pierre Gassendi, écrites le premier novembre dernier mais qui me sont parvenues il y a seulement dix jours; et comme je suis très occupé et brisé de fatigue, je voudrais par la présente vous répondre à tous deux. Votre grande amitié réciproque m'y autorise, et aussi le fait que vos lettres se rapportent au même sujet, c'est-à-dire à la réception des *Dialogues* que je vous ai envoyés, et au premier coup d'œil que vous leur avez aussitôt donné, non sans les approuver et y applaudir. De ceci, je vous rends grâces et vous suis obligé, mais je reste dans l'attente d'un jugement plus critique et plus libre, après que vous aurez relu mes *Dialogues* plus posément, car je crains qu'il ne s'y trouve bien des choses à reprendre.

Je regrette que les deux livres de Morin et de Froidmont ne me soient venus entre les mains que six mois après la publication de mon *Dialogue*, car j'aurais eu l'occasion de dire bien des choses à leur éloge, et aussi de m'arrêter sur certains points de détail, un, notamment, chez Morin et un autre chez Froidmont. Chez Morin, ce qui me surprend, c'est l'estime vraiment trop grande qu'il fait de la judiciaire, et sa prétention de fonder sur des conjectures que me paraissent incertaines (pour ne pas dire très incertaines) la certitude de l'astrologie. Il serait vraiment admirable qu'à force de subtilité il arrivât, comme il le promet, à placer l'astrologie au sommet des sciences humaines; pour moi, j'attends avec curiosité de voir une nouveauté si merveilleuse. Quant à Froidmont qui, lui aussi, est un esprit de grande qualité, je regrette qu'il soit tombé dans ce qui me paraît être une erreur grave, bien que des plus communes, je veux dire que, se proposant de réfuter l'opinion de Copernic, il ait commencé par accabler de sarcasmes et tourner en dérision ceux qui la tiennent pour vraie, qu'ensuite (chose encore plus fâcheuse selon moi) il ait voulu la réfuter en s'appuyant sur l'autorité de l'Écriture et qu'enfin, par cette voie, il en soit presque arrivé à la taxer d'hérésie.

Pareil langage ne saurait être approuvé, et je crois facile de montrer pourquoi. Si, en effet, je demande à Froidmont qui a créé le Soleil, la Lune, la Terre, les étoiles, leur ordonnance et leurs mouvements, je pense qu'il me répondra que ce sont là des œuvres de Dieu; et si je lui demande qui a inspiré la Sainte Écriture, je ne doute pas qu'il me réponde que c'est l'Esprit Saint, c'est-à-dire, encore une fois, Dieu. Le monde est donc l'œuvre de Dieu et l'Écriture sa parole. Je lui demanderai encore si l'Esprit Saint n'a jamais usé d'un langage tout à fait contraire, en apparence, à la vérité, et cela pour s'adapter à la compréhension d'un peuple généralement rude et d'une intelligence bornée; à quoi je suis bien sûr qu'il me répondra, avec tous les docteurs de l'Église, que telle est la coutume de l'Écriture, laquelle en cent endroits profère, à cet égard, des propositions qui, prises à la lettre, seraient non seulement de pures hérésies mais de très graves blasphèmes, montrant Dieu lui-même sujet à la colère, au repentir, à l'oubli, etc. Mais si je lui demande enfin si Dieu, pour s'accommoder à la capacité et au jugement du vulgaire, a jamais apporté un changement quelconque à ses créations, ou si la nature, sa servante, immuable et inexorable aux opinions et aux désirs des humains, n'a pas toujours et constamment maintenu son style quant aux mouvements, aux formes et aux dispositions des parties de l'univers, il répondra, j'en suis assuré, que la Lune a toujours été sphérique bien que l'humanité entière l'ait longtemps tenue pour un disque plat et qu'en somme la nature ne change rien à ses ouvrages pour les accommoder à l'estime et à l'opinion des hommes. Et s'il en est ainsi, pourquoi devrions-nous (pour acquérir la connaissance des parties du monde) commencer notre investigation par la parole plutôt que par les œuvres de Dieu? Œuvrer serait-il donc moins noble et moins excellent que parler? Quand Froidmont (ou tout autre) aura décidé que professer le mouvement de la Terre est une hérésie, et quand ensuite des démonstrations, des observations, des faits concordants et irrécusables auront prouvé que la Terre se meut, dans quel embarras aura-t-il mis la Sainte Église? Tandis qu'inversement, en laissant l'Écriture au second plan chaque fois que les œuvres se montrent indubitablement différentes de ce que disent les mots, on ne porte aucun préjudice à l'Écriture; car si, pour s'adapter à l'intelligence commune, l'Écriture a souvent attribué à Dieu des traits parfaitement faux, pourquoi voudrions-nous que, parlant du Soleil ou de la Terre, elle se soit astreinte à une règle plus étroite et, sans tenir compte de l'incapacité du vulgaire, elle se soit interdit d'attribuer à ces créatures des qualités différentes de celles qui, en fait, sont les leurs? Quand il serait vrai que le mouvement appartient à la Terre et l'immobilité au Soleil, aucun dommage n'en résulterait pour l'Écriture Sainte qui dit ce qui apparaît aux yeux de la multitude.

J'ai écrit, il y a de longues années, alors que commençaient à s'élever des rumeurs hostiles à Copernic, un long mémoire où je montrais, me fondant sur l'autorité des Pères, combien il est abusif de chercher, dans ces questions naturelles, à se prévaloir de l'Écriture et combien il serait de bon conseil d'interdire, en pareils débats, tout recours aux textes sacrés. Quand je serai moins tourmenté, j'en enverrai un exemplaire à V. S.; je dis tourmenté car je suis sur le point de partir pour Rome, appelé par le Saint Office qui déjà a suspendu la publication de mon *Dialogue;* j'apprends de bonne source que les Pères Jésuites ont fait croire en haut lieu que mon livre était exécrable et plus pernicieux pour la Sainte Église que les écrits de Luther et de Calvin; aussi suis-je persuadé qu'il sera interdit. Et cependant, pour en obtenir la licence, je suis allé à Rome en personne, je l'ai remis entre les mains du Maître du Sacré Palais qui l'a examiné minutieusement, modifiant, ajoutant, supprimant autant qu'il lui a plu. La licence obtenue, il a encore ordonné qu'une nouvelle révision soit faite ici; et le réviseur, ne trouvant plus rien à reprendre à mon texte après l'avoir lu et examiné avec la plus grande attention, s'est borné à changer un mot par-ci par-là, mettant par exemple *univers* au lieu de *nature*, *titre* au lieu d'*attribut*, *génie sublime* au lieu de *divin;* il s'en excusait d'ailleurs auprès de moi en me disant qu'il prévoyait que j'aurais à faire à des ennemis intraitables et à des persécuteurs enragés, et c'est bien ce qui s'est produit. Le libraire qui m'a imprimé jette les hauts cris : il dit que cette suspension présente déjà pour lui un manque à gagner de deux mille écus, que les mille exemplaires déjà sortis des presses auraient été tous vendus et qu'il en aurait fait réimprimer deux fois autant. Quant à moi, s'ajoutant à tous mes ennuis, j'ai le chagrin de ne pouvoir poursuivre la préparation de mes autres ouvrages (en particulier de mon livre sur le mouvement) avec l'espoir de les publier, moi vivant.

J'ai été particulièrement heureux de lire l'*Exercitatio* du s^r Pierre Gassendi contre la philosophie de Fludd, et aussi l'*Appendice* relatif aux observations célestes. Ni Mercure, ni Vénus n'ont pu être observés sous le Soleil à cause des pluies, mais il y a longtemps que je suis assuré de leur petitesse et il me plaît que le s^r Gassendi l'ait constatée. Que V. S. me fasse la grâce de lui communiquer cette lettre et de le saluer affectueusement de ma part ainsi que son ami le R. P. Mersenne. De tout cœur, je vous baise les mains et vous souhaite toute félicité.

De Florence, le 15 janvier 1633.
De V. S. Ill^me,

le très dévoué et très obligé serviteur,

GALILEO GALILEI

AU MÊME, A PARIS

Arcetri, 7 mars 1634.

J'en viens maintenant à votre lettre; et puisque vous me demandez à plusieurs reprises de vous donner des détails sur mes tribulations passées, je ne puis que vous dire en bref que, du jour où j'ai été appelé à Rome jusqu'à présent, je me suis trouvé, grâce à Dieu, en meilleur état de santé que depuis bien des années. A Rome, j'ai été retenu en prison cinq mois; ma prison n'était autre que la maison de l'ambassadeur de Toscane. J'y fus reçu et traité de façon telle par lui et par madame son épouse que leurs propres parents n'auraient pu être l'objet d'une plus grande affection. Ma cause expédiée, je restai condamné à l'emprisonnement, à la discrétion de Sa Sainteté, et on m'assigna pour résidence le palais et le jardin du grand-duc à la Trinité des Monts; mais quelques jours plus tard, on me transféra à Sienne, dans la maison de Monseigneur l'archevêque, où je demeurai également cinq mois; j'y fus paternellement accueilli par Sa Seigneurie Ill^{me} et j'y reçus de fréquentes visites de la noblesse de la ville; j'y composai un traité sur un sujet nouveau, en matière de mécanique, plein de spéculations curieuses et utiles. De Sienne, il me fut permis de m'en retourner à ma villa, où je me trouve encore, avec interdiction de descendre en ville; cette défense m'a été faite pour me tenir éloigné de la Cour et des princes. Mais quand je suis rentré à ma villa, la Cour était à Pise; le grand-duc est venu à Florence et, deux jours après son arrivée, il m'envoya un estafier pour m'aviser qu'il était en route pour venir me rendre visite. Une demi-heure après, il arrivait, accompagné d'un seul gentilhomme, dans une petite voiture; il descendit chez moi et s'entretint avec moi, dans ma chambre, avec une extrême gentillesse, guère moins de deux heures. Puis donc que je n'ai pas eu à souffrir dans les deux choses que nous devons estimer plus que toutes les autres, je veux dire la vie et la bonne renommée (quant à cette dernière, l'affection redoublée de mes patrons et de tous mes amis me rassure pleinement), les torts et les injustices que la malignité et l'envie ont machinés contre moi ne m'ont point affligé et ne m'affligent point. Bien plus : la vie et l'honneur étant saufs, la grandeur de l'injure me devient plutôt un soulagement; elle est comme une sorte de vengeance, et l'infamie retombe sur les traîtres et sur ceux qui sont établis au suprême degré de l'ignorance, mère de la malice, de l'envie, de la rage et de tous autres vices et péchés pleins de scélératesse et de laideur. Il faut que les amis lointains se satisfassent de ces généralités car les détails sont bien trop nombreux pour pouvoir être contenus dans une lettre. Que V. S. s'en contente, qu'Elle se tranquillise et se console à la pensée que je suis encore en état de mettre au net mes autres travaux et de les publier.

L'avis que V. S. reçoit de Strasbourg m'a fait grand plaisir et je suis sensible à l'honneur de votre intercession et de votre infatigable vigilance. J'eusse aimé que mon *Dialogue* fût arrivé à Louvain, entre les mains de Froidmont qui, parmi les philosophes non mathématiciens, me paraît des moins endurcis. A Venise, un certain D. Antonio Rocco a fait imprimer une défense des préceptes d'Aristote contre les objections que je lui oppose dans mon *Dialogue;* c'est un pur péripatéticien, très éloigné de comprendre quoi que ce soit aux mathématiques et à l'astronomie, plein d'âcreté et prompt à l'outrage. J'apprends qu'un autre Jésuite a publié à Rome un livre tendant à prouver que la proposition du mouvement de la Terre est absolument hérétique; mais je ne l'ai pas encore vu.

AU MÊME, A PARIS

Arcetri, 25 juillet 1634.

Très illustre Seigneur et très honoré patron,

J'espère que mes tribulations passées et présentes, et celles aussi dont l'avenir me menace, me feront excuser par vous et par mes autres amis et patrons de là-bas d'avoir tardé à répondre à vos lettres et, quant à eux, de mon complet silence, s'ils peuvent être, grâce à vous, mis au courant de la funeste direction qu'ont prises mes affaires ces temps derniers.

Aux termes de la sentence prononcée à Rome, j'ai été condamné par le Saint Office à l'emprisonnement, à la discrétion de Sa Sainteté, à laquelle il plut de me donner pour prison le palais et le jardin du grand-duc, à la Trinité des Monts; ceci eut lieu l'an dernier au mois de juin, et l'idée me vint alors que, passé ce mois et le suivant, si je demandais la grâce de ma totale libération, je l'obtiendrais, pour n'avoir pas (contraint par la saison) à demeurer là tout l'été et une partie de l'automne. On m'accorda mon transfert à Sienne, où la maison de l'archevêque me fut assignée pour résidence. J'y demeurai cinq mois, au bout desquels on me donna pour prison cette petite maison de campagne située à un mille de Florence, avec interdiction rigoureuse de descendre en ville, de convier mes amis et de les réunir en nombre pour m'entretenir avec eux. Je menais là une vie paisible et faisais de fréquentes visites à un monastère voisin où j'avais deux filles religieuses que j'aimais beaucoup, en particulier l'aînée, femme d'une nature exquise, d'une singulière bonté et qui m'était très affectionnée. Or, celle-ci, par suite d'une accumulation d'humeurs mélancoliques survenue au temps de mon absence qu'elle croyait être pour moi un temps de pénibles épreuves, finit par contracter une dysenterie galopante et mourut en six jours, à l'âge de trente-quatre ans, me laissant dans une affliction profonde qu'une autre circonstance sinistre redoubla : comme je revenais du couvent en compagnie du médecin dont ma fille malade et presque sur le point d'expirer avait reçu la visite, il me dit que le cas était tout à fait désespéré et qu'elle ne passerait pas le jour suivant, ce qui se vérifia; arrivé à la maison, j'y trouvai le vicaire de l'inquisiteur venu pour me signifier — suivant un ordre du Saint Office de Rome qu'il avait reçu en même temps qu'une lettre du cardinal Barberini — que je devais m'abstenir désormais de faire demander pour moi la permission de retourner à Florence, et qu'autrement on me ferait revenir à Rome, dans les vraies prisons du Saint Office. Telle fut la réponse donnée au mémoire que S. E. l'ambassadeur de Toscane, neuf mois après ma condamnation, avait présenté audit tribunal. D'une telle réponse, il me semble qu'on peut tirer la conjecture très probable que je ne quitterai la prison où je suis que pour une autre, commune, étroite, et de longue durée.

Ces faits et d'autres qu'il serait trop long de vous décrire font assez voir que sans cesse va s'exacerbant la rage de mes très puissants persécuteurs, lesquels ont fini par se désigner eux-mêmes : un de mes chers amis [Fulgenzio Micanzio] se trouvait à Rome, il y a environ deux mois, en conversation avec le P. Christophe Gremberger, Jésuite, mathématicien du Collège Romain; ils en vinrent à parler de ma condition présente et le Jésuite dit à mon ami en propres termes : « Si Galilée avait su conserver l'affection des Pères de ce collège, il mènerait en ce monde une vie glorieuse, aucune disgrâce ne l'aurait frappé et il aurait pu écrire tout à son aise sur n'importe quel sujet, même sur le mouvement de la terre, etc. ». V. S. voit donc bien que ce qui a fait et fait mon malheur, ce n'est pas d'avoir professé telle ou telle autre opinion, mais d'avoir encouru la disgrâce des Jésuites.

De la vigilance de mes persécuteurs, j'ai eu plusieurs autres preuves. Entre autres celle-ci : une lettre me fut adressée par je ne sais qui des pays ultramontains et envoyée à Rome, où celui qui m'écrivait devait croire que je me trouvais encore; elle fut interceptée et remise entre les mains du cardinal Barberini; et d'après ce qui me fut écrit de Rome par la suite, cette lettre qui, pour mon bonheur, était une première lettre et non pas une réponse, contenait de grands éloges de mon *Dialogue*. Elle a été lue par plusieurs personnes; j'apprends que des copies en circulent à Rome et on me laisse entendre que je pourrai la voir. A tout cela s'ajoutent d'autres soucis et nombre d'indispositions corporelles qui, étant donné mon âge plus que septuagénaire, pèsent sur moi de telle sorte que la moindre fatigue m'épuise et m'affecte gravement. C'est pourquoi il convient que mes amis aient compassion de moi et me pardonnent un manquement qui prend aspect de négligence mais qui n'est en réalité qu'impuissance; et il faut que V. S., qui est au premier rang de mes partisans, m'aide à conserver les bonnes grâces de ceux qui, là-bas, me sont favorables, et en particulier du s^r Gassendi que j'aime et révère tant. Vous pourrez lui faire part de cette lettre :

il m'en a adressé une, pleine de son habituelle bonté, pour me demander de mes nouvelles. Faites-moi aussi la grâce de lui faire savoir que j'ai reçu avec un singulier plaisir la dissertation du s[r] Martin Hortensius et que, s'il plaît à Dieu d'alléger quelque peu le fardeau de mes peines, je ne manquerai pas de répondre à son aimable lettre. En même temps que celle-ci, V. S. recevra les verres de télescope que m'a demandés le même s[r] Gassendi pour son usage et pour celui d'autres personnes désireuses de faire quelques observations célestes. V. S. pourra les lui envoyer en lui indiquant que le tube, je veux dire la distance d'un verre à l'autre, doit avoir la longueur de la ficelle que j'ai enroulée autour, un peu plus ou un peu moins selon la vue de la personne qui aura à s'en servir.

Bérigard et Chiaromonti, tous deux lecteurs à Pise, ont écrit contre moi, celui-ci pour sa défense, celui-là contre son gré, à ce qu'il dit, mais pour complaire à quelqu'un qui peut favoriser sa carrière; l'un et l'autre, d'ailleurs, assez mollement. Mais ce qui me paraît digne de remarque, c'est que certains, voyant s'ouvrir devant eux comme un vaste champ la possibilité de mettre en œuvre la flatterie au bénéfice de leurs intérêts, se sont laissés entraîner à écrire des choses qui, en dehors des circonstances présentes, seraient facilement tenues pour excessives, sinon téméraires. Froidmont s'était borné à plonger presque jusqu'à la bouche le mouvement de la Terre dans l'hérésie. Mais dernièrement, un Père Jésuite a imprimé à Rome que cette doctrine était si horrible, si pernicieuse, si scandaleuse que, même s'il arrive que du haut des chaires, dans les assemblées, dans les débats publics ou par les presses, on présente des arguments contre les principaux articles de la foi, comme l'immortalité de l'âme, la création, l'incarnation, etc., on ne doit jamais permettre qu'il soit argumenté contre l'immobilité terrestre; ce seul article doit être tenu, sur tous les autres, pour tellement assuré qu'il ne doit, en aucun cas, faire l'objet d'une discussion, n'eût-on même en vue en soutenant une opinion contraire que de le corroborer. Le titre de ce livre est *Melchioris Inchofer, e Societate Iesu, Tractatus syllepticus*. Voici encore Antonio Rocco qui, en termes peu civils, prend contre moi la défense de la doctrine péripatéticienne, se déclarant lui-même dénué de connaissances mathématiques et astronomiques; c'est un cerveau stupide, sans nulle intelligence de ce que j'écris, mais arrogant et téméraire au possible. A tous ces adversaires, qui sont nombreux, j'ai l'intention de répondre; mais comme l'examen de tous leurs vains discours, pris un à un, serait une entreprise très longue et de médiocre utilité, je pense faire un livre des notes que j'ai écrites en marge de leurs ouvrages sur les points les plus essentiels et sur les erreurs les plus lourdes; et je les publierai comme recueillies par un autre que moi. Mais auparavant, s'il plaît à Dieu, je veux publier mes livres sur le mouvement et mes autres travaux, choses tout à fait nouvelles et que je mets au-dessus de celles que j'ai, jusqu'à présent, données au jour.

La présente lettre vous sera remise par le s^r Ruberto Galileo, mon parent et seigneur, à qui vous pourrez faire part de ce qu'elle contient, car je lui écris, sans doute, mais bien rarement. J'ai aussi des lettres du s^r de Peiresc, d'Aix, que j'ai reçues en même temps que celles du s^r Gassendi; et comme tous deux me demandent des verres de télescope pour faire des observations célestes, faites-moi la grâce de demander au s^r Gassendi, qui a reçu les verres, d'en informer le s^r de Peiresc; dites-lui aussi qu'il veuille bien avoir pour agréable que le s^r de Peiresc puisse s'en servir et priez le enfin de présenter mes excuses à ce dernier pour mon retard à répondre à sa très obligeante lettre : mes ennuis sont tels qu'ils me forcent parfois à manquer aux devoirs que je serais le plus désireux de remplir. Je suis las et j'ai plus que suffisamment importuné V. S. Pardonnez-moi et disposez de moi. Je vous baise les mains.

De la villa d'Arcetri, le 25 juillet 1634.

De V. S. Ill^me,

le très dévoué et très obligé serviteur,

GALILEO GALILEI

A FULGENZIO MICANZIO, A VENISE

Arcetri, 19 décembre 1634.

Mon Très Révérend Père et très honoré Seigneur,

Je dois répondre à vos deux dernières lettres, n'ayant pu répondre à la première que très brièvement; le malheur est que je ne pourrai pas beaucoup mieux faire aujourd'hui, car la recopie de la note que je vous envoie avec la présente m'a pris une bonne part de mon temps.

Dans votre première lettre, vous me dites vouloir faire réimprimer le petit traité *De insidentibus* et peut-être le *Saggiatore*. Quant à ce dernier ouvrage, si l'on s'y décidait, il serait peut-être bon d'y joindre mes annotations à la réponse de Sarsi; on pourrait feindre que fût remis entre les mains de l'imprimeur un exemplaire du livre dudit Sarsi, avec des notes en réponse aux objections soulevées par lui contre le *Saggiatore*. Votre Paternité y pensera un peu, et moi aussi. Vous avez sans doute reçu le discours du s^r^ Guiducci, car je vous l'ai envoyé par le dernier courrier ordinaire. La note de notre commun père et maître [Paolo Sarpi] se rapportait probablement à la condensation et à la raréfaction, points que j'estimais très difficiles plutôt que résolus, n'y trouvant alors autre chose que des difficultés. Mais il y a environ dix-huit ans, me trouvant à la campagne avec le Salviati du *Dialogue*, une idée me passa par la tête un matin, tandis que nous assistions à la messe; à y penser ensuite plus profondément, elle se confirma dans mon esprit, et depuis j'ai toujours tenu pour admirable l'étonnant mode d'opération de la nature, mode selon lequel (et, je crois, selon lequel seul) une substance se peut distendre et raréfier dans un espace immense sans admettre en elle aucun vide, et inversement se condenser immensément sans aucune pénétration de corps. Conception, croyez m'en, assez étrange, et que vous trouverez, j'espère, avec un très grand nombre d'autres nouveautés dans les ouvrages qu'il me reste à donner au public et que je pense mettre au net cet hiver pour les envoyer ensuite à Votre

Paternité afin qu'Elle en fasse ce qu'Elle voudra. A l'homme entendu dont vous parlez, vous pourrez, si l'occasion s'en présente, faire entendre que j'ai toujours tenu Kepler pour un esprit libre (peut-être trop libre) et subtil, mais que ma façon de philosopher est très différente de la sienne : il se peut que, traitant des mêmes sujets, nos conceptions aient quelquefois été les mêmes (rarement d'ailleurs, et seulement en ce qui se rapporte aux mouvements célestes), et que nous ayons alors assigné à un même effet réel les mêmes causes véritables; mais c'est là une rencontre qui se vérifiera à peine une fois sur cent.

Quant à votre dernière lettre, pleine d'une affection trop passionnée, je n'y répondrai que ceci : le traité du mouvement, tout nouveau, se prépare, mais je ne puis m'arrêter de rouler toutes mes pensées dans ma cervelle inquiète, et avec une grande dépense de temps, car la dernière idée qui me vient sur tel ou tel sujet nouveau me fait rejeter toutes mes trouvailles précédentes. Je ne veux pas tourner la page, car le soir tombe. Je vous salue et me déclare une fois de plus votre serviteur.

D'Arcetri, le 19 décembre 1634.
De V. Révme P.,

le très dévoué et très obligé serviteur,

G. G.

A NICOLAS FABRI DE PEIRESC, A AIX

Arcetri, 22 février 1635.

Illustrissime Seigneur et très honoré patron,

Jamais je ne pourrais, par ma plume, exprimer à Votre Seigneurie Illustrissime le contentement que m'a procuré la lecture de la très officieuse et très prudente lettre écrite par Elle en ma faveur et dont le sr Ruberto, mon parent et patron, m'a envoyé une copie qui me fut remise hier même. Mon plaisir a été et il est infini; non que j'espère aucun soulagement, mais parce que je découvre, en un de mes seigneurs et patrons si plein d'excellentes qualités, avec quelle tendre affection il compatit à mon état, avec quelle ardeur et avec quelle audace à la fois généreuse et modérée, il se dispose à tenter une entreprise devant laquelle tant d'autres, prêts à reconnaître mon innocence, sont restés muets. Et si mes infortunes doivent me donner le bénéfice de telles douceurs, mes ennemis peuvent bien inventer de nouvelles machinations : je ne cesserai, quant à moi, de leur en rendre grâces.

J'ai dit, Illustrissime Seigneur, que je n'espère aucun soulagement, et ceci parce que je n'ai commis aucun délit. Je pourrais espérer et obtenir ma grâce et mon pardon si j'avais erré, car les fautes sont la matière à laquelle le prince peut appliquer ses grâces et indulgences, mais contre un innocent condamné, il convient de maintenir une rigueur que l'on veut couvrir d'une apparence de justice. Cette rigueur (que V. S. m'en croie, pour sa propre consolation) m'afflige moins qu'on ne pourrait le penser, car j'ai à tout moment le soutien de deux réconforts : l'un est qu'à lire tous mes ouvrages, personne n'y saurait trouver l'ombre de la moindre chose qui s'écarte de la piété et de la révérence envers la Sainte Église; l'autre est ma propre conscience, pleinement connue de moi seul sur terre et au ciel de Dieu qui comprend bien que, dans la cause pour laquelle je pâtis, beaucoup l'auraient emporté sur moi par leur savoir, mais nul homme, fût-il l'un des Saints Pères, n'aurait pu agir et parler avec plus de piété, avec plus de zèle envers la Sainte Église et, en somme, avec une meilleure intention que moi. Cet esprit très religieux et très saint qui est le mien, comme il apparaîtrait plus clairement si jamais se trouvaient exposées au grand jour les calomnies, les fraudes, les intrigues et les tromperies mises en œuvre depuis dix-huit ans à Rome pour éblouir et troubler la vue des supérieurs! Mais vous avez à présent sous la main d'autres et de meilleures justifications de ma sincérité : la lecture de mes écrits vous a permis de voir quel est le véritable premier moteur de la guerre menée contre moi sous le masque de la religion, quel est l'ennemi qui va sans cesse m'assiégeant, me barrant tous les chemins en sorte que je ne puis recevoir aucun secours du dehors ni sortir moi-même pour me défendre, ordre ayant été donné à tous les inquisiteurs de ne permettre la réimpression d'aucune de mes œuvres, imprimées depuis de longues années, ni d'autoriser l'impression d'aucun ouvrage nouveau que je voudrais publier. Il ne me faut donc pas seulement me soumettre et me taire devant les objections soulevées en si grand nombre contre moi, en des matières purement physiques, pour ruiner ma doctrine et proclamer mon ignorance, il me faut encore avaler les moqueries, les sarcasmes et les injures dont usent à mon égard des gens plus ignorants que moi. Mais je veux mettre fin à mes doléances, encore que j'en aie à peine produit le commencement; je ne veux plus importuner Votre Seigneurie Illustrissime et l'entretenir d'un sujet si peu agréable; bien plutôt dois-je vous prier de m'excuser si, entraîné par le besoin naturel qu'ont les affligés de s'épancher parfois auprès de ceux qui ont leur confiance, j'ai abusé de la liberté de vous ennuyer. Il me reste à vous rendre par l'affection du cœur les grâces que je ne saurais vous rendre en paroles pour l'humaine et compatissante démarche tentée par vous en ma faveur, et à laquelle vous avez su donner tant d'efficace que, si elle ne m'a pas été profitable, nous pouvons du moins être assurés qu'elle aura inspiré quelque remords à des esprits qui, étant esprits d'hommes, ne peuvent être dénués d'humanité. Je me déclare à nouveau votre très obligé et très dévoué serviteur. En souhaitant que le Seigneur Dieu récompense le mérite de votre action charitable, je vous adresse mon respectueux salut.

D'Arcetri, le 22 février 1635.

De V. S. Ill[me],

le très dévoué et très obligé serviteur,

GALILEO GALILEI

A ELIA DIODATI, A PARIS

Arcetri, 4 juillet 1637.

[Fragment].

... Car les ouvrages qui s'impriment en ce moment contiennent l'ensemble de deux sciences entièrement nouvelles, démontrées à partir de leurs premiers principes et éléments, en sorte qu'à l'égal des autres éléments mathématiques, elles donnent accès à des champs très vastes, remplis d'une infinité de conclusions admirables; aussi fais-je peu d'estime de tout ce qu'il lui reste à voir...

Quant à l'entreprise de l'Ill^me^ s^r^ Carcavy, que V. S. insiste pour qu'il mette la main à l'ouvrage en commençant par le *Nuncio sidereo*, déjà en latin, et par l'*Usage du compas géométrique*, lui aussi déjà mis en latin par le s^r^ Bernegger, car entre temps je fais traduire en latin tout le reste de mon œuvre; quand je verrai le travail bien en train, je pourrai lui envoyer les *Lettres solaires* dont la traduction est achevée, et par la suite, petit à petit, toutes mes autres compositions, en sorte qu'il n'y aura plus aucun empêchement à obtenir le privilège. Et si V. S. s'aperçoit que, là-bas, il y a un peu d'hésitation et d'inquiétude, veuillez m'en avertir, car je crois que si je donne mes œuvres, toutes en latin, aux Elsevier, ils les accepteront, comme le s^r^ Louis m'en a donné l'assurance de vive voix.

Quant à moi, je suis au lit depuis cinq semaines, tout à fait exténué, et cela pour plusieurs raisons : d'abord par suite d'une purge que j'ai prise et qui, du fait d'abondantes évacuations, m'a rendu languissant; à cause aussi de mes soixante-quatorze ans qui ne me permettent pas de me restaurer et de me rétablir; et enfin à cause de la saison brûlante dont les chaleurs insolites accablent les jeunes gens les plus robustes. Ajoutez à cela *(proh dolor!)* la perte totale de mon œil droit à qui j'ai imposé tant et, j'ose le dire, de si glorieuses fatigues. Cet œil maintenant est aveugle et l'autre, qui était et reste insuffisant, ne remplit plus désormais le peu d'usage que j'en tirais lorsque je pouvais m'en servir, car le continuel flux de larmes qu'il répand m'interdit absolument toutes les fonctions que requiert la vue, etc.

A GIOVANNI BATTISTA BALIANI, A GÊNES

Florence, 7 janvier 1639.

Illustrissime Seigneur et très honoré patron,

La très agréable lettre de V. S. Ill^me^ m'a été remise hier, avec votre livre *Du mouvement*, par le R. P. Clemente di San Carlo, des Écoles Pies, compagnon du R. P. Francesco di San Giuseppe, et comme, pour mon malheur, je suis complètement aveugle depuis environ deux ans, au point que je ne peux plus voir même le Soleil, sans parler des objets mineurs et privés de lumière tels que les lettres et les figures géométriques, j'ai obtenu aujourd'hui que le susdit P. Clemente vînt s'entretenir avec moi plusieurs heures. Nous avons parcouru votre livre ensemble et j'y ai pris vraiment plaisir, encore que je n'aie pas suivi parfaitement les démonstrations faute de pouvoir les confronter avec les figures; mais malgré tout, comme ces matières me sont familières et comme une bonne part de vos propositions coïncide avec celles que j'ai déjà énoncées moi-même, j'ai bien pénétré vos idées et vos conceptions.

J'ai traité le même sujet, mais plus longuement, et je l'ai abordé d'une autre manière; en effet, je ne suppose rien sinon la définition du mouvement dont je me propose d'étudier la nature et les accidents, imitant en cela Archimède qui, dans son traité *Des spirales*, après avoir exposé clairement ce qu'il entend par mouvement suivant la spirale, lequel est composé de deux mouvements uniformes, l'un droit et l'autre circulaire, en vient immédiatement à en démontrer les « passions ». Je déclare vouloir examiner quels sont les caractères que présente le mouvement d'un mobile qui, partant de l'état de repos, va se mouvant avec une vitesse croissant toujours de même manière, c'est-à-dire en acquérant une vitesse qui croît, non par des sauts successifs mais également, à mesure que le temps s'écoule; en sorte que le degré de vitesse acquis, par exemple, en deux minutes de temps est double de celui qui est acquis en une minute, puis, en trois et quatre minutes, triple et quadruple de celui qui fut acquis dans la première minute; et, sans rien présupposer d'autre, j'en arrive à la première démonstration, par laquelle je prouve que les espaces franchis par le mobile sont en proportion double de celle des temps; après quoi je passe à la démonstration d'un bon nombre d'autres accidents. Vous touchez quelques-uns de ces accidents, mais j'en ajoute beaucoup plus, et de moins connus peut-être, comme V. S. Illme pourra voir dans le *Dialogue* sur le même sujet que j'ai fait imprimer il y a deux ans à Amsterdam, et dont ne me sont parvenues que les feuilles séparées qui m'ont été envoyées de là-bas pour corrections et pour me permettre de rédiger un index des choses les plus notables. Depuis, je n'en ai pas reçu un seul exemplaire, bien que le livre ait été répandu dans toutes les provinces septentrionales et que des exemplaires en soient arrivés, à ce que j'entends dire, jusqu'à Rome où on les vend au prix de trois écus chacun; ce sont peut-être ceux-là mêmes qui, parvenus à Prague, furent immédiatement et tous recueillis par les Pères Jésuites, en sorte que l'Empereur lui-même ne put en obtenir un, ayant chargé le sr Francesco Piccolomini, son camérier, de le lui procurer. Je tiens cela de la bouche du sr Piccolomini lui-même, venu ici il y a environ deux mois. Si jamais il m'en parvient, je ne manquerai pas d'en envoyer un à V. S. Illme; d'ici là, je resterai dans l'attente et dans le désir de connaître vos opinions relativement aux liquides, matière à mon sens très obscure et pleine de difficultés.

Mais pour en revenir à mon traité du mouvement, j'argumente *ex suppositione* sur le mouvement ainsi défini, en sorte que, quand bien même les conséquences [tirées de mon argumentation] ne répondraient pas aux accidents du mouvement naturel des graves en chute, cela ne m'importerait guère, de même que la démonstration d'Archimède ne perd rien de sa valeur du fait qu'il ne se trouve dans la nature aucun mobile se déplaçant suivant des lignes spirales. Néanmoins, si je me suis, dirai-je, aventuré dans cette voie, c'est que le mouvement des graves et ses accidents répondent en tous points aux accidents que je démontre être ceux du mouvement par moi défini. Je traite aussi du mouvement des projectiles dont je démontre diverses passions [*i.e.* lois auxquelles ce mouvement obéit]. Entre autres, et en premier lieu, je démontre comment le corps projeté, lancé par l'engin projetant, par exemple le boulet lancé par le feu d'une pièce d'artillerie, fait sa plus longue volée, c'est-à-dire parcourt la plus longue distance avant de tomber, quand la pièce est haussée à un demi-droit, c'est-à-dire à un angle de 45 degrés; en outre, les tirs exécutés sous des angles inférieurs ou supérieurs sont égaux entre eux quand les différences en plus et en moins de l'angle de tir avec l'angle de 45 degrés sont égales.

Dans le même dialogue, V. S. Ill^me^ trouvera aussi un traité de la résistance des corps solides à la rupture, matière très utile dans les arts mécaniques. J'aurais dans la tête un bon nombre de questions et de problèmes divers, les uns entièrement nouveaux, les autres tout différents ou tout à l'opposé de ceux qui sont communément reçus, et on en pourrait faire un livre plus curieux que mes autres ouvrages; mais, sans parler de ma cécité, mes très graves indispositions et mon âge décrépit de soixante-quinze ans ne me permettent plus de m'attacher à aucune étude. Je me tairai donc et passerai en silence ce qui me reste d'une vie tourmentée, trouvant ma satisfaction dans les découvertes d'autres rares esprits, en particulier de celui de V. S. Ill^me^, de laquelle je me déclare, une fois de plus, le très dévoué serviteur. Avec une révérente affection, je vous baise les mains et vous souhaite toute félicité.

De Florence, le 7 janvier 1639.
De V. S. Ill^me^,

le très dévoué et très obligé serviteur,

GALILEO GALILEI

A FORTUNIO LICETI, A BOLOGNE

Arcetri, janvier 1641.

Très illustre, excellent et très honoré Seigneur,

Malgré toute la diligence dont on a usé, c'est seulement il y a trois jours que j'ai pu avoir en mains les trois ouvrages que vous m'avez envoyés. Les ayant reçus, je me suis fait lire hâtivement et par morceaux les choses contenues dans les deux traités relatifs, l'un au centre de l'univers, l'autre à la controverse entre V. S. Excellme et le signor Chiaromonti sur le lieu des phénomènes nouvellement apparus dans les plus hautes régions du ciel. Le problème du centre de l'univers et la question de savoir si la Terre y est située sont des moins considérables en astronomie, attendu que les meilleurs astronomes se contentent de supposer que le globe terrestre est d'une grandeur infime en comparaison de l'orbe étoilé et, quant à sa situation, qu'il se trouve, ou au centre de la révolution diurne de cet orbe, ou séparé dudit centre par une distance négligeable. Mieux vaut donc s'épargner l'illusion de pouvoir démontrer, ou que les étoiles fixes sont logées dans un espace circonscrit par une surface sphérique, ou qu'elles sont situées en tel ou tel lieu et immensément éloignées les unes des autres. Aussi bien, vouloir assigner un centre à cet espace dont on ne sait et dont on ne peut savoir quelle est sa forme ni même s'il a forme et figure, c'est là, à mon sentiment, une entreprise oiseuse et vaine; et croire que la Terre est constituée en un centre dont on ne sait s'il existe au monde est, comme je l'ai dit, une entreprise décevante. Si nous en venons, d'autre part, à considérer les corps célestes inférieurs, desquels nous pouvons affirmer que leurs mouvements sont circulaires et donc que leurs révolutions ont un centre, vouloir leur donner la Terre pour centre commun est une pensée qui n'est pas seulement vaine mais absolument fallacieuse, étant manifeste que chacun de ces corps mobiles a son centre propre et qu'en aucun de ces centres, très différents entre eux, on ne peut situer la Terre. Bien plus, la Terre non seulement n'est le centre d'aucun de leurs mouvements circulaires, mais elle se trouve très loin en dehors des cercles et des orbes de plusieurs d'entre eux, comme c'est le cas pour Vénus et Mercure; et quant aux autres, elle est si loin d'être leur centre que Mars, par exemple, parcourt un cercle dont le point le plus rapproché de la Terre en est huit fois plus près que le point le plus éloigné. Que V. S. juge par là dans quelle aventure vont s'engager ceux qui veulent faire de la Terre le centre de semblables révolutions; et ce que je dis de Mars est aussi vrai de Jupiter et de Saturne, encore que les différences ne soient pas si grandes. Le lieu que l'on pourrait donner pour centre à toutes les planètes, exception faite de la Lune, serait plutôt le Soleil que tout autre corps céleste; toutefois, le centre des orbes desdites planètes ne coïncide pas rigoureusement avec celui du Soleil; ces orbes sont, *hinc inde*, disposés autour du Soleil, mais avec des écarts bien moindres que par rapport à la Terre. Sur ce chapitre, Excellme Seigneur, il faut donc, à mon sens, renoncer à vouloir, en se fondant sur des textes ou sur l'autorité d'Aristote, prouver la vérité d'une doctrine trop manifestement erronée. Pour entendre l'astronomie et se rendre maître de cette science, il faut donc étudier autre chose qu'Aristote, dont les écrits ne laissent pas voir qu'il ait eu, en pareille matière, plus de connaissances que n'importe quel homme du commun.

Quant à ma controverse avec le cavalier Chiaromonti, vous vous rendriez facilement compte de la valeur de toute sa doctrine si vous vous reportiez à l'examen que j'en ai fait dans mon malheureux *Dialogue* : j'y fais voir clairement à l'auteur que son entreprise a été des plus vaines quand il s'est proposé de confirmer, contre l'opinion de beaucoup d'astronomes modernes, l'opinion d'Aristote suivant laquelle les comètes sont sublunaires, et de démontrer cela en se fondant sur les observations mêmes dont lesdits astronomes tiraient argument pour prouver qu'elles sont célestes. Pour moi, je démontre d'une manière générale que, de ces observations relatives au lieu où se produisent les phénomènes de ce genre, il est impossible de tirer aucune conclusion vraie et nécessaire, ce qui est l'évidence même : en effet, tel phénomène particulier ne peut occuper qu'un seul lieu, à une seule distance de la Terre; or, des calculs échafaudés sur ces observations, il résulte que le même phénomène se produit tantôt à une distance de deux rayons terrestres, tantôt de dix, de vingt, de six cents, tantôt dans la sphère des étoiles et quelquefois encore plus haut. V. S. peut juger par là de la confiance qu'on doit accorder à des observations astronomiques aussi soigneusement conduites. Mais que certains de ces phénomènes se produisent très haut, et peut-être parmi les étoiles fixes, le fait qu'ils se maintiennent durant tout le temps de leur apparition dans le voisinage d'une même étoile nous en donne la certitude. Mais ce n'est pas le moment de nous étendre sur ce sujet : je me bornerai à conclure que V. S. Excell^{me}, s'étant donné pour but de maintenir pour vrai tout ce qu'a dit Aristote et de soutenir que les expériences ne montrent rien qui, d'Aristote, ait été inconnu, vous faites ce que beaucoup d'autres péripatéticiens, tous ensemble, ne parviendraient peut-être pas à faire; et que si la philosophie [naturelle] était celle qui est contenue dans les traités d'Aristote, vous seriez, à mon sens, le plus grand philosophe du monde car vous avez, me semble-t-il, en mains et à l'esprit les moindres passages de ses œuvres. Pour moi, à vrai dire, j'estime que le livre de la philosophie est celui qui est perpétuellement ouvert devant nos yeux; mais comme il est écrit en des caractères différents de ceux de notre alphabet, il ne peut être lu de tout le monde; les caractères de ce livre ne sont autres que triangles, carrés, cercles, sphères, cônes et autres figures mathématiques, parfaitement appropriés à telle lecture.

Cette lettre vous parviendra corrigée; toutefois, quant à la doctrine, elle n'apportera que très peu de changements, ou n'en apportera aucun, à celle que je vous ai précédemment adressée. Disposez-en à votre gré; si vous décidez d'y répondre et de la faire imprimer, il sera nécessaire d'y joindre copie du chapitre 50e dont je note seulement les premiers mots de chaque objection.

ANNONCES D'ÉDITION

COLLECTION SAVOIR : CULTURES

accueille les sciences humaines, de la philosophie à l'économie et de l'anthropologie au folklore.

Aristote	La politique	95 F
Albert Atcho	Prophétisme et thérapeutique	108 F
James Boswell	L'île de Corse	130 F
Claude Debussy	Correspondances 1884-1918	180 F
Noam Chomsky	Langue. Théorie générative étendue	130 F
Robert Debré	L'honneur de vivre	165 F
Nicolas Dufourcq	L'argent du cœur	110 F
Albert Einstein	Le pouvoir nu. Propos sur la guerre	160 F
Françoise Escal	Aléas de l'œuvre musicale	90 F
Jean-Pierre Faye	Le langage meurtrier	110 F
Simon Leys	La forêt en feu. Cult. et politique chinoises	96 F
Simon Leys	Orwell ou l'horreur de la politique	54 F
Pierre Louis	Aristote. La découverte de la vie	96 F
Pierre Louis	Vie d'Aristote	66 F
Pierre Massé	Le Plan ou l'anti-hasard	140 F
William Morris	Contre l'art d'élite	56 F
Paul Mus	L'angle de l'Asie	120 F
Louis Renou	L'Inde fondamentale	120 F
Jacqueline de Romilly	Problèmes de la démocratie grecque	110 F
André Schaeffner	Le sistre et le hochet	130 F
John Searle	Du cerveau au savoir	128 F
Daniel Soulez-Larivière	Paroles d'avocat	120 F
Jacques Soustelle	L'univers des Aztèques	130 F
Dan Sperber	Le savoir des anthropologues	140 F
Dan Sperber	Le symbolisme en général	160 F
Paul Valéry	Fonctions de l'esprit	120 F

COLLECTION SAVOIR : SCIENCES

fait connaître les développements et les enjeux des grandes disciplines scientifiques.

Condorcet	Mathématique et société	98 F
Claude Debru	Neurophilosophie du rêve	180 F
François Dell	Les règles et les sons. Phonologie	126 F
Oswald Ducrot	Dire et ne pas dire. Linguistique	120 F
Albert Einstein, Michele Besso	Correspondance 1903-1955	140 F
Wolf H. Fridman	Le cerveau mobile	196 F
Jean-Louis Funck-Brentano	Le désordre médical	90 F
Pierre Laszlo	La paroles des choses. Chimie	160 F
Joseph Needham	La tradition scientifique chinoise	120 F
Jean-Claude Pecker	Le ciel et deux écrits	90 F
Henri Poincaré	L'analyse et la recherche	140 F
John Searle	Les actes de langage	130 F

Pierre Duhem

L'aube du savoir

Épitomé du *Système du monde*

Texte établi et présenté par Anastasios Brenner

Le *Système du monde*, dont on lira ici une version abrégée, offre l'exposé le plus complet que l'on ait donné de la cosmologie, des origines à l'aube des temps modernes. Écrit au début du vingtième siècle par le savant et philosophe Pierre Duhem, il n'a cessé d'être une référence pour les chercheurs. Si le style du *Système du monde* est clair et vigoureux, les dimensions d'un ouvrage qui compte dix volumes le rendent difficile d'accès. Il convenait d'en extraire, en quelque sorte, la quintessence.

L'objet de cet *Épitomé* est de mettre à la disposition du lecteur les passages les plus caractéristiques des grandes thèses duhemiennes, tout en lui permettant de suivre la transformation des systèmes cosmologiques de Platon à Copernic. Sans se limiter aux seules théories positives, Duhem accorde une place au contexte intellectuel. Il n'omet pas de rapporter les voies singulières qu'a empruntées la transmission des idées. Enfin, l'une des originalités de cette histoire est de dégager la conception que les savants anciens et médiévaux se faisaient de leur propre méthode. L'interprétation historique intègre ces différents aspects dans une vision d'ensemble ; Duhem n'hésite pas à en tirer des conséquences générales quant à l'évolution de nos connaissances. Il s'agit d'une tentative de redéfinir la notion de progrès, héritée de Pascal et des Lumières, par le biais de l'histoire des sciences.

Anastasios Brenner, né en 1959 à New York, est docteur en philosophie (université de Paris-Sorbonne). Il enseigne en qualité de maître de conférences à l'université de Toulouse-Le Mirail et a publié en 1990 *Duhem : science, réalité et apparence* (Vrin, Paris).

ISBN 2 7056 6299 5. 1997. Collection *Histoire de la pensée.* 210 x 140, 680 p. 240 F

... sans doute la première exploration systématique de la science médiévale.
Libération

Hegel

Esthétique des arts plastiques

Textes présentés et annotés par Bernard Teyssèdre

Pourquoi l'homme crée-t-il des œuvres d'art ? s'interroge, entre autres, le philosophe, passionné de musique et de peinture, dont George Steiner rappelait récemment les résonances souterraines qui unissent sa démarche à celle de Gœthe, voire de Proust. Le *Cours d'esthétique* de Hegel professé à Berlin dans les dernières années de sa vie, vers 1830, ne devait paraître qu'après sa mort, d'après les notes de ses disciples.

Le débat qui mettait en cause le concept d'*art figuratif* n'est pas clos, mais il appartient déjà au passé. La question aujourd'hui posée est de savoir si un philosophe tel que Hegel ne fournirait pas un point de vue privilégié pour penser ce moment historique de notre culture où la peinture, sous peine de *mourir* comme art de peinture, ne peut plus être envisagée en termes qui perpétueraient une opposition entre l'art abstrait et le figuratif. L'étrange serait que le dernier d'entre les arts plastiques, la peinture, eût pour aboutissement un retour, sous une forme intériorisée, aux origines du premier, l'architecture, *musique figée* selon Schelling. L'autre risque serait que les formes d'art liées à ce que nous appelons *civilisation* soient, avec nous, frappées de mort.

ISBN 2 7056 6211 1. 1993. Collection *Savoir: Lettres.* 210 x 150, 336 p. 160 F

La réflexion hégélienne sur les "arts du visible"... Le texte qui annonce la grande nouvelle, celle qui biffe toute l'histoire des formes et imposera au vingtième siècle son silence de tombe : la vérité peut se passer de l'art.

Thierry Davila, Art Press

La présente anthologie a le mérite de nous engager à lire ou relire des textes admirables, trop souvent méprisés par les philosophes... et trop ignorés des historiens d'art.

Archives de la critique d'art

Sainte-Beuve

La vie des lettres

Anthologie établie et présentée par Pierre Berès

Sainte-Beuve est l'une des figures les plus importantes de la littérature du dix-neuvième siècle. Cette anthologie en quatre volumes présente des morceaux choisis extraits de son œuvre critique ainsi que des articles isolés, en partie recueillis dans les *Portraits littéraires* et *contemporains*, et surtout des chroniques parues sous le titre de *Lundis*. Pendant près de quarante ans, la rédaction de ses articles a représenté le plus gros de l'activité créatrice de Sainte-Beuve. Il a consacré toute son énergie à cette tâche qui barre son horizon pendant presque toute la semaine.
On a pris ici le parti d'élaguer et de reconstituer, dans leur essence même, quelques-uns de ses plus belles analyses, dégagées des commentaires qui les alourdissent, des allusions contemporaines qui les obscurcissent et des chevauchements qui en feraient trébucher l'ordonnance. Sainte-Beuve était lui-même conscient de la difficulté qu'il y aurait à donner à ses écrits une véritable cohérence, tout en conservant les diverses facettes qui les font briller. Il savait que le choix s'imposait. On a tenté de rester fidèle à son vœu.

Et bien, ce n'est pas si mal, Sainte-Beuve ; c'est même souvent remarquable… Voilà un bon professeur… jamais ennuyeux ; il écrit clair, classe juste, compose, informe et ne manque pas de courage… il est on ne peut plus actuel.
Philippe Sollers, Le Monde

Sainte-Beuve fut le génie personnifié d'une critique « mobile, libre et diverse »… À lire ou parcourir cette anthologie, on s'émerveille du coup d'œil si rapide, si aigu et si juste, des formules si pertinentes de l'écrivain… Lisez ou relisez Sainte-Beuve, nul n'a su mieux que ce flâneur de la littérature donner envie de se plonger ou de se replonger dans le vaste et incertain océan des livres.
Bruno de Cessole, Le Figaro

Pierre Berès begins by dismissing Contre Sainte-Beuve *as "un recueil posthume de brouillons", and points out that in other contexts Proust expresses very favourable opinions about the critic... Berès feels that the critic can be excused for not dealing with Baudelaire, if he felt he dit not properly understand him ; who, he asks, among the older generation really did appreciate Baudelaire at the time ?And, concludes Berès, the virtue of Sainte-Beuve's critical method is its richly varied approach ; he has a poetic sensibility, keen psychological insights, a sense of history and a superb command of language ; he himself is a great writer in this particular genre, which he in fact invented... Sainte-Beuve's authorial voice, whether one agrees with it or not, is still urgently alive. Perhaps because of the relative bleakness of his personal existence, he lived passionately in literature. He wasn't quite such a hermit as Proust, but he says somewhere : "Je ne suis vraiment moi-même que seul dans mon cabinet de travail, la plume à la main", or words to that effect, a remark which indicates that he even had an inkling of something resembling Proust's "moi profond". And just as Proust, the novelist, claimed to be working out the general principles of human psychology, so Sainte-Beuve, the critic, tried to define what he called "des familles d'esprit" and to map the complexities of human nature. He never achieves a systematic pattern, of course, any more than Proust did, but, also like Proust, he turns up a lot of incidental truth in the attempt.*
John Weightman, Times Literary Supplement

I **Moyen Âge et Renaissance**

Du Bellay. Froissart. Louise Labé. Montaigne. Rabelais. Le *Roman de Renard*. Ronsard. Villon.

ISBN 2 7056 6176. 1992. Collection *Savoir : Lettres*. 210 x 150, 184 p. 60 F

II **Le siècle de Versailles**

Bossuet. Corneille. Saint François de Sales. La Bruyère. La Fontaine. La Rochefoucauld. Malherbe. Molière. Pascal. Perrault. Racine. Le cardinal de Retz. Saint-Simon. Mme de Sévigné. Tallemant des Réaux et Bussy-Rabutin. Vaugelas.

ISBN 2 7056 6177 8. 1992. Collection *Savoir : Lettres*. 210 x 150, 240 p. 60 F

III **Les Lumières et les salons**

Beaumarchais. Casanova. Mme du Châtelet. André Chénier. Condorcet. Diderot. Mme du Deffand. Mme d'Épinay. Mme Geoffrin. Mlle de Lespinasse. Marivaux. Montesquieu. L'abbé Prévost. Rousseau. Vauvenargues. Voltaire.

ISBN 2 7056 6178 6. 1992. Collection *Savoir : Lettres*. 210 x 150, 192 p. 60 F

IV **Le siècle du progrès**

Balzac. Chateaubriand. P.-L. Courier. Flaubert. Hugo. Musset. Renan. George Sand. Mme de Staël. Stendhal. Tocqueville. Vigny.

ISBN 2 7056 6179 4. 1992. Collection *Savoir : Lettres*. 210 x 150, 212 p. 60 F

COLLECTION HISTOIRE DE LA PENSÉE

Alexandre Koyré	La science au seizième siècle
Alexandre Koyré	La révolution astronomique
Jean Cavaillès	Philosophie mathématique
Paul Delaunay	La zoologie au seizième siècle
G. Petit et J. Théodoridès	Histoire de la zoologie
Paul-Henri Michel	La cosmologie de Giordano Bruno
René Taton	L'enseignement des sciences
Alexandre Koyré	L'aventure de la science
Galilée	Dialogues. Lettres choisies
Alexandre Koyré	Études galiléennes
Albert Einstein et Michele Besso	Correspondance 1903-1935
Marc Klein	Regards d'un biologiste
Ernest Renan	Légendes des Juifs et des Arabes
Hippocrate	La consultation
Pierre Duhem	L'aube du savoir

Imprimé en France
Imprimerie de la Bayeusaine, Bayeux
Numéro d'édition : 5532 a
Dépôt légal : août 1997

HERMANN, ÉDITEURS DES SCIENCES ET DES ARTS